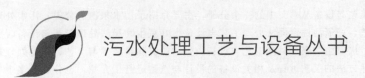

污水处理工艺与设备丛书

污水生物处理技术与设备

WUSHUI SHENGWU CHULI
JISHU YU SHEBEI

廖传华　李聃　刘真云　著

U0300565

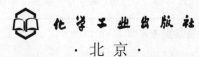

化学工业出版社

·北京·

内容简介

本书是"污水处理工艺与设备丛书"中的一个分册,主要介绍了污水来源与分类、污水处理政策解读、生物处理技术与工艺、好氧活性污泥法处理工艺与设备、好氧生物膜法处理工艺与设备、厌氧活性污泥法处理工艺与设备、厌氧生物膜法处理工艺与设备、生物脱氮除磷技术与工艺、生态处理技术与工艺等,并分别针对各处理方法的工艺过程及相关设备的设计与选型进行了介绍,也分享了多个典型的生物法水处理工艺的工程案例。

本书可作为污水处理厂、污水处理站的管理人员与技术人员、环保公司的工程设计、调试人员、工业废水处理技术人员的参考用书,也可作为高等学校环境科学与工程、市政工程等相关专业师生的教材。

图书在版编目(CIP)数据

污水生物处理技术与设备/廖传华,李聃,刘真云
著.—北京:化学工业出版社,2023.6
(污水处理工艺与设备丛书)
ISBN 978-7-122-43126-4

Ⅰ.①污…　Ⅱ.①廖…②李…③刘…　Ⅲ.①污水处
理-生物处理②污水处理设备　Ⅳ.①X703

中国国家版本馆 CIP 数据核字(2023)第 045252 号

责任编辑:卢萌萌　仇志刚　　　　装帧设计:史利平
责任校对:李露洁

出版发行:化学工业出版社(北京市东城区青年湖南街 13 号　邮政编码 100011)
印　　装:北京天宇星印刷厂
787mm×1092mm　1/16　印张 17½　字数 424 千字　2024 年 2 月北京第 1 版第 1 次印刷

购书咨询:010-64518888　　　　售后服务:010-64518899
网　　址:http://www.cip.com.cn
凡购买本书,如有缺损质量问题,本社销售中心负责调换。

定　价:128.00 元

前言

　　水是生命之源，人类的生存和发展一刻也离不开水。水是生态之基，是所有生态系统维系、发展和演进的基础性、关键性因子。水是生产之要，关系产业类型、布局和发展。水是生活之素，人类的生活时刻都离不开水，水事关系是重要的社会关系甚至是重要的国际关系之一，因此，水安全是国家安全体系的重要组成部分。然而，随着社会经济的快速发展、城市化进程的加快，由水污染加剧而导致的水资源供需矛盾更加突出。在我国，水资源已成为制约社会经济可持续发展的重要因素，水危机比能源危机更为严峻，因此，习近平总书记提出，"要坚决落实以水定城、以水定地、以水定人、以水定产，走好水安全有效保障、水资源高效利用、水生态明显改善的集约节约发展之路。要精打细算用好水资源，从严从细管好水资源。"结合我国的现状，加强对污水的处理与回用，实现按质分级用水、减少污染物的排放，提高水环境的治理能力和水资源的保障能力，进而促进低碳社会的建设，已成为实现经济社会高质量发展的重要举措之一。

　　污水生物处理是利用微生物的新陈代谢功能，并采取一定的人工技术措施，创造有利于微生物生长、繁殖的良好环境，加速微生物的增殖及其新陈代谢的生理功能，从而使污水中的有机污染物得以降解、去除，同时通过生物絮凝去除胶体颗粒的污水处理技术。污水的来源不同，其水质特性各异，适用的生物处理技术也不同。为此，本书根据生物处理技术的本质特征（微生物的类别与生存状态），将其分为好氧活性污泥法、好氧生物膜法、厌氧活性污泥法和厌氧生物膜法四种方法，并从技术原理、工艺过程、过程设备三个方面对各种生物处理技术进行了系统介绍。以这些方法为基础，根据处理的目的与作用，将其分为脱氮除磷技术和生态处理技术，从技术原理与工艺过程两个方面进行了详细介绍，以期为相关领域的技术与工程管理人员提供指导。

　　全书共分8章。第1章是绪论，概述性地介绍了污水的来源、水质特性、对环境与人类健康的危害，并对生物处理技术进行了分类；第2章是生物处理技术与工艺，分别介绍了好氧生物处理与厌氧生物处理的技术与工艺；第3章是好氧活性污泥法处理工艺与设备，分别介绍了曝气、氧化沟、吸附-生物降解、序批式反应器等以悬浮态活性污泥进行好氧处理的技术与设备；第4章是好氧生物膜法处理工艺与设备，分别介绍了生物滤池、生物转盘、生物接触氧化、生物流化床等以附着生物膜进行好氧处理的技术与设备；第5章是厌氧活性污泥法处理工艺与设备，分别介绍了水解酸化、厌氧消化、生物接触等以悬浮态活性污泥进行厌氧处理的技术与设备；第6章是厌氧生物膜法处理工艺与设备，分别介绍了生物滤池、生物转盘、生物流化床等以附着生物膜进行厌氧处理的技术与设备，并介绍了提高厌氧处理效能的两相厌氧消化技术与设备；第7章是生物脱氮除磷技术与工艺，分别介绍了生物脱氮、生物除磷和同步脱氮除磷的技术与工艺；第 8 章是生态处理技术与工艺，分别介绍了稳定塘处理、土地处理、人工湿地处理和生态农业的技术与工艺。

全书由南京工业大学廖传华、中海油研究总院有限公司李聃和南京三方化工设备监理有限公司刘真云著写，其中第 1 章、第 2 章、第 6 章、第 8 章由廖传华著写；第 3 章、第 4 章由李聃著写，第 5 章、第 7 章由刘真云著写。全书最后由廖传华统稿并定稿。

本书的著写历时四年，虽经多次审稿、修改，但污水处理过程涉及的知识面广，由于作者水平有限，不妥及疏漏之处在所难免，恳请广大读者不吝赐教，作者将不胜感激。

目 录

绪　论

　　水是生命之源，人类的生存和发展一刻也离不开水。水是生态之基，是所有生态系统维系、发展和演进的基础性、关键性因子。水是生产之要，关系产业类型、布局、发展。水是生活之素，人类的生活时刻都离不开水，水事关系是重要的社会关系甚至是重要国际关系之一，因此水安全是国家安全体系的重要组成部分。然而，随着社会经济的快速发展、城市化进程的加快，由水污染加剧而导致的水资源供需矛盾更加突出，在我国，水资源已成为制约可持续发展的重要因素，水危机比能源危机更为严峻，因此，习近平总书记提出，"要坚决落实以水定城、以水定地、以水定人、以水定产，走好水安全有效保障、水资源高效利用、水生态明显改善的集约节约发展之路。要精打细算用好水资源，从严从细管好水资源。"结合我国所处的现状，加强对污水的处理与回用，实现按质分级用水、减少污染物的排放，提高水环境的治理能力和水资源的保障能力，进而促进低碳社会的建设，已成为实现经济社会高质量发展的重要举措之一。

1.1　污水的来源与分类

　　水是人类社会生存和发展的重要物质保证。首先，水中含有各种生物所需的各种微量元素，是一切生命体维持生命本征和正常代谢所必需的物质，人类的日常生活（如做饭、洗漱等）、农作物的生长、动物的存活都离不开水。其次，水是一种重要的溶剂和能源载体，工农业生产、能源产业等皆需使用水资源。经各种使用途径后，水或者被外界物质污染，或者温度发生变化，从而丧失了原有的功能，这种水称为污水或废水。从实质上讲，污水意指被外界物质或能量所污染的水，而废水的含义更接近于没有利用价值的水，从循环经济的角度看，完全没有利用价值的水基本不存在，因此，本书将各行各业中经各种使用途径后排出的被外界物质或能量污染后的水统称为污水，其实质是一种物质或能量的载体。

1.1.1　污水的来源

　　污水是人类日常生活和社会活动过程中废弃排出的水及径流雨水的总称，包括生活污水、工业污水、农业污水和流入排水管渠的径流雨水等。在实际应用过程中往往将人们生活过程中产生和排出的污水称为生活污水，如城市污水、农村污水，主要包括粪便水、洗涤水、冲洗水；将工农业生产等各种社会活动过程中产生的污水称为生产污水。

目前我国每年的污水排放总量已达 500 多亿吨，并呈逐年上升的趋势，相当于人均排放 40t，其中相当部分未经处理直接排入江河湖库。在全国七大水系中，劣五类水体占三成左右，水体已经失去使用功能，成为有害的脏水。七大水体已普遍受到污染，其中辽河水系属严重污染，海河水系、淮河干流、黄河干流属重度污染，松花江水系属中度污染，长江水系，珠江水系次之。河流污染情况严峻，其发展趋势也令人担忧。从全国情况看，污染正从支流向干流延伸，从城市向农村蔓延，从地表向地下渗透，从区域向流域扩展。据检测，目前全国多数城市的地下水都受到了不同程度的点状和面状污染，且有逐年加重的趋势。全国有 118 个城市，64％的城市地下水受到严重污染，33％的城市地下水受到轻度污染。从地区分布来看，北方地区比南方地区更为严重。日益严重的水污染不仅降低了水体的使用功能，而且进一步加剧了水资源短缺的矛盾，很多地区由资源性缺水转变为水质性缺水，对我国正在实施的可持续发展战略带来了严重影响，而且还严重威胁到城市居民的饮水安全和人民群众的健康。

1.1.2 污水的分类

污水的分类方法很多。根据污染物的化学类别可分为有机污水和无机污水，前者主要含有机污染物，大多数具有生物降解性；后者主要含无机污染物，一般不具有生物降解性。本书根据污水的来源将其分为工业污水、城市污水和农村污水。

1.1.2.1 工业污水

工业污水是指工业企业生产过程中排出的污水，包括生产工艺污水、循环冷却水、冲洗污水以及综合污水。在一般情况下，"工业污水"和"工业废水"这两个术语经常混用，本书采用"工业污水"这一术语。设有露天设备的厂区初期雨水中往往含有较多的工业污染物，也应纳入工业污水的范畴。

由于各种工业生产的工艺、原材料、使用设备的用水条件等的不同，工业污水的性质千差万别。相比于生活污水，工业污水的水质水量差异大，具有浓度高、毒性大等特征，不易通过一种通用技术或工艺来治理，往往要求其在排出前在厂区内进行初步处理。

1.1.2.2 城市污水

城市污水是通过下水管道收集到的所有排水，是排入下水管道系统的各种生活污水、工业污水和城市降雨径流的混合水。生活污水是人们日常生活中排出的水，是从家庭，公共设施（饭店、宾馆、影剧院、体育场馆、机关、学校和商店等）和工厂的厨房，卫生间，浴室和洗衣房等生活设施中排放的水。降雨径流是由降水或冰雪融化形成的。对于分别敷设污水管道和雨水管道的城市，降雨径流汇入雨水管道；对于采用雨污合流排水管道的城市，可将降雨径流与城市污水一同加以处理，但雨水量较大时由于超过截流干管的输送能力或污水处理厂的处理能力，大量的雨污水混合液出现溢流，将对水体造成更严重的污染。

因城市功能、工业规模与类型的差异，在不同城市的城市污水中，工业污水所占的比重会有所不同，对于一般性质的城市，工业污水在城市污水中的比重大约为 10％～50％。

1.1.2.3 农村污水

农村污水是指农村居民生活和生产过程产生的污水的总称，根据来源可分为农民生活过程产生的农村生活污水和农业生产过程产生的农业污水。

(1) 农村生活污水

农村生活污水主要来源于农村居民的日常生活，包括生活洗涤污水、厨房清洗污水、冲厕污水等。农村生活污水水质比较简单，具有水量排放不规律、间歇性较强、生化性较好等特点。但由于农村居民居住比较分散、人口数量较大、密度较低、排放面源较大、收集较为困难，因此常规的城市生活污水处理模式就不能应用于农村。

1）生活洗涤污水

是农村居民日常洗漱和衣物浆洗的排放水。有调查显示，92％的农村家庭一直使用洗衣粉，6％的家庭同时使用洗衣粉和肥皂，只有2％的家庭长期使用肥皂。洗涤用品的使用使洗涤污水含有大量化学成分，如洗衣粉的大量使用加重了磷负荷问题。

2）厨房清洗污水

是厨房操作后的排放水，多以洗碗水、涮锅水、淘米和洗菜水组成。淘米洗菜水中含有米糠、菜屑等有机物，其他污水中含有大量的动植物脂肪和钠、醋酸、氯等多种成分。由于生活水平的提高，农村肉类食品及油类使用增加，使生活污水中油类成分增加。

3）冲厕污水

随着农村经济水平的提高和社会主义新农村建设的推进，部分农村改水改厕后，使用了抽水马桶，产生了大量的冲厕污水。

(2) 农业污水

农业污水是指农作物栽培、牲畜饲养、农产品加工等过程中排出的、影响人体健康和环境质量的污水。其来源主要有农田径流、饲养场污水、农产品加工污水。污水中含有各种病原体、悬浮物、化肥、农药、不溶解固体物和盐分等。农业污水数量大、影响面广。

1）农田径流

农田径流是指雨水或灌溉水流过农田表面后排出的水流，是农业污水的主要来源。农田径流中主要含有氮、磷、农药等污染物。

① 氮：施用于农田而未被植物吸收利用或未被微生物和土壤固定的氮肥，是农田径流中氮素的主要来源。化肥以硝态氮和亚硝态氮形态存在时，尤其容易被径流带走。农田径流中的氮素还来自土壤的有机物、植物残体和施用于农田的厩肥等。一般土壤中全氮含量为 $0.075\%\sim0.3\%$，以表土层厚 15cm 计，全氮含量为 $1500\sim6000kg/hm^2$，每年矿化的氮约 $30\sim60kg/hm^2$。不同地区和不同土壤上农田径流的含氮量有较大的差别，如英国田间排水中含铵态氮 0.5mg/L，硝态氮 17mg/L，每年径流量以 100mm 计，铵态氮为 $0.5kg/hm^2$，硝态氮为 $17kg/hm^2$。瑞典农田径流中含铵态氮 0.09mg/L，硝态氮 4.1mg/L。有些地区的硝态氮为 $20\sim40mg/L$，甚至达 81.6mg/L。

② 磷：土壤中全磷含量为 $0.01\%\sim0.13\%$，水溶性磷为 $(0.01\sim0.1)\times10^{-6}$。土壤中的有机磷是不活动的，无机磷也容易被土壤固定。荷兰海相沉积黏土农田径流中含磷量约 0.06mg/L，河流沉积黏土农田径流中含磷量约 0.04mg/L，从挖掘过泥炭的有机物质含量丰富的土壤流出的径流中含磷量约 0.7mg/L，水稻田因渍水可使土壤中可溶性磷含

量增加，每年失磷较多，约为 $0.53kg/hm^2$。

土壤中的氮、磷等营养元素，可随水和径流中的土壤颗粒流失。大部分耕地含磷 0.1%、氮 $0.1\%\sim0.2\%$、碳 $1\%\sim2\%$，因此，农田土壤侵蚀 1mm，径流中有磷 $10kg/hm^2$、氮 $10\sim20kg/hm^2$ 和碳 $100\sim200kg/hm^2$。

③ 农药：农田径流中农药的含量一般不高，流失量约为施药量的 5%。如施药后短期内出现大雨或暴雨，第一次径流中农药含量较高。水溶性强的农药主要在径流的水相部分，吸附能力强的农药（如 2,4-D-三嗪等）可吸附在土壤颗粒上，随径流中的土壤颗粒悬浮在水中。

2）饲养场污水

农户饲养家畜家禽，就会产生冲圈水，这是饲养场污水的主要组成部分。另外，畜禽日常生活中产生的粪尿也是饲养场污水的重要组成部分。畜禽粪尿所含的 N、P 及生化需氧量（BOD）等浓度很高，冲圈水中的化学需氧量（COD）、BOD_5 和悬浮固体（SS）浓度也很高。牲畜粪尿的排泄量大，有资料显示，一头猪产生的污水是一个人的 7 倍，而一头牛产生的污水则是一个人的 22 倍。

饲养场污水是农业污水的第二个来源，因含有大量的 N、P 等养分物质，可作为厩肥，大都采用面施的方法，但如果厩肥中所含的大量可溶性碳、氮、磷化合物在与土壤充分发生作用前就出现径流，会造成比化肥更严重的污染。对于厩肥还没有完善的检测方法确定其营养元素的释放速率以推算合理的用量和时间，因此这类的径流污染是难以避免的。用未充分消毒灭菌的牲畜粪尿浇灌菜地和农田，会造成土壤污染；粪尿被雨水流冲到河溪塘沟，会造成饮用水源污染。在饲养场临近河岸和冬季土地冻结的情况下，这种污水对周围水生、陆生生态系统的影响更大。

3）农产品加工污水

农产品加工污水是指水果、肉类、谷物和乳制品等农产品的加工过程中排出的污水，是农业污水的第三个来源。发达国家的农产品加工污水量相当大，如美国食品工业每年排放污水约 25 亿吨，在各类污水中居第五位。

1.2　污水的水质及危害

污水的来源不同，水质不同，其物理、化学和生化性质也各异，了解污水的各种性质是选择合适处理处置方法的基础。

1.2.1　污水的水质

水质是指水与水中杂质或污染物共同表现的综合特性。水质指标表示水中特定杂质或污染物的种类和数量，是判断水质好坏、污染程度的具体衡量尺度。

（1）工业污水的水质

由于各种工业生产的工艺、原材料、使用设备的用水条件等的不同，工业污水的性质千差万别。相比于生活污水，工业污水的水质水量差异很大，具有浓度高、毒性大等特征，不易通过一种通用技术或工艺来治理，往往要求其在排出前在厂内进行预处理。即使对于生产相同产品的同类工厂，由于所用原料、生产工艺、设备条件、管理水平等的差别，污水的水质也可能有所差异。几种工业行业污水的主要污染物和水质特点如表 1-1 所示。

表 1-1　几种工业行业污水的主要污染物和水质特点

行业	工厂性质	主要污染物	水质特点
冶金	选矿、采矿、烧结、炼焦、金属冶炼、电解、精炼	酚、氰、硫化物、氟化物、多环芳烃、吡啶、焦油、煤粉、As、Pb、Cd、Mn、Cu、Zn、Cr、酸性酸洗水	COD 较高，含重金属，毒性大
化工	化肥、纤维、橡胶、染料、塑料、农药、油漆、涂料、洗涤剂、树脂、炼油、蒸馏、裂解、催化、合成	酸、碱、盐类、氰化物、酚、苯、醇、醛、酮、三氯甲烷、油、农药、洗涤剂、多氯联苯、硝基化合物、胺类化合物、芳烃、Hg、Cd、Cr、As、Pb、S	BOD 高，COD 高，pH 变化大，含盐高，毒性强，含油量大，成分复杂，难降解
纺织	棉毛加工、纺织印染、漂洗	染料、酸碱、纤维物、洗涤剂、硫化物、硝基化合物	带色，毒性强，pH 变化大，难降解
造纸	制浆、造纸	黑液、碱、木质素、悬浮物、硫化物、As	污染物含量高，碱性大，恶臭
食品加工	屠宰、肉类加工、油品加工、乳制品加工、蔬菜水果加工、酿酒、饮料生产	有机物、油脂、悬浮物、病原微生物	BOD 高，易生物处理，恶臭
机械制造	机械加工、热处理、电镀、喷漆	酸、油类、氰化物、Cr、Cd、Ni、Cu、Zn、Pb	重金属含量高，酸性强
电子	电子器件原料、电信器材、仪器仪表	酸、氰化物、Hg、Cd、Cr、Ni、Cu	重金属含量高，酸性强，水量小
电力	火力发电、核电站	冷却水热污染、火电厂冲灰、水中粉煤灰、酸性污水、放射性物质	水温高，悬浮物含量高，酸性，放射性

对工业污水也可以按其中所含主要污染物或主要性质分类，如酸性污水、碱性污水、含酚污水、含油污水等。对于不同特性的污水，可以有针对性地选择处理方法和处理工艺。

工业污水的总体特点是：

① 水量大，特别是一些耗水量大的行业，如造纸、纺织、食品加工、化工等。

② 污染物浓度高，许多工业污水所含污染物的浓度都超过了生活污水，有些污水，如造纸黑液、酿造废液等，有机物的浓度达到了几万，甚至几十万 mg/L。

③ 成分复杂，有的污水含有重金属、酸碱、对生物有毒性的物质、难生物降解有机物等。

④ 带有颜色和异味。

⑤ 水温偏高。

(2) 城市污水的水质

生活污水的水质特点是含有较高的有机物（如淀粉、蛋白质、油脂等）以及氮、磷等无机物，此外，还含有病原微生物和较多的悬浮物。相比于工业污水，生活污水的水质一般比较稳定，浓度较低。

由于城市污水中工业污水只占一定的比例，并且工业污水需要达到《污水排入城镇下水道水质标准》（GB/T 31962—2015）后才能排入城市下水道（超过标准的工业污水需要在工厂内经过适当的预处理，除去对城市污水处理厂运行有害或城市污水处理厂处理工艺难以去除的污染物，如酸、碱、高浓度悬浮物、高浓度有机物、重金属等），因此，城市污水的主要水质指标有着和生活污水相似的特性。

城市污水水质浑浊，新鲜污水的颜色呈黄色，随着在下水道中发生厌氧分解，颜色逐渐加深，最终呈黑褐色，污水中夹带的部分固体杂质，如卫生纸、粪便等，也分解或液化成细小的悬浮物或溶解物。

城市污水中含有一定量的悬浮物，悬浮物浓度一般在 $100\sim350mg/L$ 范围内，常见浓度为 $200\sim250ml/L$。悬浮物成分包括漂浮杂物、无机泥沙和有机污泥等。悬浮物中所含有机物大约占城市污水中有机物总量的 $30\%\sim50\%$，主要来源是人类的食物消化分解产物和日用化学品，包括纤维素、油脂、蛋白质及其分解产物、氨氮、洗涤剂成分（表面活性剂、磷）等，居民生活与城市活动中所使用的各种物质几乎都可以在污水中找到其相关成分。其含量为：一般浓度范围为 BOD_5 为 $100\sim300mg/L$、COD 为 $250\sim600mg/L$；常见浓度为 BOD_5 为 $180\sim250mg/L$、COD 为 $300\sim500mg/L$。这些有机污染物的生物降解性较好，适于生物处理。由于工业污水中污染物的含量一般都高于生活污水，工业污水在城市污水中所占比例越大，有机物的浓度，特别是 COD 的浓度也越高。

城市污水中含有氮、磷等植物生长所需的营养元素。氮的主要存在形式是氨氮和有机氮，以氨氮为主，主要来自食物消化分解产物，浓度（以 N 计）一般范围是 $15\sim50mg/L$，常见浓度是 $30\sim40mg/L$。磷主要来自合成洗涤剂（合成洗涤剂中所含的聚合磷酸盐助剂）和食物消化分解产物，主要以无机磷酸盐形式存在，总磷浓度（以 P 计）一般范围是 $4\sim10mg/L$，常见浓度是 $5\sim8mg/L$。

城市污水中还含有多种微生物，包括病原微生物和寄生虫卵等。表 1-2 是典型的城市污水的水质。

表 1-2 典型的城市污水的水质 （单位：mg/L）

指标	一般浓度范围	常见浓度范围
悬浮物	$100\sim350$	$200\sim250$
COD	$250\sim600$	$300\sim500$
BOD_5	$100\sim300$	$180\sim250$
氨氮(以 N 计)	$15\sim50$	$30\sim40$
总磷(以 P 计)	$4\sim10$	$5\sim8$

（3）农村污水的水质

农村污水的水质具有以下特点：

① 分布散乱，农村村镇人口较少，分布广泛且分散，大部分没有污水排放管网。

② 农村生活污水浓度低，变化大。

③ 大部分农村生活污水的性质相差不大，水中基本不含重金属和有毒有害物质（但随着人们生活水平的提高，部分农村生活污水中可能含有重金属和有毒有害物质），含一定量的氮、磷，可生化性强。

④ 水质波动大，不同时段的水质不同。

⑤ 冲厕排放的污水水质较差，但可进入化粪池用作肥料。

1.2.2 污水的危害

无论是工业污水，还是城市污水和农村污水，其中都含有一定的污染组分，有的甚至含有有毒有害成分，因此已部分或全部失去了水原有的功能，而且会对周边环境和人体健康产生危害。

污水中有机物含量高，易腐烂，有强烈的臭味，并且含有寄生虫卵、致病微生物和铜、锌、铬、汞等重金属以及盐类、多氯联苯、二噁英、放射性核素等难降解的有毒有害物质，如不加以妥善处理，任意排放，将会造成二次污染。

（1）对水体环境的影响

污水未经处理或处理不达标而直接排放，会对受纳水体造成严重的破坏。污水中含的有机组分和氮、磷等营养元素可导致受纳水体富营养化。富含有机组分的污水如长时间静置于水塘、坑洼，不仅将严重影响放置地附近的环境卫生状况（臭气、有害昆虫、含致病生物密度大的空气等），也可能使污染物由表面径流向地下径流渗透，引起更大范围的水体污染问题。污水中所含的有毒有害物质进入水体，会导致饮用水源被污染，在水生动植物体内富集，并随着食物链的迁移最终对人体健康造成影响。

（2）对土壤环境的影响

城市污水、农村生活污水和养殖污水中含有大量的 N、P、K、Ca 及有机物质，可以明显改变土壤的理化性质，增加氮、磷、钾的含量，同时可以缓慢释放许多植物所必需的微量元素，具有长效性。因此，富含有机组分的城市污水、农村生活污水和养殖污水是有用的生物资源，是很好的土壤改良剂和肥料。

工业污水中除含有对植物有益的成分外，还可能含有盐类、酚、氰、3,4-苯并芘、硫化物、重金属元素镉、铬、汞、镍、砷等多种有害物质。如果不经处理直接排放，就会由于渗滤作用进入土壤，从而对土壤的理化性质、持水性能、生长能力等造成相当严重的影响，还可造成大范围的土壤污染，破坏自然生态系统，使生态系统内的物种失去平衡。如受重金属元素污染后，表现为土壤板结、含毒量过高、作物生长不良，严重的甚至没有收成。

（3）对大气环境的影响

城市污水、农村生活污水和养殖污水中含有的病原微生物可通过多种途径进入大气，然后通过呼吸作用直接进入人体内，或通过吸附在皮肤或果蔬表面间接进入人体内，危害人类健康。

养殖污水中往往含有部分带臭味的物质，如硫化氢、氨、腐胺类等，任意排放会向周围散发臭气，对大气环境造成污染，不仅影响放置区周边居民的生活质量，也会给工作人员的健康带来危害。同时，臭气中的硫化氢等腐蚀性气体会严重腐蚀设备，缩短其使用寿命。另外，污水中的有机组分在缺氧环境，经微生物作用后会发生降解生成有机酸、甲烷等。甲烷是温室气体，其产生和排放会加剧气候变暖。

为了减轻或降低污水的危害，必须对产生的各类污水有针对地进行合适的处理处置。

1.3 污水处理政策解读

污水处理是指采用物理、化学、生物等手段，将污水中所含的对生产、生活不利的有害物质进行消除或转化，为适用特定用途而对水质进行一系列调理的过程。

随着国民经济的发展和对环境保护认知的提升，我国污水处理的发展经历了三个时期，按处理目标可分为：

① 以环境保护和水污染防治为目标的排放达标期。

② 以节水及水循环利用为目标的水回用期。

③ 以污水资源化利用为目标的全组分利用期。

1.3.1　排放达标期

在 2016 年以前的相当长的一段时间内，由于认识的错位，认为污水是一种废弃物，水体受污水污染后会造成严重的环境问题。为保护水体环境，必须对水体的污染严加控制。在此指导思想下，我国的污水处理是以环境保护和水污染防治为目标，主要方式是控制排放水质标准，以消除污染物及由污染物带来的危害。为了防止各类污水任意向水体排放，污染水环境，制订颁布的法律法规和政策性文件均以水质污染控制为目的，如《污水综合排放标准》（GB 8978—1996）、住房和城乡建设部发布的《污水排入城镇下水道水质标准》（GB/T 31962—2015）、国家环境保护总局和国家质量监督检验检疫总局发布的《城镇污水处理厂污染物排放标准》（GB 18918—2002）及相关的行业标准。这些标准都是针对污水处理排放的。

为了贯彻水污染防治和水资源开发利用的方针，提高城市污水利用率，做好城市节约用水工作，合理利用水资源，实现城市污水资源化，促进城市建设和经济建设的可持续发展，建设部于 2002 年 12 月 20 日发布了《城市污水再生利用》系列标准，包括：《城市污水再生利用分类》（GB/T 18919—2002）、《城市污水再生利用城市杂用水水质》（GB/T 18920—2020）、《城市污水再生利用景观环境用水水质》（GB/T 18921—2019），自 2003 年 5 月 1 日起实施。

此后，根据形势的发展，又陆续制订了《城市污水再生利用》系列的其他应用领域的标准，包括：《城市污水再生利用工业用水水质》（GB/T 19923—2005）、《城市污水再生利用地下水回灌水质》（GB/T 19772—2005）、《城市污水再生利用农田灌溉用水水质》（GB 20922—2007）、《城市污水再生利用绿地灌溉水质》（GB/T 25499—2010）。所有这些标准，都是以水质控制为目标。

1.3.2　水回用期

随着国民经济的发展和人民生活水平的提高，对清洁环境的要求越来越高，因此环境保护和水污染防治工作也更加严格。同时，我国是一个严重缺水的国家，如何加强节水并实现水资源循环利用，是实现可持续发展战略的重要手段。针对这种情况，从 2016 年开始，我国陆续颁布了一系列的法律法规及污水处理政策（包括对已有法律标准的修订），对污水处理进行了规范，同时对环境保护及水污染防治提出了更加严格的标准，并且对节水及水循环利用提出了更高要求。表 1-3 为 2016—2019 年中国水处理行业相关政策一览表。

表 1-3　2016—2019 年中国水处理行业相关政策一览表

日期	发布单位	政策名称	内容
2019.4	国家发改委、水利部	《国家节水行动方案》	目标：到 2020 年，万元国内生产总值用水量、万元工业增加值用水量较 2015 年分别降低 23% 和 20%，规模以上工业用水重复利用率达到 91% 以上，农田灌溉水有效利用系数提高到 0.55 以上，全国公共供水管网漏损率控制在 10% 以下；到 2022 年，万元国内生产总值用水量、万元工业增加值用水量较 2015 年分别降低 30% 和 28%，农田灌溉水有效利用系数提高到 0.56 以上，全国用水总量控制在 6700 亿立方米以内；到 2035 年，全国用水总量控制在 7000 亿立方米以内

续表

日期	发布单位	政策名称	内容
2018.10	全国人民代表大会常务委员会	《中华人民共和国循环经济促进法》(2018 年修订)	企业应当发展串联用水系统和循环用水系统,提高水的重复利用率。企业应当采用先进技术、工艺和设备,对生产过程中产生的废水进行再生利用
2018.6	中共中央、国务院	《关于全面加强生态环境保护坚决打好污染防治攻坚战的意见》	明确了蓝天、碧水和净土保卫战的目标:到 2020 年,全国地级及以上城市空气质量优良天数比例达到 80% 以上;全国地表水Ⅰ~Ⅲ类水体比例达到 70% 以上,劣Ⅴ类水体比例控制在 5% 以内;近岸海域水质优良比例达到 70% 左右;受污染耕地安全利用率达到 90% 左右
2018.1	环境保护部	《排污许可管理办法(试行)》	强化排污单位污染治理主体责任,要求纳入固定污染源排污许可分类管理名录的企业事业单位和其他生产经营者必须持证排污,无证不得排污,并通过建立企业承诺、自行监测、台账记录、执行报告、信息公开等制度,进一步落实持证排污单位污染治理主体责任
2018.1	全国人民代表大会常务委员会	《中华人民共和国水污染防治法》	强化地方责任,突出饮用水安全保障,完善排污许可及总量控制、区域流域水污染联合防治等制度,加严水污染防治措施,加大对超标、超总量排放等的处理力度
2017.10	工业和信息化部	《工业和信息化部关于加快推进环保装备制造业发展的指导意见》	针对水污染防治装备,重点推广低成本高标准、低能耗高效率污水处理装备,燃煤电厂、煤化工等行业高盐废水的零排放治理和综合利用技术,深度脱氮脱磷与安全高效消毒技术装备,推进黑臭水体修复、农村污水治理、城镇及工业园区污水厂提标改造,以及工业及畜禽养殖、垃圾渗滤液处理等领域高浓度难降解污水治理应用示范
2017.8	环境保护部	《环境保护部关于推进环境污染第三方治理的实施意见》	以环境污染治理"市场化、专业化、产业化"为导向,推动建立排污者付费、第三方治理与排污许可证制度有机结合的污染防治新机制,引导社会资本积极参与,不断提升治理效率和专业化水平
2017.7	环境保护部	《工业集聚区水污染治理任务推进方案》	要求以硬措施落实"水十条"任务。对逾期未完成任务的省级及以上工业集聚区一律暂停审批和核准其增加水污染物排放的建设项目,并依规撤销园区资格
2017.4	科技部、环境保护部、住房城乡建设部、林业局、气象局	《"十三五"环境领域科技创新专项规划》	规定水环境质量改善和生态修复的重点任务:基于低耗与高值利用的工业污水处理技术、污水资源能源回收利用技术、高效地下水污染综合防控与修复技术、基于标准与效应协同控制的饮用水净化技术、流域生态水管理理论技术
2016.12	全国人民代表大会常务委员会	《中华人民共和国环境保护税法》	税务机关和环境保护机关建立涉税信息共享平台和工作配合机制,加强对环境保护税的征收管理。各级人民政府应当鼓励纳税人加大环境保护建设投入,对纳税人用于污染物自动监测设备的投资予以资金和政策支持
2016.11	国务院	《"十三五"生态环境保护规划》	实施最严格的环境保护制度:到 2020 年,主要污染物排放总量大幅减少;加强源头防控,夯实绿色发展基础,实施专项治理,全面推进达标排放与污染减排;全面推行"河长制";实现专项治理,实施重点行业企业达标排放限期改造;完善工业园区污水集中处理设施
2016.6	工业和信息化部	《工业绿色发展规划(2016—2020 年)》	加强节水减污。围绕钢铁、化工、造纸、印染、饮料等高耗水行业,实施用水企业水效领跑者引领行动,开展水平衡测试及水效对标达标,大力推进节水技术改造,推广工业节水工艺、技术和装备。强化高耗水行业企业生产过程和工序用水管理,严格执行取水定额国家标准,围绕高耗水行业和缺水地区开展工业节水专项行动,提高工业用水效率

1.3.3　全组分利用期

为持续打好污染防治攻坚战,系统推进污水处理领域补短板强弱项,推进污水资源化利用，促进解决水资源短缺、水环境污染、水生态损害问题，推动高质量发展、可持续发展，国家于2020年后又相继出台了一系列政策，把污水资源化利用摆在更加突出的位置，鼓励污水处理和污水资源化利用行业发展。表1-4为2020年后出台的中国污水处理行业相关政策一览表。

表1-4　2020年后出台的中国污水处理行业相关政策一览表

发布时间	发布单位	政策名称	主要内容
2020.2	生态环境部	《关于做好新型冠状病毒感染的肺炎疫情医疗污水和城镇污水监管工作的通知》	部署医疗污水和城镇污水监管工作,规范医疗污水应急处理、杀菌消毒要求,防止新型冠状病毒通过粪便和污水扩散传播
2020.3	生态环境部	《排污许可证申请与核发技术规范　水处理通用工序》	加快推进固定污染源排污许可全覆盖,健全技术规范体系,指导排污单位水处理设施许可申请与核发工作
2020.4	国家发改委、财政部、住建部、生态环境部、水利部等五部门	《关于完善长江经济带污水处理收费机制有关政策的指导意见》	按照"污染付费、公平负担、补偿成本、合理盈利"的原则,完善长江经济带污水处理成本分担机制、激励约束机制和收费标准动态调整机制,健全相关配套政策,建立健全覆盖所有城镇、适应水污染防治和绿色发展要求的污水处理收费长效机制
2020.7	国家发改委、住建部	《城镇生活污水处理设施补短板强弱项实施方案》	明确到2023年,县级及以上城市设施能力基本满足生活污水处理需求。生活污水收集效能明显提升,城市市政雨污管网混错接改造更新取得显著成效。城市污泥无害化处置率和资源化利用率进一步提高。缺水地区和水环境敏感区域污水资源化利用水平显著提升
2020.9	生态环境部	《关于公开征求废止、修改部分生态环境规章和规范性文件意见的函》	拟废止2件规章、修改2件规章、废止15件规范性文件。其中原环保部发布的《关于加强城镇污水处理厂污泥污染防治工作的通知》(下称《通知》)因与《城镇排水与污水处理条例》不一致,拟予以废止,其中《通知》中规定的污水处理厂以贮存(即不处理处置)为目的将污泥运出厂界的,必须将污泥脱水至含水率50%以下的强制要求也废止
2020.12	生态环境部	《关于进一步规范城镇(园区)污水处理环境管理的通知》	城镇(园区)污水处理涉及地方人民政府(含园区管理机构)、向污水处理厂排放污水的企事业单位(以下简称运营单位)等多个方面,依法明晰各方责任是规范污水处理环境管理的前提和基础
2021.1	国家发改委等十部门	《关于推进污水资源化利用的指导意见》	到2025年,全国污水收集效能显著提升,县城及城市污水处理能力基本满足当地经济社会发展需要,水环境敏感地区污水处理基本实现提标升级;全国地级及以上缺水城市再生水利用率达到25%以上,京津冀地区达到35%以上;工业用水重复利用率、畜禽粪污和渔业养殖尾水资源化利用水平显著提升;污水资源化利用政策体系和市场机制基本建立。到2035年,形成系统、安全、环保、经济的污水资源化利用格局
2021.3	中共中央	《中华人民共和国国民经济和社会发展第十四个五年(2021—2025年)规划和2035年远景目标纲要》	构建集污水、垃圾、固废、危废、医废处理处置设施和监测监管能力于一体的环境基础设施体系,形成由城市向建制镇和乡村延伸覆盖的环境基础设施网络。推进城镇污水管网全覆盖,开展污水处理差别化精准提标,推广污泥集中焚烧无害化处理,城市污泥无害化处置率达到90%,地级及以上缺水城市污水资源化利用率超过25%

续表

发布时间	发布单位	政策名称	主要内容
2021.6	国家发改委、住建部	《"十四五"城镇污水处理及资源化利用发展规划》	到 2025 年,基本消除城市建成区生活污水直排口和收集处理设施空白区,全国城市生活污水集中收集率力争达到 70% 以上;城市和县城污水处理能力基本满足经济社会发展需要,县城污水处理率达到 95% 以上;水环境敏感地区污水处理基本达到一级 A 排放标准;全国地级及以上缺水城市再生水利用率达到 25% 以上,京津冀地区达到 35% 以上,黄河流域中下游地级及以上缺水城市力争达到 30%;城市和县城污泥无害化、资源化利用水平进一步提升,城市污泥无害化处置率达到 90% 以上;长江经济带、黄河流域、京津冀地区建制镇污水收集处理能力、污泥无害化处置水平明显提升
2022.6	工业和信息化部等六部委	《工业水效提升行动计划》	到 2025 年,全国万元工业增加值用水量较 2020 年下降 16%。重点用水行业水效进一步提升,钢铁行业吨钢取水量、造纸行业主要产品单位取水量下降 10%,石化化工行业主要产品单位取水量下降 5%,纺织、食品、有色金属行业主要产品单位取水量下降 15%。工业废水循环利用水平进一步提高,力争全国规模以上工业用水重复利用率达到 94% 左右。工业节水政策机制更加健全,企业节水意识普遍增强,节水型生产方式基本建立,初步形成工业用水与发展规模、产业结构和空间布局等协调发展的现代化格局

由此可以看出,污水的资源化利用将是我国污水处理的方向,今后的污水处理必须遵循资源化利用的原则。

1.3.4 资源化利用的方式

根据污水中所含污染组分的性质及回用途径,污水资源化利用可分为三个方面:

(1) 能源利用

对于含有较高浓度有机污染组分的污水(称之为高浓有机污水),其蕴含有大量的化学能,可采用焚烧、水热氧化等方式,在将污染组分转化去除的同时副产能量;也可采用水热气化、生物气化等方法回收可燃气、沼气等能源物质。

(2) 物料利用

污水物料利用就是将污水中所含的有利用价值的物料通过合理的手段进行分离,进而实现物料的循环利用。对于有机组分,常用的分离手段有精馏、萃取、化学沉淀、重力沉降、过滤和膜滤等;对于无机组分,常用的分离手段有蒸发浓缩、结晶、膜分离和化学沉淀等。

(3) 水资源利用

根据污水的水质特性,采用合适的方法进行处理后,基本去除了其中所含的污染物,已部分或全部恢复了水的使用功能,因此可将其有针对性的回用于农业、工业、生活、生态等,实现水资源回用,减少新鲜水的用量,缓解当地的水资源消耗压力。

1.4 污水处理的方式与方法

污水资源化处理的范畴包括：通过适当的处理工艺减少污水中有毒有害物质的数量及浓度直至达到排放标准；处理后排放水的循环和再利用等。

1.4.1 污水处理的原则

不同来源的污水，其水质不同，适用的处理方法不同，处理后排放水的去向也各异，无法采用统一的水质标准进行衡量，此时可根据具体情况对污水需处理的程度进行分级处理。

（1）一级处理

污水的一级处理通常是采用较为经济的物理处理方法，包括格栅、沉砂、沉淀等，去除水中悬浮状固体颗粒污染物质。由于以上处理方法对水中溶解状和胶体状的有机物去除作用极为有限，污水的一级处理不能达到直接排入水体的水质要求。

（2）二级处理

污水的二级处理通常是在一级处理的基础上，采用生物处理方法去除水中以溶解状和胶体状存在的有机污染物质。对于城市污水和与城市污水性质相近的工业污水，经过二级处理一般可以达到排入水体的水质要求。

（3）三级处理、深度处理或再生处理

对于二级处理仍未达到排放水质要求的难于处理的污水的继续处理，一般称为三级处理。对于排入敏感水体或进行污水回用所需进行的处理，一般称为深度处理或再生处理。

1.4.2 污水处理的方式

根据污水的来源与水量规模，污水的处理方式有单独处理和合并处理两大方式。

（1）单独处理

单独处理是针对某一来源的污水，采用合适的方法单独对其进行处理。

1）工业污水单独处理

是在工厂内把工业污水处理到直接排入天然水体的污水排放标准，处理后的出水直接排入天然水体。这种方式需要在工厂内设置完整的工业污水处理设施，是一种分散处理方式。

2）城市污水单独处理

是将分散排放的城市污水经收集后，在城市污水处理厂处理到直接排入天然水体的污水排放标准，出水直接排入天然水体。这种方式需建设大、中型的污水处理厂，是一种集中处理方式。

（2）合并处理

是将工业污水在工厂内处理达到排入城市下水道的水质标准，送到城市污水处理厂中与生活污水合并处理，出水再排入天然水体。这种处理方式能够节省基建投资和运行费用，占地少，便于管理，并且可以取得比工业污水单独处理更好的处理效果，是我国水污染防治工作中积极推行的技术政策。

对于已经建有城市污水处理厂的城市，污水产生量较小的工业企业应争取获得环保和城建管理部门的批准，在交纳排放费的基础上，将工业污水排入城市下水道，与城市污水合并处理。对于不符合排入城市管网水质标准的工业污水，需在工厂内进行适当的预处理，在达到相关水质标准后，再排入城市下水道。

对于尚未设立城市污水处理厂的城市中的工业企业和排放污水量过大或远离城市的工业企业，一般需要设置完整独立的工业污水处理系统，处理后的水直接排放或进行再利用。

1.4.3　污水的处理方法

污水因其中含有污染组分，已部分或全部丧失了其原先的使用功能，并能会对受纳水体、土壤和大气造成污染，进而影响人类身体健康，因此在排放前必须进行处理。

根据处理的目的，污水处理可分为两种情况：

(1) 以达标排放为目的的处理方法

这种方法是采用一定的方法和技术，将污水中的污染组分进行转化或分离，从而使处理后的排水水质达到相关的排放标准。

(2) 以资源回用为目的的处理方法

这种方法是通过技术开发将污水中所含的污染组分进行转化或分离，实现变废为宝，同时使处理后的水部或全部恢复原有的使用功能，实现水资源回用，从而取得良好的经济效益、环境效益和社会效益。这种方式就是污水的资源化利用。

污水的来源不同，其特征组分、水质特点各不相同，因此资源化利用的途径不同。但无论何种污水，实现资源化利用前必须根据水质特性进行相应的处理。根据处理过程的原理，采用的处理技术可分为物理处理技术、化学处理技术和生物处理技术。

1.5　污水生物处理技术与设备

污水生物处理是利用微生物的新陈代谢功能，并采取一定的人工技术措施，创造有利于微生物生长、繁殖的良好环境，加速微生物的增殖及其新陈代谢的生理功能，从而使污水中的有机污染物得以降解、去除，同时通过生物絮凝去除胶体颗粒的污水处理技术。

1.5.1　生物处理技术的适用条件

选用生物处理技术前必须判断污水的可生化降解性（在微生物作用下，某种物质改变原来的结构和性质的难易程度），鉴定和评定方法如表1-5所示。

表 1-5　鉴定和评价有机污染物可生化降解性的方法

分类	方法	方法要点	方法评价
根据氧化所耗氧量	水质指标法	采用 BOD_5/COD 作为评价指标：>0.45 好；$0.3\sim0.45$ 较好；$0.2\sim03$ 较差；<0.2 不宜。 方法改进：以 $BOD_{28}/ThOD$ 来评价	比较简单，但精度不高，可粗略反映有机物的降解性能
	瓦呼仪法	根据有机物生化呼吸线与内源呼吸线的比较来判断有机物的生化降解性能。测试时，接种物可采用活性污泥，接种量 SS 为 $1\sim3g/L$	较好地反映微生物氧化分解特性，但试验水量少对结果有影响
根据有机物去除效果	静置烧瓶筛选试验	以 10mL 沉淀后的生活污水上清液作接种物，90mL 含有 5mg 酵母膏和 5mg 受试物的 BOD 标准稀释水作为反应液，两者混合，室温下培养，1 周后测受试物浓度，并以该培养液作为下周培养的接种物，如此连续 4 周，同时进行已知降解化合物的对照试验	操作简单，但在静态条件下混合及充氧不好
	振荡培养试验法	在烧瓶中加入接种物营养液及受试物等，在一定温度下振荡培养，在不同的反应时间内测定反应液中受试物含量，以评价受试物的生化降解性	生物作用条件好，但吸附对测定有影响
	半连续活性污泥法	测试时，采用试验组及对照组两套反应器间歇运行，测定反应器内 COD、TOD 或 DOC 的变化，通过两套反应器结果比较来评价	试验结果可靠，但仍不能模拟处理厂实际运行条件
	活性污泥模型试验	模拟连续流活性污泥法生物敞开工艺，采用试验组与对照组，通过两套系统对比和分析来评价	结果最为可靠，但方法较为复杂
根据 CO_2、CH_4 量	斯特姆测试法	采用活性污泥上清液作接种液，反应时间为 28d，温度 25℃，有机物降解以 CO_2 产量占理论 CO_2 产量的百分率来判断	系统复杂，可反应有机物无机化程度
	史氏发酵管测厌氧产 CH_4 速率	受试物与接种物加入 100mL 密闭的反应器中，测量所产甲烷的体积。CO_2 用 $NaOH$ 吸收，用排水集气法收集 CH_4，至产气量不变为止，产气快，累计产气量大者易生化降解	
根据微生物生理生化指标		主要有：ATP 测试法、脱氢酶测试法、细菌标准平板计数测试法等	试验结果可靠，但测试程序较为复杂

影响有机物生化降解的因素主要有：①有机物种类（化学组成、理化性质、浓度、共存基质等）；②微生物种类与活性（微生物的来源、数量、种属间的关系、龄期等）；③系统环境［pH值、溶解氧（DO）、温度、营养物等］。各类有机物的可降解性见表1-6。

表 1-6　各类有机物的可降解性及特例

类别	可生物降解性特征	特殊例外
碳水化合物	易于分解，大部分化合物的 $BOD_5/COD>50\%$	纤维素、木质素、甲基纤维素、α-纤维素生物降解性较差
烃类化合物	对生物氧化有阻抗，环烃比脂烃更甚。实际上大部烃类化合物不易被分解，小部分如苯、甲苯、乙基苯以及丁苯异戊二烯，经驯化后可被分解，大部化合物的 $BOD_5/COD\leqslant20\%\sim50\%$	松节油、苯乙烯较易分解

类别	可生物降解性特征	特殊例外
醇类化合物	能够被分解,主要取决于驯化程度,大部分化合物的 $BOD_5/COD>40\%$	特丁醇、戊醇、季戊四醇表现高度的阻抗性
酚类化合物	能够被分解,需短时间的驯化,一元酚、二元酚、甲酚及许多酚能够被分解,大部分酚类化合物的 $BOD_5/COD>40\%$	2,4,5-三氯苯酚、硝基酚具有较高的阻抗性,较难分解
醛类化合物	能够被分解,大多数化合物的 $BOD_5/COD>40\%$	丙烯醛、三聚丙烯酸需长期驯化;苯醛、3-羧基丁醛在高浓度时表现高度阻抗
醚类化合物	对生物降解的阻抗较大,比酚、醛、醇类物质难于降解。有一些化合物经长期驯化后可以分解	乙醚、乙二醚不能被分解
酮类化合物	可生化性较醇、酚差,但较醚为好,有一部分酮类化合物经长期驯化后,能够被分解	
氨基酸	生物降解性能良好,BOD_5/COD 可大于50%	胱氨酸、酪氨酸需较长时间驯化才能被分解
含氮化合物	苯胺类化合物经长期驯化可被分解,硝基化合物中的一部分经驯化后可降解。胺类大部分能够被降解	N,N-二乙基苯胺、异丙胺、二甲苯胺实际上不能被降解
氰或腈	经驯化后容易被降解	
乙烯类	生物降解性能良好	巴豆醛高浓度时可被降解,低浓度时产生阻抗作用的有机物
表面活性剂类	直链烷基芳基硫化物经长期驯化后能够被降解,"特型"化合物则难于降解,高分子量的聚乙氧酯和酰胺类更为稳定,难于生物降解	
含氧化合物	氧乙基类(醚链)对降解作用有阻抗,其高分子化合物阻抗更大	
卤素有机物	大部分化合物不能被降解	氯丁二烯、二氯乙酸、二氯苯醋酸钠、二氯环己烷、氯乙醇等可被降解

1.5.2　生物处理技术的分类

参与污水中有机物生物降解的微生物有细菌、真菌、藻类、原生动物、微型后生动物等。这些微生物除了对营养物质和氧浓度有要求外,还要求适宜的环境条件,如温度、酸碱度、有毒物质浓度等。按微生物对氧浓度的需求,生物处理技术可分为好氧处理和厌氧处理两类;按微生物的生长方式,生物处理技术可分为活性污泥法和生物膜法。各种污水生物处理技术的分类及特征比较如表 1-7 所示。

表 1-7　污水生物处理技术的分类及特征比较

技术类别	技术原理	操作过程	主要特征
好氧活性污泥处理技术	利用悬浮生长的好氧微生物去除污水中的有机组分	曝气工艺	活性污泥在充分供氧的曝气池内降解有机物
		氧化沟工艺	污水和活性污泥的混合液在环状曝气池中循环流动
		吸附-生物降解工艺	在 A 段以生物吸附进行初步处理,在 B 段采用常规活性污泥法进行彻底处理
		序批式反应器工艺	使活性污泥交替处于好氧、缺氧状态而降解污染物
好氧生物膜处理技术	利用附着生长的好氧微生物去除污水中的有机组分	好氧生物滤池工艺	滤料上附着生长的生物膜降解污水中的有机物
		好氧生物转盘工艺	由附着生长在转盘上的生物膜降解污水中的有机物
		好氧生物接触氧化工艺	在装有附着微生物的填料的生物反应池中降解污水中的有机物
		好氧生物流化床工艺	由附着生长在流化床内颗粒上的生物膜降解污水中的有机物

技术类别	技术原理	操作过程	主要特征
厌氧活性污泥处理技术	利用悬浮生长的厌氧微生物降解污水中的有机组分	厌氧水解酸化工艺	使有机物转化为易于生物降解的小分子物质，提高污水的可生化性
		普通厌氧消化工艺	在厌氧消化池内利用厌氧活性污泥消化污水中的有机组分
		厌氧生物接触工艺	在消化池后增设二沉池和污泥回流系统
厌氧生物膜处理技术	利用附着生长的厌氧微生物降解污水中的有机组分	厌氧生物滤池工艺	滤料上附着生长的生物膜降解污水中的有机物
		厌氧生物转盘工艺	由附着生长在转盘上的厌氧生物膜降解污水中的有机物
		厌氧生物流化床工艺	由附着生长在流化床内颗粒上的厌氧生物膜降解污水中的有机物
两相厌氧消化工艺	将产酸相和产甲烷相分开，各自在最佳条件下运行	两相消化工艺	具有较强的抗冲击负荷能力和较高的处理效率
生物脱氮除磷技术	利用微生物的生理代谢功能去除污水中所含的氮和磷	生物脱氮工艺	利用硝化细菌和反硝化细菌的生理作用而去除污水中所含的氮
		生物除磷工艺	利用脱磷细菌的生理作用而去除污水中所含的磷
		同步脱氮除磷工艺	在脱氮的同时去除磷
生态处理技术	利用自然界内具有天然净化能力的微生物处理污水	稳定塘处理工艺	利用天然湖泊或塘洼内的微生物处理污水
		土地处理工艺	利用土地的净化能力处理污水
		人工湿地处理工艺	利用人工湿地中的物理、化学和生物的协同作用对污水进行净化
		污水生态农业系统	将污水处理与农业系统耦合，在净化污水的同时提升了农业生产效率

好氧活性污泥处理技术是利用悬浮生长的好氧微生物（好氧活性污泥）的新陈代谢去除污水中的有机物。根据操作方法，可分为传统活性污泥工艺（曝气工艺）、氧化沟（OD）工艺、吸附-生物降解（A-B）工艺、序批式反应器（SBR）工艺。

好氧生物膜处理技术是利用好氧微生物附着在载体上形成的膜状生物污泥去除污水中的有机物。根据操作方法，可分为好氧生物滤池（AF）工艺、好氧生物转盘工艺、好氧生物接触氧化工艺、好氧生物流化床工艺等。

厌氧活性污泥处理技术是利用厌氧活性污泥去除污水中的有机组分。根据操作方式，可分为厌氧水解酸化工艺、普通厌氧消化工艺和厌氧生物接触工艺。

厌氧生物膜处理技术是利用附着生长的厌氧微生物膜去除污水中的有机组分。根据操作方式，可分为厌氧生物滤池工艺、厌氧生物转盘工艺和厌氧生物流化床工艺。

两相厌氧消化是将产酸相与产甲烷相分离，使各自均在最佳条件下进行。分开的两相可以是厌氧活性污泥处理技术和厌氧生物膜处理技术中的任一种。

生物脱氮除磷技术是利用微生物的生理代谢功能去除污水中所含的氮和磷。根据去除的过程，可分为生物脱氮工艺、生物除磷工艺和同步脱氮除磷工艺。

生态处理技术是利用自然界内具有天然净化能力的微生物实现对污水的净化处理。根据运行方式，可分为稳定塘处理工艺、土地处理工艺、人工湿地处理工艺和污水生态农业系统。

第2章

生物处理技术与工艺

在自然界中广泛存在着巨量的借有机物生活的微生物。根据其生存条件，可将这些微生物分为三大类：好氧生物是必须在有分子态氧（O_2）存在的条件下才能进行正常生理生化反应的一大类生物，没有氧气它们就无法生存，这些好氧生物包括绝大多数的细菌、几乎所有的动物以及人类；厌氧生物是只能在无分子态氧存在的条件下才能进行正常的生理生化反应，氧或其他氧化剂对它们具有毒害作用，如厌氧细菌、产甲烷细菌等；兼性生物既可在有氧环境中生活，也可在无氧环境中生活。在自然界中，很多细菌属于兼性细菌。

污水生物处理是利用微生物的新陈代谢作用去除水中的有机物和其他污染物质的处理工艺。根据所用微生物的生存条件和代谢机理，污水生物处理可分为好氧生物处理和厌氧生物处理两类。

2.1 好氧生物处理技术与工艺

好氧生物处理是利用好氧和兼性微生物（主要是好氧细菌和兼性细菌）在有氧气的条件下去除水中有机物和其他污染物质的技术与工艺。

2.1.1 技术原理

好氧生物处理是利用微生物在有氧条件下的新陈代谢作用使污水中的有机物和其他污染物质发生分解、转化而去除的，因此其技术原理就是好氧微生物的新陈代谢作用。

2.1.1.1 好氧生物处理的生物化学反应

在污水的好氧生物处理过程中，好氧微生物的新陈代谢主要涉及以下三大类生物化学反应：

（1）分解反应

又称氧化反应、异化代谢、分解代谢，其反应如下：

$$C,H,O,N,S+O_2 \xrightarrow{\text{异养微生物}} CO_2+H_2O+NH_3+SO_4^{2-}+\text{能量} \tag{2-1}$$

（2）合成反应

也称合成代谢、同化作用，其反应如下：

$$C,H,O,N+能量 \xrightarrow{微生物} C_5H_7NO_2 \tag{2-2}$$

（3）内源呼吸

也称细胞物质的自身氧化，其反应如下：

$$C_5H_7NO_2+O_2+S \xrightarrow{微生物} CO_2+H_2O+NH_3+SO_4^{2-}+能量 \tag{2-3}$$

如果污水中存在着足够浓度的好氧微生物，并且系统也能够为微生物提供足够的氧气，则污水中的有机污染物就会在上述三种反应的作用下得以净化，同时微生物也会得以增长。上述三个反应的相互关系如图 2-1 所示。

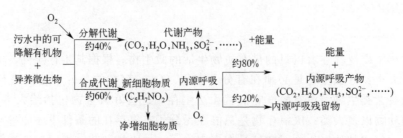

图 2-1　污水好氧生物处理中微生物的代谢途径示意图

2.1.1.2　好氧微生物的代谢过程

污水好氧生物处理过程中发挥作用的微生物主要涉及两大类：异养微生物和自养微生物。因此，污水好氧生物处理也相应地涉及这两类微生物的代谢过程，即好氧异养代谢和好氧自养代谢过程。

（1）好氧异养代谢过程

好氧异养代谢过程是指好氧微生物以外界有机物为能源和物质来源，通过新陈代谢作用使自身不断生长的过程。微生物维持正常的生长，需要消耗大量的能源和物质，如果污水中含有能满足好氧微生物新陈代谢所需的能源与物质，则这些微生物就能通过自身的新陈代谢消耗污水中的有机物和其他污染物质将其去除。好氧异养代谢过程是污水好氧生物处理工艺中最主要的一种代谢过程，是去除污水中有机污染物的主要途径。

（2）好氧自养代谢过程

在污水好氧生物处理工艺中，通常遇到的自养细菌主要是氨氧化细菌和硝化细菌，有时也将它们统称为硝化细菌，其主要功能就是在好氧条件下将污水中的氨氮氧化成硝态氮——亚硝酸根（NO_2^-）或硝酸根（NO_3^-），其中的氨氧化细菌将氨氮氧化成亚硝酸根（NO_2^-），而硝化细菌能进一步将亚硝酸根（NO_2^-）氧化成硝酸根（NO_3^-），因此这两种细菌可以去除污水中的氨氮，同时也为后续的生物反硝化提供了可能，为最终从污水中将氮素污染物彻底去除提供了基础。

2.1.1.3　有机物的好氧生物降解过程

有机污水中可能存在的有机物主要有蛋白质、碳水化合物、脂肪、有机酸、醇类、醛类、酮类、酚类、腈等，这些物质主要由碳、氢、氧、氮、磷、硫等几种元素组成，它们好氧分解的最终产物是稳定的 CO_2、水、硝酸盐、硫酸盐和磷酸盐等。

（1）碳水化合物的好氧降解

碳水化合物首先经过水解反应变成单糖才能被微生物吸收。在酶的作用下，一部分单糖用于合成细胞物质，另一部分则被最终分解为 CO_2 和水。

（2）脂肪的好氧降解

脂肪是比较稳定的有机物，但也能被某些微生物分解，无论通过何种形式，脂肪分解的第一步都是先水解为甘油和脂肪酸，部分用于合成微生物的细胞物质，部分在有氧条件下转化为丙酮酸，通过三羧酸循环，最终被氧化成 CO_2 和水。

（3）芳香族化合物的好氧降解

芳香族化合物都是苯的衍生物，大都具有一定的毒性，但在适当的条件下也可以被微生物降解，如苯酚在微生物作用下可以经一系列中间产物转化为丁二酸和乙酸，最终转化为 CO_2 和水。

（4）蛋白质的好氧降解

在蛋白酶的作用下蛋白质首先水解为氨基酸才能进入细菌细胞，在细胞内氨基酸可以作为合成菌体蛋白的原料，也可以转化为其他氨基酸，或者通过脱氨基作用分解为氨和有机酸，有机酸通过脱羧作用最终转化为 CO_2 和水。

2.1.1.4 合成代谢与分解代谢的关系

在好氧微生物的新陈代谢过程中，分解代谢和合成代谢这两个过程在生物体内不仅是完全不可分割的，而且还是相互依存的，分解代谢可以为合成代谢提供所需要的能量和小分子的前体物如单糖和氨基酸等，而合成代谢则给分解代谢提供物质基础，如分解代谢过程中需要各种生化反应的催化剂——酶，实际上就是各种形式的蛋白质，是合成代谢的重要产物之一。

从总体上说，分解代谢是一个产能过程，但同时也需要消耗能量，只是其产生的能量远大于消耗的能量，因此分解代谢是一个产能过程。而合成代谢则是一个耗能过程，它所消耗的能量主要来源于分解代谢过程产生的能量。

在污水处理过程中，合成代谢和分解代谢对污水中有机物的去除都有重要贡献，分解代谢可以将污水中的一部有机物彻底分解为多种无机小分子终产物如 CO_2、H_2O、NH_3、SO_4^{2-} 等，而合成代谢则可以将一部分有机物合成同化为新的细菌细胞物质，通过从系统中排放剩余污泥而最终达到去除有机物的目的。

2.1.1.5 影响因素与条件

影响好氧生物处理过程的因素主要有：溶解氧、水温、营养物质、pH 值、有毒物质、有机负荷率、氧化还原电位等。

（1）溶解氧

溶解氧（DO）是影响好氧生物处理的最主要因素之一，是保证好氧微生物正常生长和发挥其降解功能的基本条件之一。如供氧不足，溶解氧浓度过低，就会使微生物的正常代谢活动受到不利影响，对有机污染物的净化能力下降，而且还可能导致丝状菌的孳生，引起污泥膨胀。

但溶解氧浓度过高，一方面会导致氧利用效率降低，增加动力费用；另一方面易导致曝气过度，使微生物长期处于内源呼吸状态，导致污泥中的无机成分增高、活性下降、凝聚性能变差，最终使整个系统的运行受到不利影响。

（2）水温

在一定范围内，随着温度升高，生化反应的速率会加快，微生物的增殖速率也加快。即在一定范围内，温度升高对于好氧生物处理是有利的。但微生物细胞的某些组成物质如蛋白质、核酸等对温度比较敏感，温度的突升或突降并超过一定限度时，会使这些物质的结构和功能发生不可逆的破坏，严重影响微生物的活性，甚至可能导致微生物死亡。

一般来说，活性污泥中好氧微生物体内酶促反应的最佳温度为 20～30℃，在此范围内，微生物的生命活动旺盛、代谢能力强。高于或低于这个温度范围，就会使活性污泥的代谢活动受到某种程度的抑制。如果高于 35℃ 或低于 10℃，抑制程度会很明显。当水温高于 45℃ 或低于 5℃ 时，活性污泥的反应速率就可能降低到极低水平。因此，一般认为，活性污泥系统的最高水温和最低水温分别为 35℃ 和 10℃。

（3）营养物质

细胞组成中，C、H、O、N 约占 90%～97%，其余 3%～10% 为无机元素，主要是 P。生活污水一般不需再投加营养物质，而某些工业污水则需要，对于好氧生物处理工艺，一般应按 BOD：N：P 比例为 100：5：1 投加 N 和 P。但在处理一些特殊污水或者在实验室进行科学研究时，还需投加一些其他的无机营养元素，如 K、Mg、Ca、S、Na 等，有的还需投加一些微量元素，主要的有 Fe、Cu、Mn、Mo、Ni 等。

（4）pH 值

一般好氧微生物的最适宜 pH 值为 6.5～8.5，pH<4.5 时，真菌将占优势，引起污泥膨胀。另一方面，微生物的活动也会影响混合液的 pH 值。

（5）有毒物质（抑制物质）

一般认为，对于好氧生物处理来说，主要的有毒或抑制物质有：重金属、氰化物、H_2S、卤族元素及其化合物、酚、醇、醛等有机化合物。但实践证明，微生物在经过长期的驯化后，可以忍受的有毒物质的浓度可以增大，在某些特殊情况下，某些有毒有机化合物还能被微生物氧化分解，甚至可能被微生物作为营养物质而利用。

（6）有机负荷率

活性污泥系统中的微生物主要以污水中的有机物作为食物，但当污水中的有机物浓度过高、超过了微生物的降解能力时，就会不利于微生物的生长，反过来影响处理系统的去除效果。

（7）氧化还原电位

氧化还原电位也是影响好氧生物处理的因素之一，一般来说，好氧细菌要求的氧化还原电位为 +300～400mV，至少要求大于 +100mV。但在目前的生产性活性污泥系统中，直接利用氧化还原电位对系统进行调节和控制的还很少，只是在实验室进行研究时，有较多应用。

2.1.2 工艺过程

污水好氧生物处理一般通过两个途径来完成：一是通过好氧微生物的分解代谢，将污水中的有机物转化为稳定的无机物如 CO_2、H_2O、NH_3 等，另一条途径是通过好氧微生物的合成代谢，将污水中的有机物转化为微生物的一部分，最后通过排放剩余活性污泥的形式从污水中分离出来。污水好氧生物处理工艺中有机物的好氧降解过程如图 2-2 所示，一般通过合成代谢去除的污染物量占主导地位。

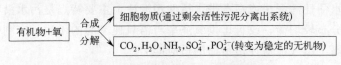

图 2-2　污水中有机物的好氧降解过程

根据微生物生长场所的不同，污水好氧生物处理技术可分为活性污泥法和生物膜法两种工艺。

2.1.2.1　活性污泥法

活性污泥法是目前应用最广泛的污水生物处理方法，其特点是好氧微生物以悬浮生长状态存于反应器（即曝气池）中，但是悬浮生长的微生物也不是完全自由的单体，多种群多个体的微生物聚集在一起形成菌胶团，菌胶团肉眼可见，也是一个生物群落。曝气设备在提供充足氧气的同时也提供足够的搅拌混合，在搅动的条件下微生物悬浮在水中，污水成为褐色泥浆状，称为活性污泥。

2.1.2.1.1　工艺过程

污水与活性污泥在曝气池内充分接触，在充足供氧的条件下，好氧微生物生长良好，其新陈代谢作用旺盛，对污水中有机物的去除效率较高。净化处理后的出水与活性污泥混合在一起，形成了曝气池内的混合液。经过一定时间后，混合液流入曝气池后续的沉淀池（称为二次沉淀池，简称二沉池）中，靠重力作用使活性污泥与处理出水分离。处理出水经二沉池的出水装置被排出，主要水质指标基本达到排放标准，经进一步的消毒处理后就可以直接排放，或者再经过一定的深度处理后进行回用。二沉池中沉淀的污泥，大部分通过污泥回流系统回流到曝气池中，为曝气池补充生物量，以维持曝气池中稳定、足够的污泥浓度；另外一部分以剩余污泥的形式排入后续的污泥处理系统。

活性污泥法是目前有机污水好氧处理的主要方法。活性污泥是活性污泥法的核心，其主要构成物质是具有生命活性的微生物，正是它们的代谢作用才使污水中的有机物得以去除，污水得到净化。

根据运行工况、曝气方式等的不同，活性污泥法又可以分为很多类型，如传统推流式活性污泥法、完全混合式活性污泥法、阶段曝气活性污泥法、吸附-再生活性污泥法、延时曝气活性污泥法、高负荷活性污泥法、纯氧曝气活性污泥法、浅层低压曝气活性污泥法、深水曝气活性污泥法、深井曝气活性污泥法等。

（1）传统推流式活性污泥法

主要优点是处理效果好，BOD_5 的去除率可达 90%～95%，对污水的处理程度比较灵活，可根据要求进行调节。存在的问题是：①为了避免池首端形成厌氧状态，不宜采用过高的有机负荷，因而池容较大，占地面积较大；②在池末端可能出现供氧速率高于需氧速率的现象，从而浪费动力费用；③对冲击负荷的适应性较弱。

（2）完全混合式活性污泥法

主要优点是可以方便地通过对 F/M 的调节，使反应器内的有机物降解反应控制在最佳状态；原水一进入曝气池，就立即被大量混合液所稀释，所以对冲击负荷有一定的抵抗能力；适合于处理较高浓度的有机工业污水。

（3）阶段曝气活性污泥法

又称分段进水活性污泥法或多点进水活性污泥法，主要特点是污水沿池长分段注入曝气池，有机负荷分布较均衡，改善了供氧速率与需氧速率间的矛盾，有利于降低能耗；污水分段注入，提高了曝气池对冲击负荷的适应能力。

（4）吸附-再生活性污泥法

又称生物吸附法或接触稳定法，主要特点是将活性污泥对有机污染物降解的两个过程——吸附、再生分别在各自的反应器内进行。其主要优点包括：

① 污水与活性污泥在吸附池内的接触时间较短，吸附池容积较小，再生池接纳的仅是浓度较高的回流污泥，容积也较小。吸附池与再生池的容积之和低于传统法曝气池的容积，基建费用较低。

② 具有一定的承受冲击负荷的能力，当吸附池的活性污泥遭到破坏时，可由再生池的污泥予以补充。

主要缺点是：处理效果低于传统法，特别是对于溶解性有机物含量较高的污水，处理效果更差。

（5）延时曝气活性污泥法

又称完全氧化活性污泥法，其主要特点是：

① 有机负荷率非常低，污泥持续处于内源代谢状态，剩余污泥少且稳定，无需再进行处理。

② 处理后出水水质稳定性较好，对污水冲击负荷有较强的适应性。

③ 在某些情况下，可以不设初次沉淀池。

缺点是池容大，曝气时间长，建设费用和运行费用都较高，而且占地面积大；一般适用于处理水质要求高的小型城镇污水和工业污水，水量一般在 $1000m^3/d$ 以下。

（6）高负荷活性污泥法

又称短时间曝气法或不完全曝气活性污泥法，主要特点是：有机负荷率高，曝气时间短，处理效果较差；在工艺流程和曝气池的构造等方面与传统法基本相同。

（7）纯氧曝气活性污泥法

主要特点是氧的分压比空气约高 5 倍，可提高氧的转移效率至 $80\%\sim90\%$（一般的鼓风曝气仅为 10% 左右），使曝气池内活性污泥的浓度高达 $4000\sim7000mg/L$，能够大大提高曝气池的容积负荷；剩余污泥产量少，SVI 值也低，一般无污泥膨胀之虑。

（8）浅层低压曝气活性污泥法

该法的理论基础是：只有在气泡形成和破碎的瞬间，氧的转移率最高，因此没必要延长气泡在水中的上升距离。其曝气装置一般安装在水下 $0.8\sim0.9m$ 处，采用风压在 1m 以下的低压风机，动力效率较高，可达 $1.80\sim2.60kg/(kW\cdot h)$（以 O_2 计）。但氧的转移率一般只有 2.5%，池中设有导流板，可使混合液呈循环流动状态。

（9）深水曝气活性污泥法

主要特点是曝气池水深在 $7\sim8m$ 以上。由于水压较大，氧的转移速率可以提高，相应也能加快有机物的降解速率，且占地面积较小。

（10）深井曝气活性污泥法

又称超深水曝气法，一般平面呈圆形，直径介于 $1\sim6m$，深度一般为 $50\sim150m$。主要特点是氧的转移率高，约为常规法的 10 倍以上；动力效率高，占地少，易于维护运行；耐冲击负荷，产泥量少；一般可以不建初次沉淀池；但受地质条件的限制。

2.1.2.1.2　新型活性污泥处理工艺

活性污泥法得到了广泛应用，目前以活性污泥法为主体的处理工艺已有十多种，见表 2-1。

表 2-1　活性污泥法处理工艺的分类

类型	名称
氧化沟法	Carrousel 型氧化沟、Orbal 型氧化沟、交替氧化沟、一体化氧化沟
A-B 法	A 段吸附 B 段降解
SBR 法	典型 SBR、ICEAS 法、CASS 法、DAT-IAT 法、UNITANK 法

（1）氧化沟工艺

氧化沟（oxidation ditch）也称氧化渠，属于循环混合曝气池，是活性污泥法的一种变形。从运行工况来看，属于延时曝气法。

氧化沟工艺的出水水质常常可以达到较高水平，而且很稳定；剩余污泥产量低，稳定性较好，可直接进行脱水处理；运行管理简单，所需机械设备较少，维护与检修简单，因此氧化沟工艺的应用日益广泛。

（2）吸附-生物降解法（A-B）工艺

A-B 法工艺是由德国亚琛大学 Bohnke 教授于 20 世纪 70 年代中期首先开发并应用的，是指吸附（adsorption）-生物降解（biodegradation）工艺，其最大特点是将污水的处理分解成两步，在 A 段以生物吸附作用为主对污水进行初步处理；在 B 段，采用常规活性污泥法对污水进行彻底处理。

（3）序批式间歇反应器（SBR）工艺

序批式间歇反应器（SBR）是 sequencing batch reactor 的简称，也称为间歇式活性污泥法，是在 20 世纪 90 年代迅速发展起来的一种新型的污水处理工艺。

从工艺角度，SBR 工艺具有工艺流程简单、处理效果稳定、占地面积小、耐冲击负荷等特点，而且较少发生丝状菌污泥膨胀的现象。因此，SBR 工艺得以大量推广与应用。

与传统活性污泥工艺相比，SBR 工艺主要具有以下特点：

① 无需设置二沉池，曝气池兼具二沉池的功能。

② 无需设置污泥回流设备。

③ 在处理某些工业污水时，一般无需设置调节池，曝气池可以兼作调节池。

④ 由于 SBR 的运行过程中会使得其中的活性污泥交替处在好氧、缺氧状态，且反应器从时间上来看呈典型的推流式，因此其活性污泥的 SVI 值较低，易于沉淀，一般不会产生污泥膨胀现象。

⑤ 易于维护管理，如运行管理得当，处理出水水质将优于连续式；通过对运行方式的适当调节，在单一的曝气池内可以实现脱氮和除磷的效果；易于实现自动化控制。

SBR 工艺实际上是对一大类以间歇运行为主要特点的活性污泥法工艺的总称，主要的 SBR 工艺有：CAST 工艺、ICEAS 工艺、IDEA 工艺、DAT-IAT 工艺、UNITANK 工艺、ASBR 工艺等。

2.1.2.2 好氧生物膜法

好氧生物膜法是基于好氧生物降解的另一类方法，微生物聚集生长在人为设置的填（滤）料上，并形成一定厚度的生物膜，污水流经生物膜时，生物膜上的微生物摄取水中的有机物而生长繁殖，当生物膜老化后自然脱落，并从水中分离出来。也就是说，生物膜法是靠微生物的分解代谢和分离老化的生物膜两条途径使污水得以净化的。事实上，生物膜法和活性污泥法是不能完全分开的，采用生物膜法，特别是采用接触氧化法时，生物膜是去除污染物的主体，但活性污泥在曝气池中也存在，活性污泥的作用也对污染物的去除有贡献。

因为生物膜法要人为设置填（滤）料，所以使用规模受到限制，一般适用于小型污水处理厂和部分工业污水处理项目，常用的生物膜法工艺有生物滤池（塔）工艺、生物转盘工艺、生物接触氧化工艺、生物流化床工艺等。

(1) 生物滤池（塔）工艺

生物滤池内设置固定滤料，污水自上而下流过滤料时不断与滤料相接触，因此微生物就会在滤料表面附着生长和繁殖，并逐渐形成生物膜。在生物滤池净化污水的过程中，滤料表面的生物膜会由于自然老化而脱落，与出水一同被带出生物滤池，影响出水水质。因此在生物滤池之后一般需设置二沉池，使出水中的生物膜或其他悬浮物在其中沉淀下来，保证出水水质。

好氧生物滤池的形式主要有普通生物滤池、高负荷生物滤池、塔式生物滤池、活性生物滤池等。与活性污泥工艺流程不同的是，生物滤池中常采用出水回流而基本不采用污泥回流，从二沉池排出的污泥全部作为剩余污泥进入污泥处理流程进行下一步的处理。

(2) 生物转盘工艺

生物转盘工艺是在生物滤池的基础上发展起来的，有时又称为转盘式生物滤池，具有如下特征：

1）优点

生物转盘无需曝气，无需人工供氧，无需污泥回流，因此运行能耗较低，运行费用仅相当于普通活性污泥法的 1/3～1/2。生物转盘具有生物膜法的特点，即生物量较多，对污水的净化效率高，且对水质、水量的适应性较强，多级串联的生物转盘工艺的出水水质较好。生物膜上由各种微生物组成的食物链较长，因此剩余污泥产量较少，一般仅为活性污泥法的 1/2 左右。日常运行中所需的维护管理较为简单，对污水的处理稳定可靠。由于生物膜有较长时间处于淹没状态，不会出现生物滤池中常见的灰蝇。

2）缺点

生物转盘的盘片暴露在空气中，受气候的影响较大，需加盖防风，有时还需保暖；生物转盘的直径受材质影响，一般都不能很大；为了供证供氧效果，还需有约 60% 的盘片面积处在水面上，导致污水池深度较浅，因此占地面积大，基建投资较高。

(3) 生物接触氧化工艺

又称为淹没式生物滤池，其工艺流程与活性污泥法相近，在接触氧化池中也需要从外界通过人工手段为池中的微生物提供氧气；也与生物滤池工艺相近，在生物反应池中装有供微生物附着生长的固体状填料物质，起净化作用的主要是附着生长在填料上的微生物。

生物接触氧化池内的生物固体浓度为 $10\sim20g/L$，高于活性污泥法和生物滤池，具有较高的容积负荷，可达 $3.0\sim6.0kg/(m^3 \cdot d)$（以 BOD_5 计）；不需要污泥回流，无污泥膨胀问题，运行管理简单；对水量水质的波动有较强的适应能力；污泥产量略低于活性污泥法。

（4）生物流化床工艺

与生物滤池、生物接触氧化、生物转盘等生物膜法工艺相比，生物流化床是一种新型的生物膜法处理工艺。

在好氧生物流化床反应器中，作为微生物附着生长的载体是粒径较小、相对密度大于 1 的惰性颗粒如砂、焦炭、陶粒、活性炭等，污水以较高的上升流速通过反应器，使载体处于流化状态，污水中的污染物通过与载体表面生长的生物膜相接触而被除去，从而达到净化污水的目的。

与其他好氧生物处理工艺相比，好氧生物流化床在微生物浓度、传质条件、生化反应速率等方面具有如下主要优点：①反应器内能维持极高的生物浓度（一般可达 $40\sim50gVSS/L$），可达到极高的容积负荷 [可达 $3\sim6kgBOD_5/(m^3 \cdot d)$ 以上]；②载体呈流化状态，传质条件好，生化反应速率快；③抗冲击负荷能力强，不存在污泥膨胀或滤料堵塞的问题；④适合于处理多种浓度的有机工业污水。存在的主要问题是：实际运行经验较少，床体内的流动特征尚无合适的模型描述，在放大设计时有一定的不确定性。

2.1.3　发展方向

好氧生物技术在低浓度有机污水，如生活污水、城市污水、低浓度工业污水领域得到了广泛的应用，但在高浓度（$COD>20000mg/L$）难降解有机污水处理方面还有待进一步的研究。好氧生物处理今后的发展方向应为：

（1）组合工艺应用

对于某些高浓度难降解有机污水，单一的好氧生物处理往往难以达到预期的处理效果，需要采用多种工艺形成组合工艺才能达到要求。常用的组合工艺有：

① 几级好氧生物处理工艺串联使用，利用不同阶段不同的生物特性提高污水处理效果。

② 在好氧生物处理工艺前设置厌氧生物处理工艺，利用厌氧生物对高浓度难降解污水的适应能力降解污水中污染物，提高污水的可生化性，把好氧生物处理作为厌氧处理的后处理。

③ 在好氧生物处理工艺前设置絮凝沉淀等物理化学方法作为预处理，降低污水浓度，提高污水的可生化性。

④ 在好氧生物处理工艺后设置化学氧化等化学方法作为后处理，确保污水达标排放。

各种组合工艺都有不同的使用条件，工程设计时要根据水质、水量条件分析，必要时通过实验来确定需要的组合方式。

（2）完全混合流态的利用

反应器内混合液对进料的稀释作用对高浓度污水的处理十分重要，因为受氧气传质能力的限制，反应器内底物浓度过高会导致供氧不足，影响效果。完全混合反应器有利于高浓度进料被反应器内大量混合液稀释，避免浓度过高引起供氧不足。但在处理高浓度污水时，完全混合系统比较脆弱，效率较低。因此，既能利用完全混合流态特性对高浓度污水进行稀释，又能保证系统高效稳定运行的反应器形式对高浓度难降解有机污水的好氧生物处理是十分重要的，例如氧化沟，特别是 Orbal 型氧化沟就较好地满足了这方面的要求。在工程应用中可以采用多级完全混合反应器串联使用、完全混合流态与推流流态串联使用等组合流态模型来平衡稀释与稳定高效两方面的需要，以达到最优效果。

2.2　厌氧生物处理技术与工艺

厌氧生物处理是利用厌氧微生物的代谢过程，在无需提供氧气的情况下把污水中的有机物转化为无机物和少量的细胞物质，不仅简单有效，而且能将有机污染物转化成使用方便的沼气，具有工艺能耗低、污泥生成量少等突出特点，越来越受到人们的广泛重视。

对于低浓度有机污水，厌氧生物处理是一种高效省能的处理工艺；对于高浓度有机污水，厌氧生物处理不仅是一种省能的治理手段，而且是一种产能方式。因此，面对环境污染严重、能源短缺、土地贫瘠化等问题，厌氧生物处理技术在全世界范围内得到了广泛应用。

2.2.1　技术原理

污水厌氧生物处理在早期又被称为厌氧消化、厌氧发酵，是指在厌氧条件下由多种（厌氧或兼性）微生物共同作用，将污水中的有机物分解转化为甲烷（CH_4）和二氧化碳（CO_2）等小分子物质的过程。

2.2.1.1　厌氧生物处理的生物化学反应

有机污水的厌氧生物处理是在无分子氧的条件下通过厌氧微生物（包括兼氧微生物）的作用，将污水中的各种复杂有机物分解转化为甲烷、二氧化碳等小分子物质的过程。厌氧生物处理过程与好氧生物处理过程的根本区别在于不以分子态的氧为受氢体，而是以化合态的氧、碳、硫、氮等为受氢体。

有机物（$C_n H_a O_b N_c$）厌氧消化过程的化学反应通式可表达为：

$$C_n H_a O_b N_c + \left(2n + c - b - \frac{9sd}{20} - \frac{ed}{4}\right) H_2O \rightarrow$$

$$\frac{ed}{8} CH_4 + \left(n - c - \frac{sd}{5} - \frac{ed}{8}\right) CO_2 + \frac{sd}{20} C_5 H_7 O_2 N + \left(c - \frac{sd}{20}\right) NH_4^+ + \left(c - \frac{sd}{20}\right) HCO_3^-$$

$$(2-4)$$

式中，括号内的符号和数值为反应的平衡系数，其中，$d = 4n + a - 2b - 3c$。s 值代表转化成细胞的部分有机物，e 值代表转化成沼气的部分有机物。

设
$$s + e = 1 \qquad\qquad (2-5)$$

s 值随有机物组分、厌氧反应器中的污泥龄 θ_c（d）和微生物细胞的自身氧化系数 k_d（1/d）而变化：

$$s = a_c \frac{1 + 0.2 k_d \theta_c}{1 + k_d \theta_c} \qquad\qquad (2-6)$$

式中，0.2 代表细胞不可降解的系数；a_c 为转化成微生物细胞的有机物的最大系数值。几种有机物厌氧消化的 a_c 值（以 COD 计的比值）如表 2-2 所示。

表 2-2　几种有机物厌氧消化的 a_c 值

有机物组成	碳水化合物	蛋白质	脂肪酸	生活污水污泥
化学分子式	$C_6H_5O_5$	$C_{16}H_{24}O_5N_4$	$C_{16}H_{32}O_2$	$C_{10}H_{19}O_3N$
a_c	0.28	0.08	0.06	0.11

对于厌氧过程的机理,目前有两种理论:一种是三阶段理论,一种是四菌群学说。

(1) 三阶段理论

Bryant 提出的厌氧消化过程"三阶段理论"指出,厌氧过程分三个阶段进行。

第一阶段是水解发酵阶段,复杂的大分子、不溶性有机物在水解发酵细菌的作用下,首先分解成小分子、溶解性的简单有机物,如碳水化合物经水解后被转化为较简单的糖类物质:

$$\begin{array}{c}\text{多糖(如纤维素)}\\ \text{低聚糖}\end{array} \xrightarrow[\text{细胞外酶}]{\text{水解}} \text{单糖} \xrightarrow[\text{产酸细菌}]{\text{酸化}} \text{脂肪酸}+\text{醇类}+CO_2+H_2 \qquad (2\text{-}7)$$

蛋白质经水解后被转化为氨基酸:

$$\text{蛋白质} \xrightarrow[\text{细胞外酶}]{\text{水解}} \text{氨基酸} \xrightarrow[\text{产酸细菌}]{\text{酸化}} \text{脂肪酸}+NH_3+CH_4+CO_2+H_2S \qquad (2\text{-}8)$$

$$\text{肽}\rightarrow\text{陈}\rightarrow\text{多肽}\rightarrow\text{二肽}$$

脂肪等物质经水解后被转化为脂肪酸和甘油等:

$$\text{脂肪} \xrightarrow[\text{细胞外酶}]{\text{水解}} \text{长链脂肪酸}+\text{甘油} \xrightarrow[\text{产酸细菌}]{\text{酸化}} \text{短链脂肪酸}+\text{丙酮酸}+CH_4+CO_2 \qquad (2\text{-}9)$$

这些简单有机物继续在产酸细菌的作用下转化为乙酸、丙酸、丁酸等脂肪酸及某些醇类物质。由于简单碳水化合物的分解产酸作用比含氮有机物的分解产氨作用迅速,因此蛋白质的分解在碳水化合物之后。

含氮有机物分解产生的 NH_3 除了提供合成细胞物质的氮源外,还有部分会在水中电离,形成的 NH_4HCO_3 具有缓冲消化液 pH 值的作用,因此有时也把碳水化合物分解后的蛋白质分解产氨过程称为酸性减退期,反应为:

$$NH_3 \underset{}{\overset{+H_2O}{\longleftrightarrow}} NH_4^+ + OH^- \xrightarrow{+CO_2} NH_4HCO_3 \qquad (2\text{-}10)$$

$$NH_4HCO_3 + CH_3COOH \longrightarrow CH_3COONH_4 + H_2O + CO_2 \qquad (2\text{-}11)$$

第二阶段是产氢产乙酸阶段,在产氢产乙酸菌的作用下,第一阶段产生的各种有机酸被分解转化成 H_2 和乙酸。在降解奇数碳素有机酸时还形成 CO_2,如:

$$CH_3CH_2CH_2CH_2COOH + 2H_2O \longrightarrow CH_3CH_2COOH + CH_3COOH + 2H_2$$
$$\quad\text{(戊酸)}\qquad\qquad\qquad\text{(丙酸)}\qquad\text{(乙酸)} \qquad (2\text{-}12)$$

$$CH_3CH_2COOH + 2H_2O \longrightarrow CH_3COOH + 3H_2 + CO_2$$
$$\quad\text{(丙酸)}\qquad\qquad\text{(乙酸)} \qquad (2\text{-}13)$$

第三阶段是产甲烷阶段,产甲烷细菌将前两阶段中产生的乙酸、乙酸盐和 H_2、CO_2 等转化为 CH_4,同时还会有少量的 CO_2 生成。此过程由两组生理上不同的产甲烷菌完成,一组把氢和二氧化碳转化成甲烷,另一组从乙酸或乙酸盐脱羧产生甲烷,前者约占总量的 1/3,后者约占 2/3,反应为

$$4H_2 + CO_2 \xrightarrow{\text{产甲烷菌}} CH_4 + 2H_2O \text{(占 1/3)} \qquad (2\text{-}14)$$

$$\left.\begin{array}{l}CH_3COOH \xrightarrow{\text{产甲烷菌}} CH_4 + 2CO_2 \\[2mm] CH_3COONH_4 + H_2O \xrightarrow{\text{产甲烷菌}} CH_4 + NH_4HCO_3\end{array}\right\}\text{(约占 2/3)} \qquad (2\text{-}15)$$

上述三个阶段的反应速率依污水性质而异，在含纤维素、半纤维素、果胶和脂类等污染物为主的污水中，水解易成为速率限制步骤。简单的糖类、淀粉、氨基酸和一般的蛋白质均能被微生物迅速分解，对含这类有机物为主的污水，产甲烷易成为速率限制步骤。

虽然厌氧消化过程可分为上述三个阶段，但在厌氧反应器中，三个阶段是同时进行的，并保持某种程度的动态平衡，这种动态平衡一旦被 pH 值、温度、有机负荷等外加因素破坏，则首先将使产甲烷阶段受到抑制，导致低级脂肪酸的积累和厌氧进程的异常变化，甚至导致整个厌氧消化过程停滞。

(2) 四菌群学说

在 Bryant 提出"三阶段理论"的同时，Zeikus 也提出了"四菌群学说"。该理论认为复杂有机物的厌氧消化过程由四大类群不同的厌氧微生物共同参与，分别是水解发酵菌、产氢产乙酸菌、同型产乙酸菌、产甲烷菌，其中的同型产乙酸菌是四菌群学说与三阶段理论最大的不同之处，其功能是将部分 H_2 和 CO_2 转化为乙酸，因此，同型产乙酸菌又被称为"耗氢产乙酸菌"。但进一步的研究表明，由 H_2 和 CO_2 通过同型产乙酸菌合成的乙酸量很少，一般仅占厌氧消化系统中总乙酸量的 5% 左右。

实际上，四菌群学说与三阶段理论在很大程度上对厌氧消化过程的认识是相同的，现在一般合称为"三阶段四菌群"理论。有机物厌氧发酵的三阶段四菌群过程如图 2-3 所示。

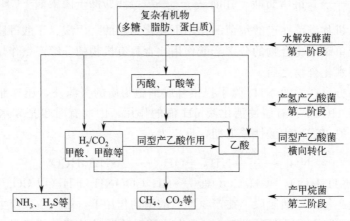

图 2-3　有机物厌氧发酵的三阶段四菌群过程

由图 2-3 可以看出，有机物的厌氧消化过程包括水解、酸化和产甲烷过程三个阶段。第一阶段是在水解发酵细菌的作用下，把碳水化合物、蛋白质与脂肪等复杂有机物通过水解与发酵转化成脂肪酸、H_2、CO_2 等产物；第二阶段是在产氢产乙酸菌的作用下，把第一阶段的产物转化成 H_2、CO_2 和乙酸；第三阶段是通过两组生理上不同的产甲烷菌的作用，把第二阶段的产物转化为 CH_4 和 CO_2 等产物。一组把 H_2 和 CO_2 转化成甲烷，即：

$$4H_2 + CO_2 \longrightarrow CH_4 + 2H_2O \tag{2-16}$$

另一组是把乙酸脱羧转化为甲烷，即：

$$CH_3COOH \longrightarrow CH_4 + CO_2 \tag{2-17}$$

同时还存在一个横向转化过程，即在产氢产乙酸菌的作用下，把 H_2/CO_2 和有机基质转化为乙酸。

$$4H_2 + 2CO_2 \longrightarrow CH_3COOH + 2H_2O \tag{2-18}$$

实际上，利用厌氧生物处理工艺处理含多种复杂有机物的污水时，厌氧反应器中发生的反应远比上述过程复杂得多，参与反应的微生物种群也会更丰富，而且会涉及许多物化反应过程。

2.2.1.2　厌氧生物反应器的动力学模型

厌氧生物反应器的类型和运行方式不同，其动力学模型也不一样。

（1）稳态完全混合反应器

稳态完全混合反应器的工作条件如图 2-4 所示。图中 Q 为进水流量；V 为反应器容积；S_0、S 和 S_e 分别为进水、反应器内和出水的底物浓度；x_0、x 和 x_e 分别为进水、反应器内和出水的微生物（污泥）浓度。

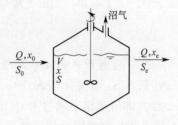

图 2-4　稳态完全混合反应器

对稳态完全混合反应器，$x_e = x$，$S_e = S$。如果假设进水中不含活性微生物，即 $x_0 = 0$，则反应器的水力停留时间 θ 为：

$$\theta = \frac{V}{Q} \tag{2-19}$$

而微生物固体的停留时间 θ_c（污泥龄）为：

$$\theta_c = \frac{Vx}{Qx_e} = \frac{V}{Q} = \theta \tag{2-20}$$

即污泥龄和水力停留时间相等，这时可以用控制污水流量来控制污泥龄。加大流量将使 θ_c 减小。

由系统污泥的物料平衡，可导出污泥浓度的计算式为：

$$x = \frac{Y(S_0 - S_e)}{1 + K_d \theta_c} \tag{2-21}$$

式中　Y——污泥理论产率，kg（生物量）/kg（降解的 BOD_5）；

　　　K_d——污泥内源呼吸率，d^{-1}。

为使反应器中保持高的微生物浓度，应使 θ_c 尽量大。由于反应器的容积有机负荷 $\theta_c = \dfrac{S_0}{L_v}$，则 $L_v = \dfrac{QS_0}{V} = \dfrac{S_0}{\theta_c}$，因此在一定的容积有机负荷下，为了增大 θ_c，就必须提高进水中的有机物浓度 S_0。

在污水厌氧生物处理实践中，如果采用稳态完全混合反应器，S_0 要求在 20000mg/L（以 COD 计）以上。以 $S_0 = 20000$mg/L，$L_v = 2.0$kg/（$m^3 \cdot d$）（以 COD 计）为例，则

$$\theta_c = \frac{S_0}{L_v} = \frac{20}{2} = 10$$

假设反应器的 COD 去除率为 90%，每去除 1kgCOD 的微生物增长量为 0.1kg，则 $x_e = 0.1 \times 18000 = 1800$mg/L。因 $x = x_e$，所以反应器内的生物污泥浓度也应是 1800mg/L。由此可见，在无回流的稳态完全混合反应条件下，即使将进水中的 COD 浓度提高到 20000mg/L，理论上厌氧生物反应器中也可维持较低的微生物浓度。为了提高污泥浓度，普通厌氧生物反应器的运行一般采用间歇操作，当从反应器中排出消化液之前，停止搅拌，使污泥沉淀。或在消化反应器上部加设分离器，即使连续出水，也可以达到分离生物

污泥的目的，此时出水中 $x_e \ll x$。

完全混合反应器的底物去除速率 R 为：

$$R = \frac{Q(S_0 - S_e)}{V} = \frac{S_0 - S_e}{\theta_c} \tag{2-22}$$

由此可见，若 θ_c 减小，则 R 增大，但如果 θ_c 接近最小 θ_{cmin}，则系统失去降解有机物的能力，$S_e \to S_0$，$R \to 0$。在 $\theta_c > \theta_{cmin}$ 后，R 迅速上升至最大值 R_{max}，继后则随 θ_c 增大而缓慢下降。为了取得一定的处理效率，θ_c 必须大于与此生长率 u_0 对应的值 θ_{cmin}，即：

$$\theta_c > \theta_{cmin} = \frac{1}{u_0} = \frac{K_s + S_0}{u_{max} \cdot S_0} \tag{2-23}$$

式中的饱和常数 K_s 和微生物最大比增长速率 u_{max} 为试验值或经验数据。因此，θ_{cmin} 只与 S_0 有关。当 $K_s = 5000\text{mg/L}$（以 COD 计），$u_{max} = 0.3/\text{d}$，$t = 30℃$ 时，根据式（2-22）即可求出不同进水 COD 情况下的 θ_{cmin} 值，其结果示于图 2-5，图中的阴影部分是不稳定区。根据国内外的经验，设计所采用的 θ_c 一般比 θ_{cmin} 大 $2 \sim 10$ 倍，如图 2-5 中虚线所示的范围。

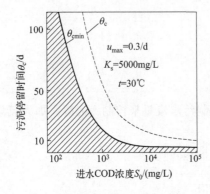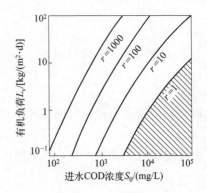

图 2-5　θ_{cmin} 和设计采用的 θ_c 与进水浓度的关系　图 2-6　进水有机物浓度（S_0）和污泥停留因素 r 与允许的有机负荷 L_v 的关系

对于 $x > x_e$ 的完全混合厌氧生物处理系统，有机负荷 L_v 可由下式求得：

$$L_v = \frac{S_0}{\theta} = \frac{S_0(x/x_e)}{\theta_c f} = \frac{u_{max} S_0^2 r}{(K_s + S_0) f} \tag{2-24}$$

式中　f——设计采用的安全系数，$f > 1$；
　　　(x/x_e)——污泥停留因素，常记作 r。

由式（2-24）可以看出，当 S_0 一定时，L_v 除了与动力学参数 u_{max}、K_s 有关之外，还直接与 r 有关。随着 r 值增大，所允许的 L_v 增大。当 $u_{max} = 0.3/\text{d}$，$K_s = 5000\text{mg/L}$，$t = 30℃$ 和 $f = 3$ 时，L_v 与 S_0、r 的关系如图 2-6 所示。

（2）有回流的完全混合反应器

厌氧接触法是典型的带污泥回流的系统，如图 2-7 所示。如果该系统只从沉淀池上清液中带走污

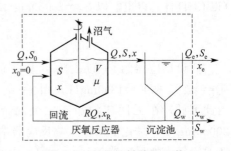

图 2-7　厌氧接触消化工艺

泥，即 $x_w = Q_w = S_w = 0$，则可将厌氧生物反应器与沉淀池视为整体（如图 2-7 中虚框所示），上述无回流条件下推导的动力学方程均可适用。如用式（2-24）分析厌氧接触系统，由于加设沉淀池后，x_e 减小，x 增大，则 r 也增大，因此在相同的 S_0 和 θ 条件下，能使系统承担的有机负荷提高，工作稳定性增大。

如果定期从沉淀池底排出部分剩余污泥，则由厌氧系统的物料衡算可推出：

$$\frac{1}{\theta_c} = \frac{YKS_e}{K_s + S_e} - k_d = \frac{Q}{V}\left(1 + R - R\frac{x_R}{x}\right) \tag{2-25}$$

$$x = \frac{\theta_c Y(S_0 - S_e)}{\theta(1 + K_d\theta_c)} \tag{2-26}$$

$$S_e = \frac{K_s(1 + K_d\theta_c)}{\theta_c(YK - K_d) - 1} \tag{2-27}$$

$$\frac{1}{\theta_{cmin}} = Y\frac{KS_0}{K_s + S_0} - K_d \tag{2-28}$$

式中　θ_c——污泥停留时间（污泥龄），d；

Y——污泥理论产率，kg（生物量）/kg（降解的 BOD_5）；

K——BOD_5 降解速率常数，d^{-1}；

S_e——沉淀池出水 BOD_5 浓度，mg/L；

K_s——饱和常数，mg/L；

K_d——污泥内源呼吸率，d^{-1}；

Q——反应器的设计流量，m^3/d；

V——反应器的体积，m^3；

R——回流比；

x_R——回流液的浓度，mg/L；

x——反应器流出液浓度，mg/L；

S_0——反应器进水 BOD_5 浓度，mg/L；

θ——水力停留时间，d。

（3）厌氧生物膜反应器

在厌氧生物膜反应器中，有机物的降解先后经历了传质-反应过程，而传递过程可能是处理过程的速率限制步骤。

对厌氧生物滤池的研究发现，底物的降解与气体的产生主要发生在滤池的底部。随着底部形成的气泡迅速上升，液体向下补充空间，造成液体的上下运动，在滤器内部产生了一定程度的返混。因此，将厌氧滤池当作完全混合反应器处理更为合理。

现假设厌氧生物滤池是一个全混均质系统，如图 2-8 所示。对系统内的底物作物料衡算，有：

$$-\frac{dS}{dt}V = QS_0 - QS_e - \left[\left(\frac{-dF}{dt}\right)_A V_A + \left(\frac{-dF}{dt}\right)_B V_B\right] \tag{2-29}$$

式中　$\left(\dfrac{-dF}{dt}\right)_A$——生物膜降解底物的速率；

$\left(\dfrac{-dF}{dt}\right)_B$——悬浮生长的污泥降解底物的速率；

V_A——附着于填料上的生物膜体积；

V_B——悬浮生长的污泥的体积。

其他符号意义同前。

由于在厌氧生物滤池中，填料的比表面积很大，附着的生物量远大于悬浮的生物量，而且悬浮的污泥主要是一些从填料上脱落的老化生物膜，其活性较差，因而悬浮生物降解的底物量与生物膜去除的底物量相比，可以忽略不计，则式(2-29)可简化为：

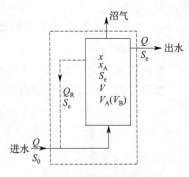

图 2-8　厌氧生物滤池（厌氧流化床）工艺

$$-\frac{dS}{dt}V = QS_0 - QS_e - \left(\frac{-dF}{dt}\right)_A V_A \qquad (2\text{-}30)$$

如果忽略内源代谢产生的污泥量，则生物膜增长与底物利用的关系为：

$$\left(\frac{dx}{dt}\right)_A = Y_A\left(\frac{-dF}{dt}\right)_A \qquad (2\text{-}31)$$

式中　$\left(\dfrac{dx}{dt}\right)_A$——生物膜的增长速率；

Y_A——生物膜理论产率，kg（生物量）/kg（降解的 BOD_5）。

对生物膜的 Monod 方程可写为：

$$\mu_A = \frac{(dx/dt)_A}{x_A} = \frac{(\mu_{max})_A S_e}{K_{SA} + S_e} \qquad (2\text{-}32)$$

式中　μ_A——生物膜的比生长速率，s^{-1}；

x_A——生物膜上的微生物浓度，mg/L；

$(\mu_{max})_A$——生物膜的最大比生长速率，s^{-1}；

S_e——限制性底物浓度，mg/L；

K_{SA}——饱和常数，即当 $\mu = \dfrac{1}{2}\mu_{max}$ 时的底物浓度，mg/L。

由式(2-31)和式(2-32)可得：

$$\left(\frac{-dF}{dt}\right)_A = \frac{\mu_A x_A}{Y_A} = \frac{(\mu_{max})_A x_A}{Y_A}\frac{S_e}{K_{SA} + S_e} \qquad (2\text{-}33)$$

将式(2-33)代入式(2-30)，且在稳态条件下，即 $\dfrac{dS}{dt} = 0$，得到：

$$Q(S_0 - S_e) = \frac{(\mu_{max})_A}{Y_A} x_A V_A \frac{S_e}{K_{SA} + S_e} \qquad (2\text{-}34)$$

如果用 δ 代表生物膜的平均活性深度，即生物膜厚度；A_m 代表填料比表面积，即单位体积填料的表面积；V_m 代表填料体积，则生物膜表面积 A 可表示为：

$$A = A_m V_m \qquad (2\text{-}35)$$

总生物膜体积 V_A 可表示为：

$$V_A = V_m A_m \delta = A\delta = \frac{x_A}{\rho_A}V \qquad (2\text{-}36)$$

式中　ρ_A——生物膜的密度。

由此，式(2-34)可表示为：

$$\frac{Q(S_0-S_e)}{A}=\frac{(\mu_{max})_A \rho_A A\delta}{Y_A}\frac{S_e}{K_{SA}+S_e} \tag{2-37}$$

式(2-37) 的左端表示填料生物膜单位表面积的底物降解速率，以 $N_s\ [ML^{-2}T^{-1}]$ 表示；右端的 $\frac{(\mu_{max})_A \rho_A A\delta}{Y_A}\frac{1}{A}$ 表示填料生物膜单位表面积的最大底物降解速率，以 N_{smax} $[ML^{-2}T^{-1}]$ 表示。将 N_s 和 N_{smax} 代入式(2-37)，便可得厌氧生物滤池底物降解速率的动力学模式：

$$N_s=\frac{N_{smax}S_e}{K_{SA}+S_e} \tag{2-38}$$

显然，式(2-37) 与 Monod 公式形式相同。反应动力学参数 N_{smax} 和 K_{SA} 可通过试验确定，对于某种污水和填料，在一定的环境条件下可求得相应的参数值。

如果底物中存在着微生物不可降解的物质，其浓度为 S_n，则式(2-38) 可表示为：

$$N_s=\frac{N_{smax}(S_e-S_n)}{K_{SA}+(S_e-S_n)} \tag{2-39}$$

生物膜表面积底物降解速率的模式说明，提高滤池填料的表面积，即增加生物膜的表面积，可以提高设备的处理能力。

厌氧流化床同属厌氧生物膜法。由于回流使载体流态化，流化床便处于完全混合型水流流态，只要把反应器与回流设备视为整体，由厌氧滤池所推导的生物膜表面积底物降解速率的动力学模式均可适用。

(4) 厌氧生物处理过程动力学参数的测定

为了将上述推导的厌氧生物处理过程的动力学方程应用于工程设计，必须确定方程中的有关常数。这些常数值可以在实验室测定，也可通过整理污水处理厂实际运行数据得到。表 2-3 给出了几种底物厌氧生物处理过程的动力学常数值，可供设计时参考。

表 2-3　厌氧生物处理过程的动力学常数值

底物种类	K/d^{-1}	$K_s/(mg/L)$	K_d/d^{-1}	$Y/(mgVSS/mgBOD_5)$	常数计算基础	θ_{cmin}/d^{-1}	温度/℃
乙酸	3.6	2130	0.015	0.040	COD	7.8	20
乙酸	4.7	869	0.011	0.054	乙酸	4.2	25
乙酸	8.1	154	0.015	0.044	乙酸	3.1	35
丙酸	9.6	32	—	—	丙酸	—	35
丁酸	15.6	5	—	—	丁酸	—	35
合成奶污水	0.38	24.3	0.07	0.37	COD	—	20~25
罐头厂污水	0.32	5.5	0.17	0.76	BOD	—	35

Lawrence 根据试验结果指出，温度对 Y 和 K_d 值的影响不大，设计时可看作不随温度变化的常数。对低脂型污水可采用 $Y=0.044$，$K_d=0.019d^{-1}$；对高脂型混合污水，如城市污水，可采用 $Y=0.04$，$K_d=0.015d^{-1}$。

2.2.1.3　影响因素与条件

一般认为影响厌氧生物处理过程的主要因素有两类：一类是工艺条件，包括污水成分、微生物量（污泥浓度）、负荷率（有机负荷、营养比例、水力负荷）、混合接触状况等；另一类是环境因素，如温度、pH 值、碱度、丙酸、挥发性脂肪酸、氧化还原电位、有毒物质等。这些因素都应是工艺可控条件，它们相互之间是紧密相关的。

（1）工艺条件

1）污水成分

污水是厌氧生物处理的对象，它的成分对处理效果有着直接的关系。有机污水的可生化性是厌氧生物处理的基本条件，在工程上污水的可生化性通常采用 BOD_5/COD 比值来判断，一般认为：$BOD_5/COD \geq 0.3$，即可进行生物处理；BOD_5/COD 为 $0.3 \sim 0.6$，认为生化性较好，宜于生物处理；$BOD_5/COD \geq 0.6$，认为生化性良好，最适于生物处理。

① 营养比例

参与污水厌氧生物处理的微生物不仅要从污水中吸收营养物质以取得能源，而且要用这些物质合成新的细胞物质，因此厌氧生物处理需要考虑消化系统所必需的氮、磷以及其他微量元素等。

为了满足厌氧微生物的营养要求，在工程中主要是控制进入厌氧反应器原水的碳、氮、磷的比例，因为其他营养元素不足的情况较少见。一般来说，处理含天然有机物的污水时不用调节，在处理化工污水时，以 C∶N∶P 为（$200 \sim 300$）∶5∶1 为宜，其中 C 以 COD 计算，N、P 以元素含量计算。此比值大于好氧法中的 100∶5∶1，这与厌氧微生物对碳素营养分的利用率较好氧微生物低有关。在碳、氮、磷比例中，碳氮比对厌氧消化的影响更为重要。研究表明，合适的碳氮比应为（$10 \sim 18$）∶1，如图 2-9 和图 2-10 所示。

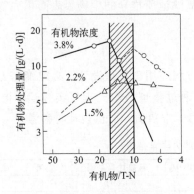

图 2-9　氮浓度与处理量的关系

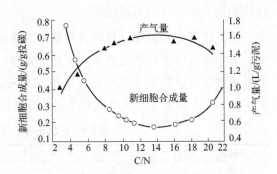

图 2-10　碳氮比与新细胞合成量及产气量的关系

在厌氧处理过程中提供的氮源，除满足合成菌体所需之外，还有利于提高反应器的缓冲能力。若氮源不足，即碳氮比太高，则不仅厌氧菌增殖缓慢，而且消化液的缓冲能力降低，pH 值容易下降。若氮源过剩，即碳氮比太低，氮不能被充分利用，将导致系统中氨的过分积累，pH 值上升至 8.0 以上，而抑制产甲烷细菌的生长繁殖，使消化效率降低。添加 $NH_3\text{-}N$ 因提高了消化液的氧化还原电位而使甲烷产率降低，所以氮素以加入有机氮和 $NH_4^+\text{-}N$ 营养物为宜。

② 硫酸盐与硝酸盐

研究表明，有机污水厌氧生物处理过程中发生生物氧化的顺序是：反硝化、反硫化、酸性发酵、甲烷发酵等，只有在前一种反应条件不具备时才进行后一种反应。在厌氧处理过程中，始终存在着硝化细菌、反硝化细菌、反硫化细菌，虽然硝化细菌为专性好氧菌，但也能在厌氧环境中存活下来，硝化作用能够发生在氧浓度低于 $6\mu mol$ 的环境中。因此必须严格控制厌氧反应器进水中的 SO_4^{2-}、NO_3^- 含量，才能使反应器保持有利于甲烷发酵的运行状态。

③ 重金属

工业污水中常含有重金属。微量重金属对厌氧细菌的生长可能会起到刺激作用，但过量时却有抑制微生物生长的可能性。一般认为重金属离子可与菌体细胞结合，引起细胞蛋白质变性并产生沉淀。在重金属的毒性大小排列次序上，研究表明，$Ni > Cu > Pb > Cr > Cd > Zn$。

厌氧生物处理中重金属离子的毒性阈限浓度并不是恒定的。例如，当重金属与硫化物在反应器中并存时，它们之间可以进行络合反应生成不溶性的硫化物沉淀，就可使厌氧反应器忍受的重金属浓度大大提高。此外，毒物的浓度并不等于毒物负荷，在毒物浓度相同的情况下，如果反应器中微生物量多，则相应单位微生物量所忍受的毒物负荷就少，相当于微生物承受的毒物浓度减少。另外，厌氧生物反应器中微生物浓度高，引起细菌细胞蛋白质变性而产生沉淀的菌体数占总活菌数比例就少，相对来说在反应器中剩余的活性微生物就越多，在引起细菌细胞蛋白质变性的同时，重金属离子也相对去除，而剩余的活性微生物可立即得到生长与繁殖，很快就可使反应器复苏。所以在生物量保持较高浓度的厌氧生物处理反应器中，有可能忍受更高的重金属离子浓度。

④ 促进剂

在厌氧生物处理过程中，某些物质是微生物合成细胞所必需的，适当的含量可以加速细胞的合成，有些物质可以促进生物化学反应的进程，起到催化作用。如在反应器内投加活性炭有明显促进厌氧消化进程的功效，加快挥发性固体的分解，减少污泥的产率，增大沼气产量，改良出水水质和污泥的脱水性能。对于毒性有机污水的厌氧处理，活性炭还有缓解作用。

一般来说，添加某些酶制剂能促进厌氧消化过程，提高有机物转化速率，如投加纤维素酶可以促进纤维素的分解。

2）厌氧活性污泥

厌氧微生物是厌氧消化过程的作用者，在生物处理中与有机基质的关系最为密切，生物反应器中活性微生物的持有量高，反应器的转化效率以及允许承受的处理负荷率就高。

厌氧活性污泥主要由厌氧微生物及其代谢和吸附的有机物、无机物组成。厌氧生物处理时，污水中的有机物主要靠活性污泥中的微生物分解去除，厌氧活性污泥的浓度和性状与消化的效能有密切关系。在一定范围内，活性污泥浓度越高，厌氧消化的效率也越高。但达到一定程度后，效率的提高不再明显，这主要是因为：①厌氧污泥的生长率低、增长速率慢，积累时间过长后，污泥中无机成分比例增高，活性降低；②污泥浓度过高时易于引起堵塞而影响正常运行。图 2-11 和图 2-12 分别说明了污泥浓度与最高处理量和产气量之间的关系。

准确计量活性污泥中微生物的含量在技术上困难很大，一般以其中悬浮固体（SS）或挥发性悬浮固体（VSS）间接表示微生物量，当污泥中的非挥发组分和挥发组分有固定的比例关系时，采用 SS 代表 VSS 在测定技术上更为简便，但当比较几种污泥的活性功能时，采用 VSS 比 SS 更能准确地反映问题的实质。

污泥浓度的大小对消化装置处理能力的影响很大。一般而言，单位有效容积中的微生物量愈多，装置的处理能力也就愈大。由于厌氧微生物生长缓慢，为加速厌氧反应器的启动过程，需投加含有各种厌氧微生物的接种污泥，此时应尽量选择含甲烷菌多的污泥，如城市污水厂的消化污泥与各种厌氧污泥等。在选择接种污泥时应尽量采用与所处理污水的特征有机物相似的污泥作为接种物。一般来说，启动采用间歇式进料方式，根据接种污泥的活性和有机污水的特性，初次投料负荷在 $0.05\sim0.5kgCOD/kgVSS$ 之间选取，待运行正常后再逐渐提高进料负荷。

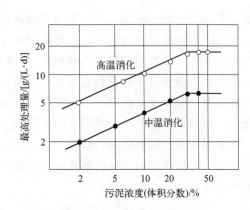

图 2-11 消化反应器内污泥浓度与最高处理量之间的关系（乙醇蒸馏污水）

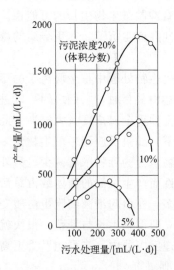

图 2-12 消化反应器内污泥浓度与产气量的关系（洗毛污水，中温消化）

3）负荷率

负荷率直接反映了有机基质与微生物量之间的平衡关系，是生物处理中最主要的控制参数。负荷率有 3 种表示方法：容积负荷率、污泥负荷率、投配率。

容积负荷率 N_v 是反应器单位有效容积在单位时间接纳的有机物量，单位为 $kgCOD/(m^3 \cdot d)$ 或 $kgBOD_5/(m^3 \cdot d)$；污泥负荷率 N_s 是反应器内单位质量的污泥在单位时间内接纳的有机物量，单位为 $kgCOD/(kg$ 污泥 $\cdot d)$ 或 $kgBOD_5/(kg$ 污泥 $\cdot d)$；投配率指每天向单位有效容积投加的新料的体积，单位为 $m^3/(m^3 \cdot d)$。投配率有时也用百分数表示，其倒数为平均停留时间或消化时间。如 $0.05m^3/(m^3 \cdot d)$ 的投配率可表示为 5%，其消化时间为 20d。

污泥负荷率 N_s 即时反映了有机物与微生物之间的供需平衡关系，但要准确计量某些反应器中的污泥量是较为困难的，因而工程上常用容积负荷这一参数。

有机负荷是影响厌氧消化效率的重要因素，直接影响产气量和处理效率。在一定范围内，随着有机负荷的提高，产气率即单位质量物料的产气量趋向下降，而反应器的容积产气量则增多，反之亦然。对于具体应用场合，进料的有机物浓度是一定的，有机负荷或投配率的提高意味着停留时间缩短，则有机物分解率将下降，使单位质量物料的产气量减少。但因反应器相对的处理量增多了，单位容积的产气量将提高。

厌氧处理系统的正常运行取决于产酸与产甲烷反应速率的相对平衡，一般产酸速率大于产甲烷速率。若有机负荷过高，产酸率将大于用酸（产甲烷）率，挥发酸将累积而使 pH 下降，破坏产甲烷阶段的正常运行，严重时产甲烷作用停顿，系统失败，并难以调整复苏。此外，有机负荷过高，过高的水力负荷还会使消化系统中污泥的流失速率大于增长速率而降低消化效率。若有机负荷过低，物料产气率或有机物去除率虽可提高，但容积产气率降低，反应器容积将增大，利用效率降低，投资和运行费用提高。

有机负荷值因工艺类型、运行条件以及污水中有机物的种类及其浓度而异。在通常情况下，中温条件下处理高浓度工业污水的有机负荷为 $2\sim3kgCOD/(m^3\cdot d)$，高温条件下处理高浓度工业污水的有机负荷为 $4\sim6kgCOD/(m^3\cdot d)$。上流式厌氧污泥床反应器、厌氧生物滤池、厌氧流化床等处理工艺的有机负荷在中温条件下为 $5\sim15kgCOD/(m^3\cdot d)$，在高温条件下可高达 $30kgCOD/(m^3\cdot d)$。在处理具体污水时，最好通过试验来确定其最适宜的有机负荷。另外，运行过程的进水水质应尽可能保持一定程度的稳定性，设计时确定的负荷率参数也应根据实际水质、水量和可能的变化幅度留有充分的余地，以免产生过多的超负荷情况。

4）传质与接触

在厌氧生物处理系统中，生物化学反应是依靠传质而进行的，而传质的产生必须通过基质与微生物之间的实际接触。只有实现基质与微生物之间充分而有效的接触，才能发生生化反应，才能最大限度地发挥反应器的处理效能。在没有搅拌的厌氧消化反应器中，料液常有分层现象。通过搅拌可消除反应器内的物料浓度梯度，增加物料与微生物之间的接触，避免产生分层，促进沼气分离。在连续投料的消化池中，还可使进料迅速与池中原料液相混合，如图 2-13 所示。

采取搅拌措施能显著提高厌氧消化的效率，如图 2-14 所示，因此在传统厌氧消化工艺中，将有搅拌的消化反应器称为高效消化反应器。但是对于混合搅拌的程度与强度尚有不同的观点，如对于混合搅拌与产气量的关系，有资料表明适当搅拌优于频频搅拌，也有资料表明频频搅拌效果较好。一般认为，产甲烷细菌的生长需要相对较安静的环境，消化池的每次搅拌时间不应超过 1h。也有人认为消化反应器内的物质移动速率不宜超过 0.5m/s，因为这是微生物生命活动的临界速率。搅拌的作用还与污水的性状有关，当含不溶性物质较多时，因易于生成浮渣，搅拌的功效更加显著。对含可溶性有机物或易消化悬浮固体的污水，搅拌的功效相对小一些。

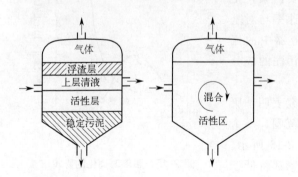

图 2-13　厌氧反应器的静止与混合状态

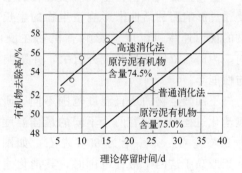

图 2-14　普通厌氧消化法与高速消化法与有机物去除率的关系

反应器的构造不同，实现传质的方式也不一样，归纳起来大致有 3 种传质方式，即人工搅拌、水力流动和沼气搅动。

① 人工搅拌

人工搅拌是利用外加的机械力对反应器中的反应液进行人工搅拌混合，普通厌氧消化池、厌氧接触工艺系统中的生物反应池均采用这种接触方式。

② 水力流动

水力流动是进水以某种方式流过厌氧生物膜层或厌氧生物污泥层,实现基质与微生物的接触传质。前者的典型代表为厌氧生物滤池,后者的典型代表为升流式厌氧污泥床反应器。

在厌氧生物滤池内,水流从上到下或从下到上流过滤料层,实现微生物与基质的传质。水流速率大时,传质阻力小,可以通过出水回流来改变水流速率,强化基质与微生物的传质效果。在升流式厌氧污泥床反应器内,当进水穿过污泥床而上升时,实现微生物与基质的传质,但进水速率小难以均匀分配,传质不充分。为了强化传质,可采用脉冲方式进水,在进水点形成了强度较大的股流,并在其周围产生小范围的涡流和环流,增强传质效能。

③ 沼气搅动

所有厌氧生物反应器内都有沼气产生,产生的气体以分子状态排出细胞并溶于水中,当溶解达到过饱和时,便以气泡形式析出,并就近附着于疏水性的污泥固体表面。最初析出的气泡十分微小,随后许多小气泡在水的表面张力作用下合并成大气泡。沼气泡的搅动接触有两种形式:①在气泡的浮力作用下,污泥颗粒上下移动,与反应液接触;②大气泡脱离污泥固体颗粒而上升时,起到搅动反应液的效果。当反应器的负荷率较大时,单位面积上的产气量就大,气泡的搅动作用十分明显。

在普通厌氧消化池中,可采用水力提升器进行水力循环搅拌,也可采用沼气进行气力循环搅拌,或采用螺旋桨进行机械循环搅拌,从效能上看以沼气循环搅拌为最佳,机械搅拌次之,水力循环搅拌最差。对于大多数厌氧生物反应器,可能有两种接触方式同时存在,如升流式厌氧污泥床反应器内既有水力流动接触又有沼气搅动接触。

(2) 环境因素与条件

1) 温度

温度是影响微生物生命活动过程的重要因素,主要通过影响酶的活性来影响微生物的生长速率与对基质的代谢速率。温度还影响有机物在反应器中的流向,因而与沼气产量和成分有关,并影响污泥的成分与性能等。

不同微生物的适宜温度范围不同。研究表明,厌氧消化过程中存在着两个不同的最佳温度范围,一个为 55℃左右,另一个为 35℃左右,如图 2-15 所示。低于或高于这两个最佳范围时,其消化速率都将低于两者的相应值。

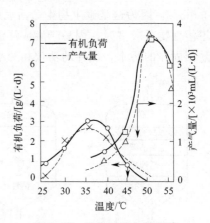

图 2-15 温度对消化的影响

根据不同的最佳温度范围,厌氧微生物可为分嗜热菌(高温细菌)和嗜温菌(中温细菌)两大类,相应的厌氧消化则被称为高温消化(35~55℃)和中温消化(35~38℃)。高温消化的反应速率约为中温消化的 1.5~1.9 倍,产气率也高,但气体中甲烷所占百分比却较中温消化低。当处理含有病原菌和寄生虫卵的污水时,采用高温消化可取得较理想的卫生效果,消化污泥的脱水性能也较好,但采用高温消化需要消耗较多的能量,处理污水量很大时，往往不宜采用。

温度的急剧变化和上下波动不利于厌氧消化。研究表明，在厌氧消化过程中，温度在 $10\sim35℃$ 范围内，甲烷的产率随温度升高而提高；温度在 $35\sim40℃$ 范围内，甲烷的产率最大；温度高于 $40℃$ 后的甲烷产率呈下降趋势。温度低于最优范围时，温度每下降 $1℃$，消化速率下降 11%。短时间升降 $5℃$，沼气产量将明显下降，同时会影响沼气中的甲烷含量，尤其是高温发酵对温度变化更为敏感。因此，在厌氧反应器的运行管理中，应采取一定的控温措施，尽可能控制温度变化不超过 $2\sim3℃/h$。

2）pH 值和碱度

pH 值是影响厌氧微生物生命活动过程的重要因素之一，其对微生物的影响主要表现在以下几个方面：①各种酶的稳定性均与 pH 值有关；②pH 值直接影响底物的存在状态及其对细菌细胞膜的透过性，如当 pH<7 时，各种脂肪酸多以分子状态存在，易于透过带负电的细胞膜；而当 pH>7 时，一部分脂肪酸电离成带负电的离子，就难以透过细胞膜；③透过细胞膜的游离有机酸在细胞内重新电离，改变胞内 pH 值，影响许多生化反应的进行及 ATP 的合成。

参与厌氧消化的产酸菌和产甲烷细菌所适应的 pH 值范围并不一致。产酸菌所能适应的 pH 值范围较宽，在最适宜的 pH 值范围 $6.5\sim7.0$ 时，生化反应能力最强；pH 值略低于 6.5 或略高于 7.5 时也有较强的生化反应能力。产甲烷细菌所能适应的 pH 值范围较窄，不同甲烷菌的最适宜 pH 值各不相同，如中温消化反应器中甲酸甲烷杆菌为 $6.7\sim7.2$，布氏甲烷杆菌为 $6.9\sim7.2$，巴氏甲烷八叠球菌为 7.0。可见中温甲烷细菌的最适宜 pH 值为 $6.7\sim7.2$。

反应器正常运行时的 pH 值一般应在 6.0 以上。在处理因含有机酸而使 pH 值偏低的污水时，pH 值可以略低，如 $4.0\sim5.0$ 左右；但处理因含无机酸而使 pH 值低的污水时，应将进水的 pH 值调到 6.0 以上，具体控制要根据反应器的缓冲能力决定。

厌氧消化反应液的实际 pH 值主要由溶液中的酸性物质及碱性物质的相对含量决定，稳定性取决于溶液的缓冲能力。酸碱物质有两方面的来源：原水中存在的酸碱物质和生化反应中产生的酸碱物质。一般来说，绝大多数有机工业污水中所含的酸碱物质主要是一些弱酸和弱碱，由其形成的 pH 值大多在 $6.0\sim7.5$ 之间，有些有机污水的 pH 值可能低至 $4.0\sim5.0$，但因酸性物质多是有机酸，随着厌氧消化反应的不断进行，它们会不断减少，pH 值会自然回升，最终维持在中性附近。厌氧消化过程中产生的各种酸性和碱性物质对消化反应液的 pH 值往往起支配作用。

消化液中产生的酸性物质主要为挥发性脂肪酸和溶解的碳酸。挥发性脂肪酸是碳水化合物和脂类物质形成的不同层次的代谢产物，绝大多数为乙酸、丙酸、丁酸，电离常数比较接近，产生的 pH 值效应相差不大，一般消化反应液中的挥发性脂肪酸浓度为每升含几十至几千毫克，通常为 $1000\sim4000mg/L$。沼气中的 CO_2 约为 $15\%\sim35\%$，由其形成的分压为 $0.15\sim0.35atm$（$1atm=1.013\times10^5Pa$），在此分压下的 CO_2 溶解量为 $172\sim400mg/L$。此外消化反应液中的 H_2S 和 H_3PO_4 等物质因浓度不大又是弱酸，对 pH 值的贡献不大。

消化液中形成的碱性物质主要是氨氮，在酸性条件下多以 NH_4^+ 的形式存在，在碱性条件下多以 NH_3 的形式存在。以 NH_4^+ 形态存在时，与之保持电性平衡的 OH^- 起中和 H^+ 的作用，消化反应液中的总氨浓度以 $50\sim200mg/L$ 为宜，一般不宜超过 $1000mg/L$。

厌氧消化反应液的适宜 pH 值为 6.5～7.5。

反应器中的碳酸氢盐碱度宜介于 1000～5000mg/L 之间，在 2500～5000mg/L 之间时能提供较大的缓冲能力，即使有机酸大量增加，pH 值的下降幅度也不会太大。碱度及缓冲能力不够时，消化过程中所产生的有机酸将会使反应液的碱度和 pH 值下降到抑制产甲烷反应的程度。对于缓冲能力很低的反应器，适当添加碳酸盐能提高沼气产量、控制 pH 值和碱度、沉淀有毒金属、提高污泥沉淀性能与处理效果。

由此可见，在厌氧处理中，除控制进水的 pH 值以外，反应液的 pH 值主要取决于代谢过程中自然建立的缓冲平衡，取决于 VFA、碱度、CO_2、氨氮之间的平衡，实际操作中就是控制进水的有机负荷。由于反应器具有一定的缓冲能力，正常运行时进水的 pH 值可以略低，如处理酒精污水时，进水 pH 值为 3.9～4.5；处理醋酸生产污水时，进水 pH 值为 4.5～5.0 左右。

厌氧处理运行中，沼气的产量及组分直接反映厌氧消化的状态。反应器稳定运行时，沼气中的甲烷、二氧化碳含量基本是稳定的，此时甲烷含量最高、CO_2 含量最低，产气率也是稳定的。若反应器进水浓度、水量较稳定，则反应器所产生的沼气量及其组分也是基本不变的。当反应器受到某种冲击时，其沼气组分就会变化，甲烷含量降低、CO_2 含量增加、产气量减少。在工程中沼气计量可以直接读出，沼气中的甲烷、CO_2 分析也较容易，因此监测反应器的沼气产量与组分是控制反应器运行的一种简便易行的方法，其敏感程度常优于 pH 值的变化。

3）氧化还原电位

厌氧环境是严格厌氧的产甲烷细菌繁殖的最基本条件之一，体系中的氧化还原电位比溶解氧浓度更能全面反映发酵液所处的厌氧状态。厌氧环境的主要标志是发酵液具有低的氧化还原电位，其值应为负值。

不同厌氧系统要求的氧化还原电位值不尽相同，同一系统中不同菌群要求的氧化还原电位也不尽相同。高温厌氧系统要求适宜的氧化还原电位为 −500～−600mV，中温厌氧系统要求的氧化还原电位应低于 −300～−380mV。产酸细菌对氧化还原电位的要求不甚严格，甚至可在 +100～−100mV 的兼性条件下生长繁殖，而甲烷细菌最适宜的氧化还原电位为 −350mV 或更低。

厌氧细菌对氧化还原电位敏感的原因主要是菌体内存在易被氧化剂破坏的化学物质以及菌体缺乏抗氧化的酶系，如甲烷细菌细胞中的 F_{420} 因子就对氧极其敏感，受到氧化作用时即与酶分离而使酶失去活性。严格的厌氧菌都不具有超氧化物歧化酶和过氧化物酶，无法保护各种强氧化状态物质对菌体的破坏作用。

一般情况下氧在发酵液中的溶入是引起发酵系统氧化还原电位升高的最主要和最直接的原因。但除氧以外，其他一些氧化剂或氧化态物质的存在同样能使体系中的氧化还原电位升高，当其浓度达到一定程度时，同样会危害厌氧消化过程的进行。

控制低的氧化还原电位主要依靠以下措施：①保持严格的封闭系统，杜绝空气的渗入。这也是保证沼气纯净及预防爆炸的必要条件；②通过生化反应消耗进水中带入的溶解氧，使氧化还原电位尽快降低到要求值。有关资料表明，污水进入厌氧反应器后，通过剧烈的生化反应，可使系统的氧化还原电位降到 −100～−200mV，继而降至 −340mV，因此在工程上没有必要对进水施加特别的耗资昂贵的除氧措施，但应防止污水在厌氧处理前的湍流曝气和充氧。

2.2.2　工艺过程

厌氧消化工艺有多种分类方法。按微生物生长状态分为厌氧活性污泥法和厌氧生物膜法；按投料、出料及运行方式分为分批式、连续式和半连续式；根据厌氧消化中物质转化的总过程是否在同一反应器中并在同一工艺条件下完成，又可分为一步厌氧消化和两步厌氧消化等。

2.2.2.1　厌氧活性污泥法

厌氧活性污泥法包括厌氧消化池、厌氧接触工艺等。

(1) 厌氧消化池

厌氧消化池主要用于处理城市污水厂的污泥，也可应用于处理固体含量很高的有机污水。主要作用是：①将污泥中的一部分有机物转化为沼气；②将污泥中的一部分有机物转化为稳定性良好的腐殖质；③提高污水的脱水性能，使得污泥的体积减少 1/2 以上；④使污泥中的致病微生物得到一定程度的灭活，有利于污泥的进一步处理和利用。

1927 年，首次在消化池中加上加热装置，使厌氧消化的产气速率显著提高。随后，又增加了机械搅拌器，反应速率进一步提高。20 世纪 50 年代初又开发了利用沼气循环的搅拌装置，带加热和搅拌装置的消化池被称为高速消化池，至今仍是城市污水处理厂污泥处理的主要技术。

(2) 厌氧接触工艺

1955 年，Schroepeter 提出了厌氧接触法，主要是在参考好氧活性污泥法的基础上，在高速消化池之后增设二沉池和污泥回流系统，并将其应用于有机污水的处理，使处理能力得到显著提高。但最大的问题是污泥的沉淀，因为厌氧污泥上一般总是附着有小的气泡，且由于污泥在二沉池中还具有活性，还会继续产生沼气，有可能导致已下沉的污泥上浮。因此，必须采取有效的改进措施，主要有真空脱气设备（真空度为 $500\mathrm{mmH_2O}$）和增加热交换器（使污泥骤冷，暂时抑制厌氧污泥的活性）。

厌氧接触工艺的特点是：①增加了污泥沉淀池和污泥回流系统；②设有真空脱气装置，将附着在污泥表面的细小气泡脱除，促进污泥的沉淀；③增设了污泥沉淀与污泥回流，使系统的水力停留时间（HRT）与污泥停留时间（SRT）得以分离，可以在水力停留时间（HRT）较短的运行条件下获得较高的污泥停留时间（SRT）。

2.2.2.2　厌氧生物膜法

厌氧生物膜法的主要特点是微生物呈附着生长状态，有机容积负荷 N_v 大大提高，水力停留时间 HRT 显著缩短。厌氧生物膜法工艺最初是应用于高浓度有机工业污水的处理，后来也开始应用于城市污水的处理。如果与好氧生物处理工艺进行串联或组合，还可以同时实现脱氮和脱磷。

厌氧生物膜法包括厌氧生物滤池、厌氧生物转盘等。

(1) 厌氧生物滤池 (AF)

厌氧生物滤池（anaerobic filter，AF）是一个内部填充有可供厌氧微生物附着生长的填料的厌氧反应器，类似于过滤操作中的滤池，因此称其为生物滤池。根据污水在厌氧生物滤池中的流向，可分为升流式厌氧生物滤池、降流式厌氧生物滤池和升流式混合型厌氧生物滤池三种形式。

从工艺运行的角度看，厌氧生物滤池具有以下特点：

① 厌氧生物滤池中厌氧生物膜的厚度约为 1～4mm。

② 与好氧生物滤池一样，其生物固体浓度沿滤料层高度而变化。

③ 降流式厌氧生物滤池较升流式厌氧生物滤池中的生物固体浓度的分布更均匀。

④ 厌氧生物滤池的有机负荷为 0.2～16 kgCOD/$(m^3 \cdot d)$，适合于处理多种类型、浓度的有机污水。

⑤ 当进水的 COD 浓度过高（>8000～12000mg/L）时，应采取出水回流的措施增大进水流量，减少碱度，降低进水 COD 浓度，改善进水分布条件。

与传统的厌氧消化池相比，厌氧生物滤池的突出优点是：生物固体浓度高，有机负荷高；污泥停留时间（SRT）长，可缩短水力停留时间（HRT），耐冲击负荷能力强；启动时间较短，停止运行后的再启动也较容易；无需回流污泥，运行管理方便；运行稳定性较好。主要缺点是易堵塞，会给运行造成困难。

（2）厌氧生物转盘

厌氧生物转盘主要由盘片、传动轴与驱动装置、反应槽等部分组成。转盘盘片的所有部分全部浸没在污水中，厌氧微生物附着生长在转盘的表面，形成厌氧生物膜，可以保持较长的污泥停留时间。转盘在污水中转动的过程中，盘片表面的厌氧微生物就会从污水中摄取生长代谢所需要的有机物和其他营养物质，并最终转化为甲烷和二氧化碳。

厌氧生物转盘的主要特点是：微生物浓度高，有机负荷高，水力停留时间短；污水沿水平方向流动，反应槽高度小，节省了提升高度；一般不需回流；不会发生堵塞，可处理含较高悬浮固体的有机污水；多采用多级串联，厌氧微生物在各级中分级，处理效果更好；运行管理方便；但盘片的造价较高。

2.2.2.3 两相厌氧消化工艺

传统的厌氧消化池工艺和厌氧生物膜工艺都是在一个反应器内同时完成产酸和产甲烷两个过程，称为单相厌氧消化工艺。在单相厌氧反应器中，存在着脂肪酸的产生与被利用之间的平衡，维持两类微生物之间的协调与平衡十分不易，因此极易导致产酸过程与产甲烷过程的失调，从而使处理系统失效。

两相厌氧消化工艺是将产酸和产甲烷两个过程分开在两个反应器内进行，控制不同的运行参数使其分别满足两类不同细菌的最适生长条件。厌氧反应器可以采用任一种反应器，可以相同也可以不同。

两相厌氧工艺的最本质特征是相的分离，采用的主要方法有：

① 化学法，通过投加抑制剂或调整氧化还原电位，抑制产甲烷细菌在产酸相中的生长。

② 物理法，采用选择性的半透膜使进入两个反应器的基质有显著的差别，以实现相的分离。

③ 动力学控制法，利用产酸菌和产甲烷细菌在生长速率上的差异，控制两个反应器的水力停留时间，使产甲烷细菌无法在产酸相中生长。目前应用最多的相分离方法是最后

一种，即动力学控制法。但实际上很难做到相的完全分离。

与常规的单相厌氧生物处理工艺相比，两相厌氧工艺主要具有如下优点：

① 有机负荷比单相工艺明显提高。

② 产甲烷相中的产甲烷细菌活性得到提高，产气量增加。

③ 运行更加稳定，承受冲击负荷的能力较强。

④ 当污水中含有 SO_4^{2-} 等抑制物质时，其对产甲烷细菌的影响由于相的分离而减弱。

⑤ 对于复杂有机物（如纤维素等），可以提高其水解反应速率，从而提高厌氧消化的效果。

2.2.3　发展方向

与好氧生物处理相比，污水厌氧生物处理工艺具有以下主要优点：

① 在处理污水的同时能够产生沼气，实现资源和能源的有效回收，是一项节约能源、资源循环、符合生态平衡要求、切合"碳达峰碳中和"目标的技术。

② 可以直接处理高浓度有机污水，剩余污泥产生量少，而且污泥高度无机化，脱水容易，处置费用低，有时还可用作农肥或新运行厌氧反应器的接种污泥。

③ 对营养物的需求量较小，不需添加营养物，运行费用省；设备负荷高，占地少，投资省。如果所产沼气能被利用，则费用更会大大降低，甚至可能会产生一定的利润。

④ 反应器中的污泥可以在停止进水的情况下保持良好的活性至少一年，恢复进水后很快就能达到原来的负荷水平，非常适合一些季节性生产行业，如糖厂、酒厂等的需要。

⑤ 在处理含氯化溶剂、丙烯酸等挥发性有机物或表面活性剂的污水时，能够有效避免好氧生物处理工艺过程存在的起泡和将挥发性污染物吹脱到大气中造成二次污染等问题，而且还可以将某些好氧生物无法降解的高氯化脂肪族和芳香族化合物有效消化，降低污水中氯化有机物的毒性。

⑥ 对于某些含有难降解有机物的污水，利用厌氧生物处理工艺可以获得更好的处理效果，或者可以利用厌氧生物处理工艺作为预处理工艺，提高污水的可生化性，然后再利用好氧生物处理工艺继续进行处理，可以获得比单独采用好氧生物处理工艺好得多的处理效果。

尽管厌氧生物处理工艺非常具备竞争力，但大规模应于时还有很多需要进一步完善的地方，厌氧生物处理今后的发展方向是：

（1）高温厌氧工艺及高温厌氧反应器

厌氧微生物增殖较慢，反应器的初次启运过程缓慢，一般需要 8～12 周时间，而且低温条件下的动力学速率低。由于厌氧消化的温度效应很大，加热升温已成为提高厌氧生物反应器效能的重要手段。另一方面，采用高温厌氧处理工艺，可使反应器出水达到更好的消毒灭菌效果，提高工艺过程的安全性。

（2）两相厌氧消化工艺

厌氧消化所涉及的生化反应过程较复杂，运行过程中需要很高的技术要求。厌氧微生物特别是产甲烷细菌对温度、pH 值等环境因素非常敏感，使得厌氧生物反应器的运行和应用受到很多限制和困难。产酸阶段产生的大量 VFA 致使发酵液酸化，产甲烷阶段使发酵液碱化，在高负荷厌氧生物反应器中，易出现下部偏酸而上部偏碱的问题，且出水中所含有的碱度得不到充分利用。但采用两相厌氧消化工艺，可分别满足产酸菌和产甲烷细菌对环境的不同要求，从而充分发挥各菌群的优势与功能，提高消化过程的效能与处理出水的水质。

（3）组合工艺应用

对于某些高浓度难降解有机污水，单一的厌氧生物处理往往对污水中氨氮的去除效果较差，反应器的出水浓度比较高，很难直接达到排放要求，需要采用好氧生物处理工艺进一步处理才能达到二级以上的排放标准。采用何种厌氧处理技术与好氧处理技术的组合，需根据水质、水量条件分析，必要时通过实验来确定需要的组合方式。

（4）高效工程菌的开发与利用

厌氧微生物对有毒物质比较敏感，处理效果有一定的局限性，因此开发高效工程菌来处理难降解有毒物质受到了人们的重视。同样条件下，高效工程菌比通过自然驯化培养细菌的活性要高，摄取营养物质的能力和对污水的适应性要强，并可有针对性地去除污水中某些难降解有机物。

第3章

好氧活性污泥法处理工艺与设备

好氧活性污泥法处理工艺的特点是好氧微生物以悬浮生长状态存在于反应器（即曝气池）中，在曝气设备提供充足氧气的条件下进行新陈代谢，发生一系列的生物化学反应，将污水中的有机物降解、转化为小分子物质而去除。

根据运行工况和曝气方式，好氧活性污泥法可分为很多类型，如传统推流式活性污泥法、完全混合式活性污泥法、阶段曝气活性污泥法、吸附-再生活性污泥法、延时曝气活性污泥法、高负荷活性污泥法、纯氧曝气活性污泥法、浅层低压曝气活性污泥法、深水曝气活性污泥法、深井曝气活性污泥法等。

随着应用领域的扩大与研究的深入，涌现了一批以活性污泥法为主体的新型工艺，常用的主要有氧化沟工艺、吸附-生物降解（A-B）法工艺和序批式间歇反应器（SBR）工艺。

3.1 曝气工艺与设备

曝气工艺也称传统活性污泥法，就是采用曝气设备使活性污泥中的好氧微生物在氧充足的条件下利用污水中的有机物发生生物化学反应而去除。

3.1.1 技术原理

3.1.1.1 活性污泥的形态与组成

活性污泥是活性污泥处理系统中的主体作用物质。活性污泥中固体物质的有机成分主要由栖息在活性污泥上的微生物群体所组成，以好氧细菌为主，也存活着真菌、放线菌以及原生动物、后生动物等，这些微生物群体在活性污泥上组成了一个相对稳定的小小生态系统。

好氧活性污泥是好氧活性污泥法处理工艺系统的核心，其活性体现在构成活性污泥的物质是具有生命活性的好氧微生物，正是它们的代谢作用才使污水中的有机物得以去除，污水得到净化。净化污水的第一承担者（也是主要承担者）是细菌，而摄食处理水中游离细菌、使污水进一步净化的原生动物是污水净化的第二承担者。

3.1.1.2 活性污泥的性质与性能指标

（1）物理性质

好氧活性污泥法中的活性污泥一般呈褐色、（土）黄色、铁红色，在处理城市污水时，一般呈泥土味。密度一般为 $1.002 \sim 1.006 \mathrm{g/mL}$（或 $\mathrm{kg/L}$），粒径为 $0.02 \sim 0.2 \mathrm{mm}$，比表面积为 $20 \sim 100 \mathrm{cm^2/mL}$，含水率为 $99.2\% \sim 99.8\%$。

(2) 生化性质

好氧活性污泥的生化性质指其中的固体物质组成，主要有：活性微生物（M_a），微生物内源呼吸的残留物（M_e），惰性有机物质（M_i），无机物质（M_{ii}）。其中活性微生物是指活性污泥中的好氧微生物，是氧化分解有机污染物的主力，通常以"菌胶团"或"生物絮凝体"的形式存在于混合液中，具有一定的生物絮凝作用，只要其所处的环境相对平静，如停止曝气或搅拌，就能很快与水分离并沉淀下来。主要好氧微生物包括细菌、真菌、原生动物和后生动物。

活性污泥的生化性质可用如下两个指标来评价：

1）混合液悬浮固体浓度（mixed liquor suspended solids，MLSS）（单位：$\mathrm{mg/L}$，$\mathrm{g/m^3}$）

表示活性污泥在曝气池中的浓度，即污泥浓度，包括了活性污泥中固体部分的各种物质，即：

$$MLSS = M_a + M_e + M_i + M_{ii} \tag{3-1}$$

2）混合液挥发性悬浮固体浓度（mixed liquor volatile suspended solids，MLVSS）

表示活性污泥中有机组分的浓度，只包括活性污泥中固体部分的有机物质，即：

$$MLVSS = M_a + M_e + M_i \tag{3-2}$$

当活性污泥系统的运行条件基本相同时，其 MLVSS 与 MLSS 的比例较稳定，一般对于处理城市污水的活性污泥系统来说，该比值一般为 $0.75 \sim 0.85$。

(3) 沉降与浓缩性能

良好的沉降与浓缩性能是发育正常的活性污泥所应具有的特征之一。根据活性污泥在沉降浓缩方面的特性，建立了以活性污泥静置沉淀 30min 为基础的两项指标以表示其沉降浓缩性能。

1）污泥沉降比（SV）

又称 30min 沉淀率，混合液在量筒内静置 30min 后所形成沉淀污泥的容积占原混合液容积的百分率，以%表示。正常数值为 $20\% \sim 30\%$。

污泥沉降比能够反映活性污泥法反应器——曝气池正常运行时的污泥量，可用于控制剩余污泥的排放量，还能够通过它及早发现污泥膨胀等异常现象的发生。污泥沉降比测定方法比较简单，且能说明问题，应用广泛，是评定活性污泥质量的重要指标之一。

2）污泥体积指数（SVI）

是指曝气池出口处混合液静置 30min 后，每克干污泥所形成的沉淀所占的容积，可按式(3-3) 计算：

$$SVI = \frac{混合液(1L)30min 静沉形成的活性污泥容积(mL)}{混合液(1L)中悬浮固体干重(g)} = \frac{SV(mL/L)}{MLSS(g/L)} \tag{3-3}$$

SVI 值的单位为 $\mathrm{mL/g}$，但一般都只称数字，把单位简化。

污泥体积指数 SVI 值能更准确地评价污泥的凝聚性能和沉降性能，一般以介于 $70 \sim 100$ 之间为宜。SVI 值过低，说明泥粒细小，无机物含量高，缺乏活性；过高，说明污泥沉降性能不好，并且已有产生膨胀现象的可能。城市污水的 SVI 值一般为 $50 \sim 150 \mathrm{mL/g}$。

3.1.1.3 活性污泥的增殖规律及其应用

(1) 活性污泥的增殖曲线

活性污泥中好氧微生物的增殖是活性污泥在曝气池内发生代谢反应、污水中有机物被降解的必然结果，宏观体现是活性污泥量的增加。纯种微生物的增殖规律已有大量的研究结果，并以增殖曲线表示其规律。活性污泥中的微生物是多菌种混合群体，其增殖规律比较复杂，但还是遵从一定的规律，可以用图 3-1 所示的活性污泥的增殖曲线来描述。实践表明，活性污泥的能量含量，亦即营养物或有机底物量（food）与微生物量（microorganism）的比值（F/M）是活性污泥微生物增殖的重要影响

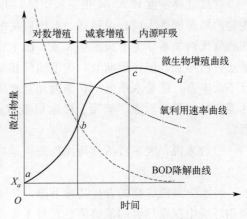

图 3-1 活性污泥的增殖曲线

因素。F/M 值是有机底物降解速率、氧利用速率、活性污泥的凝聚、吸附性能的重要影响因素。

活性污泥微生物的增殖分为适应期、对数增殖期、减衰增殖期和内源呼吸期。

1）适应期

活性污泥微生物对污水进入反应器内所形成的新的环境条件的适应过程。经过适应期后，微生物从数量上可能没有增殖，但发生了一些质的变化：菌体体积有所增大、酶系统也做了相应的调整、产生了一些适应新环境的变异等。BOD_5、COD 等各项污泥指标可能并无较大的变化。

2）对数增殖期

在温度适宜、DO 充足且不存在抑制物质的条件下，活性污泥微生物的增殖速率主要取决于有机基质与微生物的比值 F/M，单位为 $kgBOD_5/(kgVSS \cdot d)$。

实际上，F/M 值就是以 BOD_5 表示的进水污泥负荷，即：

$$F/M = N_{sBOD_5} = \frac{QB_i}{VX_V} \tag{3-4}$$

式中　N_{sBOD_5}——以 BOD_5 表示的进水污泥负荷，$kgBOD_5/(kgVSS \cdot d)$；

　　　　Q——有机污水的流量，m^3/d；

　　　　B_i——有机污水中 BOD_5 的浓度，$kgBOD_5/L$；

　　　　V——处理系统的容积，m^3；

　　　　X_V——有机污水中微生物的浓度，$kgVSS/L$。

在对数增殖期，F/M 高 [$>2.2kgBOD_5/(kgVSS \cdot d)$]，有机底物非常丰富，微生物的增殖速率与基质浓度无关，呈零级反应，仅由微生物本身所特有的最小世代时间所控制，即只受微生物自身生理机能的限制。微生物以最高速率对有机物进行摄取，也以最高速率增殖而合成新细胞，此时的活性污泥具有很高的能量水平，其中的微生物活动能力很强，导致污泥质量松散，不能形成较好的絮凝体，污泥的沉淀性能不佳。活性污泥的代谢速率极高，需氧量大。

一般不采用此阶段作为运行工况，但也有采用的，如高负荷活性污泥法。

3）减衰增殖期

有机底物浓度和 F/M 值继续下降，并达到成为微生物增殖控制因素的程度，此时微生物的增殖便进入减衰增殖期，有机底物的降解速率下降。微生物增殖速率与残存的有机底物呈比例关系，为一级反应关系。微生物开始衰亡，开始时衰亡速率还较低，活性污泥量还有所增长，但在后期衰亡与增殖两相抵消，活性污泥不再增长。在本期内，营养物质已不太丰富，能量水平低下，细菌相互之间因缺乏克服吸引力的能量而结合在一起，活性污泥絮凝体开始形成，絮凝、吸附以及沉淀性能都有所提高，污水处理水质改善并得到稳定。

一般来说，大多数活性污泥处理厂是将曝气池的运行工况控制在这一范围内的。

4）内源呼吸期

污水中有机底物的含量持续下降，F/M 值降到最低值并保持恒定，微生物不能从其周围环境中获取足够的能够满足自身生理需要的营养，只能分解、代谢自身的细胞物质以维持生命活动，即为内源呼吸期。在本期的初期，微生物虽仍在增殖，但其速率远低于自我氧化率，活性污泥量减少，如果这种状态继续下去，能够达到使活性污泥近于消失的程度，实际上由于内源呼吸的残留物多是难降解的细胞壁和细胞质等物质，因此活性污泥不可能完全消失。在本期内，营养物质几乎消耗殆尽，能量水平极低，微生物活动能力非常低下，絮凝体形成速率提高，其絮凝、吸附、降解以及沉淀性能大为提高，游离的细菌被栖息于污泥表面的原生动物所捕食，处理水质良好，稳定度大为提高。

一般不用这一阶段作为运行工况，但也有采用，如延时曝气法。

由上述可知，活性污泥微生物的增殖期主要由 F/M 值所控制。处于不同增殖期的活性污泥，其性能不同，处理水质也不同。实际应用中，F/M 值是以 BOD-污泥负荷率（N_s）表示的，即

$$N_s = \frac{F}{M} = \frac{QS_0}{XV} \quad [\text{kgBOD}_5/(\text{kgMLSS} \cdot \text{d})] \tag{3-5}$$

式中 Q——污水量，m^3/d；

S_0——污水中有机底物（BOD_5）浓度，mg/L；

V——反应器（曝气池）容积，m^3；

X——混合液悬浮固体（MLSS）浓度，mg/L。

为使活性污泥处理系统处于稳定正常状态，条件之一是使曝气池内的活性污泥浓度保持相对稳定，而活性污泥反应的结果是使活性污泥在量上有所增长，因此每天必须从系统中排出相当于增长的污泥量，使排出量与增长量保持平衡。污泥总量与每日排出的污泥量之比，称为污泥龄，即活性污泥在曝气池内的停留时间，又称为生物固体平均停留时间，即：

$$\theta_c = \frac{VX}{\Delta X} \tag{3-6}$$

式中 θ_c——污泥龄或生物固体平均停留时间，d；

V——曝气池的容积，m^3；

X——污泥处理系统内微生物浓度，kgVSS/L；

ΔX——每日的污泥增长量（即排放量），kg/d。

污泥龄是活性污泥处理系统的重要参数，直接影响曝气池内活性污泥的性能和功能。

（2）活性污泥增殖规律的应用

活性污泥的运行方式不同，其在增殖曲线上所处位置也不同。活性污泥的增殖状况，主要是由 F/M 值所控制。处于不同增殖期的活性污泥，其性能不同，出水水质也不同。通过调整 F/M 值，可以调控曝气池的运行工况，达到不同的出水水质和不同性质的活性污泥。

（3）有机物降解与微生物增殖

活性污泥增殖是微生物增殖和自身氧化（内源呼吸）两种作用的综合结果，因此，活性污泥在曝气池内每日的净增长量为：

$$\Delta X = aQS_r - bVX_V \tag{3-7}$$

式中　ΔX——污泥增长量（VSS），kg/d；

　　　Q——污水处理量，m^3/d；

　　　S_r——$S_r = S_0 - S_e$，S_0 为进水 BOD_5 浓度，$kgBOD_5/m^3$ 或 $mgBOD_5/L$；S_e 为出水 BOD_5 浓度，$kgBOD_5/m^3$ 或 $mgBOD_5/L$；

　　　a、b——经验值，对于生活污水和性质与之相近的工业污水，$a = 0.5 \sim 0.65$，$b = 0.05 \sim 0.1$（或试验值，通过试验获得）。

从式(3-7) 可以看出，活性污泥系统中曝气池每日的净增污泥量与系统每日去除有机物的量直接相关，同时还与系统中的污泥总量有关。

（4）有机物降解与需氧量

活性污泥中的好氧微生物在进行代谢活动时需要供给充足的氧，氧的主要作用是：将一部分有机物氧化分解；对自身细胞的一部分物质进行自身氧化。活性污泥法中的需氧量为：

$$X_{O_2} = a'QS_r + b'VX_V \tag{3-8}$$

式中　X_{O_2}——曝气池混合液的需氧量，kgO_2/d；

　　　Q——污水处理量，m^3/d；

　　　S_r——$S_r = S_0 - S_e$，S_0 为进水 BOD_5 浓度，$kgBOD_5/m^3$；S_e 为出水 BOD_5 浓度，$kgBOD_5/m^3$；

　　　a'——代谢 1kg BOD_5 所需的氧量，$kgO_2/(kgBOD_5 \cdot d)$；

　　　V——反应器（曝气池）容积，m^3；

　　　X_V——反应器（曝气池）内污泥浓度，mgVSS/L；

　　　b'——1kg VSS 每天进行自身氧化所需的氧气量，$kgO_2/(kgVSS \cdot d)$。

a' 和 b' 的取值同样可以根据经验或试验来获得。

3.1.1.4　活性污泥的净化反应过程

好氧活性污泥处理系统中，有机底物从污水中去除过程的实质就是有机底物作为营养物质被活性污泥微生物摄取、代谢与利用的过程，也就是所谓的活性污泥反应过程。这一过程的结果是污水得到净化，微生物获得能量合成新的细胞，使活性污泥得到增长。这一过程由物理、化学、物理化学以及生物化学等反应过程组成，大致可分为如下几个阶段：

（1）初期的吸附去除作用

在污水开始与活性污泥接触后的较短时间（5～10min）内，污水中的有机底物即被大量去除，出现很高的 BOD 去除率。这种初期的高速去除现象是由物理吸附和生物吸附交织在一起的吸附作用所导致产生的。活性污泥有着很大的比表面积，富集有大量的微生物，外部覆盖着多糖类的黏质层，与污水接触时，污水中呈悬浮和胶体状态的有机底物即被活性污泥所凝聚和吸附而得到去除，这一现象就是初期吸附去除作用。这一过程进行得较快，能够在 30min 内完成，污水的 BOD 去除率可达 70%。被吸附在微生物细胞表面的有机底物在经过数小时的曝气后，才能够相继被摄入微生物体内而加以代谢，因此初期被吸附去除的有机底物数量是有一定限度的。

（2）微生物的代谢作用

被吸附在活性污泥微生物细胞表面的有机底物，在透膜酶的作用下通过细胞膜而进入微生物细胞体内。小分子的有机底物能够直接透过细胞膜进入微生物体内，而如淀粉、蛋白质等大分子有机物则必须在胞外水解酶的作用下，被水解为小分子后才能进入细胞体内。进入细胞内的有机底物在各种胞内酶（如脱氢酶、氧化酶等）的催化作用下，微生物对其进行分解与合成代谢。

微生物对一部分有机底物进行氧化分解，最终形成 CO_2 和 H_2O 等稳定物质，并从中获取合成新细胞物质（原生质）所需要的能量。这一过程可用化学方程式表示如下：

$$C_xH_yO_z + \left(x + \frac{y}{4} - \frac{z}{2}\right)O_2 \xrightarrow{酶} xCO_2 + \frac{y}{2}H_2O \tag{3-9}$$

微生物对另一部分有机底物进行合成代谢，形成新的细胞物质，所需能量取自分解代谢。这一过程可用化学方程式表示如下：

$$nC_xH_yO_z + nNH_3 + n\left(x + \frac{y}{4} - \frac{z}{2} - 5\right)O_2 \xrightarrow{酶} (C_5H_7NO_2)_n + n(x-5)CO_2 + \frac{n}{2}(y-4)H_2O \tag{3-10}$$

微生物对自身细胞物质进行氧化分解并提供能量的过程称为内源呼吸或自身氧化。当有机底物充足时，大量合成新的细胞物质，内源呼吸作用并不明显，但当有机底物消耗殆尽时，内源呼吸就成为提供能量的主要方式了，其过程可用方程式（3-11）表示。

$$(C_5H_7NO_2)_n + 5nO_2 \xrightarrow{酶} 5nCO_2 + 2nH_2O + nNH_3 \tag{3-11}$$

图 3-2 所示为上述微生物分解与合成代谢及其产物的模型图。无论是分解代谢还是合成代谢，都能够去除有机污染物，但产物不同，分解代谢的产物是 CO_2 和 H_2O，而合成代谢的产物则是新的微生物细胞，并以剩余污泥的形式排出活性污泥处理系统。

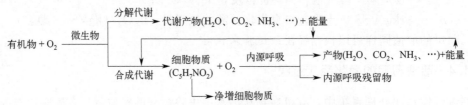

图 3-2 有机底物分解代谢与合成代谢及其产物模型图

充分发挥活性污泥微生物的代谢功能是强化活性污泥处理系统净化效果的必由之路，因此，必须充分考虑影响活性污泥反应的各项影响因素，创造有利于微生物生理活动的环境条件。影响活性污泥反应的环境因素有：BOD 负荷率、水温、溶解氧、pH 值、营养平衡及有毒物质等。

3.1.2　工艺过程

曝气处理系统由曝气池、二次沉淀池、污泥回流系统和曝气及空气扩散系统组成。曝气池是曝气处理系统的主体，是污染物发生降解、转化的主要场所，也是活性污泥微生物发挥功能的主要场所。

3.1.2.1　工艺流程

图 3-3 所示为曝气处理系统的流程。来自初次沉淀池或其他预处理装置的污水从曝气池的一端进入，从二次沉淀池连续回流的活性污泥作为接种污泥也同时进入曝气池。压缩空气通过铺设在曝气池底部的空气扩散装

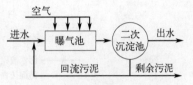

图 3-3　曝气处理系统的流程

置，以细小气泡的形式进入污水中，其作用除向污水充氧外，还使曝气池内的污水、活性污泥处于剧烈搅动的状态，形成混合液。活性污泥与污水互相混合、充分接触，使好氧微生物的生物化学反应（即活性污泥反应）得以进行。活性污泥反应的进行，使活性污泥本身得以繁衍增长，污水中的有机污染物降解，污水得到净化处理。经过活性污泥净化处理后的混合液由曝气池的另一端流出并进入二次沉淀池，进行固液分离，活性污泥经过沉淀与污水分离从沉淀池底部排出，其中一部分作为接种污泥回流至曝气池，余下部分则作为剩余污泥排出系统。澄清后的污水作为处理水排出系统。

曝气处理系统运行的基本条件是：污水中含有适宜浓度的可溶性易降解有机物，混合液中含有足够的溶解氧，保证活性污泥中的微生物处于好氧状态；活性污泥在池内呈悬浮状态，保证其中的微生物可以与污水中的基质充分反应；活性污泥连续回流，及时排除剩余污泥，使混合液保持一定浓度的活性污泥；进水中不含有毒有害物质，否则会导致对活性污泥的严重抵制。

图 3-4 所示是采用曝气工艺处理城市污水处理典型流程。城市污水与活性污泥在曝气池内充分接触，使污泥中好氧微生物的代谢作用能够充分进行，净化后的水与活性污泥混合在一起，形成了曝气池内的混合液。反应一定时间后，混合液靠重力流入曝气池后续的沉淀池（称为二次沉淀池，简称为二沉池）中，沉淀后的污泥大部分通过污泥回流系统回流到曝气池中，为曝气池补充生物量，以保证曝气池中维持稳定、足够的污泥浓度。另外小部分以剩余污泥的形式排入后续的污泥处理系统。处理水经二沉池的出水装置被排出，其主要水质基本已经达到排放标准，有时还需进一步的消毒处理后就可以直接排放，或者经过一定的深度处理后进行回用。

污泥是污水处理过程中的必然产物。城市污水处理产生的污泥含有大量的有机物，富有养分，可作为农肥使用，但由于其中含有大量细菌、寄生虫卵以及从生产污水中带来的重金属离子等，需进行稳定与无害化处理。

污泥处理的主要方法有减量处理（如浓缩、脱水等）、稳定处理（如厌氧消化、好氧消化等）、综合利用（如消化气利用、污泥农业利用等）、最终处理（如干燥焚烧、填地投海、建筑材料等）。对于某种污水处理的污泥，采用哪几种处理方法组成系统，要根据污水的性质、水量，回收有用物质的可能性、经济性、受纳水体的具体条件，并结合调查研究与经济技术比较后决定，必要时还需进行试验。

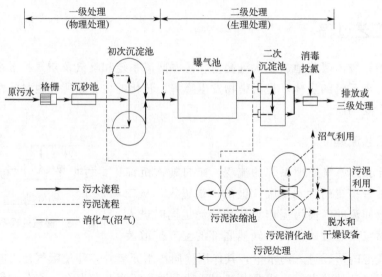

图 3-4　城市污水处理典型流程

3.1.2.2　主要工艺参数

描述曝气处理系统的工艺参数包括 3 类：①曝气池的工艺参数；②二沉池的工艺参数；③整个系统的工艺参数。这些参数互相联系，任何参数的变化都会影响到其他参数。

（1）进水的水质水量

这是曝气系统设计运行的基础参数，必须准确计量。因为受供氧量的限制，进水中的有机物浓度不能太高，且营养应全面。好氧微生物的细胞组成中，C、H、O 约占 90%～97%，其余为无机元素，主要是 P。处理生活污水和性质与之相近的工业污水时不需加营养物，处理某些工业污水时需加 N、P 使营养比达到 BOD_5：N：P 比例为 100：5：1。进水中的抑制物浓度应低于毒性限阈。

（2）混合液悬浮固体浓度（MLSS）

混合液中的悬浮固体包括活细胞、无活性又难降解的内源代谢残留物、有机物和无机物，前三类的含量称为混合液挥发性悬浮固体浓度（MLVSS）。对于给定污水，MLVSS/MLSS 介于 0.75～0.85 之间。

（3）回流比

为了维持曝气池中的污泥浓度在适当水平，通常采取将二沉池的沉淀污泥进行回流的措施。回流污泥量 Q_R 与进水量 Q 之比（一般用%来表示）称为回流比 R。计算式为：

$$R = \frac{Q_R}{Q} \tag{3-12}$$

（4）有机负荷

有机负荷的表示有进水负荷和去除负荷两种，前者指单位质量的活性污泥在单位时间内要保证一定处理效果所能承受的有机物量，后者指单位质量的活性污泥在单位时间内去除的有机物量。有时也用单位曝气池容积作为基准。

进水负荷有两种表示方法，分别是容积负荷和污泥负荷。

1）容积负荷（volumetric loading）

COD 容积负荷：

$$N_{VCOD} = \frac{Q(C_0 - C_e)}{V} \tag{3-13}$$

式中　N_{VCOD}——进水的 COD 容积负荷，$kgCOD/(m^3 \cdot d)$；

　　　C_0——进水 COD 浓度，$kgCOD/m^3$ 或 $mgCOD/L$；

　　　C_e——出水 COD 浓度，$kgCOD/m^3$ 或 $mgCOD/L$；

　　　Q——污水处理量，m^3/d；

　　　V——反应器（曝气池）的容积，m^3。

BOD 容积负荷：

$$N_{VBOD_5} = \frac{Q(B_0 - B_e)}{V} \tag{3-14}$$

式中　N_{VBOD_5}——进水的 BOD 容积负荷，$kgBOD_5/(m^3 \cdot d)$；

　　　B_0——进水 BOD_5 浓度，$kgBOD_5/m^3$ 或 $mgBOD_5/L$；

　　　B_e——出水 BOD_5 浓度，$kgBOD_5/m^3$ 或 $mgBOD_5/L$；

　　　Q、V——意义同式(3-13)。

2）污泥负荷（sludge loading）

COD 污泥负荷：

$$N_{aCOD} = \frac{Q(C_0 - C_e)}{MLSS \cdot V} \tag{3-15}$$

式中　N_{aCOD}——进水的 COD 污泥负荷，$kgCOD/(kgMLSS \cdot d)$；

　　　MLSS——进水的污泥浓度，$kgMLSS/m^3$。

BOD 污泥负荷：

$$N_{aBOD} = \frac{Q(B_0 - B_e)}{MLSS \cdot V} \tag{3-16}$$

式中　N_{aBOD}——进水的 BOD 污泥负荷，$kgBOD_5/(kgMLSS \cdot d)$。

(5) 污泥龄或污泥停留时间

好氧微生物在代谢有机物的同时增殖，剩余污泥排放量等于新净增污泥量，用新增污泥替换原有污泥所需的时间称为污泥龄 θ_c（单位：d），即

$$\theta_c = \frac{M_a + M_c + M_R}{M_w + M_e} \tag{3-17}$$

式中　M_a——曝气池内的活性污泥量，m^3；

　　　M_c——二沉池内的污泥量，m^3；

　　　M_R——回流系统的污泥量，m^3；

　　　M_w——每天排放的剩余污泥量，m^3/d；

　　　M_e——二沉池每天带走的污泥量，m^3/d。

实际应用中，通常取 $\theta_c \approx \dfrac{M_a}{M_w}$。

污泥负荷和污泥龄与污水处理效率、活性污泥特性、污泥生成量、去除单位有机物的

氧消耗量等直接有关，都可以作为活性污泥法的设计参数。选用较大的 θ_c 值，对应的污泥负荷值较小，剩余污泥量大；选用较小的 θ_c 值，则对应的污泥负荷值较大，活性污泥吸附有机物后往往来不及氧化，出水水质较差，剩余污泥量大。当 θ_c 小于某个临界值后，从系统排出的污泥量多于其增殖量，此时无处理效果。

(6) 溶解氧浓度

混合液的溶解氧浓度不能过低，否则会影响好氧微生物的代谢功能。一般维持曝气池 DO＝2mg/L 左右。氧化还原电势＋300～400mV，至少要求＞＋100mV（对厌氧菌要求＜＋100mV，对严格厌氧塘，要求＜－100mV，甚至要求＜－300mV）。

(7) 水温

在一定范围内，随着温度升高，生化反应速率加快，增殖速率也加快；另一方面，细胞组织如蛋白质、核酸等对温度很敏感，温度突升并超过一定限度时，会产生不可逆破坏。

(8) pH 值

一般好氧微生物的最适宜 pH 范围为 6.5～8.5；pH 值低于 4.5 时，真菌将占优势，引起污泥膨胀；另一方面，微生物的活动也会影响混合液的 pH 值。

(9) 曝气池和二沉池的水力停留时间

有名义水力停留时间与实际停留时间两种，前者不考虑回流，后者含回流量。

$$\theta = \frac{V}{Q} \tag{3-18}$$

式中　θ——水力停留时间，h；

　　　V——曝气池的容积，m^3；

　　　Q——曝气池的进水流量，m^3/h。

3.1.2.3　主要运行方式

在长期工程实践中，根据污水水质的变化、好氧微生物代谢活动的特点和运行管理、技术经济及排放要求等，曝气处理系统发展了多种运行方式，如标准活性污泥系统、完全混合活性污泥系统、阶段曝气活性污泥统、渐减曝气活性污泥系统、吸附-再生活性污泥系统、延时曝气活性污泥系统、高负荷活性污泥系统、纯氧曝气活性污泥系统、浅层低压曝气活性污泥系统、深水曝气活性污泥统等。

(1) 标准活性污泥系统

又称传统推流式活性污泥系统或普通活性污泥系统，是早期开始使用并一直沿用至今的运行方式，也是应用最为广泛的好氧生物处理方法之一，其工艺系统和需氧率的变化曲线如图 3-5 所示。

从图 3-5 可以看出，污水从池首端进入池内，回流污泥也同步注入，污水在池内呈推流式流至池的末端，流出池外进入二次沉淀池，在二沉池中活性污泥与处理水分离，由池底部回流至曝气池。

标准活性污泥系统具有如下特点：有机底物在曝气池内的降解经历了第一阶段吸附和第二阶段代谢的完整过程，活性污泥也经历了一个从池首端的对数增殖，经减衰增殖到池

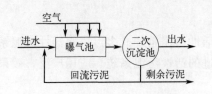

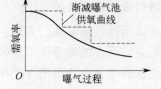

(a) 标准活性污泥系统工艺流程　　(b) 标准活性污泥系统需氧率的变化曲线

图 3-5　标准活性污泥系统工艺流程和需氧率的变化曲线

末端内源呼吸期的完全生长周期。由于有机底物浓度沿池长逐渐降低，需氧速率也是沿池

长逐渐降低，因此在池首端和前段混合液中的溶解氧浓度较低，甚至可能不足，而在池末端溶解氧含量就已经很充足了，一般都能达到规定的 2mg/L 左右，如图 3-6 所示。标准活性污泥系统对污水的处理效果极好，BOD 去除率可达 90% 以上，适用于处理净化程度和稳定程度要求较高的污水。

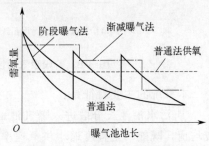

图 3-6　曝气池中需氧量示意图

长期的运行实践表明，标准活性污泥系统也存在着以下问题：

① 曝气池首端有机底物负荷率高，耗氧速率也

高，为了避免缺氧形成厌氧状态，进水的有机负荷率不宜过高，因此，曝气池容积大，占用土地较多，基建费用高。

② 对水质、水量变化的适应能力较低，运行效果易受水质、水量变化的影响。

③ 耗氧速率与供氧速率难与沿池长吻合一致，在池前段可能出现耗氧速率高于供氧速率的现象，池后段又可能出现相反的现象，从而浪费动力费用。对此可采用渐减曝气法，即曝气量沿着池长逐渐减小。

④ 对冲击负荷的适应性较弱。

(2) 完全混合活性污泥系统

完全混合活性污泥系统的工艺流程如图 3-7 所示，污水与回流污泥进入曝气池后，立即与池内的混合液充分混合，水质均匀，池内工况一致，出水浓度等于混合液浓度。

本系统具有如下优点：

① 进入曝气池的污水很快即被池内已存在的混合液

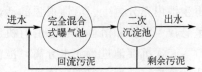

图 3-7　完全混合活性污泥系统工艺流程

稀释、均化，污水水质、水量的变化对活性污泥的影响将降至极小的程度，因此对冲击负荷有较强的适应能力，适用于处理工业污水，特别是浓度较高的工业污水。

② 污水在曝气池内分布均匀，各部位的水质相同，F/M 值相等，微生物群体的组成和数量几近一致，各部位的有机底物降解工况相同。因此，有可能通过调整 F/M 值而将整个曝气池的工况控制在最佳条件，使活性污泥的净化功能得以充分发挥。在处理效果相同的条件下，其负荷率高于标准活性污泥系统。另外，由于池内需氧均匀，动力消耗也低于标准活性污泥系统。

主要缺点是进水可能短流；另外，由于有机底物的生物降解动力低，活性污泥较易产生膨胀现象，处理水质一般低于推流式；合建池构造复杂，运行复杂。

（3）阶段曝气活性污泥系统

又称分段进水活性污泥系统、多段进水活性污泥系统或多点进水活性污泥系统，是针对标准活性污泥系统存在的弊端作了某些改进的活性污泥系统，应用广泛，效果良好。其工艺流程和需氧率的变化曲线如图 3-8 所示。

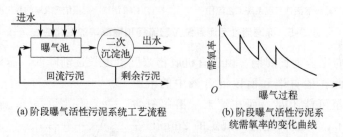

(a) 阶段曝气活性污泥系统工艺流程　　(b) 阶段曝气活性污泥系统需氧率的变化曲线

图 3-8　阶段曝气活性污泥系统工艺流程和需氧率的变化曲线

本系统的主要特征是：

① 污水沿池长分散进入曝气池，使有机底物浓度沿池长均匀分布，有机物负荷分布较均衡，既能一定程度缩小供氧速率与耗氧速率之间的差距，有利于降低能耗，又能充分发挥活性污泥的生物降解功能。

② 污水分段注入，提高了曝气池对水质、水量冲击负荷的适应能力。

③ 混合液中的活性污泥浓度沿池长逐步降低，出流混合液的污泥浓度较低，减轻了二次沉淀池的负荷，有利于提高二次沉淀池的固液分离效果。

（4）渐减曝气活性污泥系统

污水流动与标准活性污泥系统相同，但曝气量沿池长减少，与需氧量的变化相适应，因此可节省曝气费用，而且出水水质较好，可用于标准活性污泥系统的改造。但曝气装置设计复杂，为简化工艺，可将其设计成多个曝气池串联运行。

（5）吸附-再生活性污泥系统

又称生物吸附活性污泥系统或接触稳定系统，主要特点是将活性污泥降解有机底物的过程（吸附与代谢稳定）分别在各自的反应器内进行，其工艺流程如图 3-9 所示。污水和再生池内充分再生、活性很强的活性污泥同步进入吸附池，充分接触 30~60min，使部分呈悬浮、胶体和溶解性状态的有机底物为活性污泥吸附，有机底物得以去除。混合物继之流入二次沉淀池进行泥水分离，澄清水排放，污泥则从底部进入再生池，进行分解和合成代谢反应，活性污泥微生物进入内源呼吸期，使污泥的活性得到充分恢复，进入吸附池与污水接触后，能够充分发挥其吸附的功能。

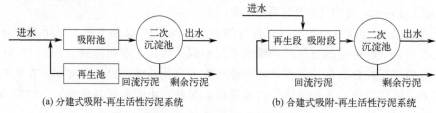

(a) 分建式吸附-再生活性污泥系统　　(b) 合建式吸附-再生活性污泥系统

图 3-9　吸附-再生活性污泥系统

与标准活性污泥系统相比，吸附-再生活性污泥系统具有如下优点：

① 污水与活性污泥在吸附池内接触的时间较短（30～60min），因此吸附池的容积一般较小，而再生池接纳的是已排除剩余污泥的回流污泥，因此再生池的容积也较小，吸附池与再生池的容积之和仍小于标准活性污泥系统曝气池的容积，基建费用较低。

② 对水质、水量的冲击负荷具有一定的承受能力。当吸附池内的污泥遭到破坏时，可由再生池内的污泥予以补救。但吸附-再生活性污泥系统的处理效果低于标准活性污泥系统，特别是对于溶解性有机底物含量较多的污水，处理效果更差。

(6) 延时曝气活性污泥系统

又称完全氧化活性污泥系统，主要特点是有机负荷率（BOD-SS）非常低，曝气时间长（一般多在 24h 以上），池内长期处于内源代谢状态，剩余污泥量少且稳定，无需再进行厌氧消化处理；处理水质稳定性较高，对污水水质、水量变化的适应性较强；在某些情况下，可以不设初次沉淀池。主要缺点是曝气时间长、池容量大、基建费用和运行费用都较高，而且占地面积较大。

从理论上讲，延时曝气活性污泥系统是不产生污泥的，但实际上仍有剩余污泥产生，主要是一些难生物降解的微生物内源代谢的残留物，如细胞膜和细胞壁等。只适用于处理水质要求高且不宜采用污泥处理技术的城镇污水和工业污水，水量不宜超过 $1000m^3/d$。一般采用完全混合式的曝气池。

(7) 高负荷活性污泥系统

又称短时间曝气活性污泥系统或不完全曝气活性污泥系统，主要特点是有机负荷率（BOD-SS）高，曝气时间短，处理效果较低，一般 BOD_5 的去除率不超过 75%，因此称为不完全处理活性污泥系统。与此相对的 BOD_5 去除率在 90% 以上、出水 BOD_5 值在 20mg/L 以下的称为完全处理活性污泥系统。

高负荷活性污泥系统在工艺流程和曝气池构造方面与标准活性污泥系统相同，适用于对水质要求不高的污水处理。

(8) 纯氧曝气活性污泥系统

用氧气（纯氧或富氧）代替空气曝气是强化活性污泥系统处理效能的一项重要措施。纯氧曝气活性污泥系统的主要特点是采用纯氧曝气，氧的分压比空气约高 5 倍，大大提高了氧的转移效率（可提高到 80%～90%，而一般的鼓风曝气仅为 10% 左右）；可使曝气池内活性污泥的浓度高达 4000～7000mg/L，大大提高曝气池的容积负荷；剩余污泥产量少，SVI 值也低，一般无污泥膨胀之虑。采用加盖的氧气曝气池还可减轻污水中挥发性组分对周围环境的污染。

采用氧气曝气的供氧方式有以下几种：①车运外购液氧。此法最不经济，仅限于小型处理设施。②管道输送外购氧气。③就地制氧。采用深冷分离制氧成本最低，但管理复杂，适合于大型处理设施。采用分子筛制富氧适用于小型设施，管理较容易。④利用附近空分站放空氧气。

最常用的氧气曝气池是多段加盖式，用表面曝气机充氧，如图 3-10 所示。其特点是：①一般为三段串联，每段内的水流为完全混合式，但整体看为推流式；②采用表面曝气机充氧时，水深一般为 5m 左右，气相空间（超高）1m 左右；③为清扫和吹脱曝气池内的碳氢化合物，曝气池内应设空气清扫装置，换气率为 2～3 次/h；④各段隔墙顶部应留气孔，其断面按运行中氧气的流动，以及清扫时空气通量计算；⑤各段隔墙脚处应设泡沫孔，孔顶应高于最大流量时的液面，孔底应高于最小流量时的液面，以保证任何时候泡沫均能通过；⑥为保持曝气池液面和气相相对稳定，出水处可做成内堰形式，如图 3-11 所示；⑦混合液在出水处的速率不宜超过 15cm/s，以免带走气体；不宜小于 9cm/s，以免形成沉淀；⑧尾气浓度应控制在含氧量约 40%～50%，其流量约为进气流量的 10%～20%；⑨为避免池盖内压超载，在曝气池首尾两端应设置双向安全阀。首端安全阀的正压可取 $(1.5\sim2.0)\times10^3$ Pa，负压可取 $(0.5\sim1.0)\times10^3$ Pa；尾端安全阀的正压可取 $(1.0\sim1.5)\times10^3$ Pa，负压可取 $(0.5\sim1.0)\times10^3$ Pa；⑩氧气曝气池一般设安全、防爆措施，在池内可燃气体浓度达到爆炸极限的 25% 时，发出警报。

氧气曝气与空气曝气工艺参数的比较见表 3-1。

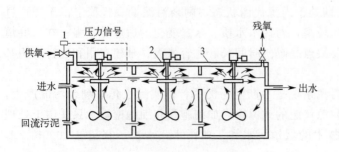 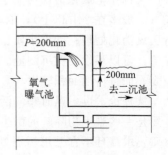

图 3-10 纯氧曝气池构造简图
1—控制阀；2—搅拌；3—池盖

图 3-11 出水内堰示意

表 3-1 氧气曝气与空气曝气工艺参数的比较

参数		纯氧曝气	空气曝气
混合液溶解氧/(mg/L)		6～10	1～2
曝气时间/h		1～2	3～6
MLSS/(mg/L)		6～10	1.5～4
有机负荷/[kgBOD$_5$/[kg(VSS)·d]		0.4～1.0	0.2～0.4
容积负荷/[kgBOD$_5$/(m^3·d)]		2.4～3.2	0.5～1.0
氧吸收率 E_A/%		80～90	～10
需氧量/[kgO$_2$/kg(BOD$_5$ 去除)]		0.9～1.3	1.1～1.5
SVI		30～50	50～150
回流污泥浓度/(g/L)		20～40	5～15
污泥回流率/%		20～40	100～150
剩余污泥量/[kg/kg(BOD$_5$ 去除)]		0.3～0.45	0.5～0.75
动力消耗/(kW·h/m^3)	溶解或混合	0.17～0.52	1.15～1.17
	气液分离	0.46～0.56	—

(9) 浅层低压曝气活性污泥系统

本法的理论基础是：只有在气泡形成和破碎的瞬间，氧的转移率最高，因此没有必要延长气泡在水中的上升距离。曝气装置一般安装在水下 0.8～0.9m 处，可采用风压在 1m 以下的低压风机，动力效率较高，可达 1.80～2.60kgO$_2$/(kW·h)，但氧的转移效率较低，一般只有 2.5%。池中设有导流板，可使混合液呈循环流动状态。

(10) 深井曝气活性污泥系统

又称超深水曝气活性污泥系统，曝气池一般平面呈圆形，直径介于 1～6m，深度一般为 50～150m。主要特点是：由于水压较大，氧的转移效率高，约为常规法的 10 倍以上，相应也能加快有机物的降解速率；动力效率高，占地少，易于维护运行；耐冲击负荷，产泥量少；一般可不建初次沉淀池，但受地质条件的限制。

表 3-2 为以上各种活性污泥系统的基本设计参数。

表 3-2　各种活性污泥系统的基本设计参数（适用于城市污水处理）

设计参数	BOD$_5$-SS 负荷 kgBOD$_5$ /(kgMLSS/L)	容积负荷 /kgBOD$_5$/(m³/d)	污泥龄 /d	MLSS /(mg/L)	MLVSS /(mg/L)	回流比 /%	曝气时间 HRT/h	BOD 去除率/%
标准活性污泥系统	0.2～0.4	0.3～0.6	5～15	1500～3000	1200～2400	25～50	4～8	85～95
完全混合活性污泥系统	0.2～0.6	0.8～2.0	5～15	3000～6000	2400～4800	25～100	3～5	85～90
阶段曝气活性污泥系统	0.2～0.4	0.6～1.0	5～15	2000～3500	1600～2800	25～75	3～8	85～90
吸附-再生活性污泥系统	0.2～0.6	1.0～1.2	5～15	吸附:1000～3000 再生:4000～10000	800～2400 3200～8000	25～100	0.5～1.0 3～6	80～90
延时曝气活性污泥系统	0.05～0.15	0.1～0.4	20～30	3000～6000	2400～4800	75～100	18～48	95
高负荷活性污泥系统	1.5～5.0	1.2～2.4	0.25～2.5	200～500	160～400	5～15	1.5～3.0	60～75
纯氧曝气活性污泥系统	0.4～1.0	2.0～3.2	5～15	6000～10000	4000～6500	25～50	1.5～3.0	75～95
深井曝气活性污泥系统	1.0～1.2	3.0～3.6	5	3000～5000	2400～4000	40～80	1.0～2.0	85～90

3.1.3　过程设备

活性污泥系统的核心设备是曝气池，其功能能否正常和充分发挥，决定了整个系统的处理效果。

3.1.3.1　曝气过程

在活性污泥系统中，曝气的作用主要有两种：向活性污泥中的微生物提供溶解氧，满足其生长和代谢过程中所需的氧量；使活性污泥在曝气池内处于悬浮状态，与污水充分接触。

（1）扩散机理

通过曝气，空气中的氧从气相传递到混合液的液相中，这实际上是一个物质扩散的过程，即气相中的氧通过气、液界面扩散到液相主体中。这一过程服从扩散的基本定律——Fick 定律。

Fick 定律认为，扩散过程的推动力是物质在界面两侧的浓度差，物质的分子会从浓度高的一侧向浓度低的一侧扩散，即：

$$v_d = -D_L \frac{dC}{dy} \tag{3-19}$$

式中　v_d——物质的扩散速率，即在单位时间内单位断面上通过的物质的量，mol/(m²·h)；

D_L——扩散系数，表示物质在某种介质中的扩散能力，m²/h，主要取决于扩散物质和介质的特性及温度；

C——物质浓度，mol/m^3；

y——扩散过程的长度，m；

$\dfrac{dC}{dy}$——浓度梯度，即单位长度内的浓度变化值，$kg/(m^3 \cdot m)$。

式(3-19)表明，物质的扩散速率与浓度梯度呈正比关系。

如果以 M 表示单位时间内通过界面扩散的物质量，以 A 表示界面面积，则有：

$$v_d = \left(\frac{dM}{dt} \right) / A \tag{3-20}$$

将式(3-20)代入式(3-19)，可得：

$$\frac{dM}{dt} = -D_L A \frac{dC}{dy} \tag{3-21}$$

（2）传递模型

对于气体分子通过气、液界面的传递理论，在污水生物处理界普遍接受的是 Lewis & Whitman 于 1923 年建立的"双膜理论"，其模型示意如图 3-12 所示。设液膜厚度为 y_L（此值是极小的），液膜内溶解氧的浓度梯度为：

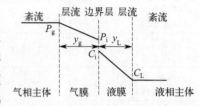

图 3-12 双膜理论模型示意图

$$-\frac{dC}{dy} = \frac{C_i - C_L}{y_L} \tag{3-22}$$

将式(3-22)代入到式(3-21)，可得：

$$\frac{dM}{dt} = D_L A \left(\frac{C_i - C_L}{y_L} \right) \tag{3-23}$$

式中　$\dfrac{dM}{dt}$——氧传递速率，kgO_2/h；

D_L——氧分子在液膜中的扩散系数，m^2/h；

A——气、液两相接触界面面积，m^2；

$\dfrac{C_i - C_L}{y_L}$——在液膜内溶解氧的浓度梯度，$kgO_2/(m^3 \cdot m)$。

设液相主体的容积为 V（m^3），用其去除式(3-23)，可得：

$$\frac{dM}{dt} \bigg/ V = \frac{D_L A}{y_L V}(C_i - C_L)$$

$$\frac{dC}{dt} = K_L \frac{A}{V}(C_i - C_L) \tag{3-24}$$

式中　$\dfrac{dC}{dt}$——液相主体溶解氧浓度的变化速率（或氧转移速率），$kgO_2/(m^2 \cdot h)$；

K_L——$K_L = \dfrac{D_L}{y_L}$，液膜中氧分子的传质系数，m/h。

由于气、液界面面积难以计量，一般以氧总转移系数（K_{La}）代替 $K_L \dfrac{A}{V}$，并考虑传质阻力主要在液膜中，气液界面浓度 C_i 约等于气相主体分压 p_s 对应的液体浓度 C_s，则式(3-24)可改写为：

$$\frac{dC}{dt} = K_{La} \cdot (C_s - C_L) \tag{3-25}$$

式中　K_{La}——氧总转移系数，h^{-1}。

$$K_{La} = K_L \frac{A}{V} = \frac{D_L}{y_L} \frac{A}{V} \tag{3-26}$$

K_{La} 表示曝气过程中氧的总传递性，当传递过程中阻力大，则 K_{La} 值低，反之，则 K_{La} 值高。

为了提高 dC/dt 值，可从两方面考虑：①提高 K_{La} 值：加强液相主体的紊流程度，降低液膜厚度，加速气、液界面的更新，增大气、液接触面积等；②提高 C_s 值：提高气相中的氧分压，如采用纯氧曝气、深井曝气等。

(3) 氧总转移系数 （K_{La}）

氧总转移系数是计算氧转移速率的基本参数，一般是通过试验求得。

将式（3-25）整理，可得：

$$\frac{dC}{C_s - C} = K_{La} \cdot dt \tag{3-27}$$

积分后得：

$$\ln\left(\frac{C_s - C_0}{C_s - C_t}\right) = K_{La} \cdot t$$

换成以 10 为底的对数，则有：

$$\lg\left(\frac{C_s - C_0}{C_s - C_t}\right) = \frac{K_{La}}{2.3} \cdot t \tag{3-28}$$

式中　C_0——当 $t=0$ 时，液相主体中的溶解氧浓度，mg/L；

　　　　C_t——当 $t=t$ 时，液相主体中的溶解氧浓度，mg/L；

　　　　C_s——在实际水温、当地气压下溶解氧在液相主体中的饱和浓度，mg/L。

由式（3-28）可见，$\lg\left(\frac{C_s - C_0}{C_s - C_t}\right)$ 与 t 之间存在着直线关系，直线的斜率即为 $\frac{K_{La}}{2.3}$。

测定 K_{La} 值的方法与步骤如下：

1) 向受试清水中投加 Na_2SO_3 和 $CoCl_2$，以脱除水中的氧；每脱除 $1mg/L$ 的氧，在理论上需 $7.9mg/L\,Na_2SO_3$，但实际投药量要高出理论值 $10\%\sim20\%$；$CoCl_2$ 的投量则以保持 Co^{2+} 浓度不低于 $1.5mg/L$ 为准，Co^{2+} 是催化剂。

2) 当水中溶解氧完全脱除后，开始曝气充氧，一般每隔 $10min$ 取样一次（开始时可以更密集一些），取样 $6\sim10$ 次，测定水样中的溶解氧。

3) 计算 $\frac{C_s - C_0}{C_s - C_t}$ 值，绘制 $\lg\left(\frac{C_s - C_0}{C_s - C_t}\right)$ 与 t 的关系曲线，直线的斜率即为 $\frac{K_{La}}{2.3}$。

3.1.3.2　曝气池

曝气池是活性污泥系统的最主要设备。

(1) 曝气池的类型

活性污泥系统中的曝气池有多种类型。根据混合液的流态可分为推流式、完全混合式和循环混合式三种；根据曝气方式可分为鼓风曝气池、机械曝气池以及二者联用的机械-鼓风曝气池；根据形状可分为长方廊道形、圆形、方形以及环状跑道形四种；根据与二沉池之间的关系可分为合建式（即曝气沉淀池）和分建式两种。

1) 推流式曝气池

推流式曝气池的表面形状一般呈长方形，污水和回流污泥从其首端进入，在曝气和水流的推动下，混合液均匀向后推流，并从曝气池末端流出，如图 3-13 所示。池长与池宽之比（L/B）一般为 5~10，视场地情况而定。进水方式不限，出水多用溢流堰，水位较固定。当场地有限时，长池可以两折或多折，污水仍从一端入，另一端出。在池的横断面上，有效水深最小为 3m，最大为 9m。超高一般为 0.5m，为了防风和防冻等需要，还可适当加高。当采用表面曝气机时，机械平台宜高出水面 1m 左右。池宽与有效水深之比（B/H）一般为 1~2。

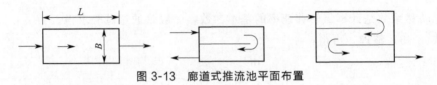

图 3-13 廊道式推流池平面布置

推流式曝气池多采用鼓风曝气，也可采用表面曝气。当采用池底满铺多孔型曝气装置时，曝气池中水流只有沿池长方向的速率，为平推流，如图 3-14 所示。

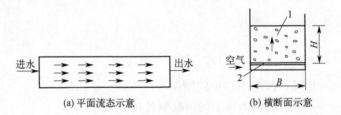

(a) 平面流态示意　　　　(b) 横断面示意

图 3-14 平移推流式

1—气泡；2—小气泡曝气装置满铺

当鼓风曝气装置位于池横断面的一侧（或两侧）时，由于气泡在池水中造成密度差，产生了旋转流，因此曝气池中的水流除沿池长方向外，还有侧向的旋流，组成了旋转推流，如图 3-15 所示。

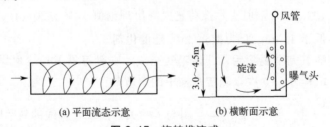

(a) 平面流态示意　　　　(b) 横断面示意

图 3-15 旋转推流式

根据鼓风曝气装置竖向位置的不同，旋转推流式曝气池又可分为三种：①底层曝气，曝气装置设在曝气池底部，有效水深常为 3~4.5m，但随所用风机风压提高也可加深；②浅层曝气，曝气装置设在水面以下 0.8~0.9m 的浅层，采用风压在 1.2m 以下的风机。风压虽小，但风量较大，因此仍能造成足够的密度差，产生旋转推流。有效水深一般为 3~4m；③中层曝气，曝气装置居池水中层，池深一般可加大到 7~8m，最大可达 9m，可以节约曝气池用地。此外，中层曝气的鼓风曝气装置可采用固定螺旋或内设喷嘴的曝气筒，设于池横断面的中央，形成两侧旋流。这种池型可采用较大的宽深比（如 $B/H=2$），因此适用于大型曝气池。

在推流式曝气池中，沿着曝气池池长，从首端到尾端，混合液内影响活性污泥净化功能的各种因素，如 F/M 值、活性污泥中微生物的组成和数量、基质的组成和数量等在连续地变化，有机物降解速率、耗氧速率等也在连续地变化；污泥负荷、耗氧速率前高后低，在污泥增长曲线上占一个区段。长池前后的微生物相有差别。各断面存在较大的浓度梯度，因此降解速率较快，运行灵活，可采用多种运行方式，特别适用于处理要求高而水质比较稳定的污水。

2）完全混合式曝气池

完全混合式曝气池一般为圆形，也可用正方形或矩形，曝气装置多用表面曝气机，置于池中心平台上。污水进入曝气池后，经搅拌中心的搅拌作用，立即与池内的混合液充分混合，因此，曝气池内各个部位的混合液组成、活性污泥中微生物组成与数量、F/M 值等都几乎是完全均匀一致的，有机物降解速率、耗氧速率等也几乎完全相同，没有推流式曝气池那样明显的上下游区别，在污泥增长曲线上占一点。由于池水对进水的稀释作用，完全混合式曝气池的耐冲击负荷能力强，因负荷均匀，供氧与需氧容易平衡，从而可节省供氧动力。

完全混合式曝气池可与二沉池建成分建式或合建式。

在分建式表面曝气池中，曝气机的性能与池型结构互相影响。采用泵型叶轮时：①应考虑影响充氧量的池型系数 K_1 及影响叶轮功率的池型系数 K_2；②叶轮常用线速率在 $4\sim5\mathrm{m/s}$ 范围时，曝气池直径与叶轮直径之比宜为 $4.5\sim7.5$，曝气池水深与叶轮直径之比宜为 $2.5\sim4.5$；③在圆形池中，要在水面处设置挡流板，一般为 4 块，宽度为池直径的 $1/5\sim1/20$，高度为池深度的 $1/4\sim1/5$，在方形池中，可不设挡流板。采用倒伞型和平板型叶轮时，叶轮直径与曝气池直径之比可用 $1/3\sim1/5$。

分建式完全混合池既可用表面曝气机，也可用鼓风曝气装置。分建式需专设回流污泥设备，虽不如合建式紧凑，但运行上便于控制，没有合建式曝气池与二次沉淀池的相互干扰，回流比明确。

合建式完全混合曝气池一般采用表面曝气机，池型多为圆形，分 3 个区，如图 3-16 所示。其特点是：

① 曝气区在池中央。

② 二次沉淀区在池外环，沉淀区高度≥1.5m，沉速

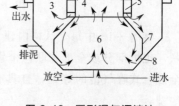

图 3-16　圆形曝气沉淀池

1—活门；2—导流板；3—沉淀区；
4—叶轮；5—整流板；6—曝气区；
7—裙边；8—回流缝

$0.1\sim0.5\mathrm{mm/s}$，污泥层容积按 2h 污泥量计算。沉淀区底部有回流缝与曝气区相通，靠表面曝气机的提升力使回流污泥循环。缝宽 $15\sim30\mathrm{cm}$、长 $40\sim60\mathrm{cm}$，倾角 $45°$。为保证回流缝不致堵塞，缝隙较大时，回流比也较大（$R=3\sim5$），名义停留时间虽有 $3\sim5\mathrm{h}$，但实际往往不到 1h，属短时曝气。

③ 导流区位于曝气区与沉淀区之间，宽 0.6m，高 1.5m 左右，水下流速 $15\sim20\mathrm{mm/s}$，设辐射状导流挡板 $5\sim7$ 块，作用是消能，防止旋流，并释放出混合液中挟带的气泡。曝气池混合液通过回流窗进入导流区，过窗流速 $0.1\sim0.2\mathrm{m/s}$，窗上设调节闸板。

合建式完全混合曝气池由于池型和设备都简化，且表面曝气机动力效率较高，因此一度应用很广，认为由于回流比大，污水和稀释倍数大，对冲击负荷的缓冲作用也大。但污水在曝气区中停留时间极短，短路机会多，因此出水水质一般低于普通曝气，而与吸附再生法相近。图 3-17 列举了合建式完全混合曝气池的其他几种形式。池内应避免设置立柱或其他挡流结构，否则涡流过多，电耗增加，动力效率将下降。

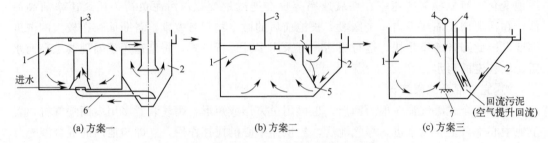

图 3-17　合建式完全混合曝气池的形式

1—曝气池；2—二次沉淀池；3—表面曝气机；4—空气管；5—回流缝；6—回流污泥管；7—曝气装置

3）两种池型的结合

这种型式是将推流式曝气池和完全混合式曝气池结合在一起，主要有一池多机型和多段式池型。

一池多机型是在推流式曝气池中用一系列表面曝气机串联以充氧和搅拌。每个表面曝气机周围的流态为完全混合，而对全池而言，流态则为推流式。此时应使相邻的表面曝气机旋转方向相反，否则两机之间水的流向将发生冲突。也可采用加横向挡板的办法，避免涡流，如图 3-18 所示。

图 3-18　推流式曝气池中多台曝气机设置

将图 3-18 中每个区格内建立独立的完全混合曝气池，即为多段式池型，各池可以串联，也可部分或全部并联，个别池也可专作再生池使用。这种池型兼有推流式曝气池和完全混合式曝气池的好处，且具有更大的灵活性，氧气曝气、生物脱氮等工艺多采用这种池型。

4）循环混合式曝气池

将两折或多折池的进口和出口连通，使污水可在曝气池中流动时，即成为氧化沟池型的循环混合式曝气池，曝气池平面呈环形跑道状，沟槽横断面一般为方形或梯形，沟内水深一般为 4.0～4.5m，多采用表面曝气器如曝气转刷或转碟，在为沟内混合液充氧的同时，还需推动混合液在沟内循环流动。

（2）曝气池的构造

曝气池的平面一般为矩（方）形或圆（椭圆）形，其构造应满足充氧、混合的要求，取决于采用的曝气方式和曝气装置。在鼓风曝气的矩形池中，曝气器多安装在池一侧，池墙顶部和脚部均作成 45°斜面，以利于形成横向旋流；水深一般 3～5m，超高≥0.5m。池底设放空管，管径一般为 80～100mm。池底坡度 0.2%，坡向放空管。进水多用淹没孔口或从池底中心进入，出水则多采用溢流堰形式。池顶隔墙上设走道、栏杆和照明灯。走道宽≥0.6m，走道下可设进水管渠或风管。在所有类型的曝气池中，设计时均宜在池深1/2处预留排液管，供驯化活性污泥时排液用。

3.1.3.3　曝气装置

曝气装置又称为空气扩散装置，是曝气池的重要组成设备，一般有以下要求：①供氧量在满足设计流量生化反应的需氧量以外，还应使混合液含有一定的剩余 DO 值，一般按2mg/L 计算；②使混合液始终保持悬浮状态，不致产生沉淀，一般应使池中的平均水流速率在 0.25m/s 左右；③充氧能力应便于调节，有适应需氧量变化的灵活性；④在满足需氧要求的前提下，充氧装置的动力效率和氧利用率应力求较高；⑤充氧装置应易于维修，不易堵塞，出现故障时应易于排除；⑥充氧装置一般是选用易于购买的可靠产品，附有清水试验的技术资料；⑦应考虑气候、环境等因素，如结冰、噪声、臭气等问题。此外，还应结合工艺的要求（如池型、水深、有无脱氮要求等）综合考虑对曝气设施的选择。

按曝气方式可将其分为鼓风曝气装置和机械曝气装置两种。

（1）鼓风曝气装置

由鼓风机、风机房、空气输送管道系统、空气扩散装置（曝气头）等组成。主要设计内容有：①选择空气扩散装置，并进行布置；②计算空气管道；③确定鼓风机的型号和台数。

1）风管系统设计

风管系统包括风机出口至空气扩散装置的管道，一般用焊接钢管。小型污水处理厂的风管系统一般为枝状，而大中型污水处理厂的风管宜联成环网，以增加灵活性，保证安全供气。风管可敷设在地面上，接入曝气池时，管顶应高出水面至少 0.5m，以免池内水回流入风管。风管中设计气速一般为：干、支管 10～15m/s；竖管、小支管 4～5m/s。流速不宜过高，以免发出振动和噪声。计算温度采用鼓风机的排风温度，在寒冷地区空气如需加温时，采用加温后的空气温度。

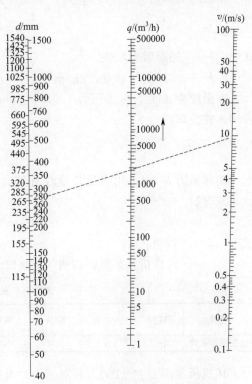

图 3-19　风管直径 d、流量 q 与流速 v 之间的关系（空气管道直径计算图）

风管的直径 d（mm）、流量 q（m³/h）、流速 v（m/s）之间的关系见图 3-19。计算时根据 q 和 v 由图查出 d，然后核算压力损失，再调整确定管径。

空气通过整个鼓风曝气系统的总阻力一般控制在 14.7kPa 以内，其中管道流动阻力控制在 4.9kPa，空气扩散装置的阻力控制在 4.9～9.8kPa。风管流动阻力包括沿程阻力 h_1 和局部阻力 h_2 两部分：

$$h = h_1 + h_2$$

(3-29)

风管沿程阻力 h_1（Pa）可按下式计算：

$$h_1 = i\alpha L \tag{3-30}$$

式中　i——单位管长阻力，Pa/m，在温度 20℃，标准压力 1.013×10^5 kPa 时，$i = 64.778 \dfrac{v^{1.294}}{d^{1.281}}$；

　　　L——风管长度，m；

　　　α——空气容重的修正系数，可由式（3-31）计算：

$$\alpha = \left(\frac{P\gamma_T}{1.013 \times 10^5 \gamma_{20}} \right)^{0.852} \tag{3-31}$$

式中　γ_T、γ_{20}——温度为 T℃和20℃时的空气容重，kg/m^3；

　　　P——空气的绝对压力，kPa。

风管的局部阻力 h_2（Pa）可按下式计算：

$$h_2 = \xi \frac{v}{2g} \gamma \tag{3-32}$$

式中　ξ——局部阻力系数；

　　　γ——实际空气容重，kg/m^3。

在温度为 20℃，标准压力 1.013×10^5 kPa 时，空气密度为 1.205kg/m^3 条件下，γ 值可用下式换算：

$$\gamma = 1.205 \times \frac{P}{1.013 \times 10^5} \times \frac{273}{273 + T} \tag{3-33}$$

局部阻力 h_2 也可用当量长度法计算，即将各管件按下式折算成当量长度 L_0（m），计入总管长。

$$L_0 = 55.5 k d^{1.2} \tag{3-34}$$

式中　d——管径，m；

　　　k——长度折算系数，按表 3-3 取值。

表 3-3　长度折算系数 k

管件	弯头	大小头	球阀	角阀	闸阀	三通		
						气流转弯	直流异径管	直流等径管
长度折算系数	0.4~0.7	0.1~0.2	2.0	0.9	0.25	1.33	0.42~0.67	0.33

风机所需压力 P（Pa）（相对压力）可按式（3-35）计算：

$$P = h_1 + h_2 + h_3 + h_4 + h_5 \tag{3-35}$$

式中　h_3——空气扩散装置的安装深度，单位换算为 Pa；

　　　h_4——空气扩散装置的阻力，按产品样本和试验资料确定；

　　　h_5——富余压力，一般取 2~3kPa。

2）空气扩散装置

表示曝气装置技术性能的主要指标有：动力效率（E_p），每消耗 1kW·h 电能传递到混合液中的氧量（O_2），kgO$_2$/（kW·h）；氧利用率（E_A），又称氧转移效率，是指通过鼓风曝气系统传递到混合液中的氧量占总供氧量的百分比，%；充氧能力（R_0），通过表面机械曝气装置在单位时间内传递到混合液中的氧量（O_2），kg/h。要求供氧能力强、搅拌均匀、构造简单、能耗少、性能稳定、故障少、耐腐蚀、价格低。

鼓风曝气装置种类很多，按气泡大小和空气分散方式可分为大中气泡型、（微）小气泡型、水力剪切型、水力冲击型和空气升流型等。

① 大中气泡型曝气器

产生的气泡直径一般＞2mm。采用直径 25～50mm 的穿孔管，在管上交叉向下开 3～5mm 孔，孔间距 50mm 左右。安在水深 5m 左右时，$E_A = 4\% \sim 6\%$，$E_p = 1\mathrm{kg(O_2)}/(\mathrm{kW \cdot h})$ 左右。但 3mm 的孔易堵，只在可提上式（图 3-20）以及浅层曝气中可用，一般以开 5mm 孔为宜。图 3-21 所示为浅层曝气所用穿孔管栅示意，由于穿孔管仅安装在水面下 800～900mm 处，因此 E_A 只有 2.5% 左右，但动力效率可达 $2\mathrm{kg(O_2)}/(\mathrm{kW \cdot h})$ 以上。

中气泡曝气器产生的气泡直径较小，且不易堵塞，布气均匀，空气不需过滤处理，构造简单，维护方便。使用最多的 WM-180 型网状膜曝气器（见图 3-22 和图 3-23）由主体、螺盖、网状膜、分配器和密封圈等组成。主体骨架用工程塑料注塑成型，网状膜由聚酯纤维制成。空气从底部进入，经分配器第一次切割并均匀分配到气室内，然后通过网状膜进行第二次切割，形成中小气泡扩散至水中。套袖式曝气器由骨架、套袖、套箍和止回阀四部分组成。骨架长 590mm，直径 58mm，由 ABS 塑料注塑成型，用以支撑套袖。套袖由改性塑料制成，厚 0.8mm，其表面有呈梅花型交错布置的小孔，小孔长 1.5mm，空气由此喷出形成小气泡。也有用纱纶、尼龙或涤纶线缠绕多孔管以分散气泡。

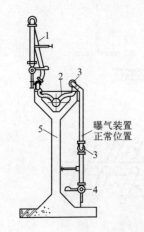

图 3-20 可提上曝气装置示意

1—曝气装置提上位置；2—软管；

3—活节（另有提升机械未示出）；

4—散气管或盘；5—曝气池壁

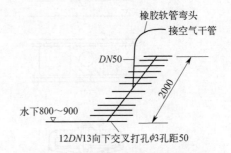

图 3-21 浅层曝气用穿孔管栅示意

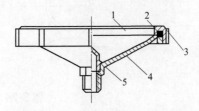

图 3-22 WM-180 型网状膜曝气器

1—网状膜；2—密封圈；3—螺盖；4—主体；5—分配器

② 小气泡型曝气器

是用微孔透气材料（陶土、钛粉、铁粉、塑料、缠丝等）制成的扩散板、扩散盘和扩散管等，产生的气泡直径＜2mm，$E_A = 15\% \sim 20\%$，$E_p \geqslant 2\mathrm{kg(O_2)}/(\mathrm{kW \cdot h})$。缺点是易堵塞，空气需经过滤净化，扩散阻力较大。

原来的做法是在池底设空气渠道，上铺设扩散板，如图 3-24(a) 所示。这种方式因清理不便，已很少使用。现在多在池底设空气支管，扩散管或扩散盘子安装在支管上，如图 3-24(b) 所示。扩散管还可以成套组装，如图 3-24(d) 所示，必要时可提出水面清洗。

图 3-24(c) 所示为圆盘型微孔曝气器。

设计小气泡扩散系统时，除采用产品说明的服务面积、充氧能力、动力效率、曝气量、阻力、氧利用率等技术数据外，还应注意以下事项：① 污泥负荷不宜过高，以小于 $0.4\text{kg}(\text{BOD}_5)/[\text{kg}(\text{MLVSS})\cdot\text{d}]$ 为宜；② 风机进风必须过滤，最好用静电除尘；③ 供气系统应无油雾进入，采用无油气源（离心风机）；④ 输气管如为钢管时，内壁应严格防腐，配气管及管件宜用塑料管，钢管与塑料管接口需设伸缩缝；⑤ 曝气器一般在池底均布，距池壁不小于 200mm，配气管间距为 300～750mm，池的长宽比一般为 (8～16)∶1；⑥ 全池曝气器表面高度差不超过±5mm，运行中停气时间不应超过

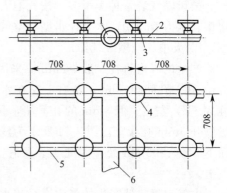

图 3-23　WM-180 型网状膜曝气器安装图
1，6—空气干管；2，5—空气支管；
3，4—曝气器

4h，否则宜放干池内污水，充以 1m 深的清水或二级出水，并以小风量持续曝气。

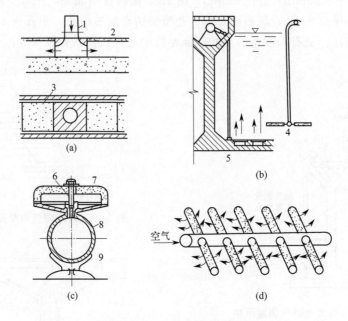

图 3-24　小气泡扩散器及安装
1—空气管；2,3—扩散板；4—扩散管曝气装置；5—扩散板曝气装置；
6—气孔；7—扩散罩；8—穿孔布气管；9—管座

③ 水力剪切型曝气器

有以下几种：

倒盆形曝气器：如图 3-25 和图 3-26 所示，由盆形塑料壳体、橡胶板、塑料螺杆及压盖等组成，空气由上部进入，由壳体与橡胶板之间的缝隙向四周喷出，螺旋上升，气泡直径为 2mm 左右。缝隙在鼓风时开启，停风时关闭，可防止沉下的污泥漏入缝内，避免堵塞，但启动阻力较大。

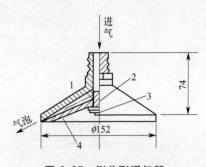

图 3-25　倒盆形曝气器

1—盆壳体；2—螺杆；3—螺母；4—橡皮板

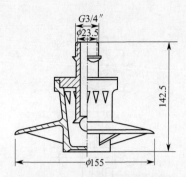

图 3-26　SX-1 型盆形曝气器

金山型曝气器：如图 3-27 所示，外形呈莲花状，由高压聚乙烯注塑成型，空气由上部进入，被内壁肋剪切而形成小气泡。这种曝气器构造简单，价格较低。

散流型曝气器：如图 3-28 所示。SL 散流型曝气器由齿形曝气头、齿形带孔散流罩、导流板等组成。空气由上部进入，经反复切割。这种曝气器由玻璃钢整体成型，耐腐蚀。

④ 空气升液式曝气器

曝气筒（或管）置于曝气池中，在筒（管）内曝气，利用空气升流原理使筒（管）内外形成密度差，造成水的提升和充氧搅拌。

固定螺旋（静态）曝气器由圆形外壳和 5～6 个固定在外壳内的螺旋叶片组成，每个叶片的旋转角为 $180°$，相邻叶片的旋转方向相反，如图 3-29～图 3-32 所示。空气上流，被叶片反复切割，形成小气泡。这种曝气器具有阻力小，搅拌作用强等优点。

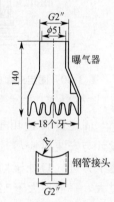

图 3-27　金山 I 型曝气器

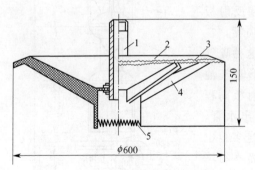

图 3-28　SL-I 型散流式曝气器构造图

1—中心管；2—散流罩；3—切割；

4—导流板；5—齿形布气头

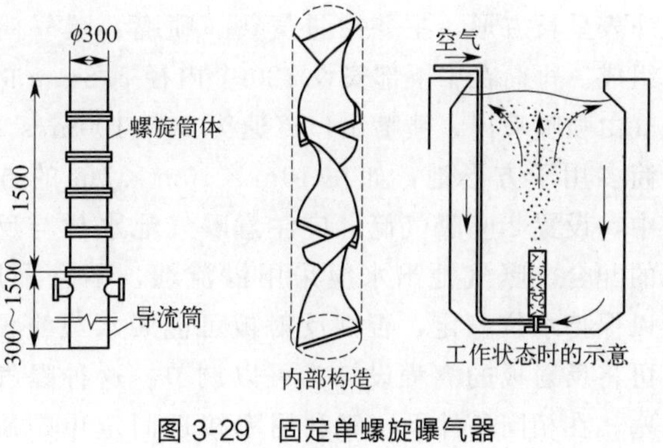

图 3-29　固定单螺旋曝气器

单个曝气器的充氧能力可用式(3-36) 计算：

$$R_0 = 0.404HG_a^{0.67} \tag{3-36}$$

式中　R_0——单个曝气器的充氧能力，kgO_2/h；

H——曝气器距水面的深度，m；

G_a——曝气器的供气量，m^3/h。

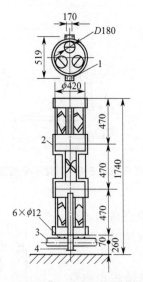

图 3-30　固定三螺旋曝气器构造及安装图

1—地脚螺栓；2—曝气器；3—布气管；4—支架

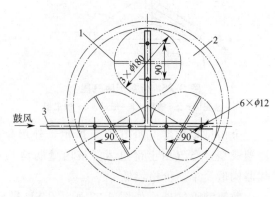

图 3-31　固定三螺旋曝气器下部布气管道示意图

1—叶片；2—曝气器；3—布气管

固定螺旋适用于完全混合池，也能应用于推流池。设计与安装时应尽量使曝气器在池内均匀分布，螺旋筒体下方进气口处于同一高程。螺旋下面风管的出口不宜过大，一般不大于 12mm，以免阻力过小，导致位于风管上游的螺旋进风量过大，下游的过小。池底的风管一般设计成水平，为防配气不均，也可使风管的坡降可调，使气量平衡。

密集多喷嘴曝气筒：如图 3-33 所示，筒为钢板焊制，外表呈长方形，主要由进气管、喷嘴、曝气筒和反射板组成。每筒在中下部安设 120 个内径 5.8mm 的喷嘴，空气由喷嘴喷出，喷嘴出口流速为 80~100m/s。这种曝气筒多用于方形池，如在 10m×10m×7m 的方形曝气池中，设置 2 座曝气筒。应注意曝气池水位与反射板高程的配合。曝气池出水应采用溢流堰，不宜采用出水管，以保持水位稳定，否则反射板可能脱水或淹没过多。也可将反射板的高程设计为可以调节。这种曝气筒不易堵塞，在相同条件下，氧利用率接近固定单螺旋，多应于中层曝气，水深可达 7~10m。

⑤　射流器

射流器是一种用途广泛、构造和尺寸多种多样的装置。自吸气式射流器由压力管、喷嘴、吸气管、混合室和出水管组成，如图 3-34 所示。水泵将工作液以 0.15~0.2MPa 的压力通过压力管及喷嘴射入混合室，空气通过吸气管自动吸入混合。

⑥　水下叶轮曝气器

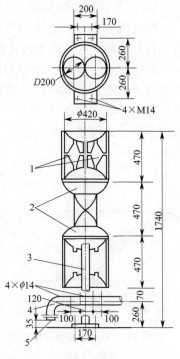

图 3-32　固定双螺旋曝气器的构造与安装示意图

1—双螺旋叶片；2—过液室；3—支架；

4—空气管；5—排污口

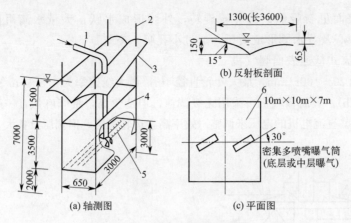

图 3-33　密集多喷嘴曝气筒

1—空气管；2—支柱；3—反射板；4—曝气筒；5—喷嘴；6—曝气池

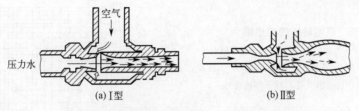

图 3-34　自吸式射流曝气器（Ⅰ型及Ⅱ型）

　　水下叶轮曝气器如图 3-35 所示，空气由水下通过环形穿孔管或喷嘴送入，水下叶轮由电机及齿轮箱传动，将气泡打碎，叶轮转速一般为 37～100r/min。叶片可为一层或多层，可为辐流式或轴流式，轴流式可以提水，亦可压水，包括风机功率在内的 $E_p=1.1$～$2.0kg(O_2)/(kW \cdot h)$。优点是可以调节风量，尤其适用于寒冷地区，无结冰和溅水问题。在硝化和脱硝过程中，这种装置既可用作曝气器，也可用作搅拌器。当需要在脱硝区格内创造缺氧条件时，即可停止供风，只用搅拌器搅拌，进行生物脱硝。缺点是既需设鼓风设备，又需搅拌设备，造价高，所需总功率也高。

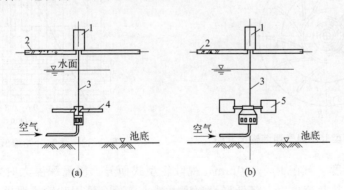

图 3-35　水下叶轮曝气器示意图

1—电动机；2—平台；3—轴；4—轴流叶轮；5—辐流叶轮

（2）机械曝气装置

　　又称表面曝气装置，按转动轴的安装形式可分为竖轴式和横轴式；按转速可分为低速和高速。供氧搅拌有三条途径：①叶轮的搅拌、提升或推流作用，使池内液体不断循环流动，气液接触表面更新吸氧；②叶轮旋转，外缘形成水跃，大量水滴甩向空中而吸氧；③叶轮旋转在中心及背水侧形成负压，通过小孔吸入空气。

1）竖轴辐流式低速表面曝气机

转速一般为 $20\sim100$ r/min，最大叶轮直径 4m，最大线速率为 $4.5\sim6$ m/s，动力效率 $1.5\sim3$ kgO$_2$/(kW·h)。表面曝气机可采用无级调速，但造价高，维修麻烦，一般多用双速或三速。也可采用调整直流电机的电压来调整，效率高，运转稳定，但调压设备大，占地多。

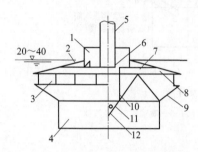

图 3-36 泵型叶轮的构造图

1—防护圈；2—肋片；3—叶片；4—进水口；
5—轴；6—气孔；7—上平板；8—上压罩；9—下压罩；
10—引水圈；11—出气孔；12—导流锥顶

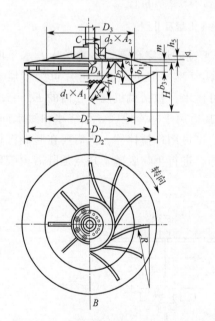

图 3-37 泵型叶轮曝气器结构尺寸图

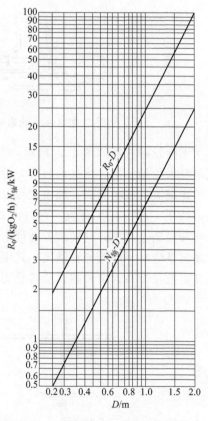

图 3-38 泵型叶轮曝气器计算图

叶轮浸没深度一般在 $10\sim100$ mm，视叶轮型式而异。浸没深度大时提升水量大，但功率增加，齿轮箱负荷也大。降低浸没深度可减小负荷。可用叶轮或堰板升降机构调节浸没度。当池深大于 4.5m 时，可考虑设提升筒，以增加提升量，但所需功率也增加。在叶轮下面加轴流式辅助叶轮，也可加大提升量。当污水中含有挥发性物质或有臭气时，可在全池分散进水。

竖轴式机械曝气装置又可分为泵型叶轮曝气器、K 形叶轮曝气器、倒伞形叶轮曝气器和平板型叶轮曝气器、BSK 型（中心吸水，四周出水）、Simplex 型（带提升筒）等。

① 泵型叶轮曝气器

构造如图 3-36 所示，其结构尺寸见图 3-37，计算可借助图 3-38 进行。

在标准状态下的清水中，泵型叶轮的充氧量 R_0 [kgO_2/h] 和轴功率 N （kW）可按下式计算：

$$R_0 = 0.379 v^{2.8} D^{1.88} K_1 \qquad (3-37)$$

$$N = 0.0804 v^3 D^{2.05} K_2 \qquad (3-38)$$

式中　v——叶轮的线速率，m/s；

　　　D——叶轮的公称直径，m；

K_1、K_2——池型修正系数，见表 3-4。

表 3-4　池型修正系数

池型修正系数	分建式			合建式圆池
	圆池	正方池	长方池	
K_1	1	0.64	0.90	0.85~0.93
K_2	1	0.81	1.34	0.85~0.87

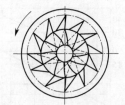
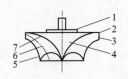

图 3-39　K 型叶轮曝气器构造示意图

1—法兰；2—盖板；3—叶片；4—后轮盘；5—后流线；6—中流线；7—前流线

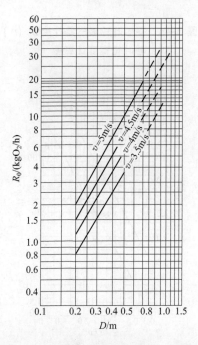

图 3-40　K 型叶轮曝气器直径 （D）与
充氧量 （R_0）关系图

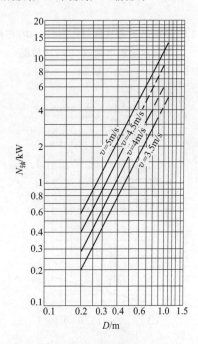

图 3-41　K 型叶轮曝气器直径 （D）与
轴功率 （$N_{轴}$）关系图

② K 型叶轮曝气器

叶片为双曲线型，如图 3-39 所示，造型较复杂，制造需专用模具。浸没深度一般为 0～10mm，线速率为 3.5～5m/s。图 3-40 和图 3-41 分别为 K 型叶轮充氧曲线和轴功率曲线。

③ 平板叶轮

造型简单，加工容易，不易堵塞，如图 3-42 所示，叶片方向与平板半径的夹角为 0°～25°，线速率一般为 4.05～4.85m/s。直径 1000mm 以上的平板叶轮，浸没深度常用 80mm，多设有浸没度调节装置。图 3-43～图 3-46 为平板叶轮的性能曲线。

④ 倒伞型叶轮

倒伞型叶轮造型的复杂程度介于泵型与平板型之间，与平板型相比，其动力效率较高，充氧能力则较低，如图 3-47 所示。

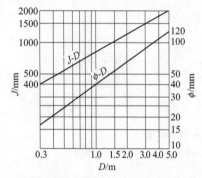

图 3-42 平板叶轮曝气器的构造图

1—驱动装置；2—停转时水位；
3—进气孔；4—叶片；5—进气孔

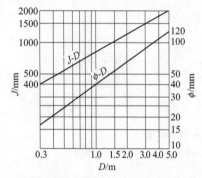

图 3-43 平板叶轮曝气器开孔直径（Φ）与叶轮
边缘至池壁最小距离（J）计算图
（D 为叶轮直径）

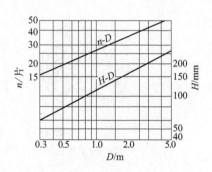

图 3-44 平板叶轮曝气器叶片数（n）
与叶轮高度计算图

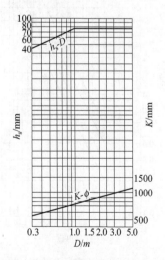

图 3-45 平板叶轮曝气器浸没深度（h_s）和
支架与叶轮顶的最小距离（k）计算图

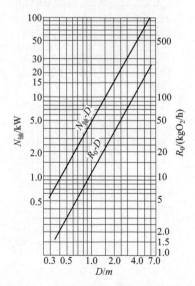

图 3-46 平板叶轮曝气器轴功率（$N_{轴}$）
充氧量（R_0）与叶轮直径（D）的关系数图

叶轮功率 N（kW）与叶轮直径 D（m）和转速 n（r/min）有如下关系：

$$N = 1.12 \times 10^{-7} n^{3.693} D^{3.462} \quad (3-39)$$

2）轴流式高速表面曝气机

也称增氧机，转速一般在 $300 \sim 1200$r/min，与电机直联，多浮于生物塘（稳定塘），供增氧之用。一般动力效率为 $1.3 \sim 1.6$kgO$_2$/（kW·h）。

3）卧式曝气刷

卧式曝气刷主要用于氧化沟，由水平转轴和固定在轴上的叶片及驱动装置组成，如图 3-48 所示。一般直径为 $0.35 \sim$

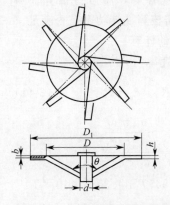

D	叶轮直径
D_1	7/9D
d	10.75/90D
b	5/95D
h	4/90D
θ	130°
叶片数	8

图 3-47　倒伞型叶轮曝气器示意图及其结构尺寸

1m，长度为 $1.5 \sim 7.5$m，转速为 $60 \sim 140$r/min，浸没深度为直径的 $1/3 \sim 1/4$，动力效率为 $1.7 \sim 2.4$kgO$_2$/（kW·h）。随曝气刷直径的增大，氧化沟的水深也可加大，一般为 $1.3 \sim 5$m。

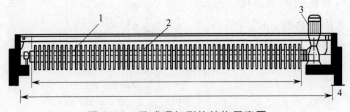

图 3-48　卧式曝气刷的结构示意图

1—转刷；2—转刷轴；3—驱动装置；4—支座

图 3-49 为直径为 500mm 曝气刷的有关技术数据。齿条一般为矩形，宽 50mm 左右。

曝气装置除了满足充氧要求外，还应满足最低搅拌强度要求：满铺的小气泡装置 2.2m^3/（h·m^3）、旋流的大中气泡装置 1.2m^3/（h·m^3）、机械曝气装置 13W/m^3。

(3) 曝气装置传氧速率的计算

1）实际传氧速率和标准传氧速率的折算

目前广泛采用的测定曝气装置传氧速率的方法是在清水中用亚硫酸钠和氯化钴消氯，然后用拟测定的曝气装置充氧，求出该装置的氧总传递系数 K_{La} 值。试验在标准大气压、20℃、起始 DO 为零、无氧消耗的清水中进行，得出的传氧速率 [kgO$_2$/h] 称为标准传氧速率 R_0。

在实际应用中，充氧的介质不是清水，而是混合液；温度不是 20℃，而是 T℃；混合液的 DO 也不是 0，而一般按 2mg/L 计算。混合液的饱和溶解氧值、曝气装置在混合液中的 K_{La} 均与在清水中的不同，实际的传氧速率也与 R_0 不同。选择曝气装置时，需要把实际传氧速率按下式换算为标准传氧速率。

$$R_0 = \frac{R c_{sm(20)}}{\alpha \left[\beta \rho c_{sm(T)} - c_L \right] \times 1.024^{(T-20)}} \quad (3-40)$$

式中　R——生化反应的耗氧速率，kgO$_2$/h；

R_0——曝气装置的供氧速率，kgO$_2$/h。

上述计算只包括有机物碳化反应阶段的需氧量。如有特殊需氧变化以及其他需氧用途，如气力提升、搅拌等，需另行估算。当进水浓度特低时，需核算搅拌功率是否满足。

2）氧传递速率的计算

① 清水的传氧速率

$$\frac{dc}{dt} = K_{La}(c_s - c) \qquad (3-41)$$

$$K_{La} = \frac{\ln \dfrac{c_s - c_0}{c_s - c_1}}{t_1 - t_0} \qquad (3-42)$$

$$c_s = 14.5115 - 0.3565T + 4.3585 \times 10^{-3}T^2 \qquad (3-43)$$

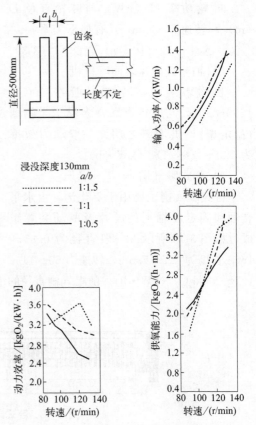

浸没深度130mm

a/b

······· 1:1.5

――― 1:1

―――― 1:0.5

图 3-49 直径 500mm 曝气刷数据

式中　c_s——清水中的饱和溶解氧浓度，mg/L；

　　　c_0——t_0 时刻的溶解氧浓度，mg/L；

　　　c——t 时刻的溶解氧浓度，mg/L；

　　　c_1——t_1 时刻的溶解氧浓度，mg/L；

　　　K_{La}——氧总传递系数，h^{-1}；

　　　T——清水温度，℃，$T = 0 \sim 4$℃。

② 混合液的传氧速率

$$\frac{dc}{dt} = \alpha K_{La}(\beta c_s - c_L) \qquad (3-44)$$

$$\alpha = \frac{K_{Law}}{K_{La}} \qquad (3-45)$$

$$\beta = \frac{c_{sw}}{c_s} \qquad (3-46)$$

式中　α——修正系数，$\alpha = 0.8 \sim 0.85$；

　　　β——修正系数，$\beta = 0.9 \sim 0.97$；

　　　c_L——混合液的溶解氧浓度，c_L 约为 2mg/L；

　　　K_{Law}——污水中的氧总传递系数，h^{-1}；

　　　c_{sw}——污水的饱和溶解氧浓度，mg/L。

③ 水温的影响

$$K_{La(T)} = K_{La(20)} \times 1.024^{(T-20)} \qquad (3-47)$$

$$c_{s1} = \frac{475 - 2.65T}{33.5 + T} \qquad (3-48)$$

式中　$K_{La(T)}$、$K_{La(20)}$——T℃和20℃时的氧总传递系数，h^{-1}；

　　　c_{s1}——标准大气压下的 c_s，mg/L。

④ 压力的影响

$$c_s = c_{s1}\rho = c_{s1}\frac{p}{0.1013} \qquad (3-49)$$

式中　p——所在地区的大气压，MPa；

　　　ρ——大气压修正系数。

⑤ 曝气头浸没深度的影响

$$c_{sm} = c_s \left(\frac{O_t}{42} + \frac{p_b}{2.026} \right) \qquad (3\text{-}50)$$

$$O_t = \frac{21(1-E_A)}{79+21(1-E_A)} \qquad (3\text{-}51)$$

$$p_b = p + 9.81 \times 10^{-3} H \qquad (3\text{-}52)$$

式中　c_{sm}——扩散器出口和混合液表面两处饱和溶解氧浓度的平均值，mg/L；

O_t——从曝气池逸出气体中含氧量的百分率，%；

E_A——氧吸收率，%；

p_b——扩散器出口处的绝对压力，MPa；

H——扩散器浸没水深，m。

⑥ 供气量。

$$q = \frac{R_0}{0.3E_A} \times 100 \qquad (3\text{-}53)$$

式中　q——供气量，m^3/h。

3.1.3.4　工艺计算与设计

活性污泥系统由曝气池、二次沉淀池及污泥回流系统等组成，其工艺计算与设计主要包括：①工艺流程的选择；②曝气池的计算与设计；③曝气系统的计算与设计；④二次沉淀池的计算与设计；⑤污泥回流系统的计算与设计。

(1) 工艺流程选择

进行活性污泥系统设计时，首先应充分掌握与污水、污泥有关的原始资料并确定设计的基础数据。主要是下列各项：①污水的水量、水质及变化规律；②对处理后出水的水质要求；③对处理中所产生污泥的处理要求；④污泥负荷率与 BOD_5 去除率；⑤混合液的污泥浓度与污泥回流比。

对生活污水和城市污水以及性质与其类似的工业污水，已经总结出一套较为成熟和完整的设计数据可直接应用，而对于一些性质与生活污水相差较大的工业污水，则需通过试验来确定有关的设计数据。选择工艺流程的主要依据就是前述的各项内容和据此所确定的污水和污泥的处理程度，结合当地的地理位置、地区条件、气候条件以及施工水平等因素，综合分析工艺的技术可行性和经济合理性，特别是对工程量大、建设费用高的工程，需进行多种工艺流程比较之后才能确定，以期使工程系统达到优化。

(2) 曝气池的计算与设计

普通曝气池的计算与设计主要包括：处理效率；曝气池的容积；水力停留时间；需氧量和供气量；池体设计等。

1) 处理效率 E

$$E = \frac{S_0 - S_e}{S_0} \times 100\% = \frac{S_r}{S_0} \times 100\% \qquad (3\text{-}54)$$

式中　E——BOD_5 去除率，%；

S_0——进水的 BOD_5 浓度，kg/m^3；

S_e——出水的 BOD_5 浓度，kg/m^3；

S_r——去除的 BOD_5 浓度，kg/m^3。

2）曝气池容积 V

$$V=\frac{QS_r}{N_r X_a}=\frac{QS_0}{NX_a} \tag{3-55}$$

$$V=\frac{\theta_c YQS_r}{X_a(1+K_d\theta_c)} \tag{3-56}$$

$$V=\theta_c\frac{Q_wX_a+(Q-Q_w)X_e}{X_a} \tag{3-57}$$

式中　V——曝气池容积，m^3；

Q——设计进水流量，m^3/d；

N_r——污泥去除负荷，$kgBOD_5/(kgMLVSS \cdot d)$；

N——污泥进水负荷，$kgBOD_5/(kgMLVSS \cdot d)$；

θ_c——污泥停留（名义）时间，d；

Y——污泥理论产率，$kg(生物量)/kg(降解的 BOD_5)$，$Y=0.4\sim0.8$；

K_d——污泥内源呼吸率，d^{-1}；

X_a——曝气池污泥浓度（MLVSS），mg/L；

X_e——二沉池出水污泥浓度（MLVSS），mg/L；

Q_w——从曝气池排出的混合液流量，m^3/d。

3）水力停留时间 θ、θ_s

$$\theta=V/Q \tag{3-58}$$

$$\theta_s=\frac{V}{(1+R)Q} \tag{3-59}$$

式中　θ——名义水力停留时间，d；

θ_s——实际水力停留时间，d；

R——污泥回流比。

4）污泥增长量 ΔX_v

活性污泥微生物的增长量可按下式进行计算

$$\Delta X_v=YQS_r+K_dVX_a \tag{3-60}$$

式中　ΔX_v——每日增长的挥发性污泥量，$kgMLVSS/d$。

5）泥龄 θ_c

$$\theta_c=\frac{VX_a}{Q_wX_a+(Q-Q_w)X_e} \tag{3-61}$$

$$\theta_c=\frac{VX_a}{Q'_wX_R+(Q-Q'_w)X_e} \tag{3-62}$$

$$\frac{1}{\theta_c}=YN_r-K_d \tag{3-63}$$

式中　θ_c——污泥停留时间（污泥龄），d；

Q'_w——二沉池底的排泥量，mg/L；

X_R——回流污泥浓度，$mgMLVSS/L$。

6) 曝气池需氧量 O_2

活性污泥法处理系统的日平均需氧量 (O_2) 可按下式进行计算。

$$O_2 = aS_rQ + bVX_v \tag{3-64}$$

式中　O_2——混合液的需氧量，kgO_2/d；

　　　a——微生物对有机底物氧化分解过程的需氧率，$kg/kgBOD_5$；

　　　b——活性污泥微生物自身氧化的需氧率，d^{-1}。

微生物对有机底物氧化分解过程的需氧量可按下式计算：

$$\Delta O_a = \frac{O_2}{Q(S_0 - S_e)} = a + \frac{b}{N_r} \tag{3-65}$$

式中　ΔO_a——去除每千克 BOD 的需氧量，$kgO_2/(kgBOD_5 \cdot d)$。

活性污泥微生物自身氧化的需氧量可按下式计算：

$$\Delta O_b = \frac{O_2}{VX_v} = aN_r + b \tag{3-66}$$

式中　ΔO_b——单位质量污泥的需氧量，$kgO_2/(kgMLVSS \cdot d)$。

表 3-5 所列是城市污水的 a、b 和 ΔO_b 值，表 3-6 所列是部分工业污水的 a、b 值。

表 3-5　活性污泥法处理城市污水的 a、b 值和 ΔO_b

运行方式	a	b	ΔO_b
完全混合活性污泥法			0.7～1.1
吸附-再生活性污泥法	0.42～0.53	0.11～0.188	0.7～1.1
标准活性污泥法			0.8～1.1
延时曝气活性污泥法			1.4～1.8

表 3-6　部分工业污水的 a 和 b 值

污水名称	a	b	污水名称	a	b
石油化工污水	0.75	0.16	炼油污水	0.55	0.12
含酚污水	0.56		亚硫酸浆粕污水	0.40	0.185
漂染污水	0.5～0.6	0.065	制药污水	0.35	0.354
合成纤维污水	0.55	0.142	制浆造纸污水	0.38	0.092

7) 混合液的污泥浓度 X

$$N_v = N_rX_v \tag{3-67}$$

$$X_v = fX \tag{3-68}$$

式中　X——混合液悬浮固体 (MLSS) 浓度，kg/m^3；

　　　X_v——混合液挥发性悬浮固体 (MLVSS) 浓度，kg/m^3；

　　　f——系数，一般取 0.7～0.8；

　　　L_v——容积负荷，$kgBOD_5/(m^3 \cdot d)$；

8) 污泥容积指数 SVI

$$SVI = \frac{SV}{X} \times 10^4 \tag{3-69}$$

式中　SVI——污泥容积指数，mL/g；

　　　SV——污泥 30min 沉降比，%。

9）出水浓度

$$S_e = \frac{K_s(1+K_d\theta_c)}{(YK-K_d)\theta_c-1} \tag{3-70}$$

式中　K_s——饱和常数，mg/L；

　　　S_e——出水浓度，mg/L；

　　　K——BOD_5的降解速率常数，d^{-1}。

10）设计参数的选择

在进行曝气池容积计算时，应在一定范围内合理确定 L_r 和 X_v 或 X 值，同时考虑处理效率、污泥容积指数（SVI）和污泥龄（生物固体平均停留时间）等参数。对于易生物降解的污水，L_r 值主要从污泥沉淀性能来考虑；对于难生物降解的污水，重点从出水水质来考虑。表 3-7 列举的是各种活性污泥系统处理城市污水的设计与运行参数的建议值。

表 3-7　各种活性污泥系统设计与运行参数的建议值

运行方式	BOD 污泥负荷 L_r /[kgBOD$_5$/(kgMLVSS·d)]	BOD 容积负荷 L_v/[kgBOD$_5$/(m^3·d)]	污泥龄 θ_c/d	污泥 MLSS 浓度 X/(mg/L)	污泥 MLVSS 浓度 X_v/(mg/L)	污泥回流比 R/%	曝气时间 t_m/d
标准活性污泥系统	0.2～0.4	0.3～0.6	5～15	1.5～3.0	1.2～2.4	0.25～0.50	4～8
阶段曝气活性污泥系统	0.2～0.4	0.6～1.0	5～15	2.0～3.5	1.6～2.8	0.25～0.75	3～5
吸附-再生活性污泥系统	0.2～0.6	1.0～1.2	5～15	吸附池 1.5～3.0 再生池 4.0～10.0	吸附池 0.8～2.4 再生池 3.2～8.0	0.25～1.0	吸附池 0.5～1.0 再生池 3.0～6.0
延时曝气活性污泥系统	0.05～0.15	0.1～0.4	20～30	3.0～6.0	2.4～4.8	0.75～1.50	20～48
高负荷活性污泥系统	1.5～5.0	1.2～2.4	0.2～2.5	0.2～0.5	0.16～0.40	0.05～0.15	1.5～3.0
完全混合活性污泥系统	0.2～0.6	0.8～2.0	5～15	3.0～6.0	2.4～4.8	0.25～1.0	4.0～10.0

对于生活污水及性质与其类似的工业污水，采用表 3-7 中的数据时，SVI 值介于 80～150 之间，污泥沉淀性能良好，出水水质较好；当污水中难降解物质含量较高或要求降低剩余污泥量以及在低温条件下运行时，N_r 的取值应低于 $0.2 kgBOD_5/(kgMLVSS·d)$。混合液悬浮固体浓度 X 可按下式进行计算

$$X = \frac{rR10^6}{(1+R)SVI} \tag{3-71}$$

式中　R——污泥回流比，%；

　　　r——二次沉淀池中污泥综合系数，一般为 1.2 左右。

（3）二次沉淀池的计算与设计

二次沉淀池的作用是泥水分离使混合液澄清、浓缩和回流活性污泥，其工作性能对活性污泥处理系统的出水水质和回流污泥的浓度有直接关系。

初次沉淀池的设计原则一般也适用于二次沉淀池，但有如下一些特点：①活性污泥混合液的浓度较高，有絮凝性能，其沉降属于成层沉淀；②活性污泥的质量较轻，易产生异重流，因此设计二次沉淀池时，最大允许的水平流速（平流式、辐流式）或上升流速（竖

流式）都应低于初次沉淀池；③由于二次沉淀池起着污泥浓缩的作用，需要适当增大污泥区容积。

二次沉淀池的计算与设计包括：池型的选择；沉淀池（澄清池）面积、有效水深的计算；污泥区容积的计算；污泥排放量的计算等。

1）池型选择

平流式、竖流式和辐流式 3 种类型的沉淀池均可用于二次沉淀池。为了提高沉淀效率，可在平流式和竖流式沉淀池上加装斜板（管），形成斜板（管）沉淀池。设机械吸泥及排泥设施的辐流式沉淀池比较适合大型污水处理厂；方形多斗辐流式沉淀池常用于中型污水处理厂；对小型污水处理厂，则多采用竖流式沉淀池或多斗式平流式沉淀池。

2）面积和有效水深

二次沉淀池澄清区的面积和有效水深的计算有水力表面负荷法和固体通量法等，工程设计中常用的是水力表面负荷法。二沉池澄清区的面积可按下式进行计算：

$$A = \frac{Q_{\max}}{q} = \frac{Q_{\max}}{3.6u}$$
(3-72)

式中　A——二次沉淀池的面积，m^2；

　　$Q_{\max}$——污水的最大流量，m^3/h；

　　q——水力表面负荷，$m^3/(m^2 \cdot h)$；

　　u——活性污泥成层沉淀时的沉速，mm/s。u 值大小与污水水质和混合液污泥浓度有关，一般介于 0.2～0.5mm/s 之间，相应的 q 值为 0.72～1.8$m^3/(m^2 \cdot h)$。

二次沉淀池的固体水力负荷为单位时间内单位面积所承受的水量 [$kg/(m^2 \cdot h)$]。用固体表面负荷设计能保证污泥在二次沉淀池中得到足够的浓缩，以便供给曝气池所需浓度的回流污泥。根据经验，一般二次沉淀池的固体负荷可达 150$kg/(m^2 \cdot h)$。斜板（管）二次沉淀池可考虑加大到 192$kg/(m^2 \cdot h)$。

当污水中的无机物含量较高时，可采用较高的 u 值；当溶解性有机物较多时，则 u 值宜低。混合液的污泥浓度对 u 值的影响较大，浓度较高时 u 值较小，反之 u 值较大。表 3-8 所列举的是混合液污泥浓度与 u 值之间的关系。

表 3-8　混合液污泥浓度与 u 值之间的关系

MLSS/(mg/L)	u/(mm/s)	MLSS/(mg/L)	u/(mm/s)
2000	≤0.5	5000	0.22
3000	0.35	6000	0.18
4000	0.28	7000	0.14

二次沉淀池面积以最大流量作为设计流量，而不计回流污泥量。但中心管的计算则应包括回流污泥。

二次沉淀池的有效水深可按下式进行计算：

$$H = \frac{Q_{\max} t}{A} = qt$$
(3-73)

式中　H——澄清区水深，m；

　　t——二次沉淀池水力停留时间，h。

澄清区水深通常按水力停留时间来确定，一般取值为 1.5～2.5h。

根据经验，二沉池直径加大时，池边水深也应适当加大，否则水力效率将下降，有效容积将减小。当直径分别为 10~20m、20~30m、30~40m、>40m 时，建议池边水深分别为 3.0m、3.5m、4.0m、4.0m。由于客观原因达不到上述建议值时，为了维持沉淀时间不变，须采取较低的表面负荷值。

3）污泥斗容积

污泥斗的作用是贮存和浓缩沉淀污泥。由于活性污泥易因缺氧而失去活性并腐败，因此污泥斗容积不能过大，对于分建式沉淀池，一般规定污泥斗的贮泥时间为 2h，可采用下式计算污泥斗的容积。

$$V_s = \frac{4(1+R)QX}{24(X+X_r)} = \frac{(1+R)QX}{6(X+X_r)} \tag{3-74}$$

式中　　Q——污水流量，m^3/h；

　　　　X——混合液污泥浓度，mg/L；

　　　　X_r——回流污泥浓度，mg/L；

　　　　R——污泥回流比，%；

　　　　V_s——污泥斗容积，m^3。

污泥斗的平均污泥浓度（X_s）可按下式进行计算：

$$X_r = \frac{X(1+R)}{R} \tag{3-75}$$

$$X_s = 0.5(X+X_r) \tag{3-76}$$

4）污泥排放量

二沉池中部分污泥作为剩余污泥排放时，其排放量应等于污泥增长量（ΔX_v），可按下式计算。

$$\Delta X_v = YQS_r + K_d V X_a \tag{3-77}$$

式中　　ΔX_v——每日增长的挥发性污泥量，kgMLVSS/d。

(4) 污泥回流系统的计算与设计

污泥回流系统的计算和设计内容有：污泥回流量的计算、污泥回流设备的选择与设计。

1）污泥回流量的计算

污泥回流量是关系到处理效果的重要设计参数，应根据不同的水质、水量和运行方式，确定适宜的回流比。污泥回流比也可按式（3-59）进行计算，该值的大小取决于混合液的污泥浓度和回流污泥浓度，而回流污泥浓度又与 SVI 值有关。在实际曝气池运行中，由于 SVI 值在一定的幅度内变化，并且需根据进水负荷的变化调整混合液的污泥浓度，因此在进行污泥回流设备设计时，应按最大回流比设计，并使其具有在较小回流比时工作的可能性，以便使回流污泥可以在一定幅度内变化。

2）污泥回流设备的选择与设计

合建式的曝气沉淀池，活性污泥可从沉淀区通过回流缝自行回流到曝气区。但对于分建式曝气池，活性污泥则需通过污泥回流设备回流。污泥回流设备包括提升设备和输泥管渠，常用的污泥提升设备是污泥泵和空气提升器。污泥泵的型式主要有螺旋泵和轴流泵，其运行效率较高，可用于各种规模的污水处理工程。空气提升器的效率低，但结构简单，管理方便，且可在提升过程中对活性污泥进行充氧，因此常用于中小型鼓风曝气系统。选择污泥泵时，首先应考虑的因素是不破坏污泥的特性，运行稳定、可靠等。为保证活性污泥回流系统的连续运行，必须设置备用泵。

空气提升器是利用升液管内外液体的密度差而使污泥提升的，设在二次沉淀池的排泥井或曝气池进口处专设的污泥井中，其结构如图 3-50 所示，污泥回流比可以通过调节进气阀门控制。

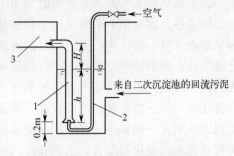

图 3-50　空气提升器示意图
1—升液管；2—空气管；3—回流污泥装置

升流管在回流井中的最小浸没深度 h 至少应为 0.3m，其值可按下式进行计算：

$$h = \frac{H}{n-1} \qquad (3-78)$$

式中　H——拟提升高度，m；

　　　n——密度系数，一般取 2～2.5。

空气用量 W（m³/h）按下式计算：

$$W = \frac{KQH}{\left(23\lg\dfrac{h+10}{10}\right)\eta} \qquad (3-79)$$

式中　K——安全系数，一般取 1.2；

　　　Q——每个升液管的设计提升流量，m³/h；

　　　η——效率系数，一般取 0.35～0.45。

空气压力应大于浸没深度（h）0.3kPa 以上。一般空气管最小管径 25mm，升液管最小管径 75mm。一座污泥回流井只宜设一个升液管，而且只与一个二次沉淀池的污泥斗连通，以免造成相互间的干扰。

3.2　氧化沟工艺与设备

氧化沟（oxidation ditch，OD）生物处理技术又称循环曝气池，污水和活性污泥的混合液在环状曝气渠中循环流动，属于活性污泥法的一种变形，运行效果稳定，目前已成为城市污水处理的重要工艺形式之一。

3.2.1　技术原理

氧化沟的基本特征是曝气池呈封闭的沟渠形，污水和活性污泥的混合液在其中作不停的循环流动，水力停留时间长达 10～40h，污泥龄一般大于 20d，有机负荷很低，仅为 0.05～0.15kgBOD$_5$/(kgMLSS·d)（本质上属于延时曝气法），容积负荷为 0.2～0.4kgBOD$_5$/(m³·d)，活性污泥浓度为 2000～6000mgMLSS/L，出水 BOD$_5$ 为 10～15mg/L，SS 为 10～20mg/L，NH$_3$-N 为 1～3mg/L。

采用氧化沟处理污水时，可不设初次沉淀池。二次沉淀池可与曝气部分分设，此时需设污泥回流系统。也可与曝气部分合建在同一沟渠中，如侧渠式氧化沟、交替工作氧化沟，可省去二次沉淀池及污泥回流系统。氧化沟中的水流速率一般为 0.3～0.5m/s，水流在环形沟渠中完成一个循环约需 10～30min。

由于氧化沟工艺的水力停留时间为 10～40h，污水在整个停留时间内要完成 20～120 个循环工序，这就赋予了氧化沟一种独特的水流特征，兼有完全混合式和推流式的特点。如果着眼于整个氧化沟，并以较长的时间间隔为观察基础，可以认为氧化沟是一个完全混合曝气池，其中的浓度变化极小，甚至可以忽略不计，进水将迅速得到稀释，因此具有很强的抗冲击负荷能力。如果着眼于氧化沟中的一段，即以较短的时间间隔为观察基础，可以发现曝气器下游溶解氧浓度较高，但随着与曝气器距离的增加，溶解氧浓度不断降低，呈现出好氧区→缺氧区→好氧区→缺氧区的交替变化。氧化沟的这种特征，使沟渠中相继进行硝化和反硝化的过程，达到良好的脱氮效果，同时使出水中活性污泥具有良好的沉降性能。

运行实践表明，氧化沟工艺具有以下特征：

（1）独特的流态特征

氧化沟的基本特征是混合液的循环流动，其水流形态介于推流和完全混合流态之间，或者说基本上是完全混合式，同时又具有推流的特征。既适合处理高浓度有机污水，能够承受水量和水质的冲击负荷，又可用来进行硝化、反硝化，达到生物脱氮的目的。

（2）集污水处理和污泥稳定于一身

为防止无机沉渣在氧化沟中积累，污水应先采用格栅及沉砂池进行预处理。由于氧化沟的污泥龄很长，剩余污泥量较一般的活性污泥法少得多，而且已经得到好氧稳定，因此不再需要消化处理，可在浓缩、脱水后加以利用或最后处置。

氧化沟以其流程简单、管理方便和处理效果好等优点，在不少的工程项目中得到了广泛的应用。由于技术及装备的发展，氧化沟处理技术取得了突破性的进展：

① 突破了氧化沟是一种延时曝气构筑物的概念，可按多种活性污泥工艺进行设计。它可以是低负荷的延时曝气池，也可以是高负荷曝气池；可以是缺氧/好氧或厌氧/好氧或厌氧/缺氧/好氧或吸附/生物氧化等工艺的组合。总之，可视具体工程条件而设计。

② 氧化沟水力学流态和构筑物形式有了重大变革，出现了间歇曝气工艺的氧化沟、水深达 8m 的深水氧化沟和高效氧化沟。

③ 开发了各类氧化沟的专用设备，使工艺技术、装备和运行控制有了一整套技术，保证了各种氧化沟的有效运行。

3.2.2　工艺过程

3.2.2.1　工艺流程

氧化沟处理系统的工艺流程如图 3-51 所示，由曝气设备、出水溢流堰和自动控制设备等部分组成。

氧化沟的池体呈环状沟渠形，平面上多为圆形、椭圆形或其他形状，断面形状多为矩形和梯形。池壁多为钢筋混凝土，也可挖成边坡为 1：1.5 以上的斜坡，以 100mm 素混凝土作护砌而成。沟渠水深与所采用的曝气设备有关，一般为 2.5～8m。

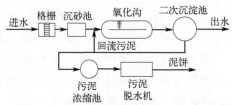

图 3-51　氧化沟处理系统的工艺流程

曝气设备是氧化沟的主要装置,主要作用有:供氧、推动水流作循环流动、防止活性污泥沉淀以及对反应混合液的混合。常用的曝气设备有水平轴曝气转刷、竖直轴表面曝气机、射流曝气器和导管式曝气机等。曝气设备的安装应考虑通过改变曝气机的转速或淹没深度来调节曝气机的充氧能力,以适应运行的要求,节省电耗。采用曝气转刷时,氧化沟水深一般不超过 2.5m;当采用表面曝气机时,由于其提升能力较强,沟深可采用 2.5~4.5m。

当有两个以上的氧化沟平行工作时,应设进水分配井以保证均匀配水。当采用交替工作的氧化沟系统时,进水分配井内应设自动控制阀门,按设计好的程序自动启闭各个进水口,以变换氧化沟的水流方向。氧化沟中的出水溢流堰除排出处理后的出水外,还起着调节池内水深的作用,一般应设计成可升降的,通过调节出水溢流堰的高度改变池内水深,从而改变曝气器的浸没深度,使其充氧量适应不同的运行要求。当采用交替工作的氧化沟时,出水溢流堰还应制成可以自动启闭的,并与进水闸门的自动启闭互相呼应,以控制池内水流方向的变更。

自动控制设备一般有溶解氧控制系统、进水分配井、闸门和出水堰的控制等。

3.2.2.2　氧化沟的形式

随着水处理工业的发展,氧化沟的形式也在不断改革。概括起来,氧化沟有单沟、双沟、三沟、多沟同心和多沟串联等多种布置形式;有将二沉池与氧化沟分建或合建的;有连续进水或交替进水的;有用转刷曝气机、转盘曝气机或泵型、倒伞型表面曝气机进行充氧和搅拌的;也有用潜水搅拌器的。

根据是否设置二沉池,氧化沟可分为独立设置二沉池和不独立设置二沉池的氧化沟两类。

(1) 独立设置二沉池的氧化沟

此类氧化沟设有二沉池和污泥回流系统,常用的形式有基本型氧化沟、DE 型氧化沟、卡罗塞尔(Carrousel)型氧化沟、奥巴尔(Orbal)型氧化沟。

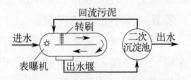

图 3-52　基本型氧化沟的工艺流程

1) 基本型氧化沟

基本型氧化沟是一个椭圆形水池,中间用隔墙把水流分为两条首尾连通的渠道。其工艺流程如图 3-52 所示,只适用于小规模污水处理厂,一般用转刷曝气,水深 1~1.5m,水平流速 0.3~0.4m/s,循环流量为设计流量的 30~60 倍。

2) DE 型氧化沟

DE 型氧化沟由两个基本型氧化沟串联而成,一般使用转刷曝气,潜水搅拌器搅拌,通过改变进水、出水顺序和曝气转刷的转速使两沟交替处在缺氧混合和好氧条件。其工作过程如图 3-53 所示,主要用于生物脱氮,由于两沟交替工作,避免了 A/O 生物脱氮系统中的混合液内回流。

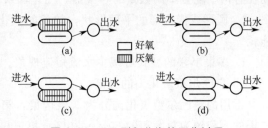

图 3-53　DE 型氧化沟的工作过程

3) 卡罗塞尔(Carrousel)型氧化沟

卡罗塞尔(Carrousel)型氧化沟可以看作是由多个基本型氧化沟首尾相连形成的多

沟渠氧化沟,需另设二沉池和污泥回流装置,主要用于中小型污水处理厂。其布置如图 3-54 所示,组合形式如图 3-55 所示。

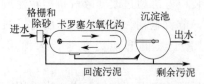

图 3-54　卡罗塞尔型氧化沟布置示意图

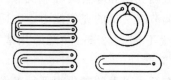

图 3-55　卡罗塞尔型氧化沟组合形式

卡罗塞尔型氧化沟采用垂直安装的低速曝气器,每组沟渠安装一个,均安设在一端,因此形成了靠近曝气器下游的富氧区和曝气器上游及外环的缺氧区。这不仅有利于生物凝聚,使活性污泥易于沉淀,而且创造了良好的生物脱氮环境。由于表面叶轮曝气机有较大的提升作用,使氧化沟的水深可达 $4\sim4.5m$,沟内流速约为 $0.3\sim0.4m/s$。由于曝气器周围局部地区的能量强度比传统活性污泥法曝气池中的强度高得多,因此氧的转移效率大大提高,当有机负荷低时,可以停止某些曝气器的运行,在保证水流搅拌混合循环流动的前提下,节约能量消耗。目前使用的氧化沟的处理规模有小至 $200m^3/d$ 的,也有大至 $657000m^3/d$ 的。其 BOD_5 的去除率可达 $95\%\sim99\%$,脱氮效率可达 90%,脱磷效率约为 50%,如配以投加铁盐,除磷效率可达 95%。

4) 奥巴尔(Orbal)型氧化沟

奥巴尔(Orbal)型氧化沟由多个同心的沟渠组成,沟渠呈圆形或椭圆形,进水先引入最外的沟渠,在其中不断循环流动的同时,依次引入下一个沟渠,

图 3-56　奥巴尔型氧化沟工艺流程

最后从中心的沟渠排出。其工艺流程如图 3-56 所示。沟中有若干多孔曝气圆盘的水平旋转装置,用于传氧和混合。

与卡罗塞型氧化沟多沟渠首尾相连不同,奥巴尔型氧化沟相当于一系列完全混合反应池串联在一起,这种串联形式可以兼有完全混合式和推流式的优点,因而可取得更好的处理效果。

① 奥巴尔型氧化沟的特点

a. 曝气设备多采用曝气转盘。由于曝气转盘上有大量的曝气机和楔形突出物,增加了推进混合和充氧效率,水深可达 $3.5\sim4.5m$,并保持沟底流速 $0.3\sim0.9m/s$。同时可借助在各沟中配置不同数量的曝气盘,变化输入每一沟的供氧量。

b. 圆形或椭圆形的平面形状,较长的氧化沟更能利用水流惯性,可节省推动水流的能耗。

c. 多渠串联的型式可减少水流短流现象。

② 奥巴尔型氧化沟的分区

常用的奥巴尔型氧化沟分为 3 条沟渠:第一渠的容积约为总容积的 $60\%\sim70\%$,第二渠的容积约为总容积的 $20\%\sim30\%$,第三渠则仅占总容积的 10%。运行时,应保持第一、第二及第三渠的溶解氧浓度分别为 $0mg/L$、$1mg/L$ 及 $2mg/L$,即所谓三沟 DO 的 0-1-2 梯度分布。由于第一渠中氧的吸收率通常高于供氧速率,供给的大部分氧立即被耗掉,即使该段提供 90% 的需氧量,仍可将溶解氧的含量保持在 0 左右。在第二、第三渠中,氧的吸收率比较低,尽管反应池中供氧量比较低,溶解氧的含量也可以保持较高的水平。

为了保持奥巴尔型氧化沟中的这种溶解氧浓度梯度，可简单地增减曝气盘的数量。在氧化沟中保持 0-1-2 的浓度梯度，可以达到以下目的：①在第一渠中仅提供将 BOD 物质氧化稳定所需的氧，保持溶解氧为 0 或接近 0，既可节约供氧的能耗，也可为反硝化创造条件；②在第二渠缺氧条件下，微生物可进行磷的释放，以便它们在好氧环境下吸收污水中的磷，达到除磷效果；③在第三渠中形成较大的溶解氧阶梯，有利于提高充氧效率。

③ 奥巴尔型氧化沟的脱氮

根据硝化和反硝化的原理，脱氮过程需先将氨氮在有氧条件下转化成硝态氮，然后在无氧条件下把硝态氮还原成氮气，这就要求创造一个好氧和缺氧的环境。奥巴尔型氧化沟特有的三沟溶解氧呈 0-1-2mg/L 的分布正好创造了一个极好的脱氮条件，其独特之处是大部分硝化反应发生在第一沟。如果硝化只发生在后面两个沟内，则反硝化部分只有回流污泥中的硝酸盐，即使污泥回流比高达 100%，也只有 50% 的硝酸盐进行反硝化。污水在曝气区域发生硝化反应，在缺氧区域进行氮的脱除，加上污水先进入外沟，为反硝化反应提供了充足的碳源，使氮在第一沟内很好地去除。

（2）不单独设置二沉池的氧化沟

此类氧化沟不单独设置二沉池，把氧化沟的某一部分在某些时段作为沉淀池使用，或者把二沉池与氧化沟合建，不设置污泥回流系统。常见的形式有交替式氧化沟、一体化氧化沟等。

1）交替工作型氧化沟

交替工作型氧化沟由丹麦 Kruger 公司创建，分为两池交替工作型（D 型）和三池交替工作型（T 型），主要用作去除 BOD。

图 3-57 是两种不同的两池交替工作型氧化沟。V-R 型氧化沟的特点是将曝气渠分成 A、B 两部分，其间有单向活板门相连。定时改变曝气转刷的旋转方向，可以改变渠中的水流方向，使 A 和 B 两部分交替作为曝气区和沉淀区，因此不需另设二沉池。当沉淀区改为曝气区运行时，已沉淀的污泥会自动与污水混合，因此也不需设置污泥回流装置，从而简化了流程，省省了基建费用和运行费用，操作管理也很方便。当处理食品、纺织工业污水时，活性污泥沉淀性能差，这种系统更具优越性。

D 型氧化沟由两个容积相同的单沟串联组成，两沟被交替用作曝气池和沉淀池，一般以

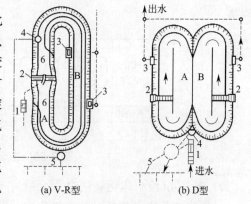

(a) V-R 型　　　　(b) D 型

图 3-57　两池交替工作型氧化沟

1—沉砂池；2—转刷曝气器；3—出水堰；
4—排泥管；5—污泥井；6—氧化沟

8h 为一个运行周期。在运行周期内，前半周期进水引入 N 沟，此时 N 沟曝气，S 沟作为沉淀池，出水从 S 沟引出，在此阶段后期，N 沟停止曝气，为作为出水段做准备；后半周期进水引入 S 沟，S 沟曝气，N 沟作为沉淀池，出水从 N 沟引出，在此阶段后期，S 沟停止曝气，为作为出水段做准备。其运行方式如图 3-58 所示。此种系统可得到十分优质的出水和稳定的污泥，同样也不需设污泥回流系统，但由于交替运行会导致氧化沟容积和曝气设备的利用率低，转刷利用率只有 37.5%，而且在两沟功能转换时，会有未经充分降解

的物质排出系统。

为了克服双沟式氧化沟的缺点，开发了三池交替工作式氧化沟（T型），即在双沟式氧化沟双沟的中间插入一个沟，如图 3-59 所示，3 个单沟平排而成，左右两侧的 A 池和 C 池交替地用作曝气池和沉淀池，中间的 B 池一直维持曝气，进水交替地引入 A 池或 C 池，出水相应地从 C 池或 A 池引出。其运行过程可分为 6 个阶段，如图 3-60 所示。

N=硝化 S=沉淀	出水↑ ... 进水			
工作阶段	A	B	C	D
时间/h	3.0	1.0	3.0	1.0

图 3-58　双沟式氧化沟运行方式

交替工作型氧化沟都不需设污泥回流系统，并且用作二沉池的氧化沟一般比外建的沉淀池容积大，因此出水水质更好，转刷的利用率可提高到 58.33%，还有利于生物脱氮。

显然，三池交替工作型氧化沟就是一个 A-O 活性污泥系统，可以完成有机物的降解和硝化过程，取得良好的 BOD 去除效果和脱氮效果。依靠三池工作状态的转换，免除了污泥回流和混合液回流，运行费用可大大降低。

交替工作的氧化沟必须有自动控制系统，根据预先设定的程序控制进出水的方向、溢流堰的启闭以及曝气转刷的开动和停止。各工作阶段的时间也应根据水质情况进行调整。

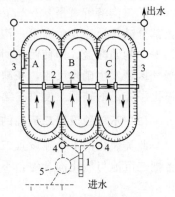

图 3-59　T 型氧化沟

1—沉砂池；2—转刷曝气器；
3—溢流堰；4—排泥井；5—污泥井

N=硝化 S=沉淀						
工作阶段	A	B	C	D	E	F
时间/h	2.5	0.5	1.0	2.5	0.5	1.0

图 3-60　三池式氧化沟运行方式

2）曝气-沉淀一体化氧化沟

一体化氧化沟是指通过改变氧化沟的部分区域结构或在沟内增加设施使其完成泥水分离和污泥回流的功能，从整体上看，曝气、沉淀和污泥回流过程在同一个构筑物中完成。与单独设置二沉池的氧化沟相比，一体化氧化沟的工艺流程短，构筑物、设备少，并且无污泥回流系统，所以在投资、占地、运行费用等方面都有优势。与交替式氧化沟相比，一体化氧化沟有功能相对独立的泥水分离系统，反应器和设备的利用率较高，并且各部分连续运行，控制点少，管理相对方便，因此发展迅速。

一体化氧化沟的技术关键是内置沉淀池的固液分离和污泥回流效果。典型的一体化氧化沟有 BMTS 型氧化沟、船型氧化沟和侧沟型氧化沟。

BMTS 型氧化沟的结构如图 3-61 所示，其中心隔墙稍有偏心，在较宽一侧设沉淀槽。沉淀槽底部是一排三角形的导流板，靠水面设穿孔管收集澄清水。氧化沟中的混合液从沉淀槽底部流过，部分混合液从导流板间隙上升进入沉淀槽，下沉的污泥又从导流板间隙回流至氧化沟内，并被循环水流带走。

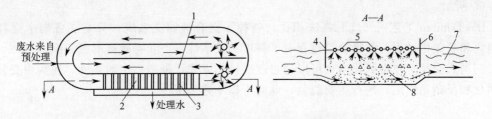

图 3-61　BMTS 型曝气-沉淀一体化氧化沟

1，7—曝气区；2，8—沉淀区；3，5—集水管；4，6—隔墙

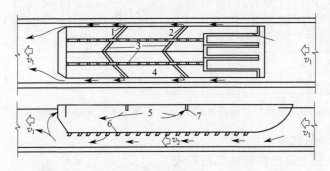

图 3-62　船型一体化氧化沟（槽内流速 v_1 为池底部流速 v_2 的 60%）

1，6—污泥排出口；2，7—浮渣出口；3—浮渣障板；4，5—浮渣回流

船型氧化沟将平流式沉淀器设在氧化沟一侧，但其宽度小于氧化沟的宽度，因此它就像在氧化沟内放置的一条船，如图 3-62 所示。混合液从其底部及两侧流过，在沉淀槽下游一端有进水口，将部分混合液引入沉淀槽，因此沉淀槽内的水流方向与氧化沟内混合液的流动方向相反。沉淀槽内的污泥下沉并由底部的泥斗收集回流至氧化沟，澄清出水则由沉淀槽内流水方向的尾部溢流堰收集排出。

侧沟型氧化沟是在主沟一侧设二座作为二沉池的侧沟，侧沟交替运行，如图 3-63 所示。

(3)　其他氧化沟

1）Bio-Denitro（生物脱氮）和 BioDenipho（生物除磷）工艺

随着各国对污水处理厂出水中氮、磷含量的控制要求越来越严格，出现了功能加强的交替工作型氧化沟，主要有由丹麦 Kruger 公司开发的 Bio-Denitro（生物脱氮）和 BioDenipho（生物除磷）工艺。两工艺是根据 A/O 和 A/A/O 生物脱氮除磷原理，创造缺氧/好氧、厌氧/缺氧/好氧的工艺环境，达到生物脱氮除磷

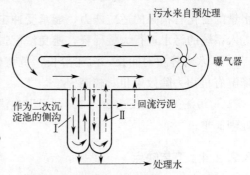

图 3-63　侧沟型曝气-沉淀一体化氧化沟

的目的。Bio-Denitro 工艺的基本形式是由两座相同的单池和一座沉淀池所组成。如要求同时除磷，则在单池前再增设厌氧池，从而形成 Bio-Denipho 系统。

Bio-Denitro 工艺流程及运行方式如图 3-64 所示，Bio-Denipho 工艺流程及运行方式如图 3-65 所示。

Bio-Denitro 工艺同常规脱氮法相比，省掉了混合液回流系统，只是在各沟中交替进行硝化和反硝化过程，使得脱氮过程有了高度的灵活性，可获得较高的脱氮率。

三沟式交替工作型氧化沟也可以通过改变操作方式，创造一定的条件，使沟中交替发生硝化和反硝化作用，进行生物脱氮，此时可以不建二沉池。

工作阶段	A	B	C	D
时间/h	1.5	0.5	1.5	0.5

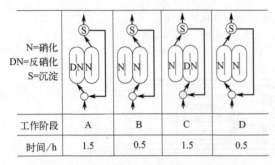

图 3-64 Bio-Denitro 工艺流程及运行方式

工作阶段	A	B	C	D
时间/h	1.5	0.5	1.5	0.5

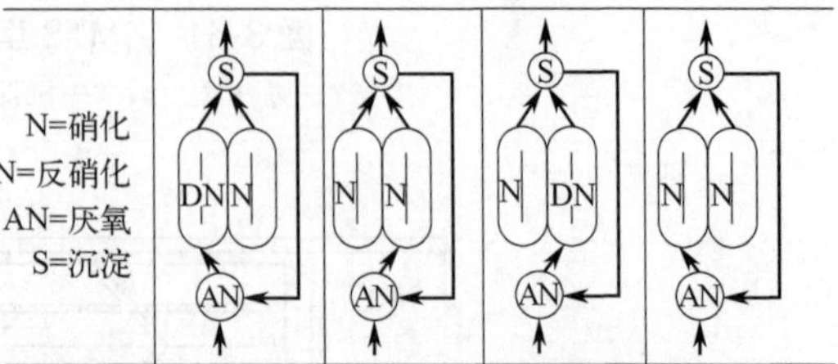

图 3-65 Bio-Denipho 工艺流程及运行方式

2）转刷曝气型氧化沟

这种氧化沟实际上是把传统曝气池改成采用转刷充氧与搅拌的氧化沟，如图 3-66 所示，二沉池、回流泵房与传统活性污泥相同。一般将转刷设在氧化沟直段的廊道上，操作维护比较方便，其充氧效率接近微孔曝气。

图 3-66 转刷曝气型氧化沟

3.2.2.3 工艺优点

氧化沟工艺的优点是由于完全混合流态和低污泥负荷的特征决定的，主要体现在以下几个方面：

① 循环流量大，混合效果好，对水质水量的变化有很强的适应能力，能承受冲击负荷，当处理高浓度污水时，沟内存水可以对进入系统的污水进行大量稀释，避免浓度过高和有毒有害物质对活性污泥系统的破坏。

② 水力停留时间长，污泥龄长，负荷低，处理效果好，出水水质稳定，特别是对难降解有机物去除效果相对较高。

③ 污泥龄一般长达 20～30d，污泥在沟里得到好氧稳定，产生量少，性质稳定，后续处理简单。

3.2.2.4 工艺缺点

氧化沟具有众多优点的同时，也存在一些问题。

① 设计负荷一般在 0.05～0.15kgBOD_5/(kgMLSS·d)，氧化沟总容积比较大。

② 采用曝气设备充氧，数量多，动力效率低，耗电量大。由于受到充氧机械动力传递的限制，氧化沟水深浅，表面积大。

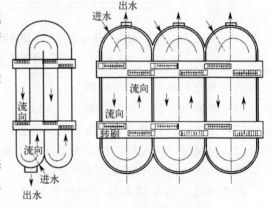

③ 氧化沟内污泥分布不均匀，容易形成污泥沉积，削减了有效生物量和氧化沟有效容积。

④ 低负荷与完全混合流态易导致污泥膨胀，进而困扰氧化沟的运行。

3.2.3　过程设备

氧化沟工艺的主要设备是充氧设备。氧化沟的充氧主要依靠机械充氧，一般不单独采用鼓风曝气充氧方式，因为充氧设备不仅要完成充氧的功能，还要作为混合液在沟内循环流动的主要动力。

3.2.3.1　充氧设备

充氧设备主要有水平轴曝气转刷、曝气转碟和垂直轴表面曝气机。

(1) 曝气转刷

曝气转刷的直径一般为 0.7m 和 1.0m，长度一般为 4.5m 和 9.0m，转速为 70～80r/min，动力效率约为 1.5～2.5kgO$_2$/(kW·h)，调节转速可以调整充氧量以适应不同的充氧需要。与转刷适应的氧化沟水深一般采用 2.5～3.0m。

(2) 曝气转碟

相对于转刷，曝气转碟的直径较大，长度一般不超过 6m，转速为 45～60r/min，动力效率略低，一般为 1.8～2.3kgO$_2$/(kW·h)，但水平推动力及混合能力较大，适应水深 3.5m。

(3) 垂直轴表面曝气机

垂直轴表面曝气机的工作原理类似离心式水泵，对水流有很大的提升力，因此适应的水深较大，为 4.0～4.5m，一般安装在弯道上，在卡罗塞尔型氧化沟中利用比较普遍，动力效率为 1.8～2.3kgO$_2$/(kW·h) 以上，可以通过调节转速来满足不同的工况需要。

3.2.3.2　氧化沟的设计计算

氧化沟的设计计算主要包括：确定氧化沟的容积；计算曝气机所需功率；进行碱度校核及二次沉淀池的设计计算。

(1) 确定氧化沟的容积

当仅要求去除 BOD 及进行硝化作用时，可按活性污泥动力学公式计算氧化沟的容积 V。常用参数如下：容积负荷为 0.2～0.4kgBOD$_5$/(m^3·d)，污泥负荷为 0.05～0.15kgBOD$_5$/(kgMLVSS·d)；水力停留时间为 10～24h；MLVSS(X) 一般采用 2000～6000mg/L；污泥龄则应根据处理要求选定，当仅要求降低 BOD$_5$ 时，可采用 $\theta_c=5～8$d，当要求进行硝化时，应采用 $\theta_c=10～20$d，当希望得到 BOD$_5$ 很低的出水、完全的硝化反应及十分稳定的污泥时，应采用 $\theta_c=30$d。动力学常数 Y 及 K_d 可按半生产性试验数据求得，当无条件进行试验时，可参考表 3-9 选用。出水水质为：BOD$_5$ 的浓度为 10～15mg/L，SS 的浓度为 10～20mg/L，NH$_3$-N 的浓度为 ≈3mg/L。

表 3-9　氧化沟动力学常数 Y 和 K_d 的参考数据

动力学常数	生活污水	脱脂牛奶污水	合成污水	造纸及纸浆污水	城市污水
Y/(kgVSS/kgBOD$_5$ 去除)	0.5～0.67	0.48	0.65	0.47	0.35～0.45
K_d/d^{-1}	0.048～0.06	0.045	0.18	0.20	0.05～0.10

必须说明的是，氧化沟也可采用不同于上列的技术参数，如采用较高的有机物负荷、较短的水力停留时间，使其运行特征接近于高负荷活性污泥法或其他类型的活性污泥法。

对于有脱氮要求的氧化沟系统，应在上述计算结果之外考虑反硝化所需的容积 V'，可按下式计算：

$$V' = \frac{N_T}{DNR \cdot X'}$$ (3-80)

式中　V'——反硝化所需的氧化沟有效容积，m^3；

　　N_T——要求去除的硝酸盐量，g/d；

　　DNR——污泥反硝化率，$kgN/(kgMLSS \cdot d)$；

　　X'——氧化沟内的污泥浓度，$kgMLSS/m^3$。

氧化沟所需的总有效容积应为上述二者之和：

$$V_T = V + V'$$ (3-81)

（2）计算曝气机功率

曝气机所需功率取决于处理污水所需的氧量，计算时应考虑需氧反应、产氧反应及影响需氧量的过程：①降低 BOD_5 的需氧反应；②氨氮氧化的需氧反应；③反硝化过程的产氧反应，即反硝化过程对有机物的稳定作用；④污泥增殖及排泥所减少的 BOD_5，此部分并未耗氧，在需氧量计算时应予以扣除；⑤污泥增殖及排放所减少的 $NH_3\text{-}N$，此部分 $NH_3\text{-}N$ 也不耗氧，也应予以扣除。

$$O_2 = Q \left[\frac{S_0 - S_e}{1 - e^{-kt}} - 1.42 P_x \left(\frac{VSS}{SS} \right) + 4.5(N_0 - N_e) - 0.56 P_x \left(\frac{VSS}{SS} \right) - 2.6 \Delta_{NO_3} \right]$$

(3-82)

式中　O_2——需氧量，kgO_2/d；

　　Q——污水流量，m^3/d；

　S_0、S_e——进、出水的 BOD_5 浓度，mg/L；

　　k——BOD_5 降解速率常数，$1/d$；

　　t——BOD 试验天数，d，对 BOD_5，$t = 5d$；

　　P_x——剩余污泥排放量，kg/d；

　$\dfrac{VSS}{SS}$——污泥中挥发性固体百分数，%；

　N_0、N_e——进出水中的氨氮浓度，mg/L；

　Δ_{NO_3}——还原的硝酸盐氮，mg/L。

一旦确定了需氧量，就可根据曝气设备的标准氧转移效率计算氧化沟所需的总功率，并根据氧化沟的平面形状及布置方式确定曝气设备的数量与尺寸。当要求脱氮时，曝气器布置必须保证沟内有足够的缺氧区，以利于反硝化反应的进行。

（3）碱度校核

应校核氧化沟中混合液的碱度，以确定其 pH 值是否符合要求，一般去除 BOD_5 所产生的碱度（以 $CaCO_3$ 计，下同）约为 $0.1mg/mgBOD_5$，氧化氨氮所需的碱度为 $7.14mg/mgNH_3\text{-}N$，还原硝酸盐氮所产生的碱度为 $3.0mg/mgNO_3\text{-}N$，因此，可根据原水碱度及上述各项数据计算剩余碱度，当剩余碱度大于或等于 $100mg/L$ 时，即可维持混合液 $pH \geqslant 7.2$，符合生物处理的要求。

(4) 二次沉淀池

在进行二次沉淀池的设计计算时，建议采用以下数据或参数：表面负荷 12.6～21.0m³/(m²·d)、固体负荷 20～100kgSS/(m²·d)、出水堰负荷 126～190m³/(m·d)。

3.3　吸附-生物降解工艺与设备

吸附-生物降解工艺（adsorption-biodegradation，简称 A-B 工艺）是由德国亚琛大学 Bohnke 教授于 20 世纪 70 年代中期首先开发并应用的。

3.3.1　技术原理

吸附-生物降解工艺的原理是将污水的活性污泥处理过程分成两步：在 A 段以生物吸附作用为主对污水进行初步处理；在 B 段，采用常规活性污泥法对污水进行彻底处理。

3.3.2　工艺过程

吸附-生物降解系统的工艺流程如图 3-67 所示。

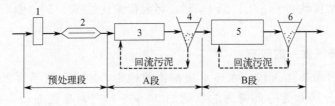

图 3-67　A-B 法污水处理工艺流程

1—格栅；2—沉砂池；3—吸附池；4—中间沉淀池；5—曝气池；6—二次沉淀池

与传统活性污泥法相比，A-B 法主要具有以下特征：

① A 段曝气池（有时与曝气沉砂池合建）具有很高的有机负荷，通常在缺氧甚至厌氧（水解酸化阶段）条件下工作，通过生物吸附能去除污水中 COD 的 50%～60%。

② A 段之前未设初次沉淀池，由吸附池和中间沉淀池组成的 A 段为一级处理系统，以便利用污水中存在的微生物和有机物。

③ B 段由曝气池和二次沉淀池组成，在低负荷下工作，能将出水的 BOD 降至较低水平。

④ A、B 两段完全分开，各自有独立的污泥回流系统，以培养和保持在各自不同环境中工作的有效微生物群落，有利于功能稳定。

⑤ 运行稳定性优于单段活性污泥法。A-B 法比普通活性污泥法更能耐受 pH 值、COD、BOD 和毒物等冲击负荷，因为在 A 段中微生物群落在较高的负荷下工作受到驯化，能适应在高负荷下生存。

⑥ B 段由于发生硝化和部分反硝化，活性污泥的沉淀效果好，出水的 SS 和 BOD_5 浓度一般不超过 10mg/L。

⑦ 节省基建投资 15％～20％，降低能耗约 15％。

3.3.3　过程设备

吸附-生物降解工艺的主要设备是 A 段（吸附池）和 B 段（曝气池）。

（1）A 段（吸附池）的效应

A 段连续不断地接种已适应管网环境变化的细菌，排水管网可看作一个微生物预培养反应器，其中存活大量的细菌，而且还不断地进行增殖、适应、淘汰、优选等过程，从而能够培育出适应性和活性都很强的微生物群体。这些微生物全部进入 A 段，补充和更新 A 段污泥。

A 段负荷较高，有利于增殖速率快、抗冲击负荷能力强的微生物（主要是原核细菌）生长繁殖。污水经 A 段处理后，BOD 的去除率可达 40％～70％，可生化性有所提高，有利于 B 段的工作。此段内的污泥产率较高，吸附能力强，重金属、难降解物质以及 N、P 等都可通过污泥的吸附作用去除。

A 段对有机物的去除主要是靠污泥絮体的吸附作用，生物降解作用只占 1/3 左右，由于吸附和絮凝作用占主导，因此 A 段对毒物、pH 值、负荷以及温度变化都有一定的适应性。

A 段的设计与运行参数一般为：污泥负荷 2～6kgBOD/(kgMLSS·d)，为常规活性污泥法的 10～20 倍；水力停留时间约 30min；污泥龄约 0.3～0.6d；溶解氧浓度约 0.2～0.7mg/L；污泥浓度约 2～4g/L；SVI＜50；污泥回流比约 50～80；中间沉淀池的水力停留时间约 2h。

（2）B 段（曝气池）的效应

B 段接受的污水来自 A 段，水质水量都比较稳定，冲击负荷不再影响本段，净化功能得以充分发挥。其承受的负荷为总负荷的 30％～60％，曝气池的容积较传统法减少 40％左右。B 段的污泥龄长，N 在 A 段得到了部分去除，BOD/N 有所降低，具备进行硝化反应的条件。

B 段的设计与运行参数一般为：污泥负荷约 0.15～0.3kgBOD/(kgMLSS·d)；水力停留时间约 2～6h；污泥龄约 15～20d；溶解氧浓度为 1～2mg/L；MLVSS 约 3.5g/L；二沉池的水力停留时间约 4h。

3.4　序批式反应器工艺与设备

序批式反应器（sequencing batch reactor，SBR）工艺也称为间歇式活性污泥工艺。与传统活性污泥法相比，SBR 工艺具有流程简单、处理效果稳定、占地面积小、耐冲击负荷等特点，而且较少发生丝状菌污泥膨胀的现象，在多种污水处理中得到了应用。

3.4.1　技术原理

3.4.1.1　运行过程

图 3-68 所示为 SBR 工艺在一个运行周期内的操作过程。SBR 工艺的反应器只有一个

曝气池，在该曝气池中循序完成进水、曝气、沉淀、排水等功能，因此在 SBR 工艺中反应池内的运行过程包括 5 个阶段：进水期、反应期、沉淀期、排水排泥期、闲置期。对难降解污水，可在进水后先进行一段时间的厌氧酸化，再曝气反应。

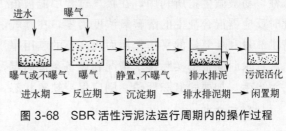

图 3-68　SBR 活性污泥法运行周期内的操作过程

（1）进水期

将原污水或经过预处理以后的污水引入 SBR 反应器。此时反应器中已有一定数量满足处理要求的活性污泥，充水所需的时间随处理规模和反应器容积的大小及被处理污水的水质而定，一般为几个小时。SBR 工艺是间歇运行，即在每个运行周期之初将污水在一个较短的时间内投入反应器，待充水到一定位置后再进行下一步的反应过程。在每个运行周期之末，经过反应、沉淀、排水排泥及闲置过程后，反应器中保留了一定数量的活性污泥。很明显，在向反应器充水的初期，反应器内液相污染物浓度不高，但随着污水的不断投入，污染物的浓度将随之不断增大。当然，在污水投加过程中，SBR 反应器内也存在污染物的混合和被活性污泥吸附、吸收和氧化等作用。随着液相污染物浓度的不断提高，这种吸附、吸收和氧化作用也随之加快。如果在进水阶段向反应器中投入的污染物数量不多或污水中的污染物浓度较低，则所投入的污染物能被及时吸附、吸收和氧化降解，整个运行过程是稳态的，此种情形与连续式活性污泥法中微生物对有机污染物的降解过程类似。但在 SBR 工艺的实际运行过程中，很少会出现这种情况。由于在 SBR 工艺中，污水向反应器的投入时间一般比较短，在充水时间里污染物的投入速率大于活性污泥的吸附、吸收和生物氧化降解速率，从而造成污染物在混合液中积累。在相同的时间里，向反应器投入的污染物数量越多，积累量也越大，混合液中污染物的浓度就越高。如果所处理的污水中含有有毒物质，则其所造成的抑制程度就会越大。为克服有毒污染物对处理过程的影响或污染物积累过多而造成对后续的反应过程产生不利的影响，应注意控制充水时间的长短。即污水浓度越高，污染物毒性越大，其相应的充水时间应较长些，以防止对活性污泥微生物产生抑制作用。

为防止在充水时间内污染物的积累对反应过程产生抑制作用，还可考虑在此期间对 SBR 反应器进行曝气，根据开始曝气的时间与充水过程时间的不同，可分成三种不同的曝气方式：非限量曝气——一边充水一边曝气；限量曝气——充水完毕后再开始曝气；半限量曝气——在充水阶段的后期开始曝气。

采用非限量曝气时，在充水的同时进行曝气，使逐步向反应器投入的污染物能及时得到吸附、吸收和生物降解，从而限制混合液中的污染物积累，并能在较短的时间内获得较高的处理效果。在充水的起始阶段，混合液中污染物的浓度不高，降解速率不大，耗氧量也不多，但随着污染物的投入，其在混合液中的积累量也逐渐增大，降解速率增大，耗氧速率也增大，因而在充水的后半期应逐渐加大供氧量。

采用限量曝气时，由于在充水前 SBR 反应器有一个沉淀、排水及闲置过程，混合液中的溶解氧接近于零，所投入的污染物仅能在厌氧条件下得到降解，而这种降解速率是缓慢的，因而会形成污染物的大量积累。如果污染物对活性污泥微生物有毒性，则可能造成抑制作用，即使充水后进行曝气，降解污染物所需的时间也很长。如果污水中的污染物无毒性，易被微生物所利用，在曝气过程中能被很快降解，此时耗氧速率将比较大。但由于此时反应器混合液中的溶解氧浓度为零，在曝气供氧时的推动力高，从而在一定程度上起着供氧量和耗氧量的平衡作用而提高氧的利用率。

进水时间根据实际排水情况和设备条件而定，一般为 2～4h。进水期间可同时曝气使污泥再生，如要脱氮和释磷，则应保持缺氧状态，只低速搅拌不曝气。

（2）反应期

反应期是在进水期结束或 SBR 反应器充满水后，进行曝气，对有机污染物进行生物降解。很明显，从反应效率的角度分析，推流式反应器比完全混合式好。SBR 反应器是一种理想的时间序列推流式反应装置，这可从两方面加以说明：一是对于单个运行过程而言，反应器在停止进水后，进行曝气使微生物对有机基质进行生物降解。虽然就反应器本身而言是属于完全混合型的，但由于在反应过程中反应器内存在一个污染物的浓度梯度，即 F/M 梯度，如同传统推流式活性污泥法中沿反应器池长存在一个 F/M 的变化一样，所不同的是 SBR 反应器的这种 F/M 梯度是按污水在反应器内流经的位置变化的。二是对于整个处理系统而言，SBR 处理工艺则是严格按推流式运行的。上一个运行周期内进入反应器的污水与下一个运行周期内进入反应器的污水是互不相混的，即是按序批的方式进行反应的。因此 SBR 处理工艺是一种运行周期内完全混合、运行周期间序批推流的理想处理技术。这种特性使其对污染物质有优良的处理效果，并且具有良好的抗冲击负荷和防止活性污泥膨胀的性能。

在反应阶段，活性污泥微生物周期性地处于高浓度及低浓度基质的环境中，反应器也相应地形成厌氧-缺氧-好氧的交替过程，使其不仅具有良好的有机物处理效能，而且具有良好的脱氮降磷效果。在 SBR 反应器的运行过程中，随着反应器内反应时间的延长，其基质浓度也由高到低变化，微生物经历了对数生长期、减速生长期和衰减期，其降解有机物的速率也相应地由零级反应向一级反应过渡。据报道，SBR 法处理污水的 COD 浓度每升可达几百到几千毫克，其去除率均比传统活性污泥法高，而且可去除一些理论上难以生物降解的有机物，究其原因，可能是因为在 SBR 法处理工艺中，系统在非稳态的工况下运行，反应器中的生物相十分复杂，微生物的种类繁多，它们交互作用，强化了工艺的处理效能。

反应期所需的反应时间是确定 SBR 处理工艺的一个非常重要的工艺设计参数，其取值的大小将直接影响处理工艺运行周期的长短。可通过对不同类型的污水进行研究，求出不同时间内污染物浓度随时间的变化规律来确定。

（3）沉淀期

沉淀过程的功能是澄清出水、浓缩污泥。在 SBR 法中，澄清出水是更为主要的。SBR 反应器本身就是一个沉淀池，污水混合液无须流经管道，污泥的沉降过程是在静止状态下进行的，因而受外界的干扰较小，具有沉降时间短、沉淀效率高的优点。静置沉淀时间一般为 1.5～2h。

一般而言，构成活性污泥微生物的细菌可分为菌胶团形成菌和丝状菌，当菌胶团形成菌占优势时，污泥的絮凝和沉降性能较好；反之，当丝状菌占优势时，则污泥的沉降性能将出现恶化，易发生污泥膨胀问题。在 SBR 法处理工艺中，污水一次性投入反应器，反应初期的有机基质浓度较高，而反应后期的污染物浓度较低，反应器中存在随时间而发生的较大浓度梯度，较好抑制了对基质贮存能力差的丝状菌的生长，但有利于菌胶团形成菌的生长，从而可有效防止污泥的膨胀问题的出现，利于污泥的沉降和泥水分离。研究表明，完全混合式活性污泥法最易发生污泥膨胀问题，而推流式活性污泥法发生污泥膨胀的可能性较小，间歇式活性污泥法发生污泥膨胀的可能性最小。

（4）排水排泥期

SBR 反应器中的混合液经过一段时间的沉淀后，将上清液排出反应器，直至最低水位后，将相当于反应过程中微生物生长而产生的污泥量排出反应器，以保持反应器内一定数量的污泥。

排水装置可用多层排水管（附阀门）或伸缩式浮动排水器（滗水器）。沉下的污泥作为种泥留在池中，剩余污泥也在这个阶段定期排出。

（5）闲置期

闲置期的功能是在静置无进水的条件下，使微生物通过内源呼吸作用恢复其活性，并起到一定的反硝化作用而进行脱氮，为下一个运行周期创造良好的初始条件。通过闲置期后的活性污泥处于一种营养物的饥饿状态，单位质量的活性污泥具有很大的吸附表面积，因而一旦进入下个运行周期进水期时，活性污泥便可充分发挥其较强的吸附能力而有效地发挥其初始去除作用。闲置期的设置是保证 SBR 工艺处理出水水质的重要内容，其时间的长短也取决于所处理的污水种类、处理负荷和所要达到的处理效果。闲置期所需的时间不可过长，以防污泥腐化。

在闲置阶段也可进行小量曝气或阶段曝气，以再生污泥。

3.4.1.2　过程动力学

在一个 SBR 运行周期中，沉淀与排水排泥阶段不存在生物反应。不考虑污水除氮要求时，闲置期也可不予考虑。这样，SBR 法的工作周期主要取决于进水和反应两个阶段。在进水阶段内，反应器中同时存在基质积累、生物氧化和微生物增长过程，这些过程受有机物流入速率即进水负荷的显著影响。在反应阶段，基质降解速率即为生物氧化速率。混合液中的生物量一方面随有机物同化而增加，另一方面随内源呼吸而减少。

取一个 SBR 反应器，并定义：q 为进水阶段进入反应器的污水流量，m^3/h；V_0 为进水开始时，反应器内存留的混合液体积，该混合液是上周期排水后残留下来的，一般 V_0 为反应器有效体积的 $25\%\sim50\%$；t_f 为选定的进水时间，h；t 为进水阶段内自进水开始至讨论时刻的时间，h；V 为反应器内混合液体积，m^3。$V=f(t)$，当 $t=0$ 时，$V=V_0$，进水 t 后，$V=V_0+qt$，结束时，$V_总=V_0+qt_f$；C_s 为污水浓度，mg/L；C_0 为 V_0 中的有机物浓度，mg/L；C_{01} 为无生物降解作用时反应器中的有机物浓度，mg/L；C 为 t 时刻反应器内混合液中有机物浓度，mg/L；x_0 为 V_0 中活性污泥浓度，mg/L；x 为 t 时刻反应器内混合液中活性污泥浓度，mg/L。假设原污水中不含 x。

对 SBR 反应器内有机物和活性污泥作物料衡算。在进水阶段内，有机物的积累速率等于其流入速率与反应速率之差。微生物的积累速率等于其增长速率与内源呼吸的消耗速率之差，即：

$$\frac{\mathrm{d}(VC)}{\mathrm{d}t}=qC_s-Vr \tag{3-83}$$

$$\frac{\mathrm{d}(Vx)}{\mathrm{d}t}=Yr-k_dx \tag{3-84}$$

上述式中的反应速率 r 一般用 Monod 方程描述。对混合菌种（SBR 中的生物相比一般活性泥法更丰富）处理多组分底物的实际过程，用如下的 Grau 模式与实验数据吻合更好：

$$r = k_1 x \left(\frac{C}{C_{01}} \right)^n \tag{3-85}$$

式中　n——反应级数，在较低的基质浓度下，$n = 1$；

　　　k_1——比底物利用率常数，$1/h$；

　　　Y——产率系数，mg（污泥）$/mgBOD$（利用）；

　　　k_d——微生物内源呼吸常数，$1/h$。

将式（3-85）代入式（3-83）和式（3-84）中，整理，可得：

$$\frac{dC}{dt} = \frac{q}{V_0 + qt}(C_s - C) - k_1 x \left(\frac{C}{C_{01}} \right)^n \tag{3-86}$$

$$\frac{dx}{dt} = \frac{1}{V_0 + qt} \left[Y k_1 x \left(\frac{C}{C_{01}} \right)^n - k_d x - xq \right] \tag{3-87}$$

式中 C_{01} 可由式（3-86）简化后积分得到。设 $r = 0$ 时，则

$$\frac{dC}{dt} = \frac{q}{V_0 + qt}(C_s - C) \tag{3-88}$$

$$C_{01} = C_s - \frac{V_0}{V_0 + qt}(C_s - C_0) \tag{3-89}$$

由方程式（3-89）可以看出，C_{01} 实际上反映了浓度对氧化速率的影响，C_{01} 越高，dC/dt 越小，即对微生物的抑制作用越强。

在反应阶段（$t > t_f$），$q = 0$，SBR 中混合液体积 V 保持不变，式（3-86）和式（3-87）相应变为：

$$\frac{dC}{dt} = -k_1 x \left(\frac{C}{C_{01}} \right)^n \tag{3-90}$$

$$\frac{dx}{dt} = \frac{1}{V_0} \left[Y k_1 x \left(\frac{C}{C_{01}} \right)^n - k_d x \right] \tag{3-91}$$

$$x_{t = t_f} = x_0 \tag{3-92}$$

$$C_{t = t_f} = C_0 \tag{3-93}$$

上述模型中的参数 k_1、n、Y、k_d 需由实验确定。

3.4.1.3　工艺的优点

与连续活性污泥法相比，SBR 法具有如下特点：

（1）生化反应推动力大，效率高

SBR 法中发生的过程是典型的非稳定过程，底物和微生物浓度是变化的。在每个操作阶段，这种变化是连续的，但在阶段交替时，这种变化是不连续的。在间歇运行的 SBR 工艺的曝气池中，虽然从流态上来看，反应器内的混合液是完全混合的，但从其中有机物降解的角度，从时间上看呈推流式的，并且呈现出理想的推流状态，反应器中的底物浓度，从进水时的最高逐渐降解至出水时的最低，整个反应过程中底物没有被稀释，过程推动力始终比完全混合反应高。因此 SBR 具有较高的处理能力，比完全混合法所需的氧化时间和池容小得多，通常为其 1/3。

（2）污泥不易膨胀

在 SBR 法的整个反应阶段，不仅底物浓度高，而且浓度梯度也大，只有在反应阶段末进入沉淀阶段前夕，其底物浓度才与完全混合曝气池相同。从供氧状态来看，在进水与反应阶段，缺氧（或厌氧）与好氧状态交替出现，能抑制诱发污泥膨胀的丝状菌的过度繁殖。因此 SBR 反应器中污泥膨胀的概率要小于完全混合的连续流传统活性污泥法，限制性曝气比非限制性曝气更不易发生污泥膨胀。在 SBR 法中，因底物的氧化速率快，在较短的停留时间内就能满足出水要求，而污泥龄短又使剩余污泥的排放速率大于丝状菌的增长速率，丝状菌无法大量繁殖。

（3）对水质水量的适应性强，耐冲击负荷，处理能力强

SBR 法虽然在时间上是一个理想的推流过程，但在空间上仍属典型的完全混合池型，因此具有耐负荷冲击能力强的优点，而且由于 SBR 法在沉淀阶段属于静止沉淀，污泥沉降性能好，固液分离好，可以在反应器中维持较高的 MLSS 浓度。在同样条件下，系统 MLSS 浓度高，则 F/M 值就低，具有更强的耐负荷冲击和处理有毒或高浓度有机污水的能力。若采用非限制性曝气运行方式，更能大幅度增加 SBR 承受污水毒性和浓度冲击的能力。

（4）脱氮除磷效果显著

SBR 法在时间上的灵活控制为其实现脱氮除磷提供了极为有利的条件。它不仅容易实现好氧、缺氧（$DO \approx 0$，$NO_x^- \neq 0$）与厌氧（$DO \approx 0$，$NO_x^- \approx 0$）状态交替的环境条件，而且很容易在好氧条件下增大曝气量、反应时间和污泥龄，强化硝化反应与脱磷菌过量摄取磷的过程，也可在缺氧条件下通过投加污水（或甲醇等）或提高污泥浓度的方式提供有机碳源作为电子供体使反硝化过程更快地完成，还可以在进水阶段通过搅拌维持厌氧状态，促使脱磷菌充分释放磷。

（5）在同一装置中，既进行厌氧消化又进行好氧分解

SBR 集厌氧（缺氧）和好氧两类特征各异的微生物于一体，可充分发挥各类微生物降解污染物的能力和潜力。

（6）装置结构简单，处理构筑物少

SBR 法的主体设备只有一个间歇反应器，不需单独设置二次沉淀池和污泥回流设施，曝气池兼具二沉池的功能。在多数情况下没有设置调节池的必要，并可省去初次沉淀池。曝气池容积小于连续式，建设费用和运行费用都比较低。统计结果表明，采用 SBR 法处理小城镇污水，要比普通活性污泥法节省基建投资 30% 以上。处理高浓度污水时一般按延时曝气设计，污泥好氧稳定，无需设置污泥厌氧消化系统。

（7）处理效果稳定

当进水浓度加大时，可以通过延长曝气时间或加大曝气强度等措施，提高处理效率，保证出水水质稳定，达标排放。

3.4.1.4　工艺的缺点

SBR 法因其序批操作的运行方式也带来了相应的弊端：

① 对自动控制设备的依赖性强，而自控系统，尤其是其执行机构如滗水器、控制阀等往往故障率较高，成为该系统正常运转的瓶颈。

② 反应器的利用率偏低，主要体现在两个方面：一是由于变水位运行，有部分池容在一定时间内处于空置状态，不能发挥作用；二是在整个反应周期内用于曝气反应的时间一般只占到总周期的一半，而反应器的大小是按反应阶段的要求设计的，对于其他阶段并非是经济合理的。

③ 单元进出水是间歇的，在污水厂来水和排水要求连续时需把系统划分为较多的单元才能保证整体的连续性，或者设置较大的出水水量调节池。

3.4.2　工艺过程

图 3-69 所示为 SBR 法的工艺流程。其主体构筑物是 SBR 反应池，在这个池子中依次完成进水、反应、沉淀、滗水、排除剩余污泥等过程，无需单独设置沉淀池，可以省去污泥回流，相对于传统活性污泥法，工艺流程得到了简化。

图 3-69　SBR 法的工艺流程

由于 SBR 工艺具有工艺流程简单、投资低、运行灵活、适应能力强等特点，在工业污水治理领域具有明显的优势。对于高浓度难降解有机污水，SBR 工艺也能取得较好的处理效果，具体表现为：

(1) 缓冲（稀释）能力强，能够接纳较高浓度的污水

SBR 工艺采用批操作，并且大都采用完全混合流态或部分混合流态，反应器中存有的大量混合液可对进水进行充分稀释，即使进水 COD 浓度高达 5000~6000mg/L 甚至更高，反应器仍然可以正常运行。

(2) 同一反应器可以实现水解酸化功能

通过厌氧段的设置可以完成高浓度难降解污水的水解酸化过程，降低部分污染物浓度的同时还提高污水的可生化性。

随着 SBR 工艺的广泛应用，针对 SBR 的缺点和不同的使用目的出现了很多变形工艺，如间歇式循环延时曝气系统（简称 ICEAS 工艺）、循环活性污泥系统（简称 CASS 工艺）、循环活性污泥法（简称 CAST 工艺）、连续曝气池-间歇曝气池工艺（简称 DAT-IAT 工艺）、一体化活性污泥系统（united tank，简称 UNITANK 工艺）等。

3.4.2.1　间歇式循环延时曝气系统（ICEAS）

间歇式循环延时曝气系统（简称 ICEAS 工艺）是 SBR 工艺最早的一种变形工艺。

(1) 工艺过程

ICEAS 工艺是连续进水的，即使在反应池处于沉淀阶段也照样进水。由于反应池有一定长度，从停止曝气到沉淀完成、开始滗水，原污水一般才流到反应池全长的 1/3 处。到滗水完成时，原污水最多也只能到达反应池全长的 2/3 处。此时将重新开始曝气，所以不存在原水干扰沉淀、影响滗水的问题，更没有原水短路的可能。

ICEAS 工艺最大的特点是针对污泥膨胀问题对 SBR 进行了改进，在 SBR 反应器的前部增加了一个生物选择器，用以促进微生物繁殖、菌胶团形成并抑制丝状菌的生长。这样就将反应器分为前后两个反应区。前面的反应区叫预反应区，按厌氧或好氧设计，一般设置搅拌设备，起到污泥选择的作用，有时兼有脱氮除磷的作用。后一个反应区叫主反应区，按延时曝气设计，曝气、沉淀、滗水、排泥、回流等过程在其间发生，起到去除COD、硝化和污泥好氧消化等作用。取消进水阶段，改为连续进水，在沉淀和排水期把主反应区的污泥回流到预反应区。ICEAS 工艺过程如图 3-70 所示。

（2）反应池的构造

ICEAS 反应池由预反应区和主反应区组成，其构造如图 3-71 所示。主反应区可分为水位变化区、缓冲区、污泥区三部分，运行方式为连续进水，沉淀期和排水期仍保持进水，曝气、沉淀、排水、排泥间歇进行。经预处理的污水连续进入反应池前部的预反应区，大部分可溶性 BOD 被活性污泥微生物吸附，并从主、预反应区隔墙下部的孔眼以低速（0.03~0.05m/min）进入主反应区。在主反应区内按照曝气、沉淀、排水、排泥的程序周期性运行，使有机污水在交替的好氧-缺氧-厌氧条件下完成生物降解，各过程的历时及相应设备的运行均根据设计由计算机自动控制。ICEAS 系统在处理城市污水和工业污水时的投资和运行费用更低，管理更为方便，但由于进水贯穿于整个运行周期的各个阶段，在沉淀期时，进水在主反应区底部造成水力紊动而影响泥水分离效果，因而进水量受到了一定限制。

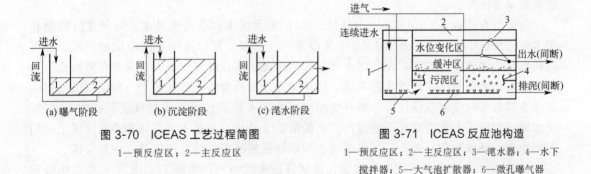

图 3-70　ICEAS 工艺过程简图
1—预反应区；2—主反应区

图 3-71　ICEAS 反应池构造
1—预反应区；2—主反应区；3—滗水器；4—水下搅拌器；5—大气泡扩散器；6—微孔曝气器

ICEAS 处理系统一般由两个以上的反应池组成，二池 ICEAS 处理系统的工艺如图 3-72 所示。

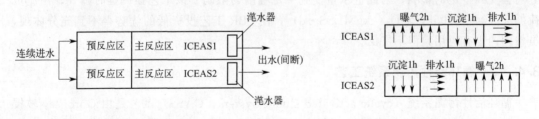

图 3-72　二池 ICEAS 处理系统的工艺组成

图 3-73　二池 ICEAS 运行周期内的时间分配

（3）运行程序

ICEAS 处理系统一个典型的运行周期时间为 4h，其中曝气 2h、沉淀 1h、排水和排泥

1h。二池 ICEAS 处理系统在一个周期内操作过程的时间分配如图 3-73 所示。当第一个 ICEAS 反应池进行曝气（2h）时，第二个 ICEAS 反应池进行沉淀和排水（2h）。当第一个 ICEAS 反应池进行沉淀和排水（2h）时，第二个 ICEAS 反应池进行曝气（2h）。二池交替周期运行，风机可以连续工作，设备闲置率小，操作管理十分方便。在 ICEAS 处理系统中，如果考虑脱氮除磷，其运行周期可以作相应的调整，并在反应池中安装水下搅拌器，在厌氧反应阶段进行搅拌混合。

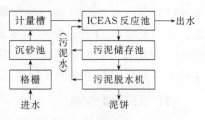

图 3-74　ICEAS 处理系统
工艺流程图

ICEAS 工艺对污水预处理的要求不高，只需设格栅和沉砂池。ICEAS 系统处理城市污水的工艺流程如图 3-74 所示。

（4）工艺特点

从反应器设计方面看，ICEAS 工艺主要是增加了控制污泥膨胀的预反应区。微生物选择理论认为，沉降性能好的胶菌团比诱发污泥膨胀的丝状菌有较高的增殖速率和饱和常数，在低底物浓度条件下丝状菌竞争底物的能力强，有增殖优势；在高底物浓度条件下胶菌团竞争底物的能力强，易成为优势菌群。在反应器前面设置容积相对较小的一段独立反应区，新鲜污水与回流来的污泥在其中充分接触，这时底物浓度高，有利于胶菌团增殖，进而保持其种群优势，减少污泥中丝状菌的相对含量，避免进入主反应区后随底物浓度降低而导致丝状菌迅速大量增殖，从而减少污泥膨胀的发生。另外，根据不同的水质情况和处理要求，生物选择区还可以发挥其他一些功能，如反硝化脱氮、改善污水的可生化性、创造处理条件等。

从运行方式看，ICEAS 工艺与传统 SBR 的最大区别在于连续进水，即使在沉淀期和滗水期进水也不停止。另外 ICEAS 工艺设置污泥回流，可以在滗水阶段定量回流，也可以回流泵连续运转，在沉淀期和滗水期间作为污泥回流，在曝气期间作为混合液回流。为减少进水和回流对沉淀和滗水的干扰，防止短流现象的发生，可从两个方面采取措施：一是反应器采用推流流态设计，一般开始滗水时原污水流经位置不超过反应器的前 1/3 处，滗水完成时原污水流经位置不超过反应器的前 2/3 处；二是在主反应区和预反应区之间用隔墙隔开，隔墙底部开大孔，污水通过孔洞以极低的速率从预反应区流入主反应区。

ICEAS 工艺在控制污泥膨胀和简化控制方面表现突出，实现了 SBR 工艺在大中型污水处理厂的应用，在国外受到广泛重视，但由于在沉淀和滗水期间进水，主反应区的泥水分离会受到一定的影响，因此进水量受到一定程度的限制。该工艺强调延时曝气，污泥负荷低 $[0.04\sim0.05\mathrm{kgBOD_5/(kgMLSS \cdot d)}]$，使 SBR 工艺投资低的优势得不到充分体现，虽然国内也有应用，但不广泛。

3.4.2.2　循环活性污泥系统工艺

循环活性污泥系统（cyclic activated sludge system，CASS）工艺是由 Goronszy 教授在 ICEAS 工艺的基础上改进开发出来的，并保留了 ICEAS 工艺的优点。

（1）工艺过程

CASS 工艺在运行方式上改为间歇进水，但也不是恢复传统 SBR 的明确进水时段，而是与曝气段交叉在一起，预反应区进一步分为生物选择区和缺氧区，即反应器分为选择区、缺氧区和主反应区三个区，各区之间的容积比一般为 1：5：30。选择区相对较小，主要作用是限制丝状菌的过度繁殖，抑制污泥膨胀。缺氧区的设置主要是为了形成从厌氧到好氧的过渡，使细菌受环境突变的影响小，同时可以强化反硝化作用。CASS 工艺由于其投资和运行费用低，处理效率高，尤其具有优异的脱氮除磷功能，因此越来越得到重视。CASS 工艺过程简图如图 3-75 所示。

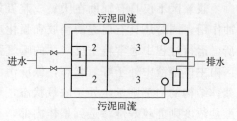

图 3-75　CASS 工艺过程简图
1—生物选择区；2—缺氧区；3—主反应区

　　与 SBR 工艺和 ICEAS 工艺不同，CASS 工艺对工作过程的划分并不十分严格，可粗略划分为进水/曝气阶段、沉淀阶段和滗水阶段，如图 3-76 所示，各阶段的工作内容可根据需要调整，例如进水可以在进水/曝气阶段与曝气同步进行，也可在曝气的前期进水或进水一段时间后再曝气，有的还把进水段延长到沉淀阶段甚至全过程连续进水。回流一般与进水同步，但有脱氮除磷要求时也可以不同步，具体各阶段工作内容的设置需根据待处理污水的水质条件和处理要求确定，并且根据运行情况进行调整。

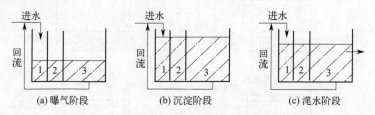

图 3-76　CASS 工艺的工作过程简图
1—生物选择区；2—缺氧区；3—主反应区

（2）反应器的构造

　　CASS 反应器是设有一个生物选择区的变容积生物反应器，在反应器中完成有机物的生物降解和泥水分离的处理功能。整个系统以推流方式运行，而各反应区则以完全混合方式实现有机物的降解功能。

　　CASS 反应器由生物选择区、缺氧区、主反应区以及曝气器、滗水器、水下搅拌器等组成，其构造如图 3-77 所示，生物选择区、缺氧区和主反应区的容积比一般为 1∶5∶30。

　　生物选择区设置在反应器的进水处，是一容积较小的污水污泥接触区（容积约为反应器总容积的 10%）。进入反应器的污水和从主反应区回流的活性污泥（回流量约为日平均流量的 20%）在此相互混合接触。生物选择区是按照活性污泥种群组成的动力学原理而设置的，创造合适的微生物生长条件并选择出絮凝性细菌。在生

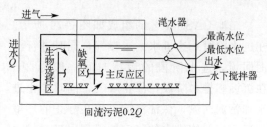

图 3-77　CASS 反应器的结构

物选择区内，通过主反应区污泥的回流并与进水混合，不仅充分利用了活性污泥的快速吸附作用，加速了对溶解性底物的去除，并对难降解有机物起到良好的水解作用，同时可使污泥中的磷在厌氧条件下得到有效地释放。生物选择区还可有效抑制丝状菌的大量繁殖，克服污泥膨胀，提高系统的稳定性。

兼氧区不仅具有辅助在厌氧或兼氧条件下运行的生物选择区对进水水质水量变化的缓冲作用,同时还具有促进磷释放和强化反硝化作用。主反应区是最终去除有机物的主要场所,运行过程中通常将主反应区的曝气强度及曝气池中的溶解氧浓度加以控制,以使反应区内主体溶液中处于好氧状态,保证污泥絮体的外部有一个好氧环境进行硝化。活性污泥絮体结构的内部则基本处于缺氧状态,溶解氧向污泥絮体内部的传递受到限制,而较高硝酸盐浓度则能较好地渗透到絮体内部,有效进行硝化,从而使主反应区中同时发生有机污染物的降解以及同步硝化和反硝化作用。

(3) 运行程序

CASS 工艺以时间序列运行,其运行过程包括进水-曝气、污泥沉淀、排水排泥等阶段并组成其运行的一个周期,如图 3-78 所示。每个运行周期中曝气和非曝气的时间基本相等,一个典型的运行周期时间为 4h,曝气 2h、沉淀和排水各 1h。

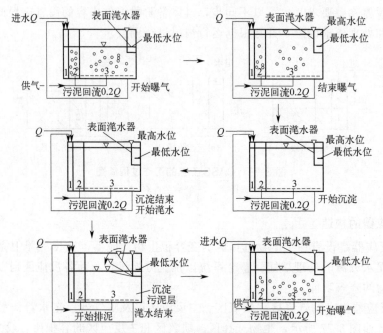

图 3-78 CASS 循环运行过程

二池 CASS 工艺的组成如图 3-79 所示。在进水阶段一边进水一边曝气,同时进行污泥回流,进水阶段的运行时间一般为 2h。在沉淀和排水阶段,停止曝气,同时停止进水和污泥回流,保证沉淀过程在静止的环境中进行,并使排水的稳定性得到保障,排水

图 3-79 二池 CASS 工艺的组成

阶段的运行时间一般为 2h。对于二池 CASS 系统,这样的运行程序保证了整体进水的连续性和风机的连续运行。

CASS 工艺在曝气阶段完成有机物的生物降解过程,在非曝气阶段完成泥水分离和处理水的排放。排水装置为移动式自动滗水器,借此将每一循环操作中所处理的污泥经沉淀后排出系统。一个运行周期结束后,重复上一周期的运行并按此循环不止。循环过程中,

反应器内的水位随进水而由初始的设计最低水位逐渐上升到最高设计水位，因而 CASS 是一个变容积的运行过程。

(4) 工艺特点

CASS 工艺以生物反应动力学原理及合理的水力条件为基础，具有以下几个方面的特征和优点：

① 在反应器入口处设置生物选择区，并进行污泥回流，保证活性污泥不断地在选择区中经历一个高絮体负荷（S_0/X_0）阶段，有利于絮凝性细菌的生长并提高污泥活性，使其快速去除污水中溶解性易降解基质，进一步有效抑制丝状菌的生长和繁殖。这使得 CASS 系统的运行不取决于进水情况，可在任意进水速率并且反应器在完全混合条件下运行而不发生污泥膨胀。

② 良好的污泥沉淀性能。CASS 反应池中的混合污泥浓度在最大水位时与传统的定容活性污泥法系统基本相同，曝气结束后的沉降阶段中整个池子面积均可用于泥水分离，其固体通量和泥水分离效果要优于传统活性污泥法。另外，沉淀阶段不进水，保证污泥沉降无水力干扰，取得良好的分离效果。曝气阶段结束后混合液中残余的能量用于沉淀初期的絮凝作用，又可进一步强化絮凝沉降的效果。

③ 可变容积的运行提高了对水质、水量波动的适应性和操作运行的灵活性。

④ 良好的脱氮除磷性能。CASS 工艺在不设缺氧混合阶段的条件下，能在曝气阶段创造条件有效地进行硝化和反硝化。非曝气阶段的沉淀污泥床也有一定的反硝化作用，通过污泥回流带回生物选择区的部分硝酸盐氮也将得到硝化，从而使系统有良好的脱氮效果。CASS 系统使活性污泥不断经过好氧和厌氧的循环，有利于聚磷菌的生长和累积，而选择区中活性污泥（微生物）能通过快速酶吸附和吸收大量易降解的溶解性有机物，保证了磷的去除。

⑤ 根据生物反应动力学原理，采用多池串联运行，使污水在反应器中的流动呈整体推流而在不同区域内为完全混合的复杂流态，不仅保证了稳定的处理效果，而且提高了容积利用率。

⑥ 工艺流程简单（无初沉池、二沉池及规模较大的回流污泥泵站，用于生物选择区的回流系统的回流比仅为 20%），土建投资低，自动化程度高，同时采用组合式模块结构，布置紧凑，占地少，分期建设和扩建方便。

⑦ 能耗低。CASS 工艺的能耗略低于传统活性污泥法，若按脱氮除磷的目标控制运行参数，其能耗明显低于达到同样效果的二级处理工艺。

3.4.2.3　循环活性污泥法工艺

循环活性污泥法（cyclic activated sludge technology，简称 CAST）工艺是间歇运行的循环式活性污泥法。实际上 SBR 和 CAST 都是在充排水反应器（fill and draw reactor）基础上开发的间歇式活性污泥法。1984 年 Goronszy 利用微生物在不同絮体负荷条件下的生长速率和污水生物除磷脱氮机理，将生物选择区与可变容积反应器相结合，开发出具有捕获选择器（captive selector）的循环式活性污泥系统（cyclic activated cludge cystem，简称 CASS），后来 Goronszy 又将 CASS 系统发展为 CAST 工艺，使构造简化，运行更为可靠。

（1）工艺过程

CAST 将主反应区中部分剩余污泥回流至生物选择区中，而且沉淀阶段不进水，一般分为三个反应区：一区为生物选择区，二区为缺氧区，三区为好氧区，各区容积之比为 1：5：30。

生物选择区设于主曝气区前端，保持厌氧环境。污水经格栅和沉砂池去除较粗大的无机颗粒和漂浮物，然后进入生物选择区，与主曝气区回流而来的浓缩污泥充分混合，完成一系列的生化反应。由于污水中的有机物在此之前很少发生生物去除作用，保持较高浓度，回流来的浓缩污泥已经充分曝气，保持在高活性状态，为发生良好的生化反应奠定了基础。同时 CAST 沉淀阶段不进水，污泥沉降过程中无进水水力干扰，即在静止环境中进行，泥水分离效果好。

（2）运行程序

CAST 工艺通常采用 4h 或 6h 循环周期进行正常运行，在沉淀和滗水时须停止充水/曝气，其每一操作循环由下列 4 个顺序组成：

① 充水/曝气：在曝气时同时充水，充水/曝气时间一般占每一循环周期的 50%，如采用 4h 循环周期，则充水/曝气为 2h。

② 沉淀：停止进水和曝气，沉淀时间一般采用 1h，形成凝聚层，上层为清液。高水位时 MLSS 约为 3.0~4.0g/L，沉淀后可达 10g/L。

③ 滗水：继续停止进水和曝气，用表面滗水器排水，滗水器为整个系统中的关键设备，根据事先设定的高低水位由限位开关控制，用变额马达驱动，有防浮渣装置，使出水通过无渣区经堰板和管道排出。

④ 闲置：在实际运行中，滗水所需时间小于理论时间，在滗水器返回初始位置 3min 后即开始为闲置阶段，此阶段可充水。

（3）工艺特点

CAST 系统在运行方式上非常灵活，即使水量水质有较大的波动，也能做适当调整。选择合适的操作方案，在高度自动化控制的条件下，这种调整非常容易实现，充分体现了污水处理自动化的优势。

CAST 为变容积的间歇式活性污泥法，综合了推流式和完全混合式活性污泥法以及其他间歇式处理系统的优点，有效防止了污泥膨胀，氮、磷和有机物的处理效果良好，耐冲击负荷的能力也较强。CAST 系统的占地面积小于常规活性污泥法，在基建投资和运行费用方面也很有竞争力，而且运行管理灵活简便，处理过程稳定可靠，是一种很有发展前途的污水处理工艺。

3.4.2.4 连续曝气池-间歇曝气池工艺

连续曝气池-间歇曝气池（demand aeration tank-intermittent aeration tank，简称 DAT-IAT）工艺是 SBR 工艺中继 ICEAS、CASS、CAST、IDEA 法之后不断完善发展的一种新方法。

（1）工艺过程

DAT-IAT 工艺的主体是由一个连续曝气池（DAT 段）和一个间歇曝气池（IAT 段）串联而成，如图 3-80 所示。DAT 段连续进水连续曝气，相当

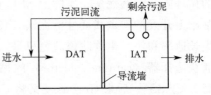

图 3-80 DAT-IAT 工艺基本结构

于传统活性污泥法的曝气池，其出水连续流入 IAT 池。IAT 段连续进水间歇曝气，在池内完成反应、沉淀、滗水等工序。清水和剩余污泥从 IAT 段排出系统，从 IAT 段向 DAT 段连续回流污泥。其典型工艺流程如图 3-81 所示。

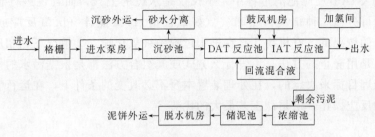

图 3-81　DAT-IAT 系统的典型工艺流程

DAT 池为主反应区，也称为需氧池，原污水连续流入，同时有从 IAT 反应区回流的混合液投入，进行连续曝气，充分发挥活性污泥的生物降解作用，大部分可溶性有机污染物被去除。IAT 相当于一个传统的 SBR 池，但进水是连续的，曝气是周期性的，处理后上清液和剩余污泥的排除均在 IAT 池内完成。由于 DAT 池对进水水质的调节与均衡作用，使得进入 IAT 池的水质稳定，有机物负荷低，使整个生物处理系统的可调节性进一步增强，有利于有机物的去除。一部分剩余污泥由 IAT 池回流到 DAT 池。与 CASS、CAST 和 ICEAS 工艺相比，DAT 池是一种更加灵活、完备的预反应器，从而使 IAT 池内能够保持较长的污泥龄和很高的 MLSS 浓度，对有机负荷及毒物有较强的抗冲击能力。另外，IAT 池的 C/N 较低，有利于硝化菌的繁殖，能够发生硝化反应，又由于间歇曝气能够在时序上形成好氧-缺氧-厌氧交替的环境，在去除 BOD_5 的同时取得一定的脱氮除磷效果。

DAT-IAT 从整体上看是连续进水，间歇排水，DAT 段一般采用完全混合流态，恒水位连续运行，序批式特性反映在 IAT 段上。IAT 段的操作由进水、反应、沉淀、滗水和闲置等五个基本阶段组成，从污水流入开始到闲置阶段结束算作一个周期。在一个周期内上述过程都在一组设有曝气装置或搅拌装置的反应池内依次进行，这种操作周期周而复始进行达到不断进行污水生化降解的目的，因此不需要连续活性污泥法中必须设置的一次沉淀池、回流污泥泵房、二次沉淀池等构筑物。

（2）运行程序

DAT 段的进水连续进行，IAT 段 的运行周期可划分为 4 个阶段：反应、沉淀、滗水和闲置。

与普通 SBR 不同的是，DAT-IAT 系统的原污水是连续进入 DAT 池，经曝气初期处理后的污水连续进入 IAT 池。连续进水使对进水的控制大大简化，双池系统也起着调节和均质的作用。

进水阶段是 IAT 反应池接纳污水的过程。在污水流入开始之前是上一个周期的排水或闲置状态，反应池内的污泥混合液起着回流污泥的作用，此时反应池内水位最低。在进水过程所定时间内或者在到达最高水位之前，反应池的排水口一直处于关闭状态以接纳污水的流入。

原污水连续进入 DAT 池，并经连续曝气后通过 DAT 池与 IAT 池之间的双层导流设施进入 IAT 池。由于原污水仅仅流入 DAT 池，DAT 池不直接排放处理水，不像连续进水连续出水那样易受负荷变化的影响，因此在 DAT-IAT 运行中即使有水量和水质的变化，对处理出水水质也没有太大的影响。

在污水流入 IAT 反应池的过程中，不仅仅是水位的上升，而且也进行着重要的生化反应。此阶段可分在 3 种情况：①曝气（好氧反应）；②搅拌（厌氧反应或缺氧反应）；③静置。在①的情况下，有机物几乎在进水过程中被氧化掉，②情况下则相反，抑制好氧反应，③情况是用静止的方法。不管什么方式或其组合方法都是根据污水的性质和一个周期作为整体处理目标来决定的，在处理装置本身不必改变的条件下，在运行管理上可以实现各种各样的反应操作，这是该工艺最大的优势。

1）反应

DAT-IAT 系统的反应分两部分，第一部分反应首先发生在 DAT 池，该池全天在连续进水的同时连续曝气，去除有机污染物的机理和操作与普通完全混合曝气工艺基本相同。

在污水开始与活性污泥接触的较短时间内，DAT 池完成物理吸附和生物吸附，污水中呈悬浮和胶体状态的有机污染物即被活性污泥凝聚和吸附而得到去除，完成初期吸附去除。该池的反应机理与 SBR 工艺相近，将吸附在微生物细胞表面的有机物逐步摄入到微生物体内。由于该系统为连续进水，对整个反应系统起到了水力均衡作用。

反应的第二部分发生在 IAT 池。经 DAT 池进行初步生物处理后的污水通过两池之间的双层配水装置连续不断地进入到 IAT，按工艺计算要求进行一定时间的曝气或搅拌，达到好氧反应的目的（去除剩余的 BOD_5 和硝化），有时为取得更好的沉淀效果，可在沉淀前进行短时间曝气，以去除附着在污泥上的氮气。存活在 IAT 池内的活性污泥微生物继续将污水中的有机污染物作为营养加以摄取、吸收，进一步氧化分解和合成代谢的过程，并将合成代谢产物——剩余污泥从 IAT 池排出系统。

2）沉淀

沉淀只发生在 IAT 池中。当 IAT 池停止曝气后，活性污泥絮体静态沉淀与上清液分离。DAT-IAT 系统可视为延时曝气，其活性污泥混合液具有质轻、絮体颗粒小、易被出水带走、易受振动等特点，所以在设计中需将由 DAT 池至 IAT 池的流速设置得非常低，以免对沉淀过程产生扰动。

IAT 池内活性污泥混合液的浓度在 2000～4000mg/L 之间，具有絮凝性能，可以发生成层沉淀，沉淀时泥水之间有较清晰的界面，絮凝体结成整体，共同下沉，达到澄清上清液、浓缩混合液的作用。

3）滗水

排水只发生在 IAT 池中。当 IAT 池水位达到设计的最高水位时，沉淀后的上清液由设置在 IAT 池末端的滗水器缓慢地排出池外。当水位恢复到处理周期开始的最低水位时停止滗水。

IAT 反应池底部沉降的活性污泥大部分留在该池供下个处理周期使用，一部分用污泥泵连续打回 DAT 池作为 DAT 池的回流污泥，多余的污泥引至污泥处理系统进行处理。

4）闲置

在 IAT 池滗水结束即完成了一个运行周期，两周期间的间歇时间就是闲置阶段。该阶段可视污水的性质和处理要求决定其时间长短或取消。在以除磷为目的的装置中，剩余污泥的排放一般是在曝气阶段结束、沉淀开始的时候进行。

IAT 池在运行期间水位的连续变化如图 3-82 所示。

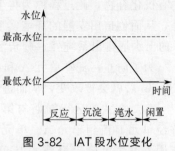

图 3-82　IAT 段水位变化

(3) 工艺特点

DAT-IAT 工艺的优点是同时拥有 SBR 和传统活性污泥法的特点，能像传统的 SBR 一样间歇曝气，可根据原水水质水量的变化调整运行周期，使之处于最佳工况，也可根据除磷脱氮的要求调整曝气时间，造成缺氧或厌氧环境。同时又能像传统活性污泥法一样连续进水，减少自控点数，提高反应池的利用效率，比较适合浓度高、水质水量变化大的条件。池容利用率高是该工艺的另一个优点，对于曝气池和二沉池合建的污水处理构筑物，在保证沉淀效果的前提下，尽可能提高曝气池容积率，可以减少池容，降低基建投资。DAT 段恒水位连续曝气，增加了全池容的利用率，DAT-IAT 工艺的曝气容积率可达到 66.7%，而传统的 SBR 反应池一般为 50%～60%，因此 DAT-IAT 工艺是一种节省投资的工艺。

DAT-IAT 工艺具有以上优点的同时也会产生如下缺点：

① 由于 IAT 段连续进水（含回流污泥），沉淀受到一定程度的干扰，泥水分离效果易受到影响。

② 为了保证 DAT 段的污泥浓度，特别是 IAT 反应段通过混合液回流保证 DAT 段的污泥浓度，回流比较大，可达到 4～5，污泥回流能耗高。

③ 由于 DAT 段恒水位运行，滗水只在 IAT 段发生，处理水量大时，滗水深度大。

3.4.2.5　一体化活性污泥系统

一体化活性污泥系统（UNITANK，united tank）可以看作是 SBR 的一种变形，也可以看作是介于 SBR 法与传统活性污泥法之间的一种工艺。

(1) 工艺过程

最简单的 UNITANK 工艺（UNITANK 单段好氧）由一个矩形反应池组成，反应池被分成三个单元，A、B、C，通过彼此间隔墙上的开口实现水流连通，如图 3-83 所示。

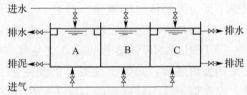

图 3-83　UNITANK 结构示意

每个单元都配有曝气系统（或是表面曝气或是微气泡曝气），位于外侧的两个单元（A、C）还设有固定出水堰及剩余污泥排放口，用于排水和排放剩余污泥。这两个单元既可作为曝气反应池又可作为沉淀池，每个单元均可单独进水。中间池（B）只作曝气池。

与传统活性污泥系统类似，UNITANK 工艺采用周期性的连续运行方式，一个运行周期包括两个主要时期和两个较短的过渡时期。但整体来看，系统是连续进水和出水，基本恒水位运行，无需滗水器。

第一个主要运行周期是：进入单元 A 的污水进行曝气并与活性污泥混合，有机污染物被活性污泥吸附及部分分解，此过程称为积聚。活性污泥/污水混合液从单元 A 流到处于持续曝气状态的单元 B 中，活性污泥将进一步降解（消化）在单元 A 中所摄入和吸附的有机化合物，此过程称为再生。最后混合液体流入单元 C，此单元既没有曝气也没有搅拌，从而创造出安静的环境实现污泥的沉降。污泥在重力作用下发生沉降，澄清水从单元 C 的出水堰排出系统外，剩余污泥从单元 C 的底部排出。

为了防止污泥在单元 A 和单元 B 中被冲洗掉及在单元 C 中积累，水流方向在 120～180min 后就会被改变，从而进入第二个主要运行周期。

第二个主要运行周期与第一个主要运行周期是一样的，污水首先进入单元 C 曝气并经单元 B 流到单元 A。单元 A 作为沉淀单元，既没有曝气也没有搅拌，污泥在重力作用下发生沉降，澄清水从单元 A 的出水堰排出系统外，剩余污泥从单元 A 的底部排出。

在每个主要运行周期后都有一个较短的过渡时期，作用是将曝气单元转换成沉淀单元，污水进入单元 B，两个外侧单元均处于沉淀状态。通过此种方式，为下个主要运行周期（水流方向改变）做准备，以保证连续地流出沉淀良好的清液。

（2）工艺特点

UNITANK 工艺兼有活性污泥法和 SBR 法两种工艺的优点，并且在一定程度上克服了两种工艺的缺点，主要表现在以下几个方面：

① 从半个周期看，UNITANK 具备传统活性污泥法的特性，具备专门的曝气池（A 段或 C＋B 段）和二沉池（C 段或 A 段），恒水位运行、出水堰出水，运行稳定，处理效果好，但无需污泥回流和混合液回流，减少了设备数量和动力消耗。从整个周期看，A 段或 C 段间歇进水、间歇曝气，可根据情况调整运行周期和曝气时间，设置缺氧段，并且从整体看，反应器由一个构筑物构成，不设置专门的二沉池，充分反映了 SBR 灵活性强、工艺流程简单、投资低的特点。

② 与传统的 SBR 相比，UNITANK 恒水位运行，反应器的容积利用率达到 100％，高于其他 SBR 法。UNITANK 采用出水堰连续出水，不使用滗水器，进一步简化设备，减少了反应器整体的故障率，并且 A、C 段作为沉淀池使用时一般都采用辐流沉淀池设计，出水堰口负荷远小于滗水器，出水质量好。

③ UNITANK 最显著的优点就是其非常紧凑的结构形式，所有的水池都是矩形的，可采用公用隔墙，减少了混凝土的使用量。矩形水池可实现紧凑的、节省空间的组件设计，完全以组件形式建立的 UNITANK 可应用到其他的处理工艺中，如厌氧或物理-化学预处理、生物营养物的去除、污泥处理等。

④ UNITANK 是一个稳定和可控制的工艺过程，处理效率高，可应用在线检测及自动控制仪器和设备，以实现工艺的自适应和智能控制，减少了对连续监控的需要。

正由于 UNITANK 工艺具有上述多种优点，因此得到了广泛应用。但同时也有其固有缺点：

① A、C 段交替作为进水段和出水段，如果设计或控制不当，可能会造成进水未充分处理就被作为出水排出反应器，影响处理效果。

② A、C 段均设置出水槽，在作为进水段时由于水位高，出水槽被淹没，当作为出水段时出水槽中残留的沉淀物会增加初期排水中悬浮物含量，一般要设置专门的储水池储存初期排水，再用专门的水泵提升到 B 段，增加了控制的复杂程度。

③ A、B、C 三格的污泥量分配不均，A、C 格污泥浓度高，B 格污泥浓度低，如果设计不当，污泥浓度差距较大，会降低 B 格的使用效率。

（3）UNITANK 其他组合工艺

1）UNITANK 两段好氧工艺

UNITANK 两段好氧系统由两个相邻的矩形反应池组成，每个反应池被分成三个单元，每个单元代表一个氧化阶段。UNITANK 两段好氧系统由一个高负荷段和一个低负荷段组成，在第一个高负荷段，能够获得 75%～85% 的 BOD 去除率，在经过低负荷段后总的去除率可达 98%～99%。

高负荷段和低负荷段的不同可实现微生物群体的不同。高负荷段的微生物群落是由快速生长的细菌种群组成的，能够以一种非常有效的方式适应环境（污泥负荷、基质、温度、pH 值等）的变化，仅消耗可生物降解的有机物。此段具有污泥停留时间短的特点。低负荷段内是缓慢生长的细菌群落，能有效降解低浓度、较难生物降解的有机物。反应器内自由游动的细菌被原生动物所捕食，因此出水的悬浮固体和 BOD 浓度很低。此段具有污泥停留时间长的特点。

在负荷极度变化和毒物的冲击下，第一段是理想的缓冲器。通过第一段的运行，可保护第二段中更加敏感的细菌免受有机物超负荷和毒物冲击的影响，从而获得高质量的出水。

① 工艺过程。

UNITANK 两段好氧由两段 UNITANK 串联组成，如图 3-84 所示。其运行周期如图 3-85 所示。

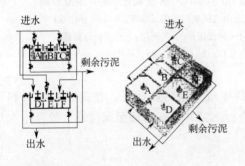

图 3-84　UNITANK 两段好氧水力流程图

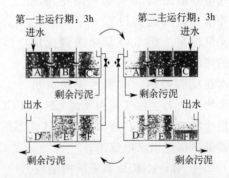

图 3-85　UNITANK 两段好氧的运行周期

第一个主要运行周期：污水进入左侧的外侧单元（A）进行曝气，有机污染物被吸附并部分通过活性污泥降解（积聚）。混合液体（即污泥/水的混合物）从单元 A 的右侧流入连续曝气的中心单元 B 中，污泥进一步降解有机污染物（再生）。最后，混合液体到达单元 C，此单元既没有曝气也没有搅拌，以创造安静的条件进行污泥沉淀，污泥借助重力沉降并从液体中分离出来。一直到这里，工艺过程与 UNITANK 单段好氧是完全相同的。从单元 C，经过部分净化的污水被排放到第二段的曝气单元 F，剩余的有机污染物（更加难降解的）被吸附和代谢。混合液体从单元 F 流到连续曝气的中心单元 E（进一步降解有机污染物），最后流到单元 D，进行污泥沉淀（没有曝气）。最终出水通过出水堰排放。

第二个主要运行周期：除了水流方向被 180° 转向以外，其他过程与第一个主要运行周期这完全相同。污水进入曝气的单元 C，混合液体经中心单元 B（曝气）流到沉淀单元 A（没有曝气），经过部分净化的污水流入第二段的曝气单元 D 中。经过位于中心的单元 E（总是处于曝气状态），污泥/水的混合液体流到沉淀单元 F（没有曝气），通过此单元排放最终的出水。

② 工艺特点。

UNITANK 两段好氧工艺具有如下优点：以较小的反应器容积实现较大的处理能力；较低的能量需求；工艺运行具有灵活性；可串联或并联运行；低负荷情况下可关闭一段，仍能保持较高的处理效率；第一段是在高负荷下工作的抗冲击的缓冲器，第二段是在低负荷下工作的高效深度处理单元，相应有两种不同的微生物群落，每个群落都有它自身的特异性。

2）UNITANK 厌氧系统

① 工艺过程。

UNITANK 厌氧系统的甲烷反应器是一个上向流反应器，如图 3-86。反应器的建立依据以下原则：a. 如果将剧烈的搅拌忽略掉，厌氧污泥已经或将要具有良好的沉淀性能，反应器内没有机械搅拌设备。b. 污泥和污水的良好混合和接触是通过生物气在反应器的自然搅拌，进水口的特殊设计使得污水在反应器底部进行均匀分配。c. 污水从生物气中分离泥/水混合物以防止污泥被冲洗掉，因此需设置一个安静的污泥沉淀区。污水经泵抽送到反应器的底部。

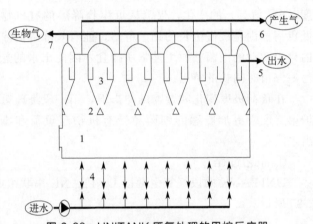

图 3-86　UNITANK 厌氧处理的甲烷反应器
（上向流厌氧污泥床反应器，UASB 反应器）
1—污泥床；2—污泥层；3—三相分离器；
4—进水口；5—出水排放；6—产生气；7—生物气

在反应器内，厌氧污泥将有机污染物降解为生物气（主要是 CH_4 和 CO_2），并生成少量的新污泥。在完成生物气和泥水混合物的分离后，污泥流到一体式沉淀池中进行沉降并重新循环至反应器。处理水在反应器的顶部经出水堰流出。

② UNITANK 厌氧系统的组成。

UNITANK 厌氧系统的甲烷反应器配有进水口系统、三相分离器和出水堰。

进水口系统的功能是实现污水在反应器底部的均匀分配。三相分离器是甲烷反应器必备的一个部分。生成的生物气从泥水混合液中分离出来，泥水混合液进入沉淀区进行污泥沉淀。沉淀后的污泥重新回到反应器中。生物气被收集到气体收集器及圆盖顶中，然后在其自身压力作用下流出，或被燃烧掉或作为能源进行回收。出水经出水溢流堰流出反应器。

厌氧处理是部分处理，其 COD 去除率只有 80%～85%。污泥产量低，几乎没有营养物的去除。

3）UNITANK 二段除氮工艺

UNITANK 二段除氮工艺被分成不同的阶段：污水调节、厌氧前处理和好氧后处理，可实现对氮的生物去除，获得良好的出水水质。

① 污水调节。

考虑到工业污水的水质水量变化大，为了进行成功的生物处理，需对其进行调节。

UNITANK 系统中的污水调节过程包括：用粗格筛和细格筛筛分过滤污水；在缓冲池中均化污水；控制和调整 pH 及其他的调节，如去除油脂、特定的解毒单元。对于更加危险的污水，尤其对含有高浓度悬浮固体的污水，开发了生物调节池（BCT）。BCT 由一个矩形池构成，分成三个水力相连的隔间，每个隔间都能配水和混合。外侧的两个隔间可当沉淀池用，配有溢流堰出水和一个排泥出口。其作用是缓冲污水，去除悬浮固体，（部分地）水解截留的悬浮固体及（部分地）预酸化。

在半工业化试验规模的基础上对啤酒污水的 BCT 运行测试表明，出水中悬浮固体的浓度保持相当的稳定，并且低于 150mg/L，不受进水悬浮固体的限制。截留的悬浮固体被部分水解，不溶解的 COD 转化为溶解的 COD，以便在后续的厌氧前处理中利用。BCT 中保持的生物固体浓度约是 $10kg/m^3$，其污泥表现出某种甲烷微生物的活性。在 BCT 中进行了 10％～30％的酸化，BOD 和 COD 被第一次去除，以 COD 值计的去除率是 15％～40％。

② 厌氧前处理。

以生物厌氧处理作为第一步，使 COD 和 BOD 得以大部分去除。为达到此目的，大多数情况下采用上向流厌氧污泥床技术，对 COD 和 BOD 的去除取决于污水的性质，如啤酒污水的 COD 去除率达 75％～85％，BOD 的去除率达 80％～90％。

③ 好氧后处理生物除氮。

UNITANK 系统中，好氧处理由一个矩形池构成，分成三个水力相连的隔间，这三个隔间都配有进水系统，并且能被曝气或混合。外侧的两个隔间可作为沉淀池，因此配有溢流堰出水和一个排泥器以排出沉淀下来的污泥。

UNITANK 二段除氮装置中可以分为两个主要阶段和两个中间阶段。在主要运行周期进行周期性的曝气和搅拌以产生交替的好氧、厌氧和缺氧状态。采用时间控制法的 UNITANK 系统对营养物质能达到很好的去除。

生物脱氮工艺中，好氧（曝气）条件下，有机氮化合物和无机氮化合物能被氧化成亚硝酸盐和硝酸盐。在缺氧（搅拌）条件下，亚硝酸盐和硝酸盐经反硝化反应生成 N_2。在 UNITANK 系统中进行了有 ORP 控制（氧化还原电位）控制和没有 ORP 控制的生物脱氮情况的测试，发现采用 ORP 控制，出水的总氮值低于 10mg/L、氨氮低于 1mg/L、硝酸盐氮低于 5mg/L。如果在反硝化中外加碳源，采用 ORP 控制可以对外加 BOD 实现更加优化的投加，并且水中未被处理的 BOD 和 COD 要比没有采用 ORP 控制的还要低。

3.4.2.6　射流式 SBR 工艺

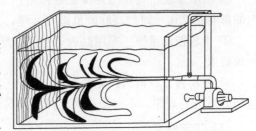

图 3-87　射流式 SBR 示意图

射流式 SBR 是一个投资小、出水水质高的系统，弥补了最初间歇反应池的不足之处。曝气由大孔喷射混合器完成，不仅能提高氧的利用率，而且不会堵塞，管理也很简单，只要使用一个程序化的操作台便能完成所有功能的操作。其示意图如图 3-87 所示。

射流式 SBR 系统没有沉淀池，不需设污泥循环泵和泵站或空间工程，基建投资小；池体可用钢筋混凝土或钢结构；不需设旋转桨板、齿轮驱动装置或水下轴承，维修费用低；相应的能耗也很低。

在曝气时，池内污水通过内设喷嘴被泵带到吸气室，与吸入的空气混合（空气通过吸气管吸入），然后从一个大喷嘴射入池内，在不断搅动污水的同时，产生细小气泡，保证水中有充足的溶解氧。只需混合时，空气管可关闭。

（1）工艺过程

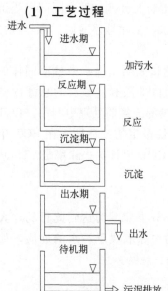

图 3-88 单池 SBR 示意图

射流式 SBR 从根本上说是一个单池系统，能在同一个池子内完成全部过程。处理中可以使用多个 SBR 池，取决于处理水量的大小。每个 SBR 池安装有喷射曝气器和挡板来完成所有的处理过程——生物氧化、沉淀、硝化、反硝化。这些过程按五个阶段依次完成：进水期、反应期、沉淀期、出水期、待机期（兼氧进水）。按照控制程序，进水期包括生物接触、混合和曝气（至少部分时间曝气，为了提高沉淀或反硝化，在进水期可能需要停止曝气）；在反应期，曝气和混合可以调整；然后是沉淀期，上部的澄清水在出水期排出；在待机期可以一边等待一边进水，并对剩余污泥曝气。不同的 SBR 池运行模式也不同，但进水都是从第一个处于待机期的单元开始。一个单池 SBR 系统通过调整可以连续进水或间歇进水，如图 3-88 所示。

在单池系统中，由于污泥产量低，所以排泥次数少；而在多池系统中，由于污泥产量高，排泥可以一个周期一次。

射流式 SBR 有矩形池、圆形池和氧化沟，是一个灵活的处理系统，可用于处理不同性质的污水，满足不同的出水要求。在投资有限的情况下，尤其适用于以下情况：①系统进水的有机负荷或水力负荷变化大；②要求管理工作少；③出水要求严格控制，如对某些特种物质的去除；④适合于中、小型社区和食品加工厂等污水处理。

（2）系统组成

射流式 SBR 的主要组成部分包括：

① 格栅。进水经格栅过滤，以防止喷嘴或水泵被阻塞。

② 混合器和曝气器。喷嘴通过曝气和不曝气喷射提供好氧曝气和缺氧混合，通常一个池有两个喷管，一用一备。

③ 出水系统。其作用是排走处理后的水，使出水不含被截留的泡沫，且不受沉淀污泥的影响；对雨季时的高峰流量进行处理；及时排走污泥以防反应期污泥的过度积累。

④ 排放控制系统。采用虹吸、水泵、阀门等实现各种运行自动化的要求，满足各种排放要求。

⑤ 控制台。根据选择好的程序，对曝气和出水控制阀门进行时序控制。在启动时应选择好适当的顺序，不过操作员可以很容易地重新设置。

（3）工艺特点

① 喷射混合效果好，提高了处理的稳定性。高的反应动力提高了生物活性，促进了反应，内在的平衡能力能承受有机物或有毒物质的冲击负荷。处理时不排水，出水水质能够达到或超出规定的标准。

② 设计使用折板和时序反应池，防止了短流，加快了生物絮凝沉淀，增强了底物的利用。

③ 按时序运行，有助于承受冲击负荷，也使沉淀池的表面积大大增加，有利于固液分离。

④ 自动化控制，可以根据负荷变化情况或生产时间灵活运行，不需要操作人员管理。

⑤ 无须传统的溢流式沉淀池，剩余污泥的控制更简单，同时也省去了污泥回流泵站及难以控制的污泥回流系统。

⑥ 所有设备没有伸长的转动轴和需经常维修的齿轮驱动设备。应急的潜水泵可以就地使用。

⑦ 该系统比传统法更安全，不需要在池面上工作，没有露在外面的旋转设备。

⑧ 喷嘴工作时可将所有的水泵能量都转化为混合液的能量，高效节能。

⑨ 避免了堵塞、泼溅、冰冻等表面曝气存在的问题。

3.4.2.7　改良型 SBR 工艺

SBR 工艺能高效去除氮磷，易于实现自动运行，因此应用日趋广泛。但间歇运行要求反复进行进出水控制，对大型污水处理厂来说，可能导致 SBR 池的数量很多，致使控制系统变得非常复杂，而且安装和运行费用昂贵。此外，间歇排水需要较大容积的调节水池，整个系统的水头损失大，而且 SBR 池中水位波动很大，降低了设备利用率。改良型 SBR（modified sequencing batch reactor，MSBR）工艺可以看作是 AAO 工艺和 SBR 工艺的组合，由两个 SBR 反应器、曝气池、厌氧池、缺氧池组成，平面布置一般设计成矩形，如图 3-89 所示。

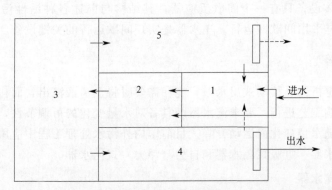

图 3-89　MSBR（CSBR）5 池组成的平面布置示意图（数字代表不同反应池）

该系统由 5 个水力连接的反应池组成，池 1 至池 3 分别为缺氧、厌氧和好氧池，串联运行，混合液连续流经池 1、池 2 和池 3。经预处理的污水以两点进水的方式同时连续地流入池 1 和池 2。池 4 和池 5 是相同的，交替进行周期性操作，池 4 作为澄清水排放池时，静止沉淀的澄清水由此排出，而池 5 则依次进行污泥回流、序批式处理和静止沉淀。在污泥回流阶段，开启池 5 中的污泥回流泵，将混合液送入池 1，同时池 3 中的混合液以与污泥回流泵相同的流量进入池 5。在污泥回流阶段可进行间歇式曝气以提高脱氮效率。

污泥回流阶段结束后，池 5 中的污泥回流泵停止运行，使池 5 变成隔离池，并对其中的混合液进行曝气和搅拌混合处理。在混合液处理阶段结束时停止曝气和搅拌，由此形成静止沉淀的环境，使最终的处理水与活性污泥分离，为该池作为澄清水排放池做好准备。

在池 5 中进行如上操作的同时，池 4（澄清水排放池）在上一个周期产生的澄清水通过从池 3 连续进入的混合液的置换作用而连续排出。澄清水排放期间，所有设备（曝气、搅拌设备和污泥回流泵）均停止运行。在池 5 完成沉淀澄清后，与池 4 进行功能转换并开始下一个运行周期。整个系统中水位永远保持恒定。

图 3-89 只是 MSBR 工艺布置的一种形式，还可根据不同处理要求做成多种构型。如果只要求去除 BOD 和 SS，采用三池即可。为取得高效去除氮磷效果和优良出水水质，可采用 9 池配置的 MSBR 系统。

与普通的间歇进水、间歇排水和连续流、恒定水位的活性污泥法相比，MSBR 工艺具有如下优点：

① 采用连续进水和连续排水的运行方式，可避免开/停进水控制和所有与普通 SBR 所采用的间歇进水和间歇排水以及序批式运行有关的麻烦和缺点。

② 采用恒定的水位，可避免普通 SBR 采用变水位运行所具有的所有弊端。

③ 提供了空间序批式的缺氧、厌氧和好氧的运行方式，为生物去除氮磷创造了条件。

④ 省去了普通连续流活性污泥法所需要的二次沉淀池及所有其他相关处理构筑物和设备。

⑤ 像 SBR 一样，进行分批的静止沉淀以有效地将最后的处理水跟活性污泥分离。

MSBR（CSBR）工艺已成功用于提高城市污水处理厂运行效果和达到高质量出水的污水回用厂。

3.4.3　过程设备

SBR 法的主体设备只有一个间歇反应器，其结构与前述各种活性污泥工艺所用反应器大体相同，只是采用间歇性运行。滗水器是实现间歇运行的关键设备。

3.4.3.1　滗水器

滗水器又称滗析器、移动式出水堰，能在需要时将上清液滗出，而在进水、反应、沉淀等工序时不影响工艺进行。要求滗水器既具备对水量变化的可调节性，有良好的水力和机械性能，又能随水位变化而运动升降。目前国内外污水处理工程中应用的滗水器主要有三类：机械式滗水器、虹吸式滗水器和自力（浮力）式滗水器。

（1）机械式滗水器

目前国内应用的机械式滗水器主要有两种形式，即机械旋转式和机械套筒式。

机械旋转式滗水器的轴侧图如图 3-90 所示，由电动机、减速机及执行装置、四连杆机构、载体管道、浮子箱（拦渣器）、淹没出流堰口、回转接头等组成。通过电动机带动减速机及执行装置和四连杆机构，使堰口绕出水管做旋转运动，滗出上清液，液面也随之同步下降。浮子箱（拦渣器）可在堰口上方和前后端之间形成一个无浮渣或泡沫的出流区域，并可调节堰口之间的距离，以适应堰口淹没深度的微小变化。图 3-91 所示为机械旋转式滗水器的外形。

机械套筒式滗水器有丝杠式和钢丝绳式两种，都是在一个固定的池内平台上通过电动机带动丝杠或滚筒上的钢丝绳，牵引出流堰口上下移动。堰口下的排水管插在有橡胶密封的套筒中，可以随出水堰上下移动，套筒连接在出水总管上，将上清液滗出池外。在堰口上也有一个拦浮渣和泡沫的浮箱，采用剪刀式铰链和堰口连续，以适应堰口淹没深度的微小变化。机械套筒式滗水器的外形见图 3-92。

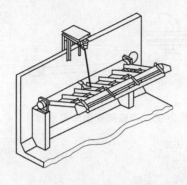

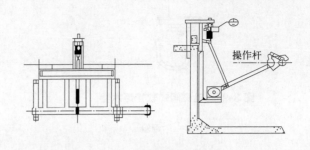

图 3-90　机械旋转式滗水器的轴侧图　　　图 3-91　机械旋转式滗水器的外形

(2) 虹吸式滗水器

虹吸式滗水器实际上是一组淹没出流堰，由一组垂直短管组成，短管吸口向下，上端用总管连接。总管与 U 形管一端高出水面，一端低于反应池的最低水位，高端设自动阀与大气相通，低端接出水管以排出上清液。运行时通过控制进排气阀的开闭，采用 U 形管水封形成滗水器中循环间断的真空和充气空间，达到开关滗水器和防止混合液流入的目的。滗水的最低水面限制在短管吸口以上，以防浮渣或泡沫进入。其外形见图 3-93。

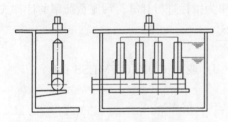

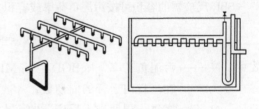

图 3-92　机械套筒式滗水器外形　　　　图 3-93　虹吸式滗水器外形

(3) 自力 (浮力) 式滗水器

也称自动浮动式出水堰。滗水器漂浮在水面上，堰口至池外之间连有一段特殊的载体管道，能随堰体的升降而变化。需要滗水时，池内水体不断涌入浮动堰口，通过载体管道流向池外。在水流动过程中，一是堰体本身与浮力形成均衡，二是随水面下降，堰体所处绝对高度也不断下降，要求载体管道不论以何轨迹运动，但其连接堰口的部分必须也以同样速率变化，以实现滗水器的自动升浮要求。

自力 (浮力) 式滗水器也有多种形式，前述的两种机械式滗水器也都可制成自力式滗水器，不同的是只依靠堰口上方浮箱本身的浮力使堰口随液面上下运动而不需外加机械动力。按堰口形状可分为条形堰式、圆盘堰式和管道式等。堰口下采用柔性软管或肘式接头适应堰口的位移变化，将上清液滗出池外，浮箱本身也起拦渣作用。为了防止混合液进入管道，在每次滗水结束后，采用电磁阀 (图 3-94 和图 3-95)、自力阀 (图 3-96) 关闭堰口，或采用气水置换浮箱 (图 3-97) 将堰口抬出水面。

3.4.3.2　SBR 工艺的设计

迄今为止，SBR 工艺还没有建立完全适合本身特点的计算与设计方法，一般都是参考标准活性污泥法的计算公式、设计参数。

117

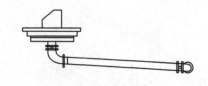

图 3-94 电磁阀式软管滗水器　　　　图 3-95 电磁阀式肘节滗水器

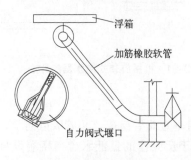

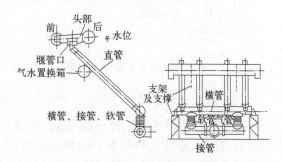

图 3-96 自力阀式滗水器　　　　图 3-97 气水置换浮箱式滗水器

（1）SBR 反应器容积的确定

SBR 反应器的容积可按污泥负荷率或容积负荷率为指标进行计算。污泥负荷率的计算式为

$$N_s = \frac{nQ_0 S_0}{XV} \tag{3-94}$$

式中　N_s——污泥负荷率，$kgBOD_5/(kgMLSS \cdot d)$ 或 $kgCOD/(kgMLSS \cdot d)$；

　　　n——在一日内运行的周期数；

　　　Q_0——在每一周期进入反应器的污水量，m^3；

　　　S_0——进入反应器有机污水的平均浓度，$kgBOD_5/m^3$ 或 $kgCOD/m^3$；

　　　V——反应器的有效容积，m^3；

　　　X——反应混合液中的污泥浓度，$kgMLSS/m^3$。

由式（3-94）可得 SBR 反应器的容积计算式：

$$V = \frac{nQ_0 S_0}{XV_s} \tag{3-95}$$

容积负荷率的计算式为：

$$N_v = \frac{nQ_0 S_0}{V} \tag{3-96}$$

式中　N_v——容积负荷率，$kgBOD_5/(m^3 \cdot d)$ 或 $kgCOD/(m^3 \cdot d)$。

由式（3-96）可得 SBR 反应器的容积计算式为：

$$V = \frac{nQ_0 S_0}{N_v} \tag{3-97}$$

SBR 反应器设计中 N_s 和 N_v 值的选用应参考同类污水的运行参数或通过试验确定。N_s 可在 $0.05 \sim 0.3 kgBOD_5/(kgMLSS \cdot d)$ 或 $0.1 \sim 0.6 kgCOD/(kgMLSS \cdot d)$ 的范围内采用，一般选用 $0.15 kgBOD_5/(kgMLSS \cdot d)$ 或 $0.3 kgCOD/(kgMLSS \cdot d)$ 来设计；N_v 可在 $0.1 \sim 0.5 kgBOD_5/(m^3 \cdot d)$ 或 $0.2 \sim 1.0 kgCOD/(m^3 \cdot d)$ 范围内采用，一般选用 $0.5 kgBOD_5/(m^3 \cdot d)$ 或 $1.0 kgCOD/(m^3 \cdot d)$ 来设计。由于 COD 和 MLSS 的监测快速准确，在工程设计中 N_s 和

N_v 的单位大多采用 kgCOD/(kgMLSS・d) 和 kgCOD/(m³・d)。

（2）最小水量和周期进水量校核

SBR 反应池的最大水量（$V_{\max}$）为反应池的有效容积 V，即：$V_{\max}=V$。

反应池的最小水量（$V_{\min}$）为有效容积 V 与周期进水量 Q_0 之差，即：$V_{\min}=V-Q_0$。

SBR 反应池也是最终沉淀池，为防止污泥流失，污泥界面和排水的最低水位应留有一定的缓冲层，其高度可为 $0.2\sim1.0$m。因此 SBR 反应池的最小水量必须大于反应器中的污泥量。

污泥体积可由污泥体积指数（SVI）进行计算。SVI 是指反应混合液经 30min 静沉后，每克干污泥所形成的沉淀污泥所占的容积，其计算式为：

$$SVI=\frac{SV_{30}1000}{MLSS} \tag{3-98}$$

式中　SVI——污泥体积指数，mL/g；

SV_{30}——30min 污泥沉降比，%；

MLSS——混合液污泥浓度，mg/L。

由式(3-98) 可得：

$$SV_{30}=\frac{SVI \cdot MLSS}{1000} \tag{3-99}$$

反应器内经 30min 静沉后的污泥总体积可认为等于反应器中沉淀结束后的污泥体积（V_x），则：

$$V_x=\frac{SV_{30} \cdot V}{100}=\frac{SVI \cdot MLSS \cdot V}{10^6} \tag{3-100}$$

根据以上分析，在 SBR 反应器中必须满足 $V_{\min}>V$，即：

$$V-Q_0>\frac{SVI \cdot MLSS \cdot V}{10^6} \tag{3-101}$$

由式(3-101) 可以得出周期进水量必须满足的条件为：

$$Q_0<\left(1-\frac{SVI \cdot MLSS}{10^6}\right)V \tag{3-102}$$

（3）需氧量与剩余污泥量的计算

需氧量与剩余污泥量的计算与标准活性污泥法相似。

第4章

好氧生物膜法处理工艺与设备

生物膜法又称固定膜法，是与活性污泥法并列的一种污水生物处理技术，其实质是使微生物附着在滤料或某些载体上生长繁育，并在其上形成膜状生物污泥——生物膜。污水与生物膜接触时，污水中的有机物作为营养物质，为生物膜上的微生物所摄取，污水得到净化，微生物自身也得到繁衍增殖。生物膜老化后自然脱落，并从水中分离出来。因此，生物膜法是靠微生物的分解代谢和分离老化的生物膜絮凝两条途径使污水净化的，主要去除污水中溶解性和胶体状的有机污染物，同时对氨氮还具有一定的硝化能力。

事实上，生物膜法和活性污泥法是不能完全分开的，采用生物膜法，特别是采用接触氧化法时，生物膜是去除污染物的主体，但是活性污泥在曝气池中也存在，活性污泥的作用也对污染物的去除有贡献。

因为生物膜法要人为设置填（滤）料，所以使用规模受到限制，一般适用于小型污水处理厂和部分工业污水处理项目，常用的生物膜法工艺有生物滤池（塔）、生物转盘、生物接触氧化法、好氧生物流化床、曝气生物滤池等。

4.1 好氧生物滤池工艺与设备

生物滤池（AF）是在污水灌溉的实践基础上发展起来的人工生物处理法。

4.1.1 技术原理

生物滤池内设置固定滤料，微生物附着在滤料表面生长和繁殖，并逐渐形成生物膜。当污水流过滤料表面时不断与滤料相接触，滤料表面附着生长的生物膜中的微生物从污水中吸取有机污染物及其他营养物质进行分解代谢，在其代谢过程中获得能量并合成新的细胞物质，而在此过程中，污水得到净化。

4.1.2 工艺过程

在生物滤池净化污水的过程中，滤料表面的生物膜会由于自然老化而脱落，与出水一同被带出生物滤池，影响出水水质。因此需在生物滤池之后设置二沉池，使出水中的生物膜或其他悬浮物在其中沉淀下来，保证出水水质。其基本流程如图 4-1 所示。生物滤池常采用出水回流，基本不采用污泥回流，从二沉池排出的污泥全部作为剩余污泥进入污泥处理流程做进一步的处理。

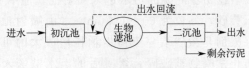

图 4-1　生物滤池的基本流程

4.1.2.1　影响因素

（1）滤床的比表面积和孔隙率

生物膜是生物膜法的主体，滤料表面积愈大，生物膜的表面积也愈大，生物膜的量就愈多，净化功能就愈强；孔隙率大，则滤床不易堵塞，通风效果好，可为生物膜的好氧代谢提供足够的氧；滤床的比表面积和孔隙率愈大，扩大了传质的界面，促进了水流的紊动，有利于提高净化功能。

（2）滤床的高度

在滤床的不同高度位置，生物膜量、微生物种类、去除有机物的速率等方面都是不同的：滤床的上层，污水中的有机物浓度高，营养物质丰富，微生物繁殖速率快，生物膜量多且主要以细菌为主，有机污染物的去除速率高；随着滤床深度的增加，污水中的有机物量减少，生物膜量也减少，微生物从低级趋向高级，有机物的去除速率降低。有机物的去除效果随滤床深度的增加而提高，但去除速率却随深度的增加而降低。

（3）有机负荷与水力负荷

在有机负荷[$kgBOD_5/(m^3 \cdot d)$]较高时，生物膜的增长较快，可能会引起滤料堵塞，此时就需要调整水力负荷 [包括水力表面负荷即滤速，$m^3/(m^2 \cdot d)$ 或 m/d；水力容积负荷，$m^3/(m^3 \cdot d)$]。水力负荷增加，可以提高水力冲刷力，维持生物膜的厚度，一般是通过出水回流提高水力负荷。

（4）供氧

生物滤池一般是通过自然通风来保证供氧的。影响生物滤池自然通风的主要因素有：池内温度与气温之差、滤池高度、滤料孔隙率及风力等，滤池堵塞也会影响通风。

4.1.2.2　前处理——Actiflo 工艺

生物滤池（AF）在与活性污泥工艺（AS）联用进行生物处理时，通常是在高负荷活性污泥法之后作为生物处理单元，相当于 AB 法中的 B 段，但 AF 无需二次沉淀池，产生的剩余污泥量少，定量反冲洗后将反冲洗水送至初沉池进行处理即可，因此 AS-AF 处理流程具有简短、高效的特点。

由于 AF 对前处理的要求较高，常规的一级处理——普通沉淀池出水往往不能满足 AF 进水水质的要求，因此采用 Actiflo 工艺，在 AF 前进行强化一级处理。

（1）基本原理

污水首先流经细格栅去除颗粒污染物，然后向水中投加金属盐（铁或铝盐）混凝剂，使一些溶解性的物质如磷和有机物转化成絮凝沉淀颗粒。根据具体情况，混凝剂或加入管道中，或加入混凝池中。

经初步混凝的污水进入喷射池，池中加入微砂，使其完全混合于水中。砂为普通的石英砂，颗粒为 $60\sim180\mu m$。水由喷射池连续流入，向其中加入有机聚合物混凝剂。混凝剂与微砂结合使初步颗粒形成大的可沉淀絮凝物。絮凝应在缓慢搅拌中形成，以防止絮凝物被破碎。絮凝后的出水被送入斜板沉淀池中，其中絮凝物由于微砂的加重作用而加快沉淀，使池中的上向流速可比普通沉淀池大 $30\sim80$ 倍，典型的上向流速为 $80\sim120m/h$。水通过斜板最终从出口处的溢流堰流出。污泥与微砂从斜板沉淀池底部抽出，用泵送回水力旋流分离器进行砂、泥分离。分离的微砂送至喷射池中回用，而污泥则单独处理。

(2) 优点

Actiflo 工艺是一种紧凑、高效的物理化学处理方法，具有如下优点：

① 紧凑。加重絮凝沉淀池的总停留时间不足 15min，上向水流速率按在斜板顶部的水表面积计算，达到 130m/h。

② 反应时间短。惰性微砂逗留在絮凝池，一旦混凝剂加入，混合器启动，水流混合开始，它便立即反应。

③ 灵活性。Actiflo 可处理的水量范围为设计能力的 $10\%\sim100\%$，药品消耗率取决于进水流量。

④ 能够有效地去除悬浮固体、磷和 COD。它集合了加重絮凝和斜板沉淀的优点，悬浮固体去除率达 80% 以上。

⑤ 出水浓度稳定。不管进水情况如何，出水的悬浮物浓度几乎保持不变。

⑥ 污泥的可处理性好。污泥具有良好的脱水性，可使其增厚且易于浓缩和脱水。

4.1.3　过程设备

随着技术的发展，生物滤池出现了多种形式，主要有：普通生物滤池、高负荷生物滤池、塔式生物滤池、淹没式生物滤池等

4.1.3.1　普通生物滤池

(1) 构造

普通生物滤池由滤床（池体与滤料）、布水装置和排水系统三部分组成，如图 4-2 所示。

1) 池体

大多数生物滤池均采用圆形池体，也有少部分采用方形或矩形。池壁有带孔洞和不带孔洞的两种，一般要求高于滤料表面 $0.5\sim0.9m$。带孔洞池壁有利于滤料的内部通风，但在冬季易受低温的影响，在寒冷地区需考虑防冻、采暖或防蝇等措施。池壁的通风面积应大于滤池面积的 1%，床面敞露。

2) 滤料

滤料是生物膜赖以生长的载体，主要性能要求有：大表面积，有利于微生物附着；能使污水以液膜状均匀分布于其表面；有足够大的孔隙率，能使脱落的生物膜随水流到池底，同时保证良好的通风；适合于生物膜的形成与黏附，既不被微生物分解，又不抑制微生物的生长；有较好机械强度，不易变形和破碎。

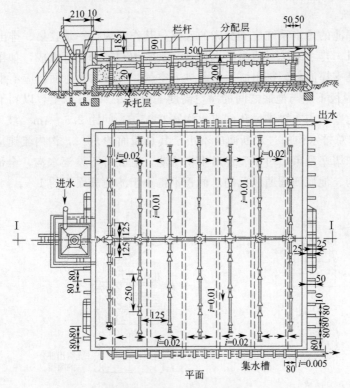

图 4-2 普通生物滤池的构造（单位：cm）

常用滤料一般为拳状实心滤料，如碎石、卵石、炉渣等。工作层滤料的粒径一般为 25～40mm，厚 1.3～1.8mm；承托层的粒径一般为 70～100mm，厚 0.2m。

3）布水装置

布水装置的作用是将污水均匀喷洒在滤料上，有固定式和旋转式两类。普通生物滤池多采用图 4-3 所示的固定式布水系统，包括投配池、配水管网和喷嘴。虹吸投配池（如图 4-4 所示）间歇出水，喷水周期为 5～10min。喷嘴及其布置形式如图 4-5 所示，喷嘴口径一般为 15～25mm，喷嘴高出滤料表面 0.15～0.25m，配水管网设在滤层中，配水管自由水头的起端 1.5m，末端 0.5m。

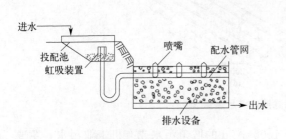

图 4-3 固定式布水系统

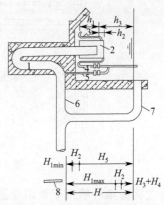

图 4-4 虹吸投配池示意图

1—虹吸管；2—倒筒；3—空气管；4—压力调整管；
5—连接管；6—出水干管；7—溢流管；8—喷嘴

4）排水系统

普通生物滤池的排水系统位于滤床的底部，其作用为：一是收集、排出处理水；二是保证良好的通风。排水系统一般由渗水顶板、集水沟和排水渠所组成，如图 4-6 所示。渗水顶板的作用是支撑滤料、排出滤后水、进入空气，其排水孔总面积应不小于滤池表面积的 20%；渗水顶板下底与池底之间的净空高度一般应在 0.6m 以上，以利于通风，一般在出水区的四周池壁均匀布置进风孔。集水沟宽 0.15m，间距 2.5～4m，坡度 0.5%～2%。为了通风良好，总排水沟的过水断面应不小于其总断面的 50%，沟内流速应大于 0.7m/s，以免发生沉积和堵塞现象。对小型普通生物滤池，池底可不设汇水沟，全部做成 1% 的坡度坡向总排水沟。池底四周通风孔的总面积不得小于滤池表面积的 1%。

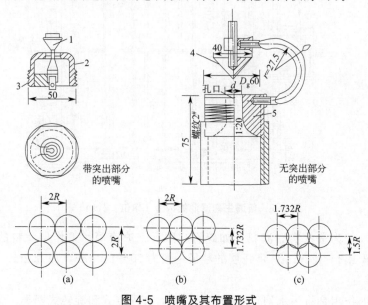

图 4-5 喷嘴及其布置形式

1，4—倒悬角锥体；2，5—喷头；3—支座

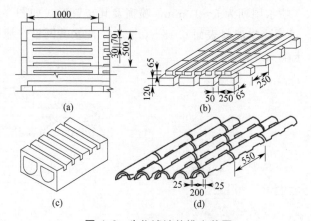

图 4-6 生物滤池的排水装置

普通生物滤池一般用于处理流量不高于 1000m³/d 的城镇污水或有机工业污水，主要优点有：a. 处理效果良好，BOD_5 的去除率可达 95% 以上；b. 运行稳定，易于管理，节省能源。主要缺点是：a. 占地面积大，不适于处理大流量的污水；b. 滤料易堵塞，预处理不充分或生物膜季节性大规模脱落都可能使滤料堵塞；c. 滋生蚊蝇，恶化环境；d. 喷

嘴喷洒污水时会散发出臭味。目前普通生物滤池正逐渐被淘汰，但其设计思路仍可供其他类型生物滤池参考。

(2) 设计计算

普通生物滤池的设计计算内容包括：

1）滤料总体积 V（m^3）

$$V = \frac{QS_0}{N_v} \tag{4-1}$$

式中　Q——进水平均日流量，m^3/d，一般采用平均流量，流量小且变化大时，采用最大流量；

　　S_0——污水 BOD_5 的浓度，mg/L；

　　N_v——滤池容积负荷（以去除量计），$gBOD_5/(m^3 \cdot d)$，见表 4-1。

表 4-1　冬季污水平均温度为 10℃时滤料的容积负荷

年平均气温/	3~6	6.1~10	>10
容积负荷/[kgBOD₅/(m³·d)]	100	170	200

注：1. 若冬季污水平均温度 T 不低于 6℃，则上表数值在乘上 $T/10$；

2. 当处理生活污水和工业污水的混合污水时，滤料的容积负荷应考虑工业污水的影响；

3. 对于工业污水或混合污水，一般应通过试验确定滤料的容积负荷。

2）滤床有效面积 A（m^2）

滤床有效面积可按下式计算：

$$A = \frac{V}{H} \tag{4-2}$$

式中　H——滤料高度，m。

滤料高度与滤池负荷有关，对于生活污水，H 可取 2.0m；对于某些工业污水，须先考虑小型试验设备状况初步选定滤料高度进行计算。

3）表面水力负荷校核

求定滤池面积后，还应对水力负荷进行校核：

$$q = \frac{Q}{A} \tag{4-3}$$

式中　q——表面水力负荷，$m^3/(m^2 \cdot d)$，可调整 H 使 q 在合适范围内。

对于生活污水，若采用碎石滤料，水力负荷应在 $1~3m^3/(m^2 \cdot d)$，否则应做适当调整。

4）固定式喷嘴布水系统

固定式喷嘴布水系统的计算内容包括：

① 每个喷嘴的喷出流量

$$q = \mu f \sqrt{2gH_1} \tag{4-4}$$

式中　q——每个喷嘴的喷出流量，m^3/s；

　　μ——流量系数，$\mu = 0.60~0.75$；

　　f——喷嘴孔口有效面积，m^2；

　　H_1——喷嘴孔口自由水头，m；

　　g——重力加速度，m/s^2。

② 投配池的最大出水量

$$Q_{\max}=q_{\max}n \tag{4-5}$$

式中　$Q_{\max}$——投配池的最大出水量，$\mathrm{m^3/s}$；

　　　$q_{\max}$——每个喷嘴的最大流量，$\mathrm{m^3/s}$；

　　　n——每个滤池的喷嘴总个数，个。

③ 每个滤池的喷嘴总个数

$$n=n_1\times n_2 \tag{4-6}$$

式中　n_1——每排喷嘴的个数，个；

　　　n_2——每个滤池的喷嘴排数，排。

④ 每排喷嘴的个数

$$n_1=\frac{B}{L_1} \tag{4-7}$$

式中　B——滤池宽度，m；

　　　L_1——喷嘴间距，m，$L_1=1.732R$；

　　　R——喷洒面积的半径，m，$R=\sqrt{\dfrac{f_0}{1.61}}$；

　　　f_0——每个喷嘴的喷洒面积，$\mathrm{m^2}$。

⑤ 每个滤池的喷嘴排数

$$n_2=\frac{L}{L_2} \tag{4-8}$$

式中　L——滤池长度，m；

　　　L_2——喷嘴排距，m，$L_2=1.5R$。

⑥ 投配池的总水头

$$H=H_{1\max}+\sum h \tag{4-9}$$

$$\sum h=H_2+H_3+H_4 \tag{4-10}$$

式中　H——投配池的总水头，m；

　　$H_{1\max}$——最远一个喷嘴所需的最大自由水头，m；

　　　H_2——配水管最大沿程水头损失和局部水头损失之和，m；

　　　H_3——虹吸管水头损失，m；

　　　H_4——投配池水头损失，m。

初步设计时，$\sum h$ 可按$(0.25\sim0.3)H$ 计。

⑦ 投配池的容积

$$V=(Q_{\mathrm{m}}-Q_0)t_1\times60 \tag{4-11}$$

式中　V——投配池的容积，$\mathrm{m^3}$；

　　　Q_{m}——投配池的平均出水量，$\mathrm{m^3/s}$；

　　　Q_0——投配池的最大进水量，$\mathrm{m^3/s}$；

　　　t_1——喷嘴喷洒时间，min。

⑧ 投配池的平均出水量

$$Q_{\mathrm{m}}=\frac{Q_{\max}+Q_{\min}}{2}\times1.1 \tag{4-12}$$

式中　Q_{min}——投配池的最小出水量；m^3/s；

　　　1.1——系数。

⑨ 投配池的最小出水量

$$Q_{min} = 1.5Q_0 \tag{4-13}$$

⑩ 投配池的最大进水量

$$Q_0 = \frac{QK_z}{86400n'} \tag{4-14}$$

式中　K_z——流量总变化系数；

　　　Q——平均日污水量，m^3/d；

　　　n'——投配池的个数，个。

⑪ 投配池的工作深度

$$H_5 = H - (H_{1min} + H_2') \tag{4-15}$$

式中　H_5——投配池的工作深度，m；

　　　H_{1min}——最小流量时喷嘴的自由水头，m；为防止喷嘴堵塞，$H_{1min} \geqslant 0.2m$。

　　　H_2'——最小流量时投配池及管路的水头损失，m。

⑫ 最小流量时喷嘴的自由水头

$$H_{1min} = H_{1max}\left(\frac{Q_{min}}{Q_{max}}\right)^2 \tag{4-16}$$

式中　H_{1min}——最小流量时喷嘴的自由水头，m，为防止喷嘴堵塞，$H_{1min} \geqslant 0.2m$；

　　　H_{1max}——最大流量时喷嘴的自由水头，m；

　　　Q_{min}——投配池的最小出水量，m^3/s；

　　　Q_{max}——投配池的最大出水量，m^3/s。

⑬ 最小流量时投配池和管路的水头损失

$$H_2' = H_2\left(\frac{Q_{min}}{Q_{max}}\right)^2 \tag{4-17}$$

式中　H_2'——最小流量时投配池和管路的水头损失，m。

⑭ 投配池充满的延续时间

$$t_2 = \frac{V}{60Q_0} \tag{4-18}$$

式中　t_2——投配池充满的延续时间（即喷嘴喷洒间歇时间），min。

⑮ 投配池工作周期

$$t = t_1 + t_2 \tag{4-19}$$

式中　t——投配池工作周期（即喷嘴喷水周期），min；

　　　t_1——喷嘴喷洒时间，min。

4.1.3.2　高负荷生物滤池

与普通生物滤池不同，高负荷生物滤池在平面上多呈圆形，滤料直径增大，多采用 $40 \sim 100mm$。

(1) 构造

高负荷生物滤池主要由滤料、旋转布水器、集水沟、总排水沟和渗水装置组成，其构造如

图 4-7 所示。

1）滤料

高负荷生物滤池可采用拳状实心滤料。滤层由底部的承托层（厚 0.2m，无机滤料粒径 70～100mm）和其上的工作层（厚 1.8m，无机滤料粒径 40～70mm）充填而成。当滤层厚度超过 2.0m时，应采用人工通风措施。近年来采用的滤料大多是由塑料、酚醛玻璃钢等加工成的波纹板、蜂窝管、环状及空心柱等复合式滤料，具有比表面积大、孔隙率高、质轻、强度高、耐腐蚀等特点。

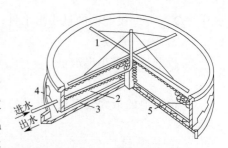

图 4-7 高负荷生物滤池的构造示意

1—旋转布水器；2—滤料；3—集水沟；
4—总排水沟；5—渗水装置

2）布水器

进水一般采用图 4-8 所示的旋转式布水器，主要由固定的进水竖管、配水短管和可转动的布水横管组成。布水器直径比滤池直径小 0.1～0.2m，布水横管距滤料表面为 0.15～0.25m，数量多为 2～4 根，横管沿一侧的水平方向开有 10～15mm 的布水孔；孔间距应使每孔的服务面积相等；每根横管上的孔位置应错开；当布水孔向外喷水时，在反作用力推动下布水横管旋转，旋转速率一般为 0.5～9r/min。

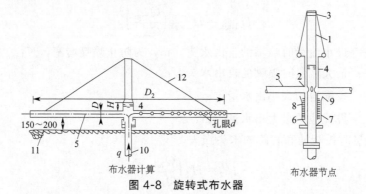

布水器计算　　　　　　布水器节点

图 4-8 旋转式布水器

1—固定竖管；2—出水孔；3—轴承；4—转动部分；5—布水横管；6—固定环；
7—水银；8—滚珠；9—甘油；10—进水管；11—滤料；12—拉杆

(2) 过程控制

高负荷生物滤池大幅度提高了滤池的负荷率，其 BOD 容积负荷高于普通生物滤池 6～8 倍，水力负荷高达 10 倍；为达到较高的过滤速率，进水 BOD_5 值必须低于 200mg/L，否则需用处理水回流加以稀释。

回流水流量 Q_R 与原水流量 Q 之比为回流比 R，其计算式为：

$$R = \frac{Q_R}{Q} \tag{4-20}$$

喷洒在滤池表面上的总流量 Q_T 为：

$$Q_T = Q + Q_R \tag{4-21}$$

总流量 Q_T 与原水流量 Q 之比 F 称为循环比，计算式为：

$$F = \frac{Q_T}{Q} = 1 + R \tag{4-22}$$

采取处理水回流措施，进入滤池的水的 BOD 浓度可根据下式计算：

$$S_a = \frac{S_0 + RS_e}{1+R} \qquad (4\text{-}23)$$

式中　　S_a——喷洒在滤池表面的水的 BOD 值，mg/L，若以 BOD_5 计，一般不高于
　　　　　　200mg/L；

　　　　S_0——原水的 BOD 值，mg/L；

　　　　S_e——滤池处理水的 BOD 值，mg/L；

　　　　R——回流比，%，常采用 0.5~3.0，但有时也高达 5~6 倍。

(3) 处理流程

高负荷生物滤池的运行多采用处理水回流，其优点是：

① 增大水力负荷，促使生物膜脱落，防止滤池堵塞。

② 稀释进水，降低有机负荷，防止浓度冲击，使系统工作稳定。

③ 向滤池连续接种污泥，促进生物膜生长。

④ 增加水中溶解氧，减少臭味。

⑤ 防止滤池滋生蚊蝇。

缺点是：

① 水力停留时间缩短。

② 降低进水浓度将减慢生化反应速率。

③ 污水中某种（些）污染物在高浓度时可能抑制微生物生长。

通过调整水回流措施，可使高负荷生物滤池具有多种多样的处理流程类型，图 4-9 所示为单池组成的处理流程类型。

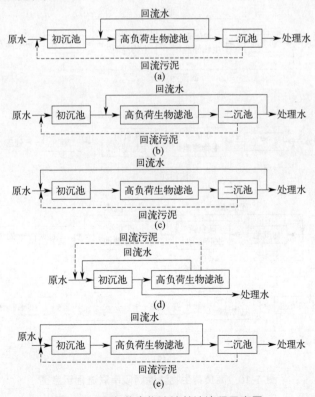

图 4-9　高负荷生物滤池单池流程示意图

图 4-9 流程（a）中，滤池出水直接向滤池回流，并由二沉池向初沉池回流生物污泥，利于生物膜的接种；流程（b）中，二沉池出水回流到滤池前，可避免加大初沉池的容积；流程（c）中，二沉池出水回流到初沉池，加大了滤池的水力负荷；流程（d）中，滤池出水直接回流到初沉池，使初沉池的效果得到提高并兼作二沉池，可免去二沉池；流程（e）中，滤池出水回流至初沉池，生物污泥由二沉池回流到初沉池。

五种流程中，流程（a）和流程（b）的应用最为广泛，流程（a）、流程（d）、流程（e）适合污水浓度低的情况，以流程（e）的除污效果最好，但基建费用最高；以流程（d）的除污效果最差，但基建费用最低。流程（b）和流程（c）适合污水浓度高的情况，以流程（c）的除污效果最好，但基建费用最高。

工程应用中，当污水浓度较高或对处理水质要求较高时，直接将滤池出水回流有利于污泥接种，但滤层易堵塞。为提高整体工艺的处理效果，避免单池高度过大，或者条件不允许提高滤池高度时，可采用两段滤池串联处理系统。

两段滤池串联处理系统有多种形式，如图 4-10 所示。流程（d）中，中沉池的作用是减轻第二段滤池的负荷，避免堵塞。两段滤池串联，不仅可达到 90% 以上的有机底物去除率，而且滤池中也能发生硝化反应，出水中也能含有硝酸盐和溶解氧。在两段滤池串联系统中，两级滤池负荷率不均会导致生物膜生长不均衡，进而引发弊端：一段滤池负荷高，生物膜生长快，脱落后易堵塞滤池；二段滤池负荷低，生物膜生长不佳，滤池容积利用率不高。为了解决这一弊端，可采用两级滤池交替配水的方式，即两级串联的滤池交替作为一级滤池和二级滤池，此时，两滤池的滤料粒径应相同，构筑物高程上也应考虑水流方向互换的可能性。此外，需增设泵站，增加建设成本是交替配水系统的主要缺点。

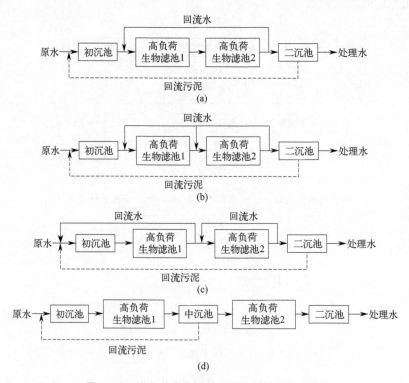

图 4-10　高负荷生物滤池两段串联流程示意图

（4）设计计算

高负荷生物滤池的设计与计算内容主要包括两方面：一是滤料体积、滤池深度、滤池表面积的计算；二是旋转布水器的设计与计算。

1）滤料体积及滤池尺寸计算

① 进入滤池的有机物浓度

在进行工艺计算前，应确定进入滤池的污水经回流后的有机物浓度，可按下式进行计算：

$$S_a = \frac{S_0 + RS_e}{1 + R} \tag{4-24}$$

式中　S_0、S_e——原水和沉淀出水的有机物浓度，mg/L；

R——回流比。

② 滤料总体积 $V(\mathrm{m}^3)$

$$V = \frac{(1+R)QS_a}{N_v} \tag{4-25}$$

式中　Q——进水平均日流量，m^3/d；

N_v——滤池容积负荷（以去除量计），$\mathrm{g}/(\mathrm{m}^3 \cdot \mathrm{d})$，以 BOD_5 计，见表 4-1。

③ 滤床有效面积 $A(\mathrm{m}^2)$

$$A = \frac{V}{H} \tag{4-26}$$

式中　H——滤料高度，m。

④ 表面水力负荷校核

$$q = \frac{(1+R)Q}{A} \tag{4-27}$$

式中　q——表面水力负荷，$\mathrm{m}^3/(\mathrm{m}^2 \cdot \mathrm{d})$。

高负荷生物滤池处理工业污水的设计与运行参数应通过试验确定，在缺少试验数据或资料时，可参考表 4-2。

表 4-2　高负荷生物滤池处理工业污水的设计与运行参数

工业类别	滤池深度/m	水力负荷(包括回流)/[$\mathrm{m}^3/(\mathrm{m}^2 \cdot \mathrm{d})$]	回流比(R)	进水 BOD(不包括回流)/(mg/L)	BOD 负荷(不包括回流)/[$\mathrm{g}/(\mathrm{m}^3 \cdot \mathrm{d})$]	BOD 去除率/%	温度/℃
化学	1.8	4.1	10	1800	0.37	94	夏季
化学	1.8	6.7	10	2200	0.77	65	冬季
制药	1.2	14~18.7	10~23	3110	1.98	56	不定
制药	1.8	72.9	18	4100	0.95	78	不定
牛皮纸厂	1.8	48.6	2.4	117	2.61	27	14
纸板	1.8	15.9	10	820	0.74	54	27
酿造	2.4	23.4	3~5	675	1.17	60	—
酿造	1.8	6.0	4	700	0.45	93	—
奶类	1.2	14.0	13.5	1160	0.84	92	20

⑤ 需氧与供氧的校核

生物滤池单位体积滤料的需氧量 O_2（kg/m^3 滤料）可按下式计算：

$$O_2 = a'(S_0 - S_e) + b'P \tag{4-28}$$

式中 S_0、S_e——生物滤池进、出水的 BOD$_5$ 值，kg/m^3；

　　　　a'——每千克 BOD$_5$ 完全降解所需的氧量，kg/kg，对城市污水，此值取 1.46；

　　　　b'——单位质量活性生物膜的需氧量，一般约为 0.18kg/kg；

　　　　P——每立方米滤料上覆盖的生物膜量，kg/m^3 滤料。

生物膜量 P 难以精确计算，一般应通过实测取得，沿滤池的深度，按池上层、池下层分别测定，取其平均值作为设计、运行数据。Heukelekian 实测表明，用于处理城市污水的普通生物滤池的生物膜量 P 为 4.5～7.0kg/m^3，高负荷生物滤池的生物膜量 P 为 3.5～6.5kg/m^3。生物膜好氧层的厚度通常被认为是在 2mm 左右，含水率按 98％考虑。

高负荷生物滤池的供氧是在自然条件下，通过池内外空气的流通而转移到水中并进而扩散传递到生物膜内部的。影响滤池通风状况的主要因素有滤池内外温差、风力、滤料种类及污水布水量等。滤池内外温差决定空气在滤池内的流速和流向等，经验关系式为：

$$v=0.075\Delta T-0.15 \tag{4-29}$$

式中　v——空气流速，m/min；

　　　ΔT——滤池内外温差，℃。

由式(4-29)可以看出，当 $\Delta T=20$℃时，$v=0$，空气停止流通。一般情况下，$\Delta T=6$℃，按式(4-29)计算 $v=0.3$m/min＝432m/d，即每立方米滤料每天通过的空气量为 432m^3。因每立方米空气中氧气含量为 0.28kg，则向生物膜提供的氧量约为 121kg，若生物膜对氧气的利用率为 5％，则实际上能利用的氧量为 6.06kg。考虑滤料 BOD 负荷率为 1.2kgBOD$_5$/(m^3·d)、去除率为 90％时，由式(4-29)可求得滤料的需氧气量为 1.94 kg BOD$_5$/(m^3·d)，可见供氧是充足的。运行正常、通风良好的生物滤池中，空气流通供氧即可满足其需氧要求。

2) 旋转布水器的设计

① 每架布水器的最大设计污水量

$$Q_{i\text{mat}}=\frac{Qk_z}{n} \tag{4-30}$$

式中　$Q_{i\text{mat}}$——每架布水器的最大设计污水量，m^3/s；

　　　Q——平均日污水量，m^3/d；

　　　k_z——总变化系数；

　　　n——滤池个数。

② 每根布水横管上的布水小孔数

$$m=\frac{1}{1-\left(1-\frac{4d^2}{D_2}\right)} \tag{4-31}$$

式中　m——每根布水横管上的布水小孔数，个；

　　　d——布水小孔的直径，mm；

　　　D_2——布水器的直径，mm。

③ 布水小孔与布水器中心的距离

$$r_i=R\sqrt{\frac{i}{m}} \tag{4-32}$$

式中　r_i——布水小孔与布水器中心的距离，m；

　　　　R——布水器的半径，m，$R = \dfrac{D_2}{2}$；

　　　　i——布水横管上的布水小孔从布水器中心开始的排列序号。

④ 布水器的转速

$$n = \frac{34.78 \times 10^6}{md^2 D_2} Q_{imat} \tag{4-33}$$

式中　n——布水器的转速，r/min。

⑤ 布水器的水头损失

$$H = \left(\frac{Q_{imat}}{n_0}\right)^2 \left(\frac{256 \times 10^6}{m^2 \cdot d^4} + \frac{81 \times 10^6}{D_1^4} + \frac{294 D_2}{k^2 \cdot 10^3}\right) \tag{4-34}$$

式中　H——布水器的水头损失，m；

　　　　n_0——每架布水器的横管数，根；

　　　　D_1——布水横管的直径，mm；

　　　　d——布水小孔的直径，mm；

　　　　k——流量模数，L/s，见表 4-3。

表 4-3　流量模数 k 值

布水横管直径 D_1/mm	50	63	75	100	125	150	175	200	250
k 值/(L/s)	6	11.5	19	43	86.5	134	200	300	560

4.1.3.3　塔式生物滤池

塔式生物滤池是在普通生物滤池和高负荷生物滤池的基础上发展起来的。轻质滤料的开发成功使滤床的高度可以大幅度提高，塔式生物滤池的工程应用也逐渐增多。

（1）构造

塔式生物滤池在平面上多呈圆形，一般高达 8～12m，直径 1～3.5m，塔高为塔径的 6～8 倍，其构造如图 4-11 所示，由塔身、滤料、布水系统以及通风和排水系统组成。塔身用钢板焊制或用钢筋混凝土及砖石筑成，一般沿高度分层建造，每层高不宜大于 2m，在分层处设格栅，格栅承托在塔身上，使滤料荷重分层负担。每层都设有检修孔，以便更换滤料。塔壁上开有测温孔和观测孔（门），以便测量池内温度和观察池内生物膜的生长情况和滤料表面的布水均匀程度。

为避免风吹影响布水的均匀性，塔顶上缘应高出最上层滤料表面 0.5m 左右。塔顶可以敞开或封闭（接尾气吸收或利用系统）。

滤料一般为轻质滤料，如纸蜂窝（容重 20～25kg/m³）、玻璃布蜂窝和聚氯乙烯斜纹波纹板（容重 140kg/m³）等。滤料应分层组装，用钢格栅支承，每层约高 2m，层

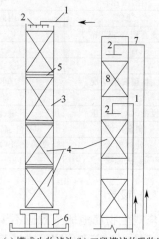

(a)塔式生物滤池　(b)二段塔滤的吸收段示意

图 4-11　塔式生物滤池

1—进水管；2—布水器；3—塔身；
4—滤料；5—填料支承；6—塔身底座；
7—吸收段进水管；8—吸收段填料

间距为 0.2~0.4m。

大中型塔式生物滤池多采用电机驱动或水流反作用力驱动的旋转布水器，小型塔式滤池多采用固定式喷嘴布水装置，也可使用多孔管和溅水筛板布水。

塔式生物滤池的底部要留出 0.4~0.6m 左右高度的空间，周围留有通风孔，以满足自然通风，通风孔总有效面积不得小于滤池面积的 7.5%~10%，以使滤池内部形成较强的拔风状态，保证通风良好。必要时加设机械通风，风机按气水比 100~150 选型。塔底设集水池，集水池最高水位与最下层滤层底面之间的间距不得小于 0.5m（通风口高度）。

（2）特征

塔式生物滤池内污水从上向下滴落，水力负荷高，池内水流紊动强烈，污水、空气、生物膜三者的接触非常充分，加快了污染物质的传质速率。

塔式生物滤池的负荷远比一般高负荷生物滤池高，水力负荷可达 800~200m^3/(m^2·d)，为一般高负荷生物滤池的 2~10 倍；BOD 容积负荷可达 1000~2000gBOD$_5$/(m^3·d)，为一般高负荷生物滤池的 2~3 倍。由于水力负荷较高，生物膜营养充足，生长迅速，且高水力负荷使生物膜受到强烈的水力冲刷而不断脱落、更新，使得生物膜能够保持较好的活性。但生物膜生长较快会造成滤料层堵塞，因此须将进水的 BOD$_5$ 控制在 500mg/L 以下，否则需采取处理水回流稀释措施。对于具体的污水，应通过试验确定设计负荷。

塔式生物滤池的占地面积较其他生物滤池大大缩小，对水质、水量的适应性强，但污水提升费用大，而且池体过高使得运行管理不便，只适宜于小水量污水的处理。

普通生物滤池、高负荷生物滤池和塔式生物滤池的比较见表 4-4。

表 4-4　普通生物滤池、高负荷生物滤池和塔式生物滤池的比较

项目	普通生物滤池	高负荷生物滤池	塔式生物滤池
表面负荷/[m^3/(m^2·d)]	0.9~3.7	9~36(包括回流)	16~97(不包括回流)
BOD$_5$ 负荷/[kg/(m^3·d)]	0.11~0.37	0.37~1.084	高达 4.8
深度/m	1.8~3.0	0.9~2.4	8~12 或更高
回流比	无	1~4	回流比较大
滤料	多用碎石等	多用塑料滤料	塑料滤料
比表面积/(m^2/m^3)	43~65	43~65	82~115
孔隙率/%	45~60	45~60	93~95
蝇	多	很少	很少
生物膜脱落情况	间歇	连续	连续
运行要求	简单	需要一定技术	需要一定技术
投配时间的间歇	不超过 5min	一般连续投配	连续投配
剩余污泥	黑色、高度氧化	棕色、未充分氧化	棕色、未充分氧化
处理出水	高度硝化,BOD$_5$≤20mg/L	未充分硝化,BOD$_5$≥30mg/L	未充分硝化 BOD$_5$≤30mg/L
BOD$_5$ 去除率/%	85~95	75~85	65~85

（3）设计

塔式生物滤池的个数应不少于 2 个，并按同时工作设计。

滤塔的总高度可按下式计算：

$$H_0 = H + h_1 + (m-1)h_2 + h_3 + h_4 \tag{4-35}$$

式中　H——滤料层总高，m；

　　　h_1——超高，常取 0.5m；

　　　h_2——滤层间距，m；

h_3——滤料底层与集水池最高水位的距离，m；

h_4——集水池最高水深，m；

m——滤料层数。

4.1.3.4　淹没式生物滤池

在淹没式生物滤池中，微生物主要在滤料表面以生物膜状态分布。污水的充氧方式有两种：一种是预先充氧曝气的污水浸没并流经全部滤料，污水中的污染底物与生物膜接触而得以净化；另一种是在池内设曝气装置，向池内供氧并起搅拌与混合作用。

（1）构造

淹没式生物滤池的主要池型及其构造如图 4-12 所示。主要有三种池型：一是底部进水、进气式，此为气水同向流的升流式，也可改造成顶部进水、底部出水、底部进气的气水异向流的降落式；二是侧部进气、上部进水式；三是采用表面曝气机充氧式。前两种方式较常用。

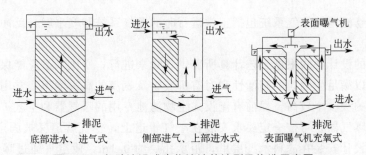

图 4-12　各种淹没式生物滤池的池型及构造示意图

在底部进水、进气式或底部进气、顶部进水式的淹没式生物滤池中，污水和空气都均匀、直流穿过滤料层，滤料直接受到水流和气流的搅动，加速了生物膜的脱落和更新，生物膜活性较高，不但利于污水中污染底物的净化，而且利于防止滤料层发生堵塞。一般对于底部进水、底部进气、顶部出水的淹没式生物滤池而言，池体包括配水区 1～1.5m、承托层 0.2～0.5m、滤料层 2.5～4.5m、清水区 1.0～1.5m、超高 0.5m 等，滤池总高度为 5.0～8.0m；顶部进水、底部进气淹没式生物滤池的池体包括底部布气层 0.6～0.7m、承托层 0.2～0.5m、滤料层 3.0～3.5m、进水区 0.5～0.6m、超高 0.5m 等，总高度约为 5.0～6.5m。

在侧部进气、上部进水式的淹没式生物滤池中，污水从滤料层上部进入滤池，空气从滤料床一侧进入，由于气流在池内的循环运动，带动部分水流在池内循环，不仅多次充氧，而且与料层的生物膜多次接触，有利于污染物质的降解。但由于气流未直接进入料床，因此气流和水流对滤料层的搅动、冲刷强度较弱，生物膜脱落和更新较慢。

在表面曝气机充氧式的淹没式生物滤池中，池外侧区域为滤料层，中间底部进水，在池顶部安装曝气装置，池中心为曝气区。利用水流形成循环运动，带动气流多次接触滤料表面的生物膜，提高污染物的净化效果，该方式较侧部进气、上部进水的淹没式滤池的水流循环更加均匀。

淹没式生物滤池主要由池体、滤料层、布气系统、进出水系统和排泥管道等组成。考虑到滤料层堵塞时进行冲洗的操作，还可布置反冲洗系统，包括反冲洗水和反冲洗气的管道布置。

1）滤料

淹没式生物滤池对滤料的要求主要有：

① 比表面积大、空隙率高、水流通畅、阻力小。

② 外观形状规则、尺寸均一、表面粗糙度大。由于微生物多带负电，滤料表面电位越高，生物附着性越强，而且微生物为亲水物质，因此亲水性滤料表面易于附着生物膜。

③ 生物和化学稳定性要求较强、经久耐用、不溶出有害物质、不产生二次污染。

按照滤料形状可分为波纹板、板状、网状、盾状、圆环辐射状、蜂窝状、束状、筒状、列管状以及不规则粒状等；按材质可分为塑料、玻璃钢、纤维、砂粒、碎石、无烟煤、焦炭、矿渣及瓷环等，其中玻璃钢或塑料滤料表面光滑，生物膜附着力差、易老化，实际使用中往往容易产生不同程度的滤料堵塞；波纹板、板状等滤料比表面积小、不易挂膜；虽然不规则粒状滤料的水流阻力大，但比表面积大，易于挂膜。

2）布气系统

淹没式生物滤池的布气系统包括正常运行时的曝气系统和气水联合反冲洗时的供气系统两部分。

曝气系统的设计必须根据工艺计算所需供气量来进行，所供气量应能保证提供滤池中足够的溶解氧以满足生物膜的高活性和对有机底物及氨氮的高去除率。常用的曝气形式为鼓风曝气，氧的吸收率较高。目前有淹没式生物滤池专用的曝气器和空气扩散装置，如单孔膜滤池专用曝气器，可按一定要求安装在空气管道上，空气管道又被固定在承托板上，曝气器一般都设计安装在滤料承托层里，距承托层约 0.1m，使空气通过曝气器并流过滤层时可达到 30% 以上的氧利用率。

淹没式生物滤池最简单的曝气装置为穿孔管，属大中气泡型，氧利用率较低，仅为 3%～4%，但优点是不易堵塞、造价低。穿孔管的孔眼直径一般为 5mm 左右，孔眼中心距为 10cm。

实际工程中，充氧曝气和反冲洗曝气可采用同一套布气管路，但由于充氧曝气的需气量比反冲洗时需气量小，因此配气不易均匀。为保持正常运行，最好将正常充氧曝气和反冲洗曝气的布气管分开，以满足各自供气的要求。

布气管可设在滤料层下部或一侧，穿孔管上孔眼应均匀布置，达到布气均匀地运行要求后，还应考虑滤料层发生堵塞时可适当加大气量或提高冲洗能力。利用表面曝气机曝气时，应考虑滤料层堵塞时可加大转速、加快循环回流以提高冲刷能力。

3）布水系统

对于升流式淹没式生物滤池，其进水装置可采用配水滤头或滤板，同时在底部设置配水室。配水室的作用是在滤池正常运行和反冲洗时使水在整个滤池截面上均匀分布，由位于滤池下部的缓冲配水区和承托滤板组成。在气水联合反冲洗时，缓冲配水区还可起到均匀配气作用，气垫层也在滤板下的区域中形成。

除了采用滤板和配水滤头的配水方式外，小型淹没式生物滤池也可采用穿孔管的配水方式（管式大阻力配水方式）。穿孔管配水装置由一根干管及若干支管组成，原水或反冲洗水由干管均匀进入各支管，干管的进口流速为 1.0～1.5m/s，支管的进口流速为 1.5～2.5m/s，支管间距为 0.2～0.3m，开孔比为 0.2%～0.25%，支管上有间距不等的布水孔，管上孔眼直径为 9～12mm，孔眼间距为 70～300cm 左右，水流喷出孔眼的流速一般为 2m/s。

4）出水系统

淹没式生物滤池的出水装置可选择周边出水堰式、单侧出水堰式或穿孔管出水。周边出水堰式更利于出水均匀，从而减轻对池内水流、气流的扰动。在大中型污水处理工程中，为方便工艺布置，常采用单侧出水堰式出水，并将出水堰设计为 60°的斜坡，以降低出水口处的水流流速。在出水堰口设置栅形稳流板，使反冲洗时有可能被带到出水口的滤料与稳流板碰撞，导致流速降低而沉降、沿斜坡下滑回落池中。

5）反冲洗系统

当淹没式生物滤池的滤料采用密集型滤料如粒状、圆环辐射状、蜂窝状等时，滤料上生物膜及其截留的颗粒与胶体污染物仅靠正常运行时水流和气流的冲刷不易脱落和更新，久而久之易造成滤料层堵塞，此时需采用反冲洗操作。对于滤料层空隙率较高的淹没式生物滤池，仅需定期采用水力反冲洗即可满足要求，但对于滤料层空隙率较低、滤料碎而密集的淹没式生物滤池，为提高反冲洗效果，需要采用气水联合反冲洗操作。

淹没式生物滤池的气水联合反冲洗系统常用滤板及固定其上的长柄滤头实现。常用的气水联合反冲洗操作为三段式气水反冲洗：首先降低滤池内的水位并单独气洗，而后采用气水联合反冲洗，最后采用单独水洗。另一种高效率的反冲洗方式为气水脉冲式反冲洗，可以是固定连续水冲流量、采用脉冲气冲方式，也可以固定连续气冲流量、采用脉冲水冲方式。研究表明，采用连续水冲、脉冲气冲的反冲洗方式较三段式气水联合反冲洗更高效、节能。反冲洗过程中必须掌握好冲洗强度和冲洗时间，既要达到使截留物质冲洗出滤池，又要避免对滤料过分冲刷，使生长在滤料表面的生物膜大量脱落而影响处理效果。

（2）设计

气水直流式的淹没式生物滤池在工程上应用较多，常采用不规则粒状滤料，有气水同向流形式，也有气水异向流形式，也称为曝气生物滤池。根据对滤池除碳（降解有机底物）和硝化效能的要求不同，分为除碳式淹没式生物滤池和硝化式淹没式生物滤池两种，不同效能淹没式生物滤池的设计和计算有差别。

1）除碳式淹没式生物滤池的设计

滤池的设计与计算内容包括滤料体积、滤池具体尺寸（包括滤料层横截面积、滤池高度）及布水、布气系统等。

① 滤料体积及滤池具体尺寸的计算

滤料体积的计算常采用有机底物容积去除负荷法，即利用 BOD 容积去除负荷 N_{rv} [kgBOD$_5$/（m^3 滤料·d)]计算滤料体积 V，可按下式计算：

$$V = \frac{Q(S_0 - S_e)}{N_{rv}} \tag{4-36}$$

式中　N_{rv}——BOD 容积去除负荷，kgBOD$_5$/（m^3 滤料·d）；

　　　S_0、S_e——滤池进、出水的 BOD 浓度，kg/m^3；

　　　Q——滤池进水流量，m^3/d。

根据国内工程实例，对于城市污水二级处理，N_{rv} 取值为 2～4kg BOD$_5$/（m^3 滤料·d），当要求出水 BOD$_5$ 浓度分别为 30mg/L 和 10mg/L 时，相应的 N_{rv} 取值分别为 4kg BOD$_5$/

(m^3 滤料 · d) 和 $\leqslant 2kg$ $BOD_5/(m^3$ 滤料 · d)；对于酿造污水，建议 N_{rv} 取值为 $3 \sim 5kg$ $BOD_5/$ (m^3 滤料 · d)。

确定滤料体积 V 后，根据滤料层高度 H 为 $2.5 \sim 4.5m$，可按下式计算滤料层的横截面积 A：

$$A = \frac{V}{H} \tag{4-37}$$

为避免单座滤池横截面积过大而增加反冲洗的供水、供气量，同时不利于布水、布气均匀，必须分格设计，但分格过多会造成单池面积过小，增加工程土建投资。对于中等规模的城市污水厂，一般单池横截面积 $a \leqslant 100m^2$。在确定滤料层总横截面积 A 后，单池横截面积 a 可按下式计算：

$$a = \frac{A}{n} \tag{4-38}$$

式中 n——分格数。

滤池总高度包括配水区 h_1、承托区 h_2、滤料层 H、清水区 h_3、超高 h_4 等，即滤池总高度为：

$$H_0 = H + h_1 + h_2 + h_3 + h_4 \tag{4-39}$$

污水流过滤料层的空塔时间 t_0 可按下式计算：

$$t_0 = \frac{V}{Q} = \frac{AH}{Q} \tag{4-40}$$

设滤料层的空隙率为 ε，则污水流过滤料层的实际停留时间为：

$$t = \varepsilon \times t_0 \tag{4-41}$$

② 供气系统的设计

供气系统的设计包括供气量计算和供气系统设计两部分，前者包括生物膜需氧量计算、滤池实际需氧量计算、供气量计算；后者包括空气扩散装置设计、空气管道设计、鼓风机选型及鼓风机房设计。

除碳式淹没式生物滤池中的生物膜需氧量 O_2 包括降解有机底物所需的氧量和微生物自身降解所需的氧量，可按下式计算：

$$O_2 = a'(S_0 - S_e) + b'P \tag{4-42}$$

式中 S_0、S_e——生物滤池进、出水的 BOD_5 值，kg/m^3；

a'——每千克 BOD_5 完全降解所需的氧量，kg/kg，对城市污水，此值取 1.46；

b'——单位质量活性生物膜的需氧量，一般约为 0.18kg/kg；

P——每立方米滤料上覆盖的生物膜量，kg/m^3 滤料。

有人提出，除碳式淹没式生物滤池的需氧量也可用下式计算：

$$O_2 = 0.82 \times \frac{Q(S_0 - S_e)}{QS_0} + 0.32 \frac{QC_0}{QS_0} \tag{4-43}$$

式中 O_2——降解单位质量 BOD 所需的氧量，kg/kg；

Q——滤池进水流量，m^3/d；

S_0——生物滤池进水的 BOD_5 浓度，kg/m^3；

S_e——生物滤池出水的 BOD_5 值，kg/m^3；

C_0——生物滤池进水的悬浮物浓度，kg/m^3。

在求定生物膜需氧量后，为进一步确定滤池的实际需氧气量，需进行水温、水压及氧的转移系数等修正，并进一步计算供气系统的供气量。

淹没式生物滤池的空气扩散装置常采用穿孔管或专用曝气器，选型时需考虑氧利用率 E_A 和动力效率 E_P 高、不易堵塞、构造简单、便于安装等因素，还要结合污水水质、地区条件和滤池水深等。

③ 配水系统的设计

曝气生物滤池的配水系统一般采用小阻力配水系统，多采用滤头、格栅式、平面孔式类型。

④ 反冲洗系统的设计

淹没式生物滤池中生物膜的厚度一般控制在 $300\sim400\mu m$，此时生物膜活性高，处理效果好。超过这一范围时，需要进行反冲洗操作。在生物膜不断增厚的过程中，滤料层内截留的颗粒物质和胶体物质的量也逐步增加，滤料层空隙逐步减小，污水通过滤料层的水头损失也逐步增大，严重时出现脱落生物膜或被截留物质穿透滤层的现象，表现为出水水质下降。滤料层水头损失增加和出水水质恶化皆可作为确定运行周期的依据，以判断是否采取反冲洗操作。实际工程中，对于大粒径滤料床，可以出水水质的恶化为判断依据，而对于小粒径滤料床（如粒径小于 5mm），则以滤料层水头损失的增加作为判断依据。

常用的反冲洗方式为气水联合反冲洗。根据工程经验，对于处理城市污水的除碳式淹没式生物滤池，其三段式气水联合反冲洗的反冲洗水速为 $15\sim25m/h$，反冲洗气速为 $60\sim80m/h$，运行周期为 $24\sim48h$。淹没式生物滤池的反冲洗在清除脱落生物膜和截留悬浮物的同时，要求不损伤生物膜，因此反冲洗气、水的强度或流速可取给水滤池相应参数的下限；反冲洗时间的长短以满足脱落生物膜或悬浮物脱离滤料层并不损伤生物膜为前提，一般为 $5\sim20min$。

淹没式生物滤池的运行周期与滤料的粒度、进水 SS、BOD 浓度、滤池有机负荷及污水水温等多种因素有关，对于除碳式滤池，由于进水为初沉池或水解池出水，有机底物浓度和负荷皆较高，因此生物膜增长和脱落速率快，进水悬浮物截留量较多，需频繁反冲洗，即运行周期短；对于硝化式滤池，如二级出水的硝化式滤池，有机碳含量低、异养菌受到抑制，而硝化菌本身生长速率较慢，因此生物膜增长和脱落较慢，不需要频繁反冲洗，即运行周期长。

⑤ 污泥产量计算

除碳式淹没式生物滤池中的污泥产量为去除 BOD 而增长的生物膜量和滤料层截留污水中悬浮物量之和，对于除碳滤池，由于进水有机底物浓度高，生物膜自身氧化量较少，因此可忽略不计。由滤料层所截留污水的悬浮物有一部分经水解后作为 BOD 被降解，其余部分被截留于滤料层中，最终截留于滤料层内、未被降解的悬浮物为所截留总量的 80% 左右。因此，除碳式淹没式生物滤池的污泥产量 ΔX 可按下式计算：

$$\Delta X = \alpha Q(S_0 - S_e) + Q(C_0 - C_e) \times 80\% \tag{4-44}$$

式中　ΔX——除碳式淹没式生物滤池的污泥产量，kg/d；

Q——除碳式淹没式生物滤池的进水流量，m^3/d；

S_0、S_e——除碳式淹没式生物滤池的进、出水 BOD 浓度，kg/m^3；

C_0、C_e——除碳式淹没式生物滤池的进、出水 SS 浓度，kg/m^3；

α——除碳式淹没式生物滤池去除每 kgBOD 的产泥量，可参照表 4-5 进行估算。

表 4-5　除碳式淹没式生物滤池产泥量 Δ*X* 的工程参考值

N_v/[kgBOD/(m³·d)]	1.0	1.5	2.0	2.5	3.0	6.6	3.9
Δ*X*/(kgVSS/kgBOD)	0.18	0.37	0.45	0.52	0.58	0.70	0.75

2）硝化式淹没式生物滤池的设计

硝化式淹没式生物滤池主要用于对常规二级除碳生物处理出水中的氨氮进行硝化处理，常规二级除碳生物处理工艺可以是常规活性污泥过程，也可以是除碳式淹没式生物滤池。

① 滤料体积及滤池具体尺寸的计算

硝化式淹没式生物滤池的滤料体积可用氨氮的表面去除负荷 q_{NH_3-N}［gNH$_3$-N/(m² 滤料·d)］作为计算标准，滤料的表面积是指滤料与污水接触的总面积 S，而非滤料层的横截面积 A。q_{NH_3-N} 值的选定与污水中氨氮浓度、污水温度、供氧量和滤池水力负荷有关。在出水氨氮浓度＜2mg/L、水温 $T=10℃$ 时，完全硝化淹没式生物滤池适宜的氨氮表面负荷 q_{NH_3-N} 为 0.4 g NH$_3$-N/（m² 滤料·d）；在一般滤料（如塑料滤料）中，水温 $T=10\sim20℃$ 时，适宜的氨氮表面负荷 q_{NH_3-N} 为 0.5～1.0 g NH$_3$-N/(m² 滤料·d)。

确定了 q_{NH_3-N} 后，可求出所有滤料的总表面积为：

$$S=\frac{Q(N_0-N_e)}{q_{NH_3-N}} \tag{4-45}$$

式中　S——所有滤料的总表面积，m²；

　　　　Q——滤池进水量，m³/d；

N_0、N_e——进、出水中的氨氮浓度，mgNH$_3$-N/L；

　q_{NH_3-N}——氨氮表面负荷，g NH$_3$-N/(m² 滤料·d)。

所需滤料体积 V 可按下式计算：

$$V=\frac{S}{S'} \tag{4-46}$$

式中　V——所需滤料体积，m³；

　　　　S'——单位体积滤料的表面积，m²/m³ 滤料。

计算出滤料体积 V 后，选定滤料层高度 H 为 2.5～4.5m，则可按下式计算滤料层的横截面积 A：

$$A=\frac{V}{H} \tag{4-47}$$

若滤料层横截面积过大，则应考虑分格，单格滤料层的横截面积为：

$$a=\frac{A}{n} \tag{4-48}$$

硝化式淹没式生物滤池总高度的计算与除碳式淹没式生物滤池的相同。

② 供气量的计算

在硝化式滤池中，微生物的需氧量 O$_2$ 包括降解有机物所需的氧量和硝化所需的氧量两部分：

$$O_2=Q(S_0-S_e)+4.6Q(N_0-N_e) \tag{4-49}$$

式中　O_2——硝化式淹没式生物滤池的微生物需氧量，kgO$_2$/d；

Q——硝化式淹没式生物滤池的进水流量，m^3/d；

S_0、S_e——硝化式淹没式生物滤池进、出水的 BOD_5 浓度，kg/m^3；

N_0、N_e——硝化式淹没式生物滤池进、出水的氨氮浓度，$kgNH_3\text{-}N/L$。

硝化式淹没式生物滤池的实际需氧量、供气量和供气系统的设计与除碳式淹没式生物滤池相同。

③ 硝化式淹没式生物滤池需碱量的计算

由于硝化过程消耗碱度，使系统的 pH 值下降，所以当系统中碱度不足时，需要人为补充以促进硝化反应的顺利进行。

硝化式淹没式生物滤池的配水系统、出水系统、反冲洗系统等的设计均与除碳式淹没式生物滤池相同。

4.2　好氧生物转盘工艺与设备

生物转盘工艺是生物膜法的一种，是在生物滤池的基础上发展起来的，有时又称为转盘式生物滤池，具有能耗较低、处理效果较好等优点。

4.2.1　技术原理

在生物转盘工艺中，污水处于半静止状态，微生物附着生长在转盘的盘面上。转盘 40% 的面积浸没在污水中，盘面低速转动。盘面上生物膜的厚度与污水浓度、性质及转速有关，一般为 $0.1\sim0.5mm$。

生物转盘的主要组成单元有盘体、接触反应槽、转动轴与驱动装置等。其净化机理如图 4-13 所示。

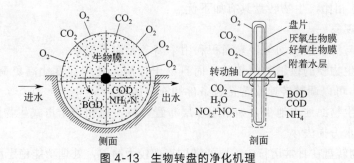

图 4-13　生物转盘的净化机理

(1) 盘体

盘体由在一根轴上固定的许多间距很小的圆形或多角形盘片组成。盘片用塑料板、玻璃钢、铝合金或其他材料制成，有平板、凹凸板、波形板、蜂窝、网状板等。盘片厚度为 $0.5\sim1.5mm$，直径为 $2\sim5m$。盘片之间的净距为：进水段 $25\sim35mm$，出水段 $10\sim20mm$。

(2) 接触反应槽

接触反应槽为平面形状呈矩形、断面形状呈半圆形的水槽。槽两边设有进出水设备，槽底设有排泥的排泥管。大型接触反应槽一般用钢筋混凝土浇制，中小型接触反应槽可用钢板焊制。盘片与反应槽表面的净距不得小于 0.15m，转盘浸没率为 20%～40%。槽容积与盘面积的比值约为 5～9m³/m²（或 m）。

（3）转动轴

转动轴一般采用实心钢轴或无缝钢管等，轴长控制在 5～7m 之间。轴中心与水面的距离不得小于 0.15m。转盘转速为 0.8～3r/min，转盘周速为 15～18m/min。

（4）驱动装置

驱动装置分电力-机械传动、空气传动和水力传动等。多采用电力-机械传动，由电机、减速箱、V 型皮带等组成。空气驱动转盘是在转盘外缘设抽屉状接气盒，槽内鼓风，空气进入接气盒推动转盘。

与活性污泥法相比，生物转盘具有如下优点：

① 操作管理简便，无污泥膨胀及泡沫现象，生产上易于控制。

② 生物转盘具有生物膜法的特点，即生物量较多，对污水的净化效率高，且对污水水质、水量的适应性较强，多级串联生物转盘工艺的出水水质较好。生物膜上由各种微生物组成的食物链较长，剩余污泥产量较少，转盘污泥产率通常为 0.25～0.5kg/kgBOD$_5$（去除），仅为活性污泥法的 1/2 左右。污泥含水率低，沉淀速率快，可达 4.6～7.6m/h。

③ 设备构造简单，无通风、污泥回流及曝气设备，运转费用低，一般电耗为 0.024～0.4kWh/kgBOD$_5$，约为活性污泥法的 1/2～1/3。

④ 反应槽内生物量大，达 194g/m²，可处理高浓度污水，耐冲击能力强。

⑤ 反应槽内停留时间短，一般在 1～1.5h，处理效率高，BOD$_5$ 的去除率一般可达 90%。

⑥ 可采用多层多级布置，占地少。

⑦ 可实现脱氮。

与生物滤池相比，生物转盘具有如下优点：

① 无堵塞现象。

② 生物膜与污水接触均匀，盘面积利用率高，无沟流现象。

③ 污水与生物膜的接触时间较长，而且易于控制，处理程度比高负荷生物滤池和塔式生物滤池高，可以调整转速改善接触条件和充氧能力。

④ 比普通生物滤池占地少，如采用多层布置，其占地相当于塔式生物滤池。

⑤ 系统的水力损失小。

另外，生物转盘在日常运行中需要的维护管理较为简单，处理功能稳定可靠，无需人工供氧，整个厂区噪音小；生物膜较长时间处于淹没状态，不会出现生物滤池中常见的灰蝇。

生物转盘的缺点是：转盘材料较贵，投资大，仅适用于小水量低浓度的污水处理；盘片暴露在空气中，受气候影响较大，需加盖防风，有时还需保暖；转盘直径受材质影响，不能很大，为了供证供氧效果，还需有约 60% 的盘片面积处在水面上，导致池水深度较浅，因此占地面积大，基建投资较高。

4.2.2 工艺过程

生物转盘工艺的基本工艺流程如图 4-14 所示。实际运行中可以有多种变化，既可单独以生物转盘为主体组成污水处理工艺，也可与其他工艺形成组合工艺。

（1）以去除 BOD 为主要目标的工艺流程

以去除 BOD 为主要目标的生物转盘工艺与活性污泥法相同，但不需要污泥回流，如图 4-15 所示。生物转盘可与初次沉淀池、二次沉淀池合建（上层为转盘，下层为沉淀），在曝气池中增设转盘，使一池多用，以提高处理水质，如图 4-16 所示。

图 4-14　生物转盘的基本工艺流程图

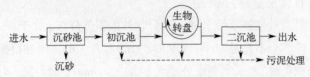

图 4-15　以去除 BOD 为主要目标的生物转盘工艺

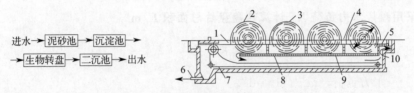

图 4-16　与沉淀池共建的生物转盘

1—水面；2—转盘；3—防护罩；4—隔板；5—进水；6—污泥；7—刮泥机；8—沉淀区域；9—新设底板；10—出水槽

（2）以深度处理（去除 BOD、硝化、除磷、脱氮）为目标的工艺流程

以深度处理为目的的生物转盘工艺流程如图 4-17 所示。其实质是多级生物转盘串联，在对污水去除 BOD 的同时进行脱氮降磷，实现深度处理。

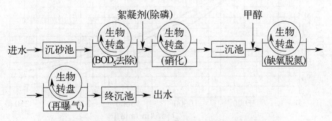

图 4-17　以深度处理为目标的生物转盘工艺

4.2.3　过程设备

好氧生物转盘工艺的主要设备是生物转盘和接触反应槽，其设计计算主要包括转盘盘片总面积计算，以此为基础确定盘片总片数、接触反应槽总容积、转轴长度及污水在接触反应槽内的停留时间等。

（1）盘片总面积 F（m^2）

转盘盘片的总面积通常采用 BOD 盘片面积负荷 N_A 或盘片面积水力负荷 N_q 为计算标准。N_A 指单位盘片表面积在 1d 内能接受的、并使转盘达到预期处理效果的 BOD 量，以 $gBOD_5/(m^2 \cdot d)$ 表示；N_q 是指单位盘片表面积在 1d 内能接受的、并使转盘达到预期处理效果的污水流量，以 $m^3/(m^2 \cdot d)$ 表示。

（2）采用 BOD 盘片面积负荷 N_A 计算转盘盘片总面积 F（m^2）为：

$$F = \frac{Q(S_0 - S_e)}{N_A} \tag{4-50}$$

式中　N_A——盘面负荷，$gBOD_5/(m^2 \cdot d)$；

　　　　S_0——进水的 BOD_5 浓度，mg/L；

　　　　S_e——出水的 BOD_5 浓度，mg/L；

　　　　Q——平均日污水流量，m^3/d。

研究表明，生物转盘处理城市污水时，BOD 盘片面积负荷 N_A 介于 $5\sim20g\ BOD_5/(m^2$ 盘片 $\cdot d)$，而首级转盘的 N_A 不超过 $40\sim50gBOD_5/(m^2$ 盘片 $\cdot d)$。国外根据处理出水的水质要求确定 BOD_5 盘片面积负荷 N_A，当要求处理水 $BOD_5 \leqslant 60mg/L$ 时，N_A 为 $20\sim40gBOD_5/(m^2$ 盘片 $\cdot d)$，当处理水 $BOD_5 \leqslant 30mg/L$ 时，N_A 为 $10\sim20gBOD_5/(m^2$ 盘片 $\cdot d)$。

（3）采用盘片水力负荷 N_q 计算转盘盘片总面积 F/m^2

$$F = \frac{Q}{N_q} \tag{4-51}$$

式中　N_q——水力负荷，$m^3/(m^2 \cdot d)$。

盘片的水力负荷 N_q 取决于污水的 BOD 值，不同浓度城市污水单位流量所需盘片面积见图 4-18。对一般城市污水而言，N_q 为 $0.08\sim0.2m^3/(m^2$ 盘片 $\cdot d)$。

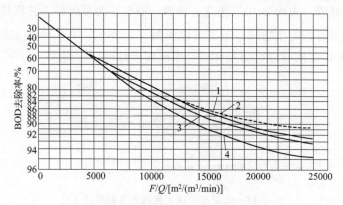

图 4-18　城市污水单位流量所需盘片面积与 BOD 去除率的关系
1—进水 BOD80mg/L；2—进水 BOD150mg/L；3—进水 BOD300mg/L；4—进水 BOD500mg/L

（4）转盘总盘片数 m/片

在确定转盘盘片总面积 F 后，根据盘片直径的选择范围（$2.0\sim3.6m$，最大不超过 $5m$）选定直径 D，则转盘总片数 m 为：

$$m = \frac{F}{2a} = \frac{A}{2 \times \frac{\pi}{4}D^2} = 0.637\frac{F}{D^2} \tag{4-52}$$

式中　D——盘片直径，m；

　　　　2——盘片双面均为有效面积；

　　　　a——单片盘片的单面表面积。

(5) 每组转盘的盘片数 m_1

假定采用 n 级（台）转盘，则每级（台）转盘的盘片数 m_1（个）为：

$$m_1 = \frac{m}{n} \qquad (4\text{-}53)$$

式中　n——转盘组数。

(6) 每组转轴的有效长度（反应槽有效长度）L

由 m_1 可求定每级（台）转盘的转轴长度 L（m）为：

$$L = m_1(a+b)K \qquad (4\text{-}54)$$

式中　a——盘片厚度，m，与盘片材料有关，一般取 $0.001 \sim 0.003$m；

　　　b——盘片净距，m，一般取 0.02m；

　　　K——考虑污水流动的循环沟道的系数，一般 $K = 1.2$。

(7) 接触反应槽的有效容积 W

接触反应槽的容积与其断面形状有关，采用半圆形接触反应槽时，其总有效容积 W（m^3）为：

$$W = \alpha(D+2c)^2 L \qquad (4\text{-}55)$$

式中　α——系数，取决于转轴中心距水面高度 r（一般为 $0.15 \sim 0.30$m）与盘片直径 D 之比。当 $r/D = 0.1$ 时，α 取 0.294，当 $r/D = 0.06$ 时，α 取 0.335。

　　　c——转盘盘片边缘与接触反应槽内壁之间的净距，m。

(8) 单个反应槽的净有效容积 W'（m^3）

$$W' = \alpha(D+2c)^2(L - m_1 a) \qquad (4\text{-}56)$$

(9) 每个反应槽的有效宽度 B（m）

$$B = D + 2c \qquad (4\text{-}57)$$

(10) 污水停留时间 t（h）

确定接触反应槽的容积 W' 后，一定流量 Q 的污水在接触反应槽内的停留时间可按下式计算：

$$t = \frac{W'}{Q_1} \qquad (4\text{-}58)$$

式中　t——污水停留时间，h，一般 $t = 0.25 \sim 2$h；

　　　Q_1——单个接触反应槽的流量，m^3/d。

(11) 转盘转速 n_0（r/min）

转盘转速以不超过 20m/min 为宜，但也不能太低，否则水力负荷较大，接触反应槽内污水得不到完全混合。最小转盘转速 n_0（r/min）可按下式计算：

$$n_0 = \frac{6.37}{D}\left(0.9 - \frac{W}{Q_1}\right) \qquad (4\text{-}59)$$

式中　Q_1——每个反应槽的污水流量，m^3/d。

(12) 电机功率 N_p（kW）

$$N_p = \frac{3.85 R^4 n_0^2}{b \times 10^{12}} m_0 \alpha \beta \qquad (4\text{-}60)$$

式中　　R——转盘半径，m；

　　　　m_0——一根转轴上的盘片数；

　　　　α——同一电机带动的转轴数；

　　　　β——生物膜厚度系数，当膜厚分别为 $0\sim1$mm、$1\sim2$mm、$2\sim3$mm 时，β 分别为 2、3、4。

　　生活污水因水质比较稳定，常用水力负荷设计，单位流量所需盘面积见图 4-18。对于工业污水，则常用盘面有机物去除负荷设计。图 4-19 表示 BOD 负荷与 BOD 降解量的关系，图 4-20 表示不同进水浓度下 BOD 负荷与出水 BOD 浓度的关系，可供参考。

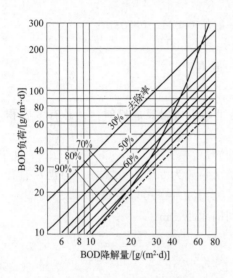

图 4-19　BOD 负荷与 BOD 降解量的关系

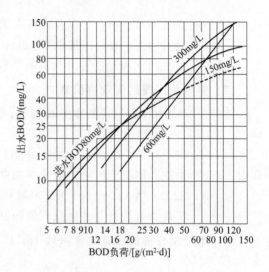

图 4-20　出水 BOD 与 BOD 负荷的关系

4.3　好氧生物接触氧化工艺与设备

　　好氧生物接触氧化是一种介于好氧活性污泥法与好氧生物滤池之间的好氧生物膜法处理工艺，其工艺流程与活性污泥法工艺相近，即在接触氧化池中也需要从外界通过人工手段为池中的微生物提供氧气。同时，该工艺流程也与生物滤池工艺相近，即在生物反应池中还装有供微生物附着生长的固体状填料物质，在生物反应池中起净化作用的主要是附着生长在填料上的微生物。

4.3.1　技术原理

　　好氧生物接触氧化池的曝气池内设有填料，采用人工曝气，部分微生物以生物膜的形式附着生长于填料表面，另有部分则絮凝悬浮生长于水中，因此它兼有活性污泥法与生物膜法二者的特点。

（1）工艺方面的特征

　　好氧生物接触氧化工艺多采用比表面积大、空隙率高、水流通畅的生物填料，填料表面全部为生物膜所布满，形成了生物膜的主体结构。加上充足的有机物和溶解氧，适于微生物栖息增殖，因此生物膜上的生物种类很丰富，除细菌和多种属的原生动物和后生动物外，还有氧化能力很强的球衣菌属丝状菌，在生物膜上能够形成稳定的生态系统和食物链。丝状菌的大量滋生，形成一个呈立体结构的密集的生物网，污水在其中通过时能够有效的提高净化效果，而无污泥膨胀现象发生。

由于进行曝气，生物膜表面不断接受曝气吹脱，有利于保持生物膜的活性，抑制厌氧膜的增殖，保持较高浓度的活性生物量，也利于提高氧的利用率。根据有关资料，填料表面的活性生物膜量可达 $125g/m^2$，折算成生物量浓度则为 13gMLSS/L。因此，生物接触氧化法能够接受较高的有机负荷，处理效率较高，有利于减小反应池容积和占地面积。

（2）运行方面的特征

对冲击负荷有较强的适应能力，在间歇运行条件下仍能够保持良好的处理效果，对排水不均匀的企业，更具有实际意义；操作简单，运行方便，易于维护管理，无需污泥回流，不产生污泥膨胀现象；污泥生成量少，污泥颗粒较大，易于沉淀。

（3）功能方面的特征

好氧生物接触氧化处理技术具有多种净化功能，除有效去除有机污染物外，还能用于脱氮和除磷，因此可作为三级处理技术。主要缺点是：如设计或运行不当，填料可能被堵塞；布水、曝气不易均匀，可能在局部部位出现死角。

生物接触氧化法与生物滤池、活性污泥法主要运行参数的比较见表 4-6。

表 4-6　三种处理工艺主要运行参数的比较

处理工艺	生物量/(g/L)	容积负荷/[kgBOD₅/(m³·d)]	水力停留时间/h	BOD₅ 去除率水温/%	污水种类
生物接触氧化法	10～20	3.0～6.0	0.5～1.5	80～90	城市污水
生物接触氧化法	10～20	1.5～3.0	1.5～3.0	80～90	印染污水
高负荷生物滤池	0.7～7.0	1.2	—	75～90	城市污水
塔式生物滤池	0.7～7.0	1.0～3.0	—	60～85	城市污水
普通活性污泥法	1.5～3.0	0.4～0.9	4～12	85～95	城市污水

4.3.2　工艺过程

好氧生物接触氧化工艺的基本流程如图 4-21 所示，一般氧化池前要设初次沉淀池，以去除悬浮物，减轻生物接触氧化池的负荷。氧化池后则设二次沉淀池，以去除出水中挟带的生物膜，保证系统出水水质。实际应用的生物接触氧化工艺可以分为一段法处理工艺、二段法处理工艺、多段法处理工艺和推流法处理工艺，各有其特点和适用条件。

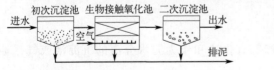

图 4-21　好氧生物接触氧化工艺的基本流程

图 4-22　一段法处理工艺

（1）一段法

一段法处理工艺的流程如图 4-22 所示，污水经初次沉淀池预处理后进入接触氧化池，经二次沉淀池进行泥水分离后作为处理水排放。接触氧化池的流态为完全混合型，微生物处于对数增殖期和减衰增殖期的前段，生物膜增长较快，有机物降解速率也较高。一段法处理工艺流程简单，操作管理方便，投资较省。

（2）二段法

二段法处理工艺的流程如图 4-23 所示。每座接触氧化池的流态都属完全混合型，而结合在一起后总体流态又呈推流式。一段接触氧化池内 F/M 值应高于 2.1，微生物增殖不受污水中营养物质的含量所制约，处于对数增殖期，BOD 负荷率也高，生物膜增长较为迅速。二段接触氧化池内 F/M 值一般为 0.5 左右，微生物增殖处于减衰增殖期或内源呼吸期，BOD 负荷率降低，处理水水质提高。二段法处理工艺更能适应进水水质的变化，使出水水质趋于稳定。

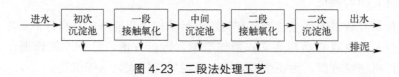

图 4-23　二段法处理工艺

（3）多段法

多段法处理工艺是由三级或者三级以上的生物接触氧化池组成的系统，如图 4-24 所示。系统从总体来看其流态可视为推流，但每座接触氧化池的流态又属于完全混合式。由于设置了多段接触氧化池，在各池间明显形成有机污染物的浓度差，在每池内生长繁殖着在生理功能上适应于该池污水水质条件的微生物群落，产生微生物分级现象，有利于提高处理效果，能够获得稳定的处理水质。

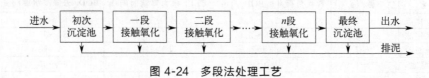

图 4-24　多段法处理工艺

（4）推流法

推流法处理工艺就是将一座生物接触氧化池内部分格，按推流方式运行，如图 4-25 所示。氧化池分格可使每格微生物与负荷条件相适应，有利于微生物分级，提高处理效率。推流法处理工艺可以采用共用墙进行分格，结构紧凑，节省投资，维护运行方便，这种方式是实际应用中采用较多的一种。

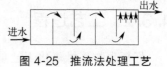

图 4-25　推流法处理工艺

4.3.3　过程设备

好氧生物接触氧化工艺的主要设备是接触氧化池和作为泥水分离的沉淀池或气浮池，其中接触氧化池是最为主要的。

（1）构造

生物接触氧化池由池体、填料及支架、布气装置、进出水装置及排泥管道等组成，图 4-26 所示是其基本构造，图 4-27 所示为各种常用布置形式。

1）池体

生物接触氧化池的池体在平面上多呈圆形和矩形或方形，一般用钢板或钢筋混凝土制

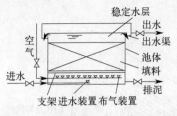

图 4-26　接触氧化池的基本构造

成。各部位的尺寸为：池内填料高度为 $3.0 \sim 3.5 \text{m}$，分 3 层安装；底部布气层高为 $0.5 \sim 0.7 \text{m}$；填料上部稳定水层高为 $0.5 \sim 0.6 \text{m}$，总高约为 $4.5 \sim 5.0 \text{m}$。

2）填料

生物接触氧化池中的填料是微生物的载体，其特性对接触氧化池中生物固体量、氧的利用率、水流条件和污水与生物膜的接触情况等起着重要作用，是影响生物接触氧化池处理效果的重要因素。

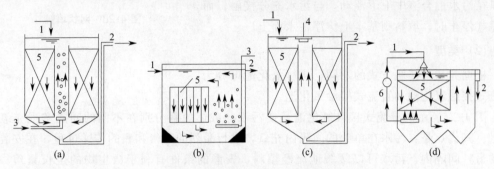

图 4-27　几种形式的接触氧化池

1—进水管；2—出水管；3—进气管；4—叶轮；5—填料；6—泵

填料的种类很多，在形状方面可分为蜂窝状、束状、筒状、列管状、波纹状、板状、网状、盾状、球状、圆环辐射状和不规则粒状等；按性状分有硬性、半软性、软性等；按材质分则为塑料、玻璃钢、纤维等。生物接触氧化池中常用的填料主要有：

硬性填料：由玻璃钢或塑料等加工制成的波纹板或蜂窝状固体填料，见表 4-7。

表 4-7　蜂窝型玻璃钢填料规格

孔径/mm	质量/(kg/m³)	壁厚/mm	比表面积/(m²/m³)	孔隙率/%	块体规格/mm	适用进水 BOD₅/(mg/L)
19	40~42	0.2	208	98.4	700×500×5~2000	<100
25	31~33	0.2	158	98.7	800×800×230	100~200
32	24~26	0.2	139	98.9	1000×500×5~900	200~300
36	23~25	0.2	110	99.1	800×500×200	300~400

软性填料：由尼龙、维纶、腈纶、涤纶等化学纤维编制而成，又称纤维填料，其规格见表 4-8。

表 4-8　纤维软填料规格

项目	型号					
	A3	B3	C3	D3	E3	F3
纤维束长度/mm	80	100	120	140	160	180
束间距离/mm	30	40	50	60	70	80
安装间距/mm	60	80	100	120	140	160
纤维束量/(束/m³)	9259	3906	2000	1157	729	488
单位密度/(kg/m³)	14~16	8.5~10	6~7	3.5~4	3~3.5	2.5~3
成膜后密度/(kg/m³)	266	137	78	58	45	32
孔隙率/%	>99	>99	>99	>99	>99	>99
理论比表面积/(m²/m³)	11188	6954	4273	2884	2270	1564

半软性填料：在软性填料的基础上，以硬性塑料片代替其中的纤维丝形成的复合式填料称为半软性填料，图 4-28 所示的网状填料就是半软性填料的一种。

上述填料在应用过程中都需要在池内安装填料支架，这给运行管理、曝气设备的检修与维护等带来了很大的不便。球状悬浮型填料用相对密度略小于 1 的塑料制成，可完全悬浮在接触氧化池中，无需填料支架，在曝气充氧过程中填料及其上附着生长的生物膜可以在污水混合液中上下浮动，与污水充分接触，而当曝气停止时，填料则基本上漂浮在水面上。

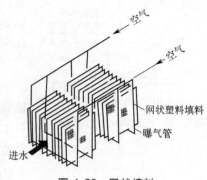

图 4-28　网状填料

（2）类型

根据充氧与接触方式的不同，接触氧化池可分为分流式接触氧化池和直流式接触氧化池。

图 4-29 所示的分流式接触氧化池是使污水与载体填料分别在不同的间隔实现充氧和接触。其优点是：污水在单独的间隔内充氧，进行激烈的曝气和氧的传递过程，在安装填料的另一间隔内，污水可以缓缓地流经填料，安静的条件有利于微生物的生长繁殖。此外，污水反复通过充氧、接触两个过程进行循环，水中的氧比较充足。但缺点是填料间水流缓慢，水力冲击小，生物膜只能自行脱落，更新速率慢，且易于堵塞。因此，在 BOD 负荷较高的二级污水处理中一般较少采用。

在图 4-30 所示的直流式接触氧化池中，直接在填料底部进行鼓风充氧。其优点是：在填料下直接布气，生物膜直接受到气流的搅动，加速了生物膜的更新，使其经常保持较高的活性，而且能够克服堵塞的现象。另外，上升气流不断地撞击填料，使气泡破裂，直径减小，增加了接触面积，提高了氧的转移效率，降低了能耗。

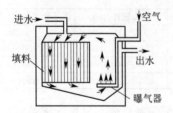

图 4-29　分流式接触氧化池

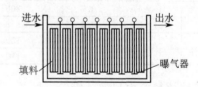

图 4-30　直流式接触氧化池

（3）设计计算

1）设计依据

进行生物接触氧化池设计时，应综合考虑以下因素：

① 平均日污水量。

② 池座数一般不应少于两座，并按同时工作考虑。

③ 填料层总高度一般取 3m，当采用蜂窝填料时，应分层装填，每层高 1m。

④ 池中污水的溶解氧含量一般应维持在 $2.5 \sim 3.5 mg/L$ 之间，气水比约为 $(15 \sim 20) : 1$。

⑤ 为了保证布水、布气均匀，每格池面积一般应在 $25 m^2$ 以内。

⑥ 污水在池内的有效接触时间不得少于 2h。

2）接触氧化池的填料体积

接触氧化池的填料体积可按 BOD-容积负荷率计算，也可按接触时间计算。大多是采用 BOD-容积负荷率。

① 填料总有效容积

生物接触氧化池的填料总有效容积按下式计算

$$W=\frac{QS_0}{N_w}\qquad(4\text{-}61)$$

式中　W——填料的总有效容积，m^3；

　　Q——平均污水量，m^3/d；

　　S_0——原污水 BOD_5 值，g/m^3 或 mg/L；

　　N_w——BOD 容积负荷率，$gBOD_5/(m^3 \cdot d)$。

② 接触氧化池的总面积

$$A=\frac{W}{H}\qquad(4\text{-}62)$$

式中　A——接触氧化池总面积，m^2；

　　H——填料层高度，m，一般取 3m。

③ 接触氧化池的座（格）数

$$n=\frac{A}{f}\qquad(4\text{-}63)$$

式中　n——接触氧化池的座（格）数，一般 $n \geq 2$；

　　f——每座（格）接触氧化池的面积，m^2，一般 $f \leq 25m^2$。

④ 污水与填料的接触时间

$$t=\frac{nfH}{Q}\qquad(4\text{-}64)$$

式中　t——污水在填料层内的接触时间，h。

⑤ 接触氧化池的总高度

$$H_0=H+h_1+h_2+(m-1)h_3+h_4\qquad(4\text{-}65)$$

式中　H_0——接触氧化池的总高度，m；

　　h_1——超高，m，$h_1=0.5\sim1.0m$；

　　h_2——填料上部的稳定水层深，m，$h_2=0.4\sim0.5m$；

　　h_3——填料层间隙高度，m，$h_3=0.2\sim0.3m$；

　　m——填料层数；

　　h_4——配水区高度，m，当考虑需要入内检修时，$h_4=1.5m$；当不需要入内检修时，$h_4=0.5m$。

3）接触反应时间

生物接触氧化过程是微生物反应，BOD 去除速率与 BOD 浓度有关，两者之间呈一级反应关系：

$$\frac{dS}{dt}=-kS\qquad(4\text{-}66)$$

两侧积分后，得

$$t = K \ln \frac{S_0}{S_e} \tag{4-67}$$

式中　t——接触反应时间，h；

　　　S_0——原污水 BOD 值，mg/L；

　　　S_e——处理水 BOD 值，mg/L；

　k、K——比例常数。

从式(4-67)可以看出，接触反应时间与原污水水质呈正比关系，与处理水水质呈反比关系，即对处理水质要求越高（S_e 值越低），所需的接触反应时间越长。

对于 K 值，许多专家根据对生物接触氧化过程的研究结果，提出了下列经验公式

$$K = 0.33 \times S_0^{0.46} \tag{4-68}$$

还要考虑这样一个因素，即在接触氧化池内填料的标准充填率为池容积的 75%，而实际的充填率为 $P\%$，于是式(4-68)可改写为：

$$K = 0.33 \times \frac{P}{75} \times S_0^{0.46} \tag{4-69}$$

而式(4-67)则可改写为：

$$t = 0.33 \times \frac{P}{75} \times S_0^{0.46} \times \ln \frac{S_0}{S_e} \tag{4-70}$$

4.4　好氧生物流化床工艺与设备

与生物滤池、生物转盘、生物接触氧化等工艺一样，好氧生物流化床也是一种生物膜法处理工艺。

4.4.1　技术原理

在好氧生物流化床反应器中，微生物附着生长的载体是粒径较小、相对密度大于 1 的惰性颗粒如砂、焦炭、陶粒、活性炭等。污水以一定流速通过载体床层时，不同的上升流速会对载体床层产生不同的作用效果。上升流速较小时，载体床层处在静止不动的固定状态，载体床层的高度基本保持不变，称为固定床。当上升流速增大到一定程度后，载体颗粒间的相对位置将会略有变化，载体床层开始发生膨胀的现象，但就单个载体颗粒来说，仍基本处于固定状态，相邻载体颗粒之间仍保持相互接触，载体颗粒还不能流动，此时被称为膨胀床。当上升流速继续增大，载体颗粒之间的平衡被打破，不再保持相互接触，整个载体床层将会发生流动，此时就被称为流化床。污水中的污染物通过与载体表面生长的生物膜相接触而被除去，从而实现了污水的净化。上升流速继续增大，就有可能使载体随出水而被带出反应器，此时就会发生水力输送现象，在水处理工艺中，这种床又被称为"移动床"或"流动床"。

根据流体力学原理，固定床与流化床的临界流化速率 u_c 就是床层压力降与载体质量平衡时的流速，即：

$$u_c = \frac{1}{2\lambda} \left[\frac{g d_e^2 (\rho_s - \rho)}{\mu} \right] \tag{4-71}$$

式中　u_c——空床线速率，cm/s；

λ——流体摩擦系数，与载体颗粒形状、流化孔隙率有关；

ρ_s、ρ——载体与水的密度，g/cm³；

d_e——颗粒平均当量直径，cm；

μ——流体黏度，g/（cm·s）；

g——重力加速度，cm/s²。

当雷诺数（$Re = \dfrac{u_t d_e \rho}{\mu}$）在 1～500 范围内时，单颗粒的自由沉降速率，即最大流化速率 u_t，可用下式计算：

$$u_t = \left[\frac{4(\rho_s - \rho)^2 g^2}{225\rho\mu}\right]d_e \qquad (4\text{-}72)$$

生物膜的密度与载体的密度相比是很小的，其湿润相对密度为 1～1.03。带生物膜后的载体颗粒密度和直径都发生了变化，在计算流化速率时应以实际值代入。带生物膜的载体颗粒密度 ρ_{sm} 可用下式计算：

$$\rho_{sm} = \left(\frac{d_e}{d_{em}}\right)^3 \rho_s + \left[1 + \left(\frac{d_e}{d_{em}}\right)^3\right]\rho_{mw} \qquad (4\text{-}73)$$

式中　d_{em}——带生物膜的载体颗粒直径，cm；

ρ_{mw}——生物膜的湿润相对密度，g/cm³，一般为 1.0～1.03g/cm³。

流化床中带生物膜载体颗粒的临界流化速率 u_c 和最大流化速率 u_t，可将 d_{em} 和 ρ_{mw} 代入式(4-71) 求得。设计流化速率在临界值与最大值之间选取。

流化床中载体的膨胀率可定义为：

$$e = \frac{L_e}{L} = \frac{1 - \varepsilon_e}{1 - \varepsilon} \qquad (4\text{-}74)$$

式中　L、L_e——膨胀前后的载体层高度；

ε、ε_e——填充层和膨胀层的孔隙率。

流化时，膨胀层的孔隙率 ε_e 与空床线速率有关，可由相关资料查得不同粒径载体颗粒对应流化速率的膨胀率后，由上式推算 ε_e。

流化床中的微生物浓度 X 可用下式计算。

$$X = \rho_{mw}(1 - \varepsilon)\left[1 - \left(\frac{d_e}{d_{em}}\right)^2\right] \qquad (4\text{-}75)$$

式中　X——单位润湿体积生物膜的干重，kgVSS/m³。

4.4.2　工艺过程

根据供氧方式、脱膜方式及床体结构，好氧生物流化床可分为两相生物流化床和三相生物流化床。

(1) 两相生物流化床

两相生物流化床是指其反应器内仅存在液相（污水）和固相（带有生物膜的载体颗粒）两相，曝气充氧和脱膜都由在主体反应器之外的设备完成和实现，其工艺流程如图 4-31 所示。

其特点是在生物流化床的主体反应器之外独立设置曝气充氧装置和脱膜装置,在主体反应器内只有固相(带有生物膜的载体颗粒)和液相(含有溶解氧的污水)两相。污水和回流水在充氧设备中与纯氧或空气混合,DO 达 $30\sim40\text{mg/L}$(氧气源)或 $8\sim9\text{mg/L}$(空气源),然后进入流化床反应,再由床顶排出。定期用脱膜机对载体机械脱膜。

(2) 三相生物流化床

三相生物流化床是直接向反应器充氧,在反应器内形成气相(曝气充氧的空气)、固相(带有生物膜的载体颗粒)、液相(含有溶解氧的污水)三相同时共存的生物流化床,不再单设充氧装置,而是直接在反应器内进行曝气充氧,也无需单独设置脱膜装置。其工艺流程如图 4-32 所示。

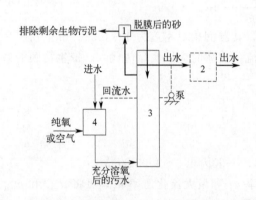

图 4-31 固液两相生物流化床流程

1—脱膜机;2—二次沉淀池;3—生物流化床;4—充氧设备

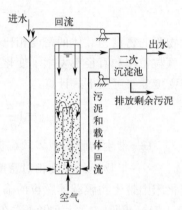

图 4-32 三相生物流化床

内循环三相生物流化床反应器中存在着升流区和降流区。空气由升流区底部进入,使其中的污水和载体颗粒以较高流速上升,到达升流区顶部后,由于部分气泡由水面逸出,混合液的密度增加,而由降流区下降回流到反应器的底部,由此形成内循环。多次循环,使反应器内的三相之间充分接触反应,氧转移速率和基质传递效率都很高。顶部一般设有澄清区,使载体颗粒在此发生沉淀后回流进入反应器。在反应过程中由于激烈的紊流和剪切作用而导致部分生物膜脱落,随出水进入二沉池,沉淀后作为剩余污泥进行进一步的处理,出水即可外排。实际工程中,常将二沉池与三相生物流化床反应器合建,可简化工艺流程。

与其他好氧生物处理工艺相比,好氧生物流化床在微生物浓度、传质条件、生化反应速率等方面具有以下主要优点:

① 采用相对密度大于 1 的细小惰性颗粒如砂、焦炭粒、煤粒、陶粒、活性炭等作为载体,为微生物的附着生长提供了很大的比表面积,使床内能维持极高的生物浓度(一般 VSS 可达 $40\sim50\text{g/L}$),因此有机物容积负荷较大(一般为 $10\sim40\text{kgCOD/(m}^3\cdot\text{d})$ 或 $3\sim6\text{kgBOD}_5/(\text{m}^3\cdot\text{d})$),兼具活性污泥法的高效率和生物膜法的耐负荷冲击等优点,运行稳定,占地很少。

② 床内载体处于流化或膨胀状态,污水与颗粒生物膜混合强烈,接触充分,有利于反应与传质,污泥不会膨胀,床层不会堵塞。床内水力停留时间较短,泥龄较长,剩余污泥量少。

③ 抗冲击负荷能力强，不存在污泥膨胀或滤料堵塞的问题。

④ 适用性广，既可用于高浓度难降解污水处理，也可用于低浓度污水处理。

但生物流化床也存在缺点：系统的设计和运行要求较高；实际生产运行的经验较少，对于床体内的流动特征尚无合适的模型描述，在进行放大设计时有一定的不确定性；不适合大流量场合。

4.4.3 过程设备

好氧生物流化床工艺的设备主要有床体、载体、布水装置、充氧装置和脱膜装置。

① 床体：一般呈圆柱体，也有的呈方形。用钢板焊制或钢筋混凝土浇制，其有效高度按空床流速和停留时间计算。床的高径比可在较大范围内采用，一般为（3～4）∶1。采用内循环式三相流化床时，升流区域面积与降流区域面积相同。流化床顶部的澄清区应按照截留被气体挟带的颗粒的要求进行设计。

② 载体：粒径一般为 0.2～1mm。相对密度略大于 1，表面应比较粗糙，无毒，稳定。

③ 布水装置：常用单层多孔板、砾石多孔板、圆锥底加喷嘴、泡罩布水。

④ 充氧装置：床内充氧装置可用扩散曝气。为了控制气泡大小，有采用减压释放空气充氧的，也有采用射流曝气充氧的。床外充氧设备多用压力溶氧。

⑤ 脱膜装置：生物流化床工艺中使用的脱膜装置有转刷脱膜装置和叶轮脱模装置两种，分别见图 4-33 和图 4-34。

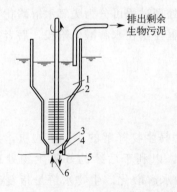

图 4-33 转刷脱膜装置

1—剩余生物污泥；2—脱膜刷子；3—带生物膜的颗粒；

4—脱膜后颗粒；5—膨胀层表面；6—吸入孔

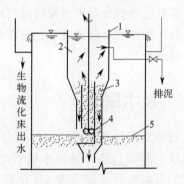

图 4-34 叶轮脱膜装置

1—脱膜装置；2—沉淀分离室；3—去膜载体；

4—叶轮搅拌器；5—生物载体膨胀界面

第5章

厌氧活性污泥法处理工艺与设备

厌氧活性污泥法处理工艺的特点是厌氧微生物以悬浮生长状态存在于反应器（即消化池）中，在消化设备中发生一系列的生物化学反应，将污水中的有机物降解、转化为小分子物质。

厌氧活性污泥处理系统中，为了促进活性污泥与污水的接触与混合，需要进行机械搅拌或水力搅拌。可通过严格工艺条件以实现不同的厌氧生化过程，以形成不同的厌氧活性污泥处理工艺，如厌氧水解酸化工艺、普通厌氧消化工艺、厌氧接触工艺等。

5.1 厌氧水解酸化工艺与设备

根据微生物的分段厌氧发酵过程理论，厌氧生物处理过程可分为厌氧水解酸化处理过程和厌氧发酵产甲烷处理过程。前者是将厌氧发酵过程控制在水解酸化阶段，后者是全程厌氧发酵过程。

5.1.1 技术原理

水解是指将污水中难降解的大分子有机物转化为易生物降解的小分子物质，如低分子有机酸、醇等，从而使污水的可生化性得到提高，以利于后续的好氧生物处理。由于生成的有机酸会使混合液 pH 值降低，通常称其为水解酸化。生物水解是指复杂的非溶解性有机底物被微生物转化为溶解性单体或二聚体的过程，虽然在好氧、厌氧和缺氧条件下均可发生有机底物的生物水解反应，但作为污水的预处理措施，通常指厌氧条件下的水解；水解酸化是指溶解性有机底物被厌氧、兼性菌转化为低分子有机酸的生化反应。

5.1.2 工艺过程

水解酸化过程中，大分子、难降解的有机底物被转化为挥发性脂肪酸（VFA），过程中附带一系列的变化，如 pH 的降低、VFA 浓度升高、溶解性 BOD_5/COD 升高等，而这些转变又取决于适宜的控制条件。

在影响水解酸化过程的因素中，最重要的是有机底物的污泥负荷。污泥负荷受进水底物浓度和水力停留时间的双重调节，并与反应器中的污泥浓度有关，因而最能说明微生物的底物承受程度。在水解酸化的初期，污泥负荷的大小与出水的 pH 值直接相关，进而决定不同的发酵酸化类型。研究表明，当有机底物的污泥负荷小于 1.8kgCOD/(kgMLVSS·d) 时，出水 pH>5.0，这时发酵过程的末端产物主要为丁酸；当有机底物的污泥负荷为 1.8～3kgCOD/(kgMLVSS·d) 时，出水 pH 在 4.0～4.8 之间，这时出现由混合酸发酵向乙醇发酵的动态转变；当污泥负荷大于 3kgCOD/(kgMLVSS·d) 时，pH 值降到 4.0 以下，甚至 3.5 左右。由于 pH=4.0 是所有产酸细菌所能承受的下限值，因此在实际工程中，应控制初期运行中有机底物的污泥负荷不超过 3kgCOD/(kgMLVSS·d)，以保证发酵酸化过程的顺利形成。

　　水解可以降低 COD 总量，同时提高污水的可生化性，将污水中的固体状态大分子和不易生物降解的有机物降解为易生物降解的小分子有机物的这一特点，对于难降解有机污水的治理十分重要，厌氧水解工艺对城市污水、焦化污水、啤酒污水、印染污水、造纸污水、化工污水和合成洗涤剂污水（ABD、LAS）等十分有效，初期开发时主要应用于污水、污泥同时处理。利用悬浮物去除率高和去除的悬浮物可在水解池中得到部分消化的特点，广泛应用于含高浓度悬浮物和酯类物质的污水处理，如酒糟污水、活性污泥、乳制品和畜禽粪便污水等。

5.1.3　过程设备

　　厌氧水解酸化工艺的主要设备是水解酸化池。水解酸化池的设计包括池型选择、池容积及尺寸计算、布水和出水系统设计等。

（1）池型选择

　　水解酸化池的池型可根据污水处理厂场地的具体条件而定，可为矩形或圆形，比较而言，矩形池较圆形池更利于平面布置和节约用地。为了便于检修，池子一般为 2 个以上。采用矩形池，池子的长宽比宜为 2:1 左右，单池宽度宜小于 10m，以利于均匀布水和维修管理。

　　为了促进污水与池内厌氧活性污泥均匀充分地接触与混合，可从两方面采取措施：一是在池内设机械搅拌装置，可在圆形水解酸化池中部或沿矩形水解酸化池的池长布置，如图 5-1 所示；二是均匀布水，布水管可设置在池子上部或底部，有一管一孔布水（池子上部）、一管多孔布水（池子底部）和分支式布水（池子底部）等形式，如图 5-2 所示。其中一管多孔布水方式的布水管管径宜大于 100mm，管中心距池底 20～25cm，孔口流速不小于 2.0m/s；分支式布水的出水口向下布置，距池底 20cm。以上两种方式可结合使用。

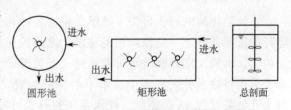

图 5-1　水解酸化池内机械搅拌示意图

　　水解酸化池的出水系统与好氧活性污泥反应池的出水系统相似，可从池上部直接由出水管出水或溢流堰出水，对于圆形水解酸化池，一般采用周边式溢流堰出水，而对于矩形水解酸化池，一般采用单侧式溢流堰出水。

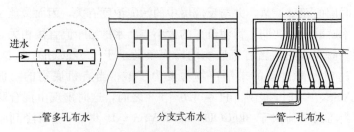

一管多孔布水　　　　　　分支式布水　　　　　一管一孔布水

图 5-2　水解酸化池内的几种布水方式

（2）池体尺寸计算

水解酸化池的容积 V 常用水力停留时间（HRT）进行计算，该值可通过试验取得，或参考同类污水的经验值确定。

$$V = QT \tag{5-1}$$

式中　V——水解酸化池的容积，m^3；

　　　Q——设计污水流量，m^3/h；

　　　T——污水在水解酸化池中的停留时间，h。

利用水力停留时间 HRT 作为池容的设计标准时，应兼顾污泥浓度、有机底物污泥负荷等参数的适宜范围，与传统厌氧发酵过程中的取值类似。

池子的截面积 A 可根据设定的上升流速进行计算

$$A = \frac{Q}{v} \tag{5-2}$$

式中　A——水解酸化池的横截面面积，m^2；

　　　v——污水在水解酸化池内的最大上升流速，m/h，一般取 0.5～1.8m/h。

或设定池深后计算池子的截面积 A：

$$A = \frac{V}{H} \tag{5-3}$$

式中　H——水深，m，一般为 3～5m。

（3）配水系统

水解酸化池的底部可按多槽形式设计，以利于布水均匀与减少死角。厌氧反应器良好运行的重要条件之一是保障污泥与污水之间的充分接触，因此系统底部的布水系统应尽可能均匀。水解反应器的进水管数量是一个关键设计参数，为了使反应器底部进水均匀，有必要采用将进水分配到多个进水点的分配装置，单孔布水负荷的最佳值为 0.5～1.5m²，出水孔处需设置 45°导流板。配水系统的形式可参考 UASB 反应器配水系统的设计。

（4）管道系统

采用穿孔管布水器（一般为多孔或分支状）时，不宜采用大阻力配水系统。若需设反冲洗装置，采用停水分池分段反冲洗。用液体反冲洗时，压力为 98～196kPa，流量为正常进水量的 3～5 倍；用气体反冲洗时，反冲压力应大于 98kPa，气水比为 5:1～10:1。

进水采用重力流（管道及渠道）或压力流，后者需设逆止装置；水力筛的缝隙大于 3mm 时，出水孔应大于 15mm，一般在 15～25mm 之间；单孔布水负荷一般为 0.5～1.5m²，出水孔处需设置 45°导流板；采用布水器时从布水器到布水口应尽可能少地采用弯头等非直管。

其他要求参见 UASB 反应器的设计。

（5）排泥系统

一般来讲，随着反应器内污泥浓度的增加，出水水质会得到改善，但污泥层超过一定高度后，污泥将随出水一起冲出反应器。因此，当反应器内的污泥达到某一预定最大高度之后，建议排泥。污泥排泥的高度应考虑只排出低活性的污泥，而将最好的高活性污泥保留在反应器中。

设计时，建议清水区高度取 0.5～1.5m；污泥排放可采用定时排泥，日排泥一般 1～2 次；需要设置污泥液面监测仪，以根据污泥面的高度确定排泥时间；剩余污泥排泥点以设在污泥区中上部为宜；对于矩形池，排泥应沿池纵向多点排泥；由于反应器底部可能会积累颗粒物质和小砂粒，应考虑下部排泥的可能性，以避免或减少在反应器内积累砂砾；在污泥龄大于 15d 时，污泥水解率为 25%（冬季）～50%（夏季）；污泥系统的设计流量应按冬季最不利的情况考虑；出水应收集回用。

水解酸化池的出水堰与升流式厌氧污泥床反应器的出水装置相同。

5.2　普通厌氧消化工艺与设备

普通厌氧消化工艺也称为传统或常规完全混合厌氧消化工艺，是借助消化池内的厌氧消化污泥净化有机污染物，主要用于处理城市污水处理厂的好氧活性污泥和含固体物质较多的有机污水。

5.2.1　技术原理

有机污水厌氧消化过程根据其反应步骤可分为三个阶段，如图 5-3 所示。

（1）水解阶段

污水中的有机物成分很复杂，主要包括碳水化合物（主要为淀粉和纤维素）、类脂化合物（主要为脂肪）和蛋白质，这些物质基本上都以固态或胶体存在，细胞无法将其直接吸收至体内。但一些兼性细菌可以向体外分泌胞体酶，将以上大分子的固态和胶态物质水解成细菌可吸收的溶解性物质，产物如下：

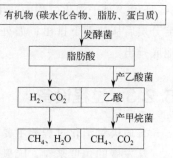

图 5-3　有机污水厌氧消化过程示意

$$纤维素或淀粉 \xrightarrow{水解} 葡萄糖$$

$$脂肪 \xrightarrow{水解} 甘油 + 脂肪酸$$

$$蛋白质 \xrightarrow{水解} 氨基酸 + 脂肪酸$$

另外，水解过程中还伴随有少量的 CO_2 和 NH_3 产生。

（2）产酸阶段

进行水解的兼性菌完成水解后，可将水解产物吸入细胞内，继续进行分解代谢。代谢产物主要为挥发性脂肪酸（VFA）、挥发醇及一些醛酮物质。VFA 通常指少于 6 个碳原子的直链低级脂肪酸，但消化液中的脂肪酸主要为乙酸、丙酸、丁酸，三种酸占 VFA 总量的 95％以上，其中又以乙酸为主，占总量的 65％～75％。挥发醇主要为甲醇和乙醇。另外，该阶段内还产生一些 CO_2、NH_3、H_2S 及 H_2。能够进行水解和酸性消化的细菌种类很多，这些细菌统称为产酸菌。产酸菌一般都是兼性菌，在有氧条件下也能存活，并进行生化反应，只是反应产物不同。也有一些产酸菌属绝对厌氧菌，但数量较少，在该阶段并不起主要作用。

（3）产甲烷阶段

在该阶段，起主要作用的是产甲烷细菌，产甲烷细菌能产生甲烷，但由于该类细菌的繁殖速率慢，代谢活力不强，只能利用 VFA 这样一些易降解的物质进行代谢产生甲烷。而 VFA 是产酸阶段的主要产物，因此产酸阶段是产甲烷阶段的前提。大部分产甲烷细菌将产酸阶段产生的乙酸吸入细胞内进行代谢产生 CH_4，也有少量产甲烷细菌能将 H_2 和 CO_2 直接还原为 CH_4。产甲烷细菌为专性厌氧菌，氧的存在能使之中毒并失去活性，主要原因是：当环境中有 O_2 存在时，O_2 能与酸性消化阶段产生的 H_2 迅速合成为强氧化剂 H_2O_2。当 H_2O_2 的浓度较高时，对所有类型的细菌均有杀伤作用。由于酸性消化阶段的产 H_2 量不可能很大，因而消化液中 H_2O_2 的浓度不高。在 H_2O_2 浓度较低时，兼性菌会分泌出一种分解 H_2O_2 的酶，将 H_2O_2 分解掉，使之失去氧化能力，而专性厌氧菌无此功能，这就是兼性菌和厌氧菌之间的本质区别。产甲烷细菌虽在自然界中普遍存在，但其种类并不多。

5.2.2　工艺过程

有机污水或污泥普通厌氧消化的工艺过程是：有机污水或污泥定期或连续加入消化池，在消化池中与厌氧活性污泥混合接触，通过厌氧微生物的吸附、吸收和生物降解作用，使有机污水或污泥中的有机污染物转化为以 CH_4 和 CO_2 为主的气体产物——沼气，从顶部排出，如图 5-4 所示。对于消化过程中产生的污泥，如处理对象为污水，经沉淀分层后从液面下排出；如处理的对象为污泥，经搅拌均匀后从池底排出。

图 5-4　普通厌氧消化池工作原理

5.2.3　过程设备

普通厌氧消化过程的主要设备是厌氧消化池。

从发展的角度来看，厌氧消化池经历了两个发展阶段，第一阶段的消化池称为传统消化池，池内没有搅拌设备，污水进入后难于和厌氧活性污泥充分接触，存在较大的死区（大型池的死区高达 61％～77％），因此生化反应速率很慢，必须有很长的水力停留时间（60～100d），从而导致负荷率很低。而且分层现象十分严重：液面上有很厚的浮渣层，时间长了会形成板结层，妨碍气体的顺利逸出；池底堆积老化的惰性污泥很难及时排出，在某些角落长期堆存，占去了有效容积；中间的清液含有很高的溶解态有机物，由于难于与底层的厌氧活性污泥接触，处理效果很差。此外，传统消化池一般没有加热设施，这也是导致其效率很低的重要原因。

后来，为了使进料和厌氧污泥充分接触，并使所产生的沼气气泡及时逸出，消化池内开始设有搅拌装置。进行中温和高温消化时，也开始采取加热措施，大大提高了生化反应速率，从而产生了普通厌氧消化池（也有人称为高速厌氧消化池）。经过数十年的开发和完善，普通厌氧消化池已发展为应用最广泛的一种厌氧生物处理设备，主要用于处理城市污水处理厂的污泥，也可用于处理 VSS 含量高的有机污水。主要作用是：

① 将污水中的一部分有机物转化为沼气和稳定性良好的腐殖质。

② 提高污泥的脱水性能。

③ 使得污泥的体积减少 1/2 以上。

④ 使污泥中的致病微生物得到一定程度的灭活，有利于污泥的进一步处理和利用。

5.2.3.1　传统厌氧消化池

(1) 构造

传统厌氧消化池由池顶、池底和池体三部分组成，应采用水密性、气密性和耐腐蚀的材料建造，常用钢筋混凝土筑造。池体可分圆柱形、椭圆形和龟甲形，大多为圆柱形。为保证良好的厌氧条件，收集沼气和保持池内温度，并减少池面的蒸发，消化池一般都有盖子，分固定盖和浮动盖两种。固定盖为一弧形穹顶或截头圆锥形，池顶中央装集气罩。浮动盖池顶为钢结构，盖体可随池内液面变化或沼气贮量变化而自由升降，保持池内压力稳定，防止池内形成负压或过高的正压。图 5-5 所示为固定盖式消化池，图 5-6 所示为浮动盖式消化池。消化池池底为一个倒截圆锥形，有利于排泥。由于沼气中的 H_2S 及消化液中的 H_2S、NH_3 及有机酸等均有一定的腐蚀性，因此池内壁应涂一层环氧树脂或沥青。

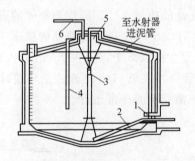

图 5-5　固定盖式消化池

1—进泥/水管；2—排泥管；3—水射器；

4—蒸气罩；5—集气罩；6—排气管

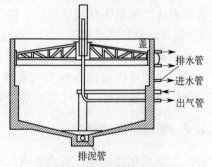

图 5-6　浮动盖式消化池

传统厌氧消化池的特点是：可直接处理悬浮固体含量较高或颗粒较大的料液；在同一个池内实现厌氧发酵反应和液体与污泥的分离，在消化池上部留出一定的体积以收集所产生的沼气，结构比较简单；进料大多间歇进行，也可采用连续进料，但由于缺乏持留或补充厌氧活性污泥的特殊装置，消化器中难以保持大量的微生物和细菌。由于消化器中无搅拌，还存在料液分层现象严重、微生物不能与料液均匀接触、温度也不均匀、消化效率低等缺点。

(2) 设计计算

厌氧消化池的设计包括池体选型、确定池体的数目和单池容积、确定池体各部分尺寸和布置消化池的各种管道。

1）消化池有效容积

厌氧消化池的有效容积可按容积负荷率 N_v 和水力停留时间 T 进行计算：

$$V=\frac{QC}{N_v} \tag{5-4}$$

式中　V——有效容积，m^3；

$\quad\quad Q$——每日需处理污水的体积，m^3/d；

$\quad\quad C$——污水有机物浓度，kg/m^3，以 COD 计；

$\quad\quad N_v$——消化池的容积负荷，$kg/(m^3 \cdot d)$，以 COD 计。普通厌氧消化池的容积负荷在中温条件下一般为 $2\sim3kg/(m^3 \cdot d)$，在高温条件时一般为 $5\sim6kg/(m^3 \cdot d)$。

消化池的有效容积也可按污水的水力停留时间计算：

$$V=Qt \tag{5-5}$$

式中　t——污水的水力停留时间，d。

2）消化池的座数

考虑到事故或检修，消化池的数量不应少于 2 座，每座消化池的容积可根据运行的灵活性、结构和地基情况决定。

$$n=\frac{V}{V_0} \tag{5-6}$$

式中　n——单池的有效容积，m^3。

小型消化池的单池有效容积小于 $2500m^3$，中型消化池的单池有效容积为 $5000m^3$ 左右，大型消化池的单池有效容积为 $10000m^3$ 以上。

确定消化池的单池有效容积后，即可计算出消化池的构造尺寸。圆柱形池体的直径一般为 $6\sim35m$，池的高径比为 $1:2$，池总高与直径比为 $0.8\sim1.0$。消化池池底坡度一般为 0.08。池顶集气罩的高度和直径常采用 $2.0m$。池顶至少应设 2 个直径为 $0.7m$ 的人孔。

厌氧消化池还应设置各种工艺管道，包括进水管、污泥管（出泥管、循环搅拌管）、上清液排放管、溢流管、沼气管和取样管等，以保证消化池的正常运行。

5.2.3.2 普通厌氧消化池

传统厌氧消化池的运行实践表明，消化池中消化液的均匀混合对正常运行影响很大，因此搅拌设备也是普通消化池的重要组成部分。常用搅拌方式有三种：①机械搅拌；②沼气搅拌，即用压缩机将沼气从池顶抽出，再从池底充入，循环沼气进行搅拌；③循环消化液搅拌，即池内设有射流器，由池外水泵压送的循环消化液经射流器喷射，在喉管处造成真空，吸进一部分池中的消化液，形成较强烈的搅拌，如图 5-7 所示。一般情况下每隔 $2\sim4h$ 搅拌 1 次。在排放消化液时，通常停止搅拌，经沉淀分离后排出上清液。搅拌设备一般置于池中心。当池子直径很大时，可设若干个均布于池中的搅拌设备。机械搅拌方法有泵搅拌、螺旋桨式搅拌和喷射泵搅拌。

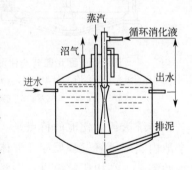

图 5-7　循环消化液搅拌式消化池

温度是影响微生物生命活动的重要因素之一。为保证最佳消化速率，普通消化池一般设有加热装置。常用加热方式有：①污水在消化池外先经热交换器预热到设定温度后再进入消化池；②热蒸汽直接在消化池内加热；③在消化池内部安装热交换器。①和③两种方式可利用热水、蒸汽或热烟气作热源。无论采用哪种加热方式，为了保温，池外均应设有保温层。

目前使用的普通厌氧消化池主要有升流式厌氧污泥床反应器、内循环厌氧生物反应器、厌氧膨胀颗粒污泥床反应器、厌氧折流板反应器。

5.2.3.2.1　升流式厌氧污泥床反应器

升流式厌氧污泥床反应器（简称 UASB）的构造特点是集生物反应、沉淀、气体分离和收集于一体，结构紧凑，处理能力大，无机械搅拌装置等，不仅能用于处理高、中浓度的有机污水，也可用于处理城市污水等低浓度有机污水，因而得到了广泛应用。

(1) 构造

升流式厌氧污泥床反应器的构造如图 5-8 所示。主要有两种类型，一种是周边出水、顶部出沼气的构造形式，如图 5-8（a）所示；另一种是周边出沼气、顶部出水的构造形式，如图 5-8（b）、5-8（c）和 5-8（d）所示；当反应器容积较大时，也可以设多个出水口和多个沼气出口的组合形式，如图 5-8（e）和图 5-8（f）所示。

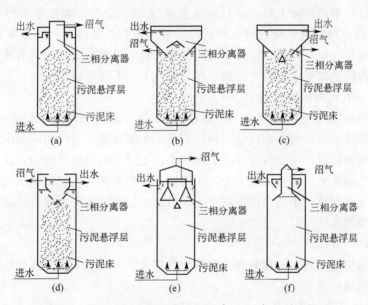

图 5-8　升流式厌氧污泥床反应器（USAB）的基本构造

升流式厌氧污泥床反应器主要包括以下几个部分：污泥床、污泥悬浮层、布水器、三相分离器。各组成部分的功能、特点及工艺要求如下：

① 污泥床

污泥床位于整个升流式厌氧污泥床反应器的底部，床内具有很高的污泥生物量，污泥浓度一般为 40~80gMLSS/L。污泥由活性生物量占 70%~80% 以上的高度发展的颗粒污泥组成，正常运行的 UASB 中的颗粒污泥的粒径一般在 0.5~5mm 之间，具有优良的沉降性能，沉降速率一般为 1.2~1.4cm/s，典型的污泥容积指数（SVI）为 10~20mL/g。颗粒污泥的主体是各类厌氧微生物，包括水解发酵细菌、共生的产氢产乙酸细菌和产甲烷细菌，在颗粒污泥表面生物膜外层中占优势的是水解发酵细菌，内部是产甲烷细菌。细菌的这种分布规律是由环境中的营养条件决定的，颗粒污泥表面的厌氧微生物接触的是污水中的原生营养物质，其中大多数为不溶态的有机物，因而那些具有水解能力及发酵能力的厌氧微生物便在污泥粒子表面滋生和繁殖，其代谢产物的一部分进入溶液，供分散在液流中的游离细菌吸收利用；另一部分则向颗粒内部扩散，使颗粒内部成为下一营养级的产氢产乙酸细菌和产甲烷细菌滋生和繁殖的区域。由于产甲烷细菌在颗粒内部的密度大于在颗粒外部溶液本体中的密度，亦即颗粒内部的生物降解作用大于颗粒外部溶液本体的生物降解作用，因此发酵细菌的代谢产物在颗粒内部的浓度小于颗粒外部溶液本体中的浓度，这为水解及发酵细菌的代谢产物向颗粒内部扩散提供了有利的动力学条件。可见颗粒污泥实际上是一种生物与环境条件相互依托和优化组合的生态粒子，由此构成了颗粒污泥的高活性。

污泥床的容积一般占反应区容积的 30％左右，但它对整体处理效率起着极为重要的作用，对反应器中有机物的降解量一般可占到整个反应器全部降解量的 70％～90％。污泥床对有机物的有效降解作用使得在污泥床内产生大量的沼气，微小的沼气气泡经过不断的积累、合并而逐渐形成较大的气泡，并通过其上升作用使整个污泥床层得到良好的混合。

② 污泥悬浮层

污泥悬浮层位于污泥床上部，占反应区容积的 70％左右，浓度低于污泥床，通常为10～30gMLSS/L，由高度絮凝的污泥组成，一般为非颗粒状污泥，沉速明显小于颗粒污泥，污泥容积指数一般在 30～40mL/g 之间，靠来自污泥床中上升的气泡使此层污泥得到良好的混合。污泥悬浮层中絮凝污泥的浓度分布自下而上逐渐减小。这一层污泥担负着整个 UASB 反应器有机物降解量的 10％～30％。

尽管有机物的降解主要靠仅占反应区容积约 30％的污泥床层，但占反应区容积约70％的污泥悬浮层的存在也是不可缺少的。它是一个缓冲层，当污泥床层中的部分污泥粒子被上升的气泡冲起时，在气泡的浮载力作用下，上浮于污泥悬浮层中；而当上升的大气泡将其上的小气泡冲走，或污泥粒子上浮于液面，在界面张力突变而使小气泡破裂后，这些污泥粒子又会沉降至原来的污泥床层中去，对防止污泥的流失并保持反应区污泥的高浓度有着十分重要的作用。

③ 布水器

主要功能是将进水均匀分配到整个横断面并均匀上升，起到水力搅拌作用，这是反应器高效运行的关键环节。

④ 三相分离器

由沉淀区、回流缝和气封组成，功能是将气体、水和污泥在沉淀区进行沉淀，并经回流缝回流到反应区，沉淀澄清后的处理水经排出系统收集后排出反应器。三相分离器是升流式厌氧污泥床反应器处理工艺的主要特点之一，相当于传统污水处理工艺中的二次沉淀池，并同时具有污泥回流的功能，因而三相分离器的合理设计是保证其正常运行的一个重要因素。

升流式厌氧污泥床的池形有圆形、方形、矩形。小型装置常为圆柱形，底部呈锥形或圆弧形，大型装置一般为矩形，高度 3～8m，其中污泥床为 1～2m，污泥悬浮层为 2～4m，多用钢结构或钢筋混凝土结构，三相分离器可由多个单元组合而成。当污水流量较小、浓度较高时，需要的沉淀区面积小，沉淀区的面积和池形可与反应区相同；当污水流量较大、浓度较低时，需要的沉淀面积大，为使反应区的过流面积不致太大，可采用沉淀区面积大于反应区，即反应器上部面积大于下部面积的池形。

三相分离器的构造有多种类型。一般来说，三相分离器应满足以下条件：a. 沉淀区斜壁角度约为 50°，使沉淀在斜底上的污泥不积聚，尽快滑回反应区内；b. 沉淀区的表面负荷应在 0.7m³ (m²·h) 以下，混合液进入沉淀区前，通过入流孔道（缝隙）的流速不大于 2m/h；c. 应防止气泡进入沉淀区影响沉淀；d. 应防止气室产生大量泡沫，并控制好气室的高度，防止浮渣堵塞出气管，保证气室出气管畅通无阻。从实践来看，气室水面上总是有一层浮渣，其厚度与水质有关。因此，在设计气室高度时，应考虑浮渣层的高度和浮渣的排放。

（2）工作原理

升流式厌氧污泥床反应器的工作原理如图 5-9 所示。在运行过程中，污水通过配水系统以一定流速自反应器的底部进入反应器，上升流速一般为 0.5～1.5m/h，多宜在 0.6～0.9m/h 之间。水流呈推流形式依次流经污泥床、污泥悬浮层至三相分离器。进水与污泥床及污泥悬浮层中的微生物充分混合接触并进行厌氧分解，产生的沼气在上升过程中将污泥颗粒托起，由于大量气泡的产生，引起污泥床的膨胀。微小沼气气泡在上升过程中相互结合而逐渐变成较大的气泡，将污泥颗粒向反应器的上部携带，最后由于气泡的破裂，绝大部分污泥颗粒又返回到污泥床区。随着产气量的不断增加，由气泡上升所产生的搅拌作用变得逐渐剧烈，气体便从污泥床内突发性的逸出，引起污泥床表面呈沸腾和流化状态。反应器中沉淀性能较差的絮状污泥在搅拌作用下，在反应器上部形成污泥悬浮层；沉淀性能良好的颗粒污泥在反应器下部形成高浓度的污泥床。随着水流的

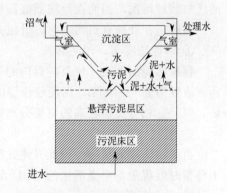

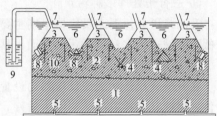

图 5-9　UASB 反应器的工作原理示意图

1—污泥床；2—悬浮污泥床；3—气室；
4—气体挡板；5—配水系统；6—沉降区；
7—出水槽；8—集气罩；9—水封；10—垂直挡板

上升流动，气、水、泥三相混合液上升至三相分离器中，气体遇到挡板折向集气室而被分离排出；污泥和水进入上部的沉淀区进行泥水分离。由于三相分离器的作用，反应器混合液中的污泥有一个良好的沉淀、分离和再絮凝的环境，有利于提高污泥的沉降性能。在一定的水力负荷条件下，绝大部分污泥能在反应器中保持很长的停留时间，使反应器中具有足够的污泥量。

升流式厌氧污泥床的混合是靠上升水流和消化过程中产生的气泡来完成的，因此，一般采用多点进水，使进水较均匀地分布在污泥床断面上。常采用穿孔管布水和脉冲进水。

（3）工艺特征

与其他厌氧反应器相比，升流式厌氧污泥床反应器的主要工艺特征是：

① 三相分离器的设置

三相分离器是升流式厌氧污泥床反应器中最关键的设备之一，设置在反应器的中上部，主要功能是：收集厌氧反应过程中所产生的沼气；拦截和滞留厌氧活性污泥；保证出水水质。

② 进水布水系统的设置

均匀布水系统也是上流式厌氧污泥床反应器的关键设备之一，设置在反应器底部，主要功能是：保证进水均匀分配在整个反应器的截面上，保证厌氧污泥均匀接触污水；避免局部超负荷和局部酸化。

③ 颗粒污泥的形成

厌氧颗粒污泥的形成是上流式厌氧污泥床反应器最突出的特点，也是其获得极高处理效能的前提之一。在升流式厌氧污泥床反应器内能形成具有良好沉降性能和较高厌氧活性的厌氧颗粒污泥，因而在反应器底部能够形成污泥床或污泥层。

因此，在处理有机污水时，升流式厌氧污泥床反应器具有如下主要特点：

① 污泥浓度高，污泥龄长

颗粒污泥的形成，使反应器内的污泥浓度可高达 50gVSS/L 以上，其中底部污泥床的污泥浓度为 $60\sim80g/L$，污泥悬浮层的污泥浓度可达 $10\sim30g/L$；颗粒污泥良好的沉降性能，以及三相分离器较高的固液分离效率，可使其污泥龄达到 30d 以上。

② 容积负荷高

由于污泥浓度很高，因此升流式厌氧污泥床反应器可具有很高的容积负荷，所需的水力停留时间很短，中温消化的 COD 容积负荷一般为 $10\sim20kgCOD/(m^3 \cdot d)$。

③ 适合于处理多种污水

升流式厌氧污泥床反应器早期主要用于处理各种高、中浓度的有机工业污水，目前，在低浓度城市污水和生活污水方面也具有很好的发展前景。

④ 处理效率高，出水水质好

在升流式厌氧污泥床反应器内设置有三相分离器和沉淀区，集生物反应和沉淀分离于一体，因此其结构紧凑，出水水质好。

⑤ 结构简单

与厌氧生物滤池相比，升流式厌氧污泥床反应器内无需填充填料，节省了费用，而且提高了容积利用率；与厌氧生物接触工艺相比，升流式厌氧污泥床反应器内部无需设置搅拌设备，当其在较高容积负荷下运行时，进水所产生的上升水流及沼气所形成的上升气流就可以起到搅拌作用。

同时，升流式厌氧污泥床反应器也存在一些缺点：反应器内有短流现象，影响处理能力；进水中的悬浮物应比传统消化池低得多，特别是难消化的有机物固体不宜太高，以免对污泥颗粒化不利或减少反应区的有效容积，甚至引起堵塞；运行启动时间长，对水质和负荷的突然变化比较敏感。

(4) 设计计算

设计升流式厌氧污泥床反应器时，首先要根据处理污水的性质和水量选择适宜的池型和确定有效容积及其主要部位的尺寸，其次设计进水配水系统、出水系统和三相分离器，此外还要考虑排泥和刮渣系统。

1) 有效容积 V 的计算

升流式厌氧污泥床反应器的有效容积 V 为污泥床、污泥悬浮层和沉淀区容积之和，可根据有机底物的容积负荷 N_v 和水力停留时间 t 来计算。

① 根据有机底物的容积负荷 N_v 计算有效容积 V

当处理中等浓度和高浓度有机污水时，反应器的有效容积主要决定于有机底物的容积

负荷 N_v 和进水浓度。根据有机底物的容积负荷 N_v 计算有效容积 V 时，可按下式进行

$$V = \frac{QS_0}{N_v} \qquad (5-7)$$

式中　V——反应器的有效容积，m^3；

Q——污水流量，m^3/d；

S_0——进水有机物浓度，$kgCOD/m^3$ 或 $kgBOD_5/m^3$；

N_v——容积负荷，$kgCOD/(m^3 \cdot d)$ 或 $kgBOD_5/(m^3 \cdot d)$。

容积负荷值与反应器的温度、污水的性质和浓度有关，同时与反应器内是否形成颗粒污泥也有很大关系，对于某种污水，反应器的容积负荷一般应通过试验确定，如有同类型污水的处理资料时，可以参考选用。食品工业污水或与其性质相似的其他工业污水，采用 UASB 反应器处理能形成厌氧颗粒污泥，COD 去除率一般可达到 $80\% \sim 90\%$。但如果不能形成厌氧颗粒污泥而主要为絮状污泥，则反应器的容积负荷不可能很高，因为负荷高时絮状污泥将会大量流失，所以进水容积负荷一般不超过 $5kgCOD/(m^3 \cdot d)$。

② 根据水力停留时间 t 计算有效容积 V

当处理低浓度污水（$COD < 1000mg/L$）和温度超过 $25℃$ 时，反应器的有效容积主要取决于水力停留时间 t，因此可根据水力停留时间 t 计算有效容积 V，即：

$$V = Qt = AH \qquad (5-8)$$

式中　t——水力停留时间（HRT），h 或 d；

Q——进水流量，m^3/h 或 m^3/d；

A——反应器的横截面积，m^2；

H——反应器的有效高度，m。

水力停留时间 t 的大小与反应器内污泥类型（絮状污泥或颗粒污泥）和三相分离器的效果有关，并在很大程度上取决于反应器内的温度。不同温度范围可采用的水力停留时间可参照表 5-1。

表 5-1　不同温度的水力停留时间

温度范围/℃	日平均 HRT/h	4～6h 范围的最大值/h	2～6h 范围的最大值/h
16～19	>10～14	>7～9	>3～6
22～25	>7～9	>5～7	>2～3
>26	>6	>4	>2.5

③ 反应器有效高度的确定

反应器的有效高度与污水的浓度有关。低浓度污水的水力停留时间较短，常采用较小的反应器高度，浓度较高污水的水力停留时间长，则常采用较大的反应器高度。

④ 反应器直径或长度的计算

确定反应器有效高度后，就可求取反应器的总水平面积，进而确定直径和长宽比。由式（5-8）可得：

$$\frac{Q}{A} = \frac{H}{t} \qquad (5-9)$$

式中　$\frac{Q}{A}$——水流在反应器内的上升流速 v_L，而 $v_L = \frac{H}{t}$ 或 $H = v_L t$。

根据上升流速 v_L 的取值范围以及进水流量 Q 即可确定反应器的横截面积 A。为了运行的灵活性，同时考虑维修的可能，一般设两座或两座以上反应器。

由于反应器的水平面积一般与三相分离器的沉淀面积相同，所以确定的水平面积必须用沉淀区的表面负荷来校核，如不适合则必须改变反应器的高度或加大三相分离器沉淀区的面积。

2）进水配水系统的设计

UASB 反应器的进水配水系统主要有树枝管式配水系统、穿孔管式配水系统、多管多点式配水系统。

① 树枝管式配水系统

树枝管式配水系统的结构如图 5-10 所示。一般采用对称布置，各支管的出水口向下距池底约 20cm。管口对准池底所设的反射锥体，使射流向四周散开，均匀分布于池底，一般每个出水口服务面积为 $2\sim4m^2$，出水口直径采用 $15\sim20mm$。这种配水系统的特点是比较简单，配水可基本达到均匀分布的要求。

② 穿孔管式配水系统

穿孔管式配水系统的结构如图 5-11 所示。配水管中心距可采用 $1\sim2m$，出水孔间距也可采用 $1\sim2m$，孔径为 $10\sim20mm$，常采用 $15mm$，孔向下可与竖向呈 $45°$方向，每个出水孔服务的面积为 $2\sim4m^2$，配水管中心距池底为 $20\sim25cm$。配水管的直径最好不小于 $100mm$。为了使穿孔管的各孔出水均匀，使出水孔阻力损失大于穿孔管沿程阻力损失，要求出口流速不小于 $2m/s$，也可采用脉冲间歇进水来增大出水孔流速。

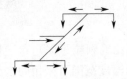

图 5-10　树枝管式配水系统

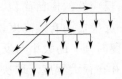

图 5-11　穿孔管式配水系统

③ 多管多点式配水系统

多管多点式配水系统的结构如图 5-12 所示，其特点是一根配水管只服务一个配水点，配水管根数与配水点数相同。只要保证每根配水管的流量相等，即可达到每个配水点流量相等的要求。一般多采用配水渠通过三角堰使污水均匀流入配水管的方式，也可在反应器的不同高度设置配水管和配水点。

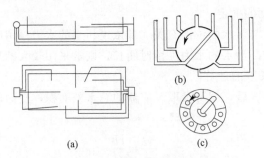

(a)　　　　(b)　　　　(c)

图 5-12　多管多点式配水系统

3）三相分离器的设计

三相分离器分为单回流缝结构和双回流缝结构，前者如图 5-8 中的（a）、（b）、（c）、（e）、（f），缝内同时存在上升和下降两种流体，互相干扰；后者如图 5-8 中的（d），污泥回流和水流上升经过不同缝隙，互不干扰，分离效果较好。

对容积较大的 UASB 反应器，其三相分离区由多个单元组成，布置形式如图 5-13 所示。

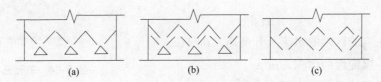

(a)　　　　　　　　　(b)　　　　　　　　　(c)

图 5-13　大容积 UASB 反应器内三相分离器的布置形式

在三相分离器设计中，为了防止污泥上浮或细小污泥、悬浮物被洗出，可在出水堰前设置挡板。

容积负荷一定时，反应器单位截面产气率与反应器高度成正比，因此在较高的反应器设计时，可在三相分离器的集气室内安装喷雾喷嘴以防止浮沫。

设计三相分离器时首先需要确定的问题有：a. 间隙和出水液面的截面积比，影响沉淀区和污泥相中絮体的沉淀速率；b. 分离器相对于出水液面的位置，用于确定反应区和沉淀区的比例，多数 UASB 反应器中污泥区是总体积的 15%～20%；c. 三相分离器的倾角，可使污泥滑回到反应区，多为 55°～60°；d. 分离器下气液界面的面积，用于确定沼气的释放速率。适当的释放速率大约是 $1～3m^3/(m^2 \cdot d)$。速率过低易形成浮渣层，过高则导致形成气沫层。不同污泥特性的 UASB 反应器的气、液、固流速的设计值如表 5-2 所示。

表 5-2　UASB 反应器中上升流速推荐设计值

参数	反应器	设计值/(m/h)
沉降区内液体上升流速 v_L（表面负荷）	颗粒污泥床反应器	1.0～2.0
	絮体污泥床反应器	0.4～0.8
反应区内液体上升流速 v_r（水力负荷）	颗粒污泥床反应器	≤10
	絮体污泥床反应器	≤1.5
回流缝中混合液流速 $v_1 < v_2$	颗粒污泥床反应器	<2.0
	絮体污泥床反应器	<1.0
气体在气液界面的上升流速 v_G	颗粒污泥床反应器	推荐最小值为 1
	絮体污泥床反应器	推荐最小值为 1

注：这些流速数值指日平均上升流速，如短期(2～6h)内允许的高峰值可以达到表列数据的 2 倍，反应区流速取值须根据 UASB 反应器的高度确定，高度大则流速大。

除以上的前提条件外，要完成一个三相分离器的设计还需要一些基本数据。三相分离器的设计具体包括沉淀区设计、回流缝设计、气液分离设计、出水系统设计和排泥系统设计。图 5-8 中（b）所示的三相分离器为工程中常用类型，故以此为例来进行三相分离器断面的几何设计计算。图 5-14 为单元三相分离器设计计算断面的几何尺寸。

① 沉淀区设计

三相分离器沉淀区的设计与普通二次沉淀池相似，主要考虑两项因素，即沉淀区面积和水深。沉淀区的面积根据污水量和沉淀区的表面负荷确定，一般表面负荷的数值等于水流的向上流速 v_L，也与污泥颗粒的重力沉降速率 v_s 相等，但方向相反。因通常沉淀区的过水断面与反应区的过水断面相等，所以沉淀区内的水流上升流速 v_L 可用下式计算：

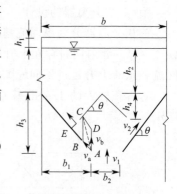

图 5-14　单元三相分离器的
几何尺寸关系图

$$v_L = \frac{V}{At} \qquad (5\text{-}10)$$

式中　v_L——沉淀区内的水流上升流速，m/s；

　　　V——沉淀区的体积，m³；

　　　A——沉淀区的过水断面，m²；

　　　t——污泥颗粒沉淀时间，s。

悬浮区污泥在进入三相分离器之前，混合液中的污泥上升流速是由沼气上升卷携污泥产生的向上运动速率 v_b、水流上升流速 v_L 和污泥自身重力沉降速率 v_s 三者共同作用的结果。污泥在垂直方向上的流速大小应为 $v_b + v_L - v_s$。当混合液在三相分离器脱气后，污泥在垂直方向上的流率由 v_s 和 v_L 构成。

由图 5-14 可知，在集气罩回流缝处最小过水断面为 A_{min}，脱气后的混合液通过此断面，水流的向上速度最大。将此处的平均向上流速确定为控制断面平均流速，以 v_{max} 表示，则断面的 v_{max} 与 v_L 的关系为：

$$v_{max} = \frac{A}{A_{min}} v_L \qquad (5\text{-}11)$$

或

$$v_{max} = \frac{V}{t A_{min}} \qquad (5\text{-}12)$$

当混合液通过集气罩回流缝处最小过水断面 A_{min} 时，必须满足 $v_s > v_{max}$ 的条件，污泥才能与处理水分离。如果 $v_L < v_s < v_{max}$，污泥就会在沉降区积累形成污泥层并增厚上升，最后从出水渠流失。如果 $v_s < v_L$，污泥将直接流失。

由于在沉淀区的厌氧污泥与水中残余的有机物尚能发生生化反应，有少量的沼气产生，对固液分离有一定的干扰。这种情况在处理高浓度有机污水时可能更为明显，所以建议表面负荷一般应 $<1.0\text{m}^3/(\text{m}^2 \cdot \text{h})$。三相分离器集气罩（气室）以上的覆盖水深 h_2 可采用 $0.5 \sim 1.0\text{m}$，集气罩斜面的坡度 θ 应采用 $55° \sim 60°$，沉淀区斜面（或斗）的高度建议采用 $0.5 \sim 1.0\text{m}$。不论何种形式的三相分离器，其沉淀区的总水深应不小于 1.5m，并保证在沉淀区内的停留时间为 $1.5 \sim 2.0\text{h}$。

② 回流缝设计

由图 5-14 可知，三相分离器由上、下二组重叠的三角形集气罩组成，根据几何关系可得：

$$b_1 = \frac{h_3}{tg\theta} \qquad (5\text{-}13)$$

式中　b_1——下三角形集气罩底部的 1/2 宽度，m；

　　　θ——下三角形集气罩斜面的水平夹角，(°)，一般可采用 $55° \sim 60°$；

h_3——下三角形集气罩的垂直高，m。当反应器总高度为 $5\sim7\mathrm{m}$ 时，h_3 可采用 $1.0\sim1.5\mathrm{m}$。

$$b_2=b-2b_1 \tag{5-14}$$

式中　b_2——相邻两个下三角形集气罩的水平距离，m，即污泥的回流缝之一。

　　　b——单元三相分离器的宽度，m。

下三角形集气罩污泥回流缝中混合液的上升流速 v_1 可用下式计算：

$$v_1=\frac{Q}{S_1} \tag{5-15}$$

式中　v_1——污泥回流缝中混合液的上升流速，m/h；

　　　Q——反应器的设计污水流量，$\mathrm{m^3/h}$；

　　　S_1——下三角形集气罩回流缝的总面积，$\mathrm{m^2}$。

其值可用下式表示：

$$S_1=b_2ln \tag{5-16}$$

式中　l——反应器的宽度，即三相分离器的长度，m；

　　　n——反应器的三相分离器单元数。

为了使回流缝的水流稳定，固液分离效果好，污泥能顺利地回流，建议流速 $v_1<2\mathrm{m/h}$。

上三角形集气罩下端与下三角形集气罩斜面之间回流缝的水流上升流速 $v_2(\mathrm{m/h})$ 可用下式计算：

$$v_2=\frac{Q}{S_2} \tag{5-17}$$

式中　S_2——上三形集气罩回流缝的总面积，$\mathrm{m^2}$，可用下式表示：

$$S_2=2ncl \tag{5-18}$$

式中　c——上三角形集气罩回流缝的宽度，m，即为图 5-14 中的 C 点至 AB 斜面的垂直距离 CE，建议 $CE>0.2\mathrm{m}$。

假定 S_2 为控制断面（$A_{\min}$），一般其面积不低于反应器面积的 20% 左右，即 v_2 就是 $v_{\max}$。为了使回流缝和沉淀区的水流稳定，确保良好的固液分离效果和污泥的顺利回流，要求：对于颗粒污泥，$v_1<v_2(v_{\max})<2.0\mathrm{m/h}$；对于絮体污泥，$v_1<v_2(v_{\max})<1.0\mathrm{m/h}$。

③ 气液分离设计

由图 5-14 可知，欲达到气液分离目的，上下二组三角形集气罩的斜边必须重叠，重叠的水平距离（AB 的水平投影）越大，气体分离效果越好，去除气泡的直径越小，对沉淀区固液分离效果的影响越小。所以，重叠量的大小是决定气液分离效果好坏的关键。重叠量一般为 $10\sim20\mathrm{cm}$ 或由计算确定。

由反应区上升的水流从下三角形集气罩回流缝过渡到上三角形集气罩回流缝再进入沉淀区，其水流状态比较复杂。当混合液上升到 A 点后将沿着 $\overrightarrow{AB}$ 方向斜面流动，并设流速为 v_a，同时假定 A 点的气泡以速率 v_b 垂直上升，所以气泡的运动轨迹将沿着 v_a 和 v_b 合成速率的方向运动。根据平行四边形法则，有：

$$\frac{v_b}{v_a}=\frac{AD}{AB}=\frac{BC}{AB} \tag{5-19}$$

使气泡分离后进入沉淀区的必要条件是：

$$\frac{v_b}{v_a} > \frac{AD}{AB} = \frac{BC}{AB} \tag{5-20}$$

气泡上升速率 v_b 与其直径、水温、液体和气体的密度、污水的黏滞系数等因素有关。当气泡的直径很小（$d<0.1\text{mm}$）、在气泡周围的水流呈层流状态（$Re<1$）时，气泡的上升速率可用斯托克斯（Stocks）公式计算：

$$v_b = \frac{\beta g}{18\mu}(\rho_L - \rho_g)d^2 \tag{5-21}$$

式中　v_b——气泡的上升速率，cm/s；

　　d——气泡直径 cm；

　　ρ_L——液体密度，g/cm^3；

　　ρ_g——沼气密度，g/cm^3；

　　g——重力加速度，cm/s^2；

　　μ——污水的动力黏滞系数，$\mu = \gamma\rho_L$，g/(cm·s)；

　　γ——液体的运动黏度，cm^2/s。

④ 出水系统的设计

沉淀区的出水系统通常采用出水渠或出水槽。一般每个单元三相分离器的沉淀区设一条出水渠。出水渠的宽度常采用20cm，水深及渠高由计算确定。出水渠每隔一定距离设三角出水堰。常用的布置形式有两种，如图 5-15 所示，其特点是出水渠与集气罩成一整体，有助于整体安装。当反应器为封闭时，总出气管必须通过一个水封，以防漏气和确保厌氧条件。

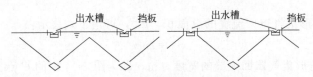

图 5-15　出水渠的布置形式示意图

⑤ 排泥系统的设置。

UASB 反应器的排泥系统必须同时考虑上、中、下不同位置排泥，应根据实际要求确定排泥位置。排泥位置可以是反应器的 1/2 高度处、三相分离器下 0.5m 处或靠近反应器的底部，前两处排泥管口径可取 100mm；大型 UASB 反应器不设污泥斗，须布多点排泥，一般每个排泥点的服务面积为 10m^2。当采用穿孔管配水系统时，可把穿孔管兼作排泥管。专设排泥管的管径不应小于 200mm，以防堵塞。

经验认为，可按每去除 1kgCOD 产生 0.05～0.1kgVSS 计算剩余污泥量。

4）出水回流

在处理浓度很高的污水时，为了把进水 COD 控制在 15g/L 以下，必须利用循环设备进行出水回流。出水回流可提高泥、水间的良好接触，减少有毒物质的影响，优化厌氧污泥生长，并可防止酸化。

5.2.3.2.2　内循环厌氧反应器

内循环（internal circulation，简称 IC）厌氧反应器是在 UASB 反应器的基础上开发的，克服了 UASB 反应器进水容积负荷低的缺点，其进水 COD 容积负荷可高达 20～30

kgCOD/(m³·d)，其 COD 的去除率可稳定在 80% 以上，去除有机物的能力远远超过 UASB 反应器等，可称为目前处理效能最高的厌氧反应器。

(1) 构造

内循环厌氧反应器的关键设备是两层三相分离器，整个反应器被两层三相分离器分隔成第一厌氧反应区、第二厌氧反应区、沉淀区以及气液分离器，每个厌氧反应室的顶部各设一个气-液-固三相分离器，如同两个 UASB 反应器的上下重叠串联组成。在第一厌氧反应室的集气罩顶部设有沼气升流管直通反应器顶部的气-液分离器，气-液分离器的底部设一回流管直通至反应器的底部。其基本构造如图 5-16 所示。

(2) 工作原理

内循环厌氧反应器内有机物的生物降解过程分为两个阶段，底部一个阶段（第一厌氧反应室）处于高负荷，上部一个阶段（第二厌氧反应室）处于低负荷。进水由反应器底部进入第一厌氧反应室与厌氧颗粒污泥均匀混合，大部分有机物在这里被降解而转化为沼气，产生的沼气被第一厌氧反应室的集气罩收集，沿着升流管上升。沼气上升的同时把第一厌氧反应室的混合液提升至反应器顶部的气-液分离器，分离出的沼

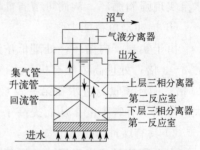

图 5-16　IC 反应器构造原理图

气从气液分离器顶部的导管排走，分离出的泥水混合液将沿着回流管返回到第一厌氧反应室的底部，并与底部的颗粒污泥和进水充分混合，实现了混合液的内部循环。内循环的结果使第一厌氧反应室不仅有很高的生物量和很长的污泥龄，并具有很大的升流速率，一般为 10~20m/h，使该室内的颗粒污泥完全达到流化状态，从而大大提高第一反应室去除有机物的能力。

经过第一厌氧反应室处理过的污水自动进入第二厌氧反应室，被继续进行处理。第二厌氧反应室内的液体上升流速小于第一厌氧反应室，一般为 2~10m/h。该室除了继续进行生物反应之外，由于上升流速的降低，还充当第一厌氧反应室和沉淀区之间的缓冲阶段，对防止污泥流失及确保沉淀后的出水水质起着重要作用。污水中的剩余有机物可被第二厌氧反应室内的厌氧颗粒污泥进一步降解，使污水得到更好的净化，提高出水水质。产生的沼气由第二厌氧反应室的集气罩收集，通过集气管进入气-液分离器。第二厌氧反应室的混合液在沉淀区进行固液分离，上清液由出水管排走，沉淀污泥自动返回到第二厌氧反应室。

(3) 工艺特点

内循环厌氧反应器实质上由两个上下重叠的 UASB 反应器串联组成，用下面 UASB 反应器产生的沼气作为提升的内动力，使升流管与回流管的混合液产生一个密度差，实现下部混合液的内循环，使污水获得强化的预处理。上面的 UASB 反应器对污水继续进行处理，使出水可达到预期的处理效果。

内循环厌氧反应器在运行过程中具有如下特点：

① 具有很高的容积负荷率

由于存在着内循环，传质效果好、生物量大、污泥龄长，进水有机负荷率远比普通的 UASB 反应器高，一般可高出 3 倍左右。处理高浓度有机污水（如土豆加工污水），当

COD 为 10000~15000mg/L 时，进水容积负荷率可达 30~40kgCOD/(m³·d)。处理低浓度有机污水（如啤酒污水），当 COD 为 2000~3000mg/L 时，进水容积负荷率可达 20~25kgCOD/(m³·d)，水力停留时间 HRT 仅为 2~3h，COD 去除率可达 80%以上。

② 节省基建投资和占地面积

由于容积负荷较高，因此反应器的体积较小，仅为普通 UASB 反应器的 1/4~1/3，而且有很大的高径比，所以占地面积特别省，非常适合占地面积紧张的企业采用。

③ 沼气提升实现内循环节能

内循环厌氧反应器以自身产生的沼气作为提升的动力实现混合液的内循环，不必另设水泵实现强制循环，从而可节省能耗。

④ 抗冲击负荷能力强

由于实现了内循环，处理低浓度有机污水（如啤酒污水）时，循环流量可达进水流量的 2~3 倍；处理高浓度有机污水（如土豆加工污水）时，循环流量可达进水流量的 10~20 倍。循环流量与进水在第一反应室内充分混合，使污水中的有害物质得到充分稀释，大大降低了有害程度，从而提高了反应器的耐冲击负荷能力。

⑤ 具有缓冲 pH 值的能力

内循环流量相当于第一级厌氧出水的回流，可利用 COD 转化的碱度对 pH 值起缓冲作用，使反应器内的 pH 值保持稳定。

⑥ 出水稳定性好

内循环厌氧反应器相当于两级 UASB 串联，下面的 UASB 反应器具有很高的有机负荷率，起粗处理作用，上面的 UASB 反应器的负荷率较低，起精处理作用，因而出水水质较为稳定。

5.2.3.2.3 厌氧膨胀颗粒污泥床反应器

升流式厌氧污泥床反应器（UASB）和内循环（IC）厌氧反应器的泥水混合来源于进水的混合和产气的扰动，但对于进水无法采用大水力和高有机负荷的情况，如在低温条件下采用低负荷工艺时，由于污泥床内的混合强度太小，无法抵消短流效应。厌氧膨胀颗粒污泥床（expanded granular sludge blanket，简称 EGSB）反应器是在 UASB 反应器的基础上改进发展的，对于低温和低浓度有机污水，在沼气产率低、混合强度低时，能获得较好的运行效果。

EGSB 反应器是对 UASB 反应器的改进，与 UASB 反应器的最大区别在于反应器内上升流速的不同。在 UASB 反应器内，水力上升流速一般小于 1m/h，而 EGSB 反应器通过采用出水循环，其水力流速一般可达到 5~10m/h，所以整个颗粒污泥床呈膨胀状态。

(1) 构造

EGSB 反应器的结构如图 5-17 所示，主要组成可分为进水分配系统、气-液-固分离器以及出水循环部分。进水分配系统的作用是将进水均匀地分配到整个反应器的底部，并产生一个均匀的上升流速。与 UASB 反应器相比，EGSB 反应器由于高径比更大，其所需要的配水面积会较小，同时采用了出水循环，其配水孔口中的流速会更大，因此系统更容易保证配水均匀。三相分离器仍然是 EGSB 反应器最关键的设备，作用是将出水、沼气、污泥三相进行有效的分离，使污泥保留在反应器内。

与 UASB 反应器相比，EGSB 反应器内的液体上升流速要大得多，因此必须对三相分离器进行特殊的改进。可采用以下几种方法：

① 增加一个可以旋转的叶片，在三相分离器底部产生一股向下水流，有利于污泥的回流。

② 采用筛鼓或细格栅，可以截留细小颗粒污泥。

③ 在反应器内设置搅拌器，使气泡与颗粒污泥分离。

④ 在出水堰处设置挡板以截留颗粒污泥。

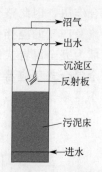

图 5-17　EGSB 反应器结构示意图

（2）性能

出水循环部分是 EGSB 反应器与 UASB 反应器的不同之处，主要目的是提高反应器内的液体上升流速，使颗粒污泥床层充分膨胀，污水与微生物之间充分接触，加强传质效果，还可避免死角和短流的发生。

EGSB 反应器由于在高的水流和气流速率下产生充分混合作用，使得反应器内可以保持高的有机负荷和去除效率，系统可以采用 $10 \sim 30 \mathrm{kgCOD} /（\mathrm{m}^3 \cdot \mathrm{d}）$ 的容积负荷。可以应用于：

① 低温低浓度有机污水处理。

② 中、高浓度有机污水处理。

③ 高硫酸盐的有机污水处理。

④ 有毒性、难降解的有机污水处理。

5.2.3.2.4　厌氧折流板反应器

厌氧折流板反应器（anaerobic baffled reactor，简称 ABR）是 20 世纪 80 年代初由 McCarty 和 Bachmann 等研究开发的一种新型高效厌氧反应器，可有效处理高、中、低浓度的有机污水。

（1）构造与工作原理

厌氧折流板反应器的结构如图 5-18 所示，主要由反应器主体和挡板组成。在反应器内垂直设置的竖向导流板将反应器分隔成串联的几个反应室，每个反应室都是一个相对独立的升流式厌氧污泥床（UASB）系统，其中的污泥以颗粒形式或絮状形式存在，污水进入反应器后沿导流板上下折流前进，依次通过每个反应室的污泥床，污水中的有机物与微生物充分接触而去除。借助污水流动和沼气上升的作用，反应室中产生的厌氧污泥在各个隔室内作上下膨胀和沉降运动，但是由于导流板的阻挡和污泥自身的沉降性能，污泥在水平方向的流速极其缓慢，从而大量的厌氧污泥被截留在反应室中。

反应器的水力条件是影响处理效果的重要因素，从构造上 ABR 可以看作是多个 UASB 反应器的简单串联，但工艺上与单个 UASB 反应器有显著不同：UASB 反应器可近似地看作是一种完全混合式反应器（CSTR），而 ABR 反应器则更接近于推流式（PF）工艺。从整个 ABR 反应器来看，反应器内的折流板阻挡了各隔室间的返混作用，强化了各隔室内的混合作用，因而 ABR 反应器内的水力流态是局部为 CSTR 流态、整个为 PF 流态的一种复杂水力流态型反应器。随着反应器内分隔数的增加，整个反应器的流态则趋于推流式，如图 5-19 所示。

（2）工艺特点

1）良好的水力条件

在厌氧折流板反应器中，由于挡板阻挡了各隔室内的返混作用，强化了各隔室内的混合作用，因此整个反应器内的水流形式属推流式，而每个隔室内的水流则由于上升水流及产气的搅拌作用而表现为完全混合型的水流流态，这种整体上为推流式、局部区域为完全混合式的多个反应器串联工艺对有机底物的降解速率和处理效果高于单个完全混合式反应器。同时，在一定处理能力下所需的反应器容积也较完全混合式反应器小得多。

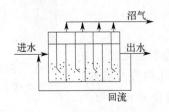

图 5-18　ABR 反应器结构示意

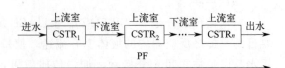

图 5-19　厌氧折流板反应器的水力流态

厌氧折流板反应器相当于把一个反应器内的污泥分配到了多个隔室的反应小区内，每个反应小区的污泥浓度虽然与整个反应器的污泥浓度基本一致，但每个隔室内的污泥量则被分散了。若反应器内的分隔数为 n，则每个隔室内的污泥量为反应器内污泥总量的 $1/n$，这样一方面提高了污泥与污水的接触和混合程度，提高了反应器的容积利用率；另一方面使得反应器内的污泥在生物相上也由隔室所处的位置不同而呈现出不同的微生物组成，从而使反应器具有较高的抗冲击负荷的能力。

2）稳定的污泥截留能力

厌氧折流板反应器对污泥的有效截留能力首先取决于其构造特点：一是绕折流板的流动使水流在反应器内流经的总长度增加，二是下向流室较上向流室窄使上向流室中水流的上升速率较小，三是上向流室进水一侧折流板的下部设置了约为 $45°$ 的转角，有利于截留污泥，也可缓冲水流和均匀布水。

其次，反应器内污泥与污水的良好混合接触使得其容积利用率高，有利于污泥絮体和颗粒污泥的形成和生长，使反应器内的厌氧微生物在自然形成良好种群配合的同时，可在较短的时间内形成具有良好沉降性能的凝体污泥和颗粒污泥。

由于厌氧折流板反应器对污泥的稳定截留性能和良好的水力条件，即使进水 SS 浓度高达数万 mg/L 也不会造成反应器的堵塞问题。研究表明，厌氧折流板反应器中污泥的最小停留时间 θ_{cmin} 可达 65d。

3）良好的颗粒污泥形成及微生物种群的分布

虽然颗粒污泥的形成并不是厌氧折流板反应器处理效能的主要决定性因素，但也存在颗粒污泥的形成过程，而且生长速率较快，一般情况下，在初期运行的 $30\sim45$d，当容积负荷为 $3.0\sim5.0$kgCOD/($\mathrm{m}^3\cdot$d) 时，即可出现粒径为 $0.2\sim0.5$mm 的颗粒污泥，此后颗粒污泥的粒径逐步增大到 $2\sim3$mm。

由于厌氧折流板反应器各隔室内底物浓度和组成不同，逐步形成了各隔室内不同的微生物组成，前端的隔室内主要以水解及产酸菌为主，后面的隔室内则以产甲烷细菌为主。对于产甲烷细菌，随隔室的推移，其种群由以八叠球菌属为主逐步向产甲烷丝状菌属、异养产甲烷菌和脱硫弧菌属等转变。这种空间变化使优势菌群得以良好的生长繁殖，污水中的不同底物分别在不同的隔室被降解，因而处理效能良好且稳定。

厌氧折流板反应器工艺的主要优点如表 5-3。

表 5-3　厌氧折流板工艺的主要优点

指标	优点
反应器结构	结构简单,无运动部件,无需机械混合装置;容积利用率高,造价低;不易堵塞,污泥床膨胀程度较低,因此可降低反应器的总高度,投资成本和运行费用低
生物量特性	对生物体的沉降性能无特殊要求,污泥产率低,剩余污泥量少,污泥龄高,不需后续沉淀池进行泥水分离
工艺的运行	水力停留时间短,可以间歇运行,耐水力和有机冲击负荷能力强,对进水中的有毒有害物质具有良好的承受能力

(3) 工艺设计

厌氧折流板反应器设计的第一步是根据污水种类及处理要求选定池型,若主要用于有机物的水解酸化处理或沼气产量较小,可不必收集沼气,而选择敞开式反应池;若主要用于产甲烷发酵处理,且沼气产量较大,需选择封闭式反应池以收集沼气。沼气收集区由池壁在水面上继续加高、加盖形成,沼气产生后最终蓄积于上部收集区,并由管道输出,并应设置浮渣排放口。收集区高度与 UASB 反应器集气室高度的设定相似,应保证出气管在反应器的运行过程中不被淹没,能畅通地将沼气排出反应器,并防止浮渣堵塞。从实践来看,集气室水面浮渣层的厚度与进水水质有关,在处理难降解的短纤维较多的污水时,浮渣层较厚。当工艺运行良好且产气量较多时,由于气体的搅拌作用可使浮渣层破碎、沉淀并返回到反应区。总之,在确定集气区高度时应考虑适当的富余高度,并应考虑设置浮渣排放口。

1) 反应器容积计算

反应器容积的计算可分别采用有机底物容积负荷和水力停留时间的方法。

① 有机底物容积负荷法

当处理中等浓度和高浓度有机污水时,反应器的有效容积主要决定于有机底物的容积负荷 N_v 和进水浓度。采用有机底物容积负荷计算反应器容积时,可按下式进行计算:

$$V = \frac{QS_0}{N_v} \tag{5-22}$$

式中　V——反应器的有效容积,m^3;

　　　Q——污水流量,m^3/d;

　　　S_0——进水有机物浓度,$kgCOD/m^3$ 或 $kgBOD_5/m^3$;

　　　N_v——容积负荷,$kgCOD/(m^3 \cdot d)$ 或 $kgBOD_5/(m^3 \cdot d)$。

容积负荷值与反应器的温度、污水的性质和浓度有关,同时与反应器内是否形成颗粒污泥也有很大关系,对于某种污水,反应器的容积负荷一般应通过试验确定,如有同类型污水的处理资料时,可以参考选用。有机底物容积负荷最高可达 $10\sim30$ $kgCOD/(m^3 \cdot d)$,其 COD 去除率可达 $70\%\sim80\%$。

② 水力停留时间法

当处理低浓度污水(COD<1000mg/L)和温度超过 25℃时,反应器的有效容积主要取决于水力停留时间 t,因此可根据水力停留时间 t 计算有效容积 V,即:

$$V = Qt \tag{5-23}$$

式中　t——水力停留时间(HRT),h 或 d;

　　　Q——进水流量,m^3/h 或 m^3/d。

2) 反应器尺寸计算

在确定厌氧折流板反应器的有效容积后，需要对反应器的具体尺寸做出限定，分别是有效水深 H、长度 L、宽度 B、分隔数 n 及每隔室下向流区和上向流区宽度的比值。

厌氧折流板反应器的有效水深 H 可参照 UASB 反应器或传统厌氧污泥反应器的设计采用 3～6m。

厌氧折流板反应器整体上属于推流式反应器，按照传统推流式活性污泥反应池长宽比的限定，可选择 $L : B \geqslant 5$。

由于各隔室属于完全混合式流态，为确保每个隔室中水流的平衡与稳定，每个隔室的长度 L/n 和宽度 B 不宜差距过大，可选择 $B : (L/n) = 1 \sim 1.5$。

计算出反应器的有效容积 V，在 3～6m 范围内选定有效水深 H 后，即可根据隔室宽度和长度比值 $B : (L/n) = 1 \sim 1.5$ 和反应器长宽比 $L : B \geqslant 5$ 的限定，通过试算法确定反应器的长度 L、宽度 B 和分隔数 n。

在确定各隔室上向流区和下向流区的宽度分配时，需要先确定上向流区的宽度 b_1，则下向流区的宽度可按下式计算：

$$b_2 = \frac{L}{n} - b_1 \tag{5-24}$$

由于各隔室的上向流区相当于 UASB 反应器的悬浮污泥层和污泥床，由 UASB 反应器的设计可知，为保证污泥与污水充分混合而又避免污泥流失，对于絮状污泥，可在 0.5～1.5m/h 范围内选择水流上升流速 v_L，一般取值为 0.6～0.9m/h，瞬时值可达 2m/h；对于颗粒污泥，可采用的上升流速 v_L 为 3m/h；对于完全溶解性污水，v_L 的瞬时值可达 6m/h；对于部分溶解性污水，v_L 的瞬时值可达 2m/h。运行中，由于每隔室上向流区的污泥在水流的上升作用下出现膨胀和沉淀，而各隔室的污泥混合较少，为保证各隔室上向流区的污泥不被水流大量冲出，上向流区水流上升流速 v_L 的选择应参照 UASB 悬浮污泥床中水流上升流速的范围。

上向流区的水流上升流速 v_L 确定后，根据已知流量 Q，可按下式求出上向流区的横断面面积：

$$A = \frac{Q}{v_L} \tag{5-25}$$

上向流区的宽度可按下式进行计算：

$$b_1 = \frac{A}{B} \tag{5-26}$$

(4) 基于 ABR 的组合工艺

1) ABR-SBR 组合工艺

序批式活性污泥反应器（SBR）结构简单，运行方式灵活，但抗基质浓度冲击和容积负荷冲击的能力相对较差。而厌氧折流板反应器（ABR）的抗冲击负荷能力较强，将 ABR 和 SBR 工艺联用，能保证反应器的稳定性，在高效去除污水中 COD 的同时，还能有效脱氮除磷，达到多种污染物的去除。

汪家权等采用 ABR-SBR 组合工艺处理餐饮污水，通过分别启动 ABR 和 SBR，培养出能够处理餐饮污水的微生物菌群。ABR 通过厌氧微生物的吸附和稳定，利用污泥中的水解细菌和产酸细菌将原水中的有机物转化为易于生物降解的小分子物质，从而加速后续处理单元（SBR）对 COD、TN 的去除。与传统工艺相比，该工艺具有稳定高效的优点，污染物质去除率较高。

2）UASB-ABR-A/O 组合工艺

上流式厌氧污泥床反应器（UASB）具有容积负荷率高、水力停留时间长、能耗低、成本低、污泥产量低、能够回收生物质能——沼气等优点，但上流速率难以控制，容易造成污泥流失现象。将多工艺联合 UASB 反应器是一个污水处理的较优选择。

工业污水的成分复杂，毒性大，色度高，并含难生物降解的污染物，采用混凝预处理，并结合 UASB、ABR、缺氧/好氧（A/O）池和气浮工艺等联合工艺处理，可使出水水质达到较高的标准。

王白杨等采用图 5-20 所示的 UASB-ABR-A/O 组合工艺处理制药污水，突破了高固体悬浮物和溶解酶对生物产生的抑制作用，解决了由于调节池过小带来的较大负荷冲击问题，出水水质可达到污水综合排放二级标准。

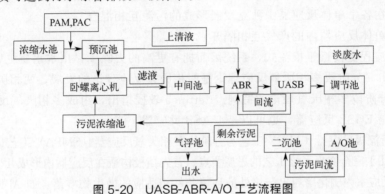

图 5-20　UASB-ABR-A/O 工艺流程图

3）ABR-BAF 组合工艺

与普通快滤池相比，曝气生物滤池（BAF）在其底部增设曝气系统，具备有机负荷高、占地面积小、投资少、不产生污泥膨胀等特点。但 BAF 的除磷效果较差，出水很难达到排放标准，且在单独系统中无法同时进行氮磷元素的脱除。将曝气生物滤池（BAF）与厌氧折流板反应器（ABR）联用能很好地解决这一缺点。钟华文等利用 ABR-BAF 组合工艺处理制革综合污水，取得了较好的处理效果。ABR 和 BAF 对 COD 的平均去除率分别为 66％ 和 65％，对 COD 的平均去除负荷分别为 $1.0kg/(m^3 \cdot d)$ 和 $1.5kg/(m^3 \cdot d)$，比普通活性污泥法的处理效能高一倍，表明 ABR-BAF 是一种高效脱氮除磷组合工艺。

（5）改进型 ABR 反应器

1）复合型厌氧折流板反应器

Tilche 和 Yang 等提出复合型厌氧折流板反应器（简称 HABR）的结构如图 5-21 所示。该反应器能提高细菌的平均停留时间，从而有效处理高浓度有机污水。

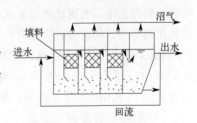

图 5-21　HABR 反应器
结构示意图

改进主要体现在：

① 最后一格反应室后增加了一个沉降室，流出反应器的污泥可以沉积下来，再被循环利用。

② 在每格反应室的顶部设置填料，防止污泥的流失，而且可以形成生物膜，增加生物量，对有机物具有降解作用。

③ 气体被分格单独收集，便于分别研究每格反应室的工作情况，同时也保证产酸阶

段所产生的 H_2 不会影响产甲烷细菌的活性。

2）分阶段多相厌氧反应器

厌氧生物处理过程是一系列复杂的生化反应，反应器中的底物、各类中间产物、最终产物以及各种群微生物之间的相互作用，形成一个复杂的微生态系统，各类微生物间通过营养底物和代谢产物形成共生关系或互营关系，因此反应器作为提供微生物生长繁殖的微型生态系统，各类微生物的平稳生长、物质和能量流动的高效顺畅是保证系统持续稳定的必要条件，如何培养和保持相关微生物的平衡生长已成为新型厌氧生物反应器的设计思路。

针对于此，Lettinga 教授提出了分阶段多相厌氧反应器（staged multi-phase anaerobic reactor，简称 SMPA）技术。其理论思路是：

① 在各级分隔的单体反应器中培养出合适的厌氧细菌群落，以适应相应的底物组分及环境因子。

② 防止在各个单体反应器中独立发展形成的污泥互相混合。

③ 各个单体反应器内的产气互相隔开。

④ 工艺流程更接近于推流式，系统因而拥有更高的去除率，出水水质更好。

可以看出，分阶段多相厌氧反应理论是两相厌氧反应理论的发展，两相厌氧反应理论可以看作是分阶段多相厌氧理论的特例。Lettinga 教授指出，组成多相厌氧反应的单体反应器既可以是 EGSB 反应器，也可以是 UASB 反应器。

将厌氧折流板反应器（ABR）工艺与分阶段多相厌氧反应器（SMPA）工艺进行对比可以发现，ABR 几乎完全实现了该工艺的思想要点。首先挡板构造在反应器内形成几个独立的反应室，在每个反应室内驯化培养出与该处的环境条件相适应的微生物群落。如 ABR 用于处理以葡萄糖为基质的污水时，第一格反应室经过一段时间的驯化，将形成以酸化菌为主的高效酸化反应区，葡萄糖在此转化为低级脂肪酸（VFA），而其后续反应室将先后完成各类 VFA 到甲烷的转化。由热力学分析可知，细菌对丙酸和丁酸的降解只有在环境中氢分压较低的情况下才能进行，而有机物酸化阶段是氢的主要来源，产甲烷阶段几乎不产生氢。与单个 UASB 反应器中酸化和产甲烷过程融合进行不同，ABR 反应器有独立分隔的酸化反应室，酸化过程中产生的氢气以产气形式先行排出，因此有利于后续产甲烷阶段中丙酸和丁酸的代谢过程在较低的氢分压环境下顺利进行，避免了丙酸、丁酸过度积累所产生的对产甲烷细菌的抑制作用。由此可以看出，在 ABR 反应器各个反应室中的微生物是随反应器的流程逐渐递变的，递变的规律与底物降解过程协调一致，从而确保相应的微生物拥有最佳的工作活性。同时 ABR 反应器的推流式特性可确保系统拥有更优的出水水质，反应器的运行也更加稳定，对冲击负荷以及进水中的有毒物质具有更好的缓冲适应能力。

但 ABR 反应器的推流式特性也有其不利的一面，在相同的总负荷条件下，与单级 UASB 反应器相比，ABR 反应器的第一格要承受远大于平均负荷的局部负荷，以拥有 4 格反应室的 ABR 反应器为例，第一格的局部负荷为系统平均负荷的 4 倍。

3）膜曝气折流板反应器

膜曝气折流板反应器的主要特点在于折流板反应器内设置无泡曝气和特殊结构的生物膜。氧气从生物膜的内腔透过膜壁进入生物膜内层，依靠浓度梯度扩散到生物膜表面，形成内层好氧区、外层厌氧区的特殊结构。污染物则反向扩散，生物膜内部底物传递的异向性形成了特有的生物膜分层情况和微生物群落结构。在此基础上，反应器内可实现产酸相、产甲烷相、硝化相和反硝化相等多个生物相的分离，成为处理中高浓度含氮有机污水的新工艺。

Hu 等试验发现，厌氧混合膜曝气折流板反应器可高效持续地去除氮和有机物。当 HRT 为 40h、进水 COD 为 1600mg/L、NH_4^+-N 为 80mg/L 时，厌氧混合膜曝气折流板反应器对 COD 的去除率为 83.5%，对 NH_4^+-N 的去除率高达 96.8%。孙翠等采用微碳管曝气膜反应器实施了同步硝化反硝化工艺，在 HRT 为 24h、进水 COD 和 NH_4^+-N 分别为 2000mg/L 和 50mg/L 时，COD 和 NH_4^+-N 的去除率分别达到了 99.7% 和 88%。

5.3　厌氧生物接触工艺与设备

普通厌氧消化工艺用于处理高浓度有机污水时，存在容积负荷低、水力停留时间长等问题。1955 年 Schroepter 认识到在厌氧处理设备内保持大量厌氧活性污泥的重要性后，提出采用污泥回流的方式，在普通厌氧消化池之后增设二沉池和污泥回流系统，将沉淀污泥回流至消化池，开发了厌氧生物接触工艺（anaerobic contact process，简称 ACP）。

5.3.1　技术原理

厌氧生物接触工艺实际上是参照好氧活性污泥法的模式，通过设置后沉淀和污泥回流，实现污泥在反应器中的停留时间大于污水的停留时间，保持反应器中有足够的污泥浓度，提高厌氧消化池的容积负荷和处理效率，不仅缩短了水力停留时间，也使占地面积减少。

厌氧生物接触工艺的主要构筑物有普通厌氧消化池、沉淀分离装置等。污水进入厌氧消化池后，依靠池内大量的微生物絮体降解污水中的有机物，池内设有搅拌设备以保证有机污水与厌氧生物的充分接触，并促使降解过程中产生的沼气从污泥中分离出来，厌氧生物接触池流出的泥水混合液进入沉淀分离装置进行泥水分离。沉淀污泥按一定比例返回厌氧消化池，以保证池内拥有大量的厌氧微生物。由于厌氧消化池内存在大量的悬浮态厌氧活性污泥，保证了厌氧生物接触工艺的高效稳定运行。

5.3.2　工艺过程

厌氧生物接触的工艺流程如图 5-22 所示，污水进入消化池与厌氧生物充分接触而被降解，产生的沼气从消化池顶部排出，泥水混合液进入沉淀池，沉淀污泥按一定比例回流至消化池。

然而，从厌氧消化池排出的混合液在沉淀池中进行固液分离有一定的困难，其原因一方面由于混合液中污泥上附着大量的微小沼气泡，易于引起污泥上浮，另一方面，由于混合液中的污泥仍具有产甲烷活性，在沉淀过程中仍能继续产气，从而妨碍污泥颗粒的沉降和压缩。为了提高沉淀池中混合液的固液分离效果，目前常用以下几种方法进行脱气：

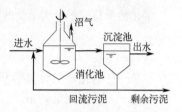

图 5-22　厌氧生物接触工艺流程

① 真空脱气法，由消化池排出的混合液经真空脱气器（真空度为 5kPa），将污泥絮体上的气泡除去，改善污泥的沉淀性能。

② 热交换器急冷法，将从消化池排出的混合液进行急速冷却，如将中温消化液从 35℃冷却到 15～25℃，可以控制污泥继续产气，使厌氧污泥有效沉淀，图 5-23 是设真空脱气器和热交换器的厌氧接触工艺流程。

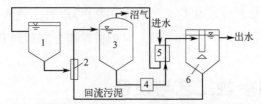

图 5-23　设真空脱气器和热交换器的厌氧接触法工艺流程
1—调节池；2—水射器；3—消化池；4—真空脱气器；5—热交换器；6—沉淀池

③ 絮凝沉淀法，向混合液中投加絮凝剂，使厌氧污泥易凝聚成大颗粒，加速沉降。

④ 超滤法，用超滤器代替沉淀池，以改善固液分离效果。此外，为保证沉淀池的分离效果，在设计时，沉淀池的表面负荷应采用较小值，一般不大于 1m/h；停留时间应采用较大值，可采用 4h。

厌氧生物接触工艺的特点是：

① 增加了污泥沉淀池和污泥回流系统，使消化池内能保持较高的污泥浓度（一般为 10～15g/L），耐冲击能力强。

② 设有真空脱气装置，将附着在污泥表面的细小气泡脱除，从而提高沉淀池的分离效率。

③ 消化池容积负荷较高，中温消化时一般为 2～10kgCOD/(m³·d)；水力停留时间短，常温条件下一般小于 10d。

④ 可以直接处理悬浮固体含量较高或颗粒较大的料液，不存在堵塞问题。

⑤ 出水水质好，但需增加沉淀池、污泥回流和脱气等设备。

5.3.3　过程设备

厌氧生物接触工艺主要由消化池和沉淀池组成。消化池的设计主要包括池容的计算、浮渣清除系统的设置以及沼气收集和储存系统的设计三部分。

(1) 消化池池容的计算

消化池容积的计算可分别采用有机底物容积负荷率 N_v、有机底物污泥负荷率 N_{Ts} 和污泥龄等方法。

1) 按有机底物容积负荷率计算

消化池单位容积每天承受的有机物量为其有机底物的容积负荷率，可用下式计算池容：

$$V = \frac{QS_0}{N_v} \qquad (5-27)$$

式中　V——消化池的计算容积，m^3；

　　Q——进水流量，m^3/d；

　　S_0——进水有机底物浓度（以 COD 或 BOD 表示），$kgCOD/m^3$ 或 $kgBOD/m^3$；

　　N_v——有机底物的容积负荷率，$kgCOD/(m^3 \cdot d)$ 或 $kgBOD/(m^3 \cdot d)$。

容积负荷率 N_v 的取值范围为 2～4kgCOD/(m³·d)，最佳污泥负荷率 N_{Ts} 为 0.3～0.5kgCOD/(MLSS·d)，MLSS 值为 3～6g/L，混合液的 SVI 值为 70～150，回流比 R

为 2～4，消化温度不低于 20℃。

2）按污泥龄计算池容

按污泥龄计算消化池池容时，可采用下式：

$$V = \frac{\theta_c YQ(S_0 - S_e)}{X(1 + K_d \theta_c)} \tag{5-28}$$

式中　V——消化池的计算容积，m^3；

　　　θ_c——污泥停留时间（污泥龄），d；

　　　Y——污泥产率系数，也称污泥理论产率；

　　　Q——进水流量，m^3/d；

　　　S_0——反应器进水 COD 浓度，mg/L；

　　　S_e——沉淀池出水 COD 浓度，mg/L；

　　　X——厌氧污泥浓度，gVSS/L。

　　　K_d——污泥衰减系数，也称内源呼吸率，d^{-1}。

对于不同类型的污水，需要确定适当的污泥产率系数 Y、衰减系数 K_d、污泥龄 θ_c 和合适的厌氧污泥浓度 X。对于脂肪类物质含量较低的污水，污泥产率系数 $Y=0.0044$，衰减系数 $K_d=0.0019d^{-1}$；对于脂肪类物质含量高的污水，污泥产率系数 $Y=0.04$，衰减系数 $K_d=0.015d^{-1}$。污泥浓度 X（MLVSS）可取值为 3～6gVSS/L，污泥浓度 X 较高时可达到 5～10gVSS/L。

对于 COD 浓度为 1000mg/L 以上的有机污水，可参考以下设计参数进行设计：容积负荷：2～6kgCOD/（m^3·d）；污泥负荷：0.2～0.6kgCOD/（kgVSS·d）；污泥浓度：6～10kgVSS/m^3；污泥回流比：0.8～2.0；沉淀池表面水力负荷：0.1～0.5m^3/（m^2·h）。

（2）浮渣清除系统的设置

在处理蛋白质或脂肪含量较高的工业污水时，蛋白质或脂肪的存在会促进泡沫的产生和污泥的漂浮，在集气室和反应器的液面可能形成一层很厚的浮渣层，对正常运行造成干扰，如阻碍沼气的顺利释放，或者堵塞出气管，导致部分沼气从沉淀区逸出，进而干扰沉淀区的沉淀效果。

在浮渣层不能避免时，应采取以下措施由集气室排除浮渣层：

① 通过搅拌使浮渣层中的固体物质下沉。

② 采用弯曲的吸管通入到集气室液面下方，通过沿液面下方慢慢移动来吸出浮渣。

③ 使用同样的弯管或同一根弯管通过定期进行循环水冲洗或产气的回流搅拌使浮渣层的固体物沉降，这时必须设置冲洗管道或循环水泵（或气泵）。

浮渣层也会在沉降区液面形成，特别是当出水堰板前设置了挡板时。此时可采用浮沫撇除装置，如刮渣机（构造与沉淀池或气浮池的刮渣机相同）。使用带筛孔的挡板可以选择性地截留上浮的颗粒污泥。

为了防止浮渣引起出水管堵塞或使气体进入沉降室，除了上述措施外，还可通过设计上保证气液界面的稳定高度来控制，即通过水封来控制。

（3）沼气收集和储存系统的设计

高浓度有机污水的厌氧消化均会产生大量沼气，因此在设计时必须同时考虑相应的沼气收集、储存和利用等配套设施。

第**6**章

厌氧生物膜法处理工艺与设备

厌氧生物膜法是使厌氧微生物附着在滤料或某些载体上生长繁育而形成膜状生物污泥——生物膜。污水与生物膜接触时，厌氧微生物发生一系列的生物化学反应，将污水中的有机物降解、转化为小分子物质。通过附着生长的厌氧微生物，将污泥"固定"在反应器内部，大大延长了反应器内的污泥停留时间（SRT），在保持相同处理效果的情况下，SRT的提高可大大缩短污水在反应器内的停留时间（HRT），从而加快污水的处理速率，减小反应器的体积，实现比较高的工艺负荷。

与好氧生物膜法工艺类似，厌氧生物膜法工艺包括厌氧生物滤池、厌氧生物转盘、厌氧流化床等。

6.1 厌氧生物滤池工艺与设备

厌氧生物滤池（anaerobic filter，简写 AF）是一种采用生物固定技术延长污泥停留时间（SRT）、缩短水力停留时间（HRT）、提高容积负荷的厌氧生物处理技术，在处理溶解性有机污水时容积负荷可以高达 $2 \sim 15 kgCOD/(m^3 \cdot d)$，远大于普通厌氧反应器的容积负荷 [一般为 $2 \sim 5 kgCOD/(m^3 \cdot d)$]。

6.1.1 技术原理

厌氧生物膜工艺是利用附着于载体表面的厌氧微生物所形成的生物膜净化污水中有机物，净化过程包括有机物的传质、有机物的厌氧降解和产物的传质三个过程，如图 6-1 所示。

生物滤池内设置固定滤料，微生物附着在滤料表面生长和繁殖，并逐渐形成生物膜。有机污水通过挂有生物膜的滤料时，污水中的有机物扩散到生物膜表面，并被生物膜中的微生物降解转化为生物气体，污水得到净化。净化后的污水通过排水设备排至池外，产生的生物气体被收集。生物滤池的种类不同，其内部的流态也不尽相同。升流式厌氧生物滤池的流态接近于平推流，纵向混合不明显；降流式厌氧生物滤池一般采用较大的回流比操作，其流态接近于完全混合状态。

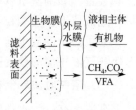

图 6-1 厌氧生物膜降解
有机污水的过程

184

厌氧生物滤池可以采用投加接种污泥（污水处理厂消化污泥）启动，在投加前可与一定量的污水混合，加入滤池停留 3～5d，然后开始连续进水。启动初期，厌氧生物滤池的容积负荷一般为 $1.0kgCOD/(m^3 \cdot d)$，可以先少量进水，延长污水在滤池中的停留时间来达到该容积负荷。随着厌氧生物膜的成熟，逐步提高进水负荷，一般认为污水中可生物降解的 COD 去除率达到 80% 时，即可适当增加负荷，直到设计负荷为止。对于高浓度和有毒有害污水的处理，启动时要适当稀释。

多数厌氧生物滤池在 25～40℃ 温度条件下运行，水温降低时，随着厌氧微生物活性减弱，进水有机负荷也要相应减小。当进水有机容积负荷高于 $0.2kgCOD/(m^3 \cdot d)$ 时，高温处理较中温处理更有效。但不管采用何种温度范围的厌氧生物滤池工艺，运行中都不宜随意更改，因为各温度范围生长的微生物种群是完全不同的，温度变动对工艺的效能影响很大。

6.1.2　工艺过程

在厌氧生物滤池中，厌氧微生物大部分存在于生物膜中，少部分以厌氧活性污泥的形式存在于滤料的孔隙中。厌氧微生物总量沿池高的分布是很不均匀的，在池进水部位高，相应的有机物去除速率快。对于升流式厌氧生物滤池，其下部的进水浓度高，相对应的微生物的浓度大，有机物去除速率快。随着滤池高度的变化，污水浓度显著降低，填料上附着的微生物量也显著减少。以塑料材料为填料的厌氧生物滤池在中温条件下处理有机污水，反应器内的污泥浓度分布如图 6-2 所示，COD 浓度的分布如图 6-3 所示。

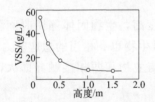

图 6-2　厌氧生物滤池内污泥浓度的分布　　　图 6-3　厌氧生物滤池内 COD 浓度的分布

由图 6-2 可知，在厌氧生物滤池的入口处，由于污水中有机物浓度高，相应的污泥浓度达到 60gSS/L 以上，有机物去除速率快。图 6-3 表明有机污水通过约 0.5m 的高度，污水中的大部分 COD 已经被去除，进一步的去除十分缓慢。图 6-2 和图 6-3 所示的曲线存在着一定的对应性，综合反映了厌氧生物滤池中的微生物浓度分布情况及其对污水中有机物去除的一致性。

当污水中有机物浓度高，特别是进水悬浮固体浓度和颗粒较大时，进水部位容易发生堵塞现象。对此，可对厌氧生物滤池采取如下改进措施：

① 出水回流，使进水有机物浓度得以稀释，同时提高池内水流的流速，冲刷滤料空隙中的悬浮物，有利于消除滤池的堵塞。对某些酸性污水，出水回流能起到中和作用，减少中和药剂的消耗。

② 部分充填载体。为了避免堵塞，仅在滤池底部和中部各设置一填料薄层，空隙率大大提高，处理能力增大。

③ 采用平流式厌氧生物滤池，其构造如图 6-4 所示，滤池前段下部进水，后段上部

溢流出水，顶部设气室，底部设污泥排放口，使沉淀悬浮物得到连续排除。

④ 采用软性填料。软性填料空隙率大，可克服堵塞现象。

在厌氧生物滤池内，由于填料是固定的，污水进入反应器内逐渐被水解酸化，转化为乙酸和甲烷，污水组成在反应器的不同高度逐渐变化，因此微生物种群的分布也呈现规律性：在底部进料处，发酵细菌和产酸细菌占有最大的比重；随着反应器的升高，产乙酸菌和产甲烷细菌逐渐增多并占主导地位。

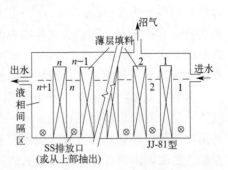

图 6-4 平流式厌氧生物滤池的结构示意图
（1、2、n、$n-1$、$n+1$ 表示填料的数量）

从工艺运行的角度看，厌氧生物滤池具有以下特点：

① 厌氧生物膜的厚度约为 1～4mm。

② 生物固体浓度沿滤料层高度而变化，降流式较升流式厌氧生物滤池的生物固体浓度的分布更均匀。

③ 适合于处理多种类型、浓度的有机污水，其有机负荷为 2～16kgCOD/(m^3·d)。

④ 当进水 COD＞8000mg/L 时，应采取出水回流的措施，减少碱度的要求，降低进水 COD 浓度，增大进水流量，改善进水分布条件。

厌氧生物滤池在有机污水处理领域具有明显的优点：

① 有机容积负荷高。由于滤料为微生物的附着生长提供了很大的表面积，滤池中可维持很高的微生物浓度，允许的有机容积负荷高，COD 容积负荷为 2～16kgCOD/(m^3·d)，因此生物滤池的容积小。

② 耐冲击负荷能力强。因厌氧生物滤池中污泥浓度高，生物固体停留时间长，平均停留时间可长达 100d，即使进水有机物浓度变化大，微生物也有相当的适应能力。

③ 有机物去除速率快。有机污水通过滤料层时，与生物膜两相接触界面大，强化了传质过程，加速了有机物的生物降解。

④ 微生物以固着生长为主，不易流失，因此不需污泥回流和搅拌设备。

⑤ 启动或再启动时间短。厌氧生物滤池由于填料具有很大的表面积，生物膜生长快，反应器启动时间短。

同时，厌氧生物滤池也存在一些问题，主要有：

① 处理含悬浮物浓度高的有机污水时，易发生堵塞，尤其在进水部位更严重，因此适用于处理溶解性的有机污水，要求进水 SS＜200mg/L。

② 污泥浓度过高时，易发生短流现象，减少水力停留时间，影响处理效果。

6.1.3 过程设备

厌氧生物滤池也称厌氧生物滤器或厌氧固定膜反应器，其与普通生物滤池、高负荷生物滤池及塔式生物滤池的本质区别在于，厌氧生物滤池无通风和供氧系统。厌氧生物滤池与其他滤池的结构相似，只是滤池处于封闭。

（1）构造

厌氧生物滤池呈圆柱形，池内装放填料，池底和池顶密封，其构造如图 6-5 所示。厌氧微生物附着于填料的表面生长，污水通过填料层时，在填料表面厌氧生物膜的作用下，污水中的有机物被降解并产生沼气，沼气从池顶部排出。滤池中的生物膜不断进行新陈代谢，脱落的生物膜随出水流出池外。根据进水点位置和污水的流向，厌氧生物滤池可分为升流式厌氧生物滤池、降流式厌氧生物滤池和升流式混合型厌氧生物滤池三种，分别如图 6-6 所示。

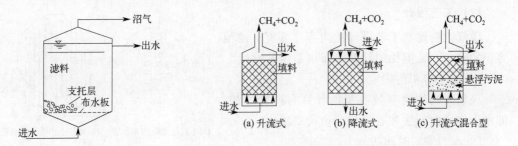

图 6-5　厌氧生物滤池构造　　　　图 6-6　厌氧生物滤池的三种形式

　　升流式厌氧生物滤池的下部配水空间和滤料缝隙极易生长悬浮厌氧污泥，虽然可增大生物量，提高有机底物的容积负荷，但也易于堵塞滤层，特别是处理悬浮物浓度高的污水，易造成水头损失增大、污泥浓度沿滤池深度分布不均、上部滤料不能充分利用等缺点，一般采用处理水回流的方法以避免堵塞。处理水回流一方面可以降低进水的有机底物和悬浮物浓度（如 SS 小于 200mg/L），增加系统的碱度，另一方面可以加大水力负荷，加强水流冲刷，减少堵塞的可能性。而降流式厌氧生物滤池的处理水从滤池底部排出，悬浮污泥和脱落生物膜及时被带出滤池，因此堵塞问题不如升流式厌氧滤池严重。

　　厌氧生物滤池由池体、滤料、布水设备及排水设备等组成，按功能不同可将厌氧生物滤池分为布水区、反应区、出水区、集气区 4 个部分。厌氧生物滤池的中心构造是滤料，滤料的形态、性质及其装填方式对滤池的净化效果及其运行有着重要的影响。

　　厌氧生物滤池填料的比表面积和空隙率对设备处理能力有较大影响。填料比表面积越大，可以承受的有机负荷越高。滤料是生物膜形成固着的部位，因此要求滤料表面应当比较粗糙便于挂膜，并要有一定的空隙率以便于污水均匀流动。空隙率越大，滤池的容积利用系数越高，堵塞减小。因此，与好氧生物滤池类似，厌氧生物滤池对填料的要求为：比表面积大，填充后空隙率高，生物膜易附着，对微生物细胞无抑制和毒害作用，有一定的强度，且质轻价廉、来源广。滤料的支撑板采用多孔板或竹子板。

　　厌氧生物滤池的滤料主要有碎石、卵石、焦炭和各种形式的塑料滤料。对于以碎石和卵石等块状物质作为滤料的厌氧生物滤池，滤料层的厚度多不超过 1.2m，因滤料的比表面积仅有 $40\sim50m^2/m^3$，孔隙率为 $50\%\sim60\%$，形成的生物膜较少或生物固体浓度不高，因而承受的有机负荷较低，仅为 $3\sim6kgCOD/(m^3 \cdot d)$，运行中易发生堵塞和短流现象。对于以塑料为滤料的厌氧生物滤池，其滤料层厚度可达 5m 以上，因其比表面积和孔隙率较大，如波纹板滤料的比表面积达 $100\sim120m^2/m^3$，孔隙率达 $80\%\sim90\%$，因此有机负荷较高，在中温发酵条件下的有机负荷可达 $5\sim15kgCOD/(m^3 \cdot d)$。

　　研究表明，在滤料层高度为 0.8m 时，污水中的大部分有机物可被去除，在滤料层高度为 1.0m 以上时，COD 的去除率几乎不再增加。因此，根据有机底物的降解效能研究，认为浅的滤料层可提供更有效的处理效果。但工程应用中，当滤料层高度小于 2.0m 时，脱落生物膜和悬浮污泥有被冲出滤池的危险而不能保持高的效率，同时由于出水悬浮物太多而使出水水质下降。

进水系统需考虑易于维修而又能使布水均匀，且有一定的水力冲刷强度。图6-7所示为进水系统的示意图。直径较小的厌氧生物滤池常采用短管布水，直径较大的厌氧生物滤池多用可拆卸的多孔管布水。

（2）工艺设计

厌氧生物滤池工艺设计的内容主要有：滤池容积的确定；回流比的计算；布水系统的设计。

1）滤池容积的确定

厌氧生物滤池有效容积的计算有两种方法，即水力停留时间法和有机容积负荷率法。

① 水力停留时间法

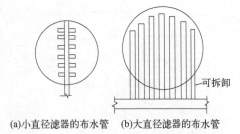

(a)小直径滤器的布水管　(b)大直径滤器的布水管

图6-7　厌氧生物滤池的进水系统示意图

$$V = QT \qquad (6-1)$$

式中　V——厌氧生物滤池的有效容积，m^3；

　　　Q——进入厌氧生物滤池的污水流量，m^3/h；

　　　T——水力停留时间（HRT），h。

按上式计算有效容积时，水力停留时间可参考类似有机污水的运行参数。

② 有机容积负荷率法

$$V = \frac{QC_0}{N_v} \qquad (6-2)$$

式中　C_0——进水COD浓度，$kgCOD/m^3$；

　　　N_v——容积负荷率，$kgCOD/(m^3 \cdot d)$。

资料表明，厌氧生物滤池的有机容积负荷率一般为$2\sim16kgCOD/(m^3 \cdot d)$。高浓度有机污水一般选择在$12\ kgCOD/(m^3 \cdot d)$左右，低浓度有机污水一般为$4\ kgCOD/(m^3 \cdot d)$左右，最好是通过试验或参考类似有机污水的运行参数。用有机容积负荷率计算有效容积后，要求用水力停留时间进行校核。

2）回流比的计算

对于升流式厌氧生物滤池，一般认为污水的COD浓度大于$8000mg/L$时，必须采用回流；小于$8000mg/L$时也可以采用回流。升流式厌氧生物滤池采用的最小回流比可按下式计算：

$$R_{\min} = C_0/1200 \qquad (6-3)$$

式中　$R_{\min}$——最小回流比，回流比为回流水量（Q_R）与原污水量（Q）之比。

对于降流式厌氧生物滤池，一般要求采用更大的回流比。

3）布水系统的设计

布水的均匀性对厌氧生物滤池的正常运行起着重要作用。大型生产性厌氧生物滤池的布水通常采用穿孔管，孔口流速比管内流速应相对大一些，一般孔口流速选$1.5\sim2.0m/s$，管内流速选$0.4\sim0.8m/s$，孔口设在布水管的下方两侧，孔口直径应不小于$10mm$，以免堵塞。穿孔进水管上部应设置多孔隔板以支承滤料，其与底部的距离视进水管管径而定，一般比管径大$0.3\sim0.5m$。

随着研究和应用重点的转向，厌氧生物滤池的应用增加得不多，但它对溶解性高浓度难降解有机污水的处理潜力是不容忽视的。

6.2　厌氧生物转盘工艺与设备

厌氧生物转盘工艺是在厌氧生物滤池的基础上发展起来的,有时又称为转盘式生物滤池,其转盘构造与好氧生物转盘基本类似,不同之处在于:在厌氧生物转盘中,转盘盘片的大部分(70%以上)或所有部分全部浸没在污水中。为保证厌氧条件和收集沼气,整个生物转盘设在一个密闭的容器内。

6.2.1　技术原理

在厌氧生物转盘中,污水处于半静止状态,而厌氧微生物主要附着生长在转盘盘片的表面,以生物膜的形式存在于反应器中,因此可以保持较长的污泥停留时间。盘面上生物膜的厚度与污水浓度、性质及转速有关。为防止盘片上生物膜生长过厚,单独依靠水力冲刷难以使生物膜脱落,使得生物膜过度生长,过厚的生物膜会影响基质和产物的传递,限制了微生物活性的发挥,也会造成盘片间被生物膜堵塞,导致污水与生物膜接触面积减小。有人研究利用固定盘片和转动盘片相间布置,两种盘片相对运动,避免了盘片间生物膜黏结和堵塞的发生,效果良好。

6.2.2　工艺过程

在厌氧生物转盘工艺中,污水的净化靠盘片表面的生物膜和悬浮在反应槽中的厌氧微生物完成,转盘在污水中转动的过程中,盘片表面的厌氧微生物就会从污水中摄取生长代谢所需要的有机物和其他营养物质,并最终转化为沼气(甲烷和二氧化碳)。为了实现微生物代谢过程的厌氧环境,转盘盘片的大部分(70%以上)或所有部分全部浸没在污水中。为了收集沼气,整个生物转盘设在一个密闭的反应槽中,产生的沼气从槽顶部排出。由于盘片的转动,作用在生物膜上的剪力可将老化的生物膜剥落,在水中呈悬浮状态,随水流出槽外。

厌氧生物转盘的主要特点是:

① 厌氧生物转盘内的微生物浓度高,因此有机物容积负荷高,一般在中温发酵条件下,有机底物面积负荷可达 $0.04 kgCOD/(m^2$ 盘片 $\cdot d)$,水力停留时间短。

② 污水沿水平方向流动,反应槽高度小,节省了提升高度。

③ 一般不需回流,既能节省能量,又便于操作,运行管理方便。

④ 不会发生堵塞,可处理含较高悬浮固体的有机污水。

⑤ 耐冲击能力强,运行稳定。

⑥ 可采用多级串联,使厌氧微生物在各级中分级并处于最佳的生存条件下,处理效果更好。

厌氧生物转盘的有机物容积负荷一般为 $20 gTOC/(m^3 \cdot d)$,处理 TOC 为 $110\sim 6000 mg/L$ 的生活污水、牛奶污水,TOC 的去除率可达 $60\%\sim 90\%$。最大缺点是盘片的造价较高。主要用于处理高浓度含碳有机污水、反硝化脱氮与除磷和硫酸盐还原脱硫等。

6.2.3 过程设备

（1）构造

厌氧生物转盘主要由盘片、传动轴与驱动装置、密封的反应槽等部分组成，其构造如图 6-8 所示。

（2）设计计算

厌氧生物转盘的设计计算内容主要包括：转盘盘片总面积计算、盘片总片数、接触反应槽总容积、转轴长度及污水停留时间等。

1）盘片总面积 $F(m^2)$

转盘盘片总面积的确定通常采用 BOD 盘片面积负荷 N_A 或盘片面积水力负荷 N_q 为计算标准。其中 N_A 指单位盘片表面积在 1d 内能接受的、并使转盘达到预期处理效果的 BOD 量，以 $gBOD_5/(m^2 \cdot d)$ 表示；N_q 是指单位盘片表面积在 1d 内能接受的、并使转盘达到预处理效果的污水流量，以 $m^3/(m^2 \cdot d)$ 表示。

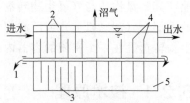

图 6-8 厌氧生物转盘构造图
1—转轴；2—固定盘片；3—隔板；
4—转动盘片；5—反应槽

（a）采用 BOD 盘片面积负荷 N_A 计算转盘盘片总面积 F 为：

$$F = \frac{Q(S_0 - S_e)}{N_A} \tag{6-4}$$

式中 N_A——盘片面积负荷，$gBOD_5/(m^2 \cdot d)$；

S_0——进水的 BOD_5 浓度，mg/L；

S_e——出水的 BOD_5 浓度，mg/L；

Q——平均日污水流量，m^3/d。

（b）采用盘片面积水力负荷 N_q 计算转盘盘片总面积 $F(m^2)$

$$F = \frac{Q}{N_q} \tag{6-5}$$

式中 N_q——盘片面积的水力负荷，$m^3/(m^2 \cdot d)$。对一般城市污水而言，N_q 为 $0.08 \sim 0.2 m^3/(m^2 \text{ 盘片} \cdot d)$。

2）转盘总盘片数 $m/$ 片

确定转盘盘片总面积 F 后，根据盘片直径的选择范围（$2.0 \sim 3.6m$，最大不超过 5m）选定直径 D，则转盘的总片数 m 为：

$$m = \frac{F}{2a} = \frac{A}{2 \times \frac{\pi}{4} D^2} = 0.637 \frac{F}{D^2} \tag{6-6}$$

式中 D——盘片直径，m；

2——盘片双面均为有效面积；

a——单片盘片的单面表面积。

3）每组转盘的盘片数 m_1（个）

假定采用 n 级（台）转盘，则每级（台）转盘的盘片数 m_1 为：

$$m_1 = \frac{m}{n} \tag{6-7}$$

式中　n——转盘组数。

4）每组转轴的有效长度（反应槽有效长度）$L(\text{m})$

由 m_1 可求定每级（台）转盘的转轴长度 L 为：

$$L = m_1(a+b)K \tag{6-8}$$

式中　a——盘片厚度，m，与盘片材料有关，一般取 $0.001 \sim 0.003\text{m}$；

　　　b——盘片净距，m，一般取 0.02m；

　　　K——考虑污水流动的循环沟道的系数，一般 $K=1.2$。

5）接触反应槽的有效容积 $W(\text{m}^3)$

接触反应槽的容积与其断面形状有关，当采用半圆形接触反应槽时，其总有效容积 W 为：

$$W = \alpha(D+2c)^2 L \tag{6-9}$$

式中　α——系数，取决于转轴中心距水面高度 r（一般为 $0.15 \sim 0.30\text{m}$）与盘片直径 D 之比。

　　　当 $r/D=0.1$ 时，α 取 0.294，当 $r/D=0.06$ 时，α 取 0.335。

　　　c——转盘盘片边缘与接触反应槽内壁之间的净距，m。

6）单个反应槽的净有效容积 $W'(\text{m}^3)$

$$W' = \alpha(D+2c)^2(L-m_1 a) \tag{6-10}$$

7）每个反应槽的有效宽度 $B(\text{m})$

$$B = D+2c \tag{6-11}$$

8）污水停留时间 $t(\text{h})$

确定反应槽容积 W' 后，在已知流量 Q 的情况下，污水在反应槽内的停留时间可按下式计算：

$$t = \frac{W'}{Q_1} \tag{6-12}$$

式中　t——污水停留时间，h，一般 $t=0.25 \sim 2\text{h}$；

　　　Q_1——单个接触反应槽的污水流量，m^3/d。

9）转盘转速 $n_0(\text{r/min})$

转盘的旋转速率以不超过 20m/min 为宜，但也不能太低，否则水力负荷较大，接触反应槽内污水得不到完全混合。最小转盘转速 n_0 可按下式计算：

$$n_0 = \frac{6.37}{D}\left(0.9 - \frac{W}{Q_1}\right) \tag{6-13}$$

式中　Q_1——单个接触反应槽的污水流量，m^3/d。

10）电机功率 $N_p(\text{kW})$

$$N_p = \frac{3.85 R^4 n_0^2}{b \times 10^{12}} m_0 \alpha \beta \tag{6-14}$$

式中　R——转盘半径，m；

　　　m_0——一根转轴上的盘片数；

　　　α——同一电机带动的转轴数；

　　　β——生物膜厚度系数，当膜厚分别为 $0 \sim 1\text{mm}$、$1 \sim 2\text{mm}$、$2 \sim 3\text{mm}$ 时，β 分别为

2、3、4。

6.3 厌氧生物流化床工艺与设备

与好氧生物流化床工艺类似，厌氧生物流化床工艺是厌氧生物膜法的一种变形工艺。

6.3.1 技术原理

厌氧生物流化床工艺是借鉴流态化技术的一种生物反应装置，它以小粒径载体为流化粒料，污水作为流化介质。当污水以一定的流速从池底部流入向上通过床体时，使填料层发生膨胀甚至处于流态化，污水与床中附着于载体上的厌氧微生物膜不断接触反应，达到厌氧生物降解的目的，产生的沼气于床顶部排出。

厌氧生物流化床系统中，主要依靠在惰性填料表面形成的生物膜来截留并降解污水中的有机污染物。污水与厌氧微生物的混合接触、物质传递是依靠使这些带有生物膜的微粒形成流态化来实现的。流化床操作的首先条件是上升流速即操作速率必须大于临界流化速率而小于最大流化速率。一般来说，最大流化速率要比临界流化速率大 10 倍以上，所以，上升流速的选取宜具有充分的余地，实际操作中，上升流速只要控制在 1.2～1.5 倍临界流化速率即可满足生物流化床的运行要求。为使填料层膨胀或流态化，一般需用循环泵将部分出水回流，以提高床内水流的上升速率。为降低回流循环的动力消耗，宜选用质轻、粒细的载体。

(1) 厌氧生物流化床的特性

厌氧生物流化床的主要特性是：

① 采用小粒径颗粒物作为微生物附着生长的载体，比表面积大，可高达 2000～3000m^2/m^3 左右，使反应器内具有很高的微生物浓度（一般为 30gVSS/L 左右），因此有机物容积负荷率大，一般在 10～40kgCOD/($m^3 \cdot$ d)，水力停留时间短，具有较强的耐冲击负荷的能力，运行稳定。

② 载体处于流化状态，避免了固定床反应器（如生物滤池）易堵塞的缺点，对高、中、低浓度的污水均表现出较好的效能。

③ 载体流化时，厌氧微生物与被处理污水之间的接触面积大，相对运动速率快，强化了厌氧反应的传质过程，提高了反应速率，从而具有较高的有机物净化速率。

④ 反应器负荷大，高径比大，占地面积可减少；床内生物膜停留时间长，剩余污泥量少。

因此，厌氧生物流化床反应器不仅结构紧凑，而且具有很高的污水处理效率、很高的有机容积负荷率和较小的占地面积，基建投资低。但同时也存在着一些缺点：

① 为实现良好的流态化并使微生物与载体不致从反应器流失，必须使生物膜颗粒保持均匀的大小、形状与密度，但这很难做到，因此稳定的流态化也难以保证。

② 为取得高的上流速率以保证流态化，流化床反应器需要有大量的回流水，这样导致能耗加大，成本上升。

③ 设计与运行要求高。

为了降低动力消耗和防止床层堵塞，可采取如下措施：

　　① 间歇性流化床工艺，即以固定床与流化床间歇性交替操作。固定床操作时，不需回流，在一定时间间隔后启动回流泵，呈流化床运行。

　　② 尽可能采用质轻、粒细的载体，如粒径为 $20\sim30\mu m$、密度为 $1.05\sim1.2g/cm^3$ 的载体，保持低的回流量，甚至免除回流就可实现床层流态化。

(2) 载体的要求

　　厌氧生物流化床所用的载体物质较多，有砂、煤、颗粒活性炭、网状聚丙烯泡沫、陶粒、多孔玻璃、离子交换树脂和硅藻土等，一般载体颗粒为球形或半球形，因为该形状易于形成流态化。所用载体通常需要满足以下要求：

　　① 可以承受物理摩擦。

　　② 可提供较大的比表面积，以利于细菌群体的附着与生长。

　　③ 需要最小的流化速率。

　　④ 增加扩散与物质转移速率。

　　⑤ 有规则的表面积，以保持微生物避免摩擦。

　　小的载体有较大的比表面积和较大的流态化程度，生物膜更易生长，通常载体粒径多在 $0.2\sim0.7mm$。使用较小的载体可以在启动后较短时间内获得相对高的负荷，用 $0.2mm$ 的载体替代 $0.5mm$ 相同载体时，反应器效率有明显提高。一般 $1m^3$ 反应器可有 $300m^2$ 左右的表面积，微生物浓度可达 $8\sim40gVSS/L$，可使反应器体积和所需处理时间减少。采用颗粒活性炭（GAC）时，GAC 本身也能吸附有机物，吸附可在膜形成前或膜老化剥落时进行，生物膜可以从液体中和膜内部同时得到营养。活性炭的吸附特性增加了溶解性有机物在载体中的浓度，因此加速了微生物的生长与合成。如采用两个反应器处理 $500mg/L$ 的乙酸污水进行平行对比试验，采用同等尺寸的不同载体，两个反应器在稳定状态的运行数据表明，GAC 载体反应器的出水挥发性固体和乙酸浓度为 $7\sim40mg/L$，而砂载体反应器为 $350\sim700mg/L$。

　　载体的物理性质对流化床的流化特性也有影响，见表 6-1。

表 6-1　载体物理性质对流化床流化特性的影响

类别	过大时	过小时
粒径	(1)颗粒自由沉降速率大，为得到一定的接触时间,必增加流化床的高度; (2)因水流剪力,生物膜易脱落; (3)比表面积下降,容积负荷率低	(1)操作困难; (2)颗粒的雷诺数小于 1 时,使液膜阻力增加
密度	(1)颗粒自由沉降速率大，为得到一定的接触时间,必增加流化床的高度; (2)因水流剪力,生物膜易脱落; (3)膜厚大的颗粒移到流化床上部,使颗粒分层倒过来	(1)操作困难; (2)颗粒的雷诺数小于 1 时,使液膜阻力增加
粒径分布	(1)上部孔隙增大; (2)生物膜厚度不均匀	有助于颗粒的混合,使流化床内生物膜厚度均匀

　　厌氧生物流化床反应器中形成的生物膜比厌氧生物滤池中的要薄，生物膜结构会因为填料不同而有较大的差异。薄的生物膜有利于物质的传递，同时能够保持微生物的高活性，因此污泥活性高。由于厌氧生物流化床中的颗粒不断运动，微生物种群的分布趋于均一化，在流化床中央区域，污泥的产酸活性和产甲烷活性都很高，但污水中大部分 COD

仍然是在反应器底部除去的。

6.3.2　工艺过程

根据污水的上流速率和生物膜颗粒载体的膨胀率不同，厌氧流化床可分为厌氧膨胀床反应器（anaerobic expanded bed reactor，简称 AEB）与厌氧流化床反应器（anaerobic fluidized bed reactor，简称 AFB），两者的区别是反应器内的水力上升流速和生物膜颗粒载体的膨胀率不同，厌氧流化床反应器的膨胀率更高。习惯性把生物膜颗粒载体膨胀率为 20％左右的填料床称为膨胀床，膨胀率达 30％以上的称为流化床，二者用于污水处理的工艺流程完全相同。图 6-9 所示为厌氧膨胀床和厌氧流化床的工艺流程。

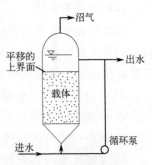

图 6-9　厌氧附着膜膨胀床和厌氧附着膜流化床工艺流程

(1) 厌氧膨胀床

表 6-2 列出了国外部分厌氧膨胀床的研究。用 AEB 工艺处理 COD 浓度分别为 1718mg/L 和 3469mg/L 的合成有机污水，在水力停留时间为 24h 下，COD 的去除率可达 98％和 98.7％。即使处理 COD 浓度为 6750mg/L 的高浓度合成有机污水，同样可获得很高的效率，水力停留时间 1d，COD 的去除率高达 97％。这说明 AEB 在处理高浓度有机污水时，具有独特的高效性和稳定性。

表 6-2　国外部分厌氧膨胀床的研究情况

污水类型	处理温度/℃	容积负荷 /[kgCOD/(m³·d)]	水力停留时间 /h	进水 COD 浓度 /(mg/L)	COD 去除率 /%
人工合成有机污水	55	—	4	3000	80
	55	—	4.5	8800	73
	55	—	3	16000	46
	中温	—	0.75	480	79
	中温	—	24	1718	98
	中温	—	24	3469	98.7
	中温	—	24	6750	97
蔗料	55	0.003	4	—	80
	55	0.016	4.5	—	48
葡萄糖和酵母萃取液	22	2.4	5	—	90
	10	24	0.5	—	45
乳清污水	25～31	8.9～60	4～27	—	80(最大)
纤维素污水	35	6	—	—	85
城市污水	20	—	8	307	93
	20	—	0.5	307	86

从表 6-2 中也可以看出，在处理低浓度有机污水方面，厌氧膨胀床同样可获得高效处理。因此，可将厌氧膨胀床应用于常温条件下低浓度城市污水的处理。经初沉的城市污水，COD 浓度为 88～306mg/L，反应器可承受的最高有机负荷为 4kgCOD/(m³·d)。表中所列的用厌氧膨胀床处理 COD 浓度为 307mg/L 的城市污水，在水力停留时间 8h、温度为 20℃的条件下，COD 的去除率高达 93％，出水的 COD 浓度低于 22mg/L；即使水力停留时间缩短到 0.5h，COD 的去除率仍然有 86％。

（2）厌氧流化床

厌氧流化床在污水处理领域的应用主要有两类：一是进行有机底物的生化降解，二是进行脱氮处理。

1）处理污水中的有机底物

表6-3是国外5座厌氧流化床的运行参数，其中两相流化床为产酸相厌氧流化床和产甲烷相厌氧流化床串联系统。可以看出，由于厌氧流化床中传质效率高，微生物浓度较传统生物膜系统大，因此对有机底物的降解效能更好。

表6-3　生产性厌氧流化床的运行参数

序号	1	2	3	4	5
污水种类	清凉饮料	大豆加工	酵母发酵	酵母发酵	KP 纸浆漂白
污水量/(m³/d)	380	770	4320	120	—
污水 COD 浓度/(mg/L)	6900	12000	3200	3600	700(BOD)
pH 值		6.7～7.1	6.8	7.4	6～3
厌氧消化相数	单相	两相	两相	两相	单相
厌氧流化床容积/m³(流化床有效容积)	120	360(300)	380(225)	125(80)	
厌氧流化床高度/m(流化部分)		12.5	21(13)	17(12)	
厌氧流化床直径/m		6.1	4.7	3.0	
系列数		2	2	2	1
水力停留时间/h	6	16	2.4	3.2	3～12
活化温度/℃		35	37	37	35±2
COD 去除负荷/[kgCOD/(m³·d)]	9.6	12	22	20	
微生物浓度/(kg/m³)		12	20	20	
残余脂肪酸/(g/L)		600	<100	100	
COD 去除率/%	77	76	70	75	50～60(BOD)

2）污水脱氮处理

厌氧流化床可通过传统反硝化途径对污水进行异养脱氮处理，也可通过生物膜内厌氧氨氧化过程对污水进行自养脱氮处理。

6.3.3　过程设备

厌氧生物流化床工艺的最主要设备是流化床反应器。

（1）设计计算

反应器主体部分一般设计为直径相同的柱体，也有些设计采用倒置的锥形体，污水由进水处较小的横截面向上流动，反应器内很少出现大的涡流和返流现象，反应器内水的上流速率随反应器高度上升而降低。进水量一旦增加，较低部位的填料与其上的生物膜即膨胀到上方横截面更大的区域。为了减少厌氧生物处理的水力停留时间，设计时应设法提高流化床中的微生物浓度。流化床中微生物浓度与载体粒径和密度、上升流速、生物膜厚度和空隙率有关。

流化床内流态化程度由上流速率、载体颗粒形状、大小和密度以及所要求的流态化或膨胀程度所决定。在一定的反应器负荷下，要求的上流速率取决于进液流量与反应器截面积。因此流化床反应器多采用大的回流比和相对高的反应器以提高上流速率。

流化床设计中一个重要问题是底部进水的均匀布水，因此需要某种形式的布水器。一般以固定在流化床底部的砾石层进行布水。为防止发生堵塞，可以采用锥形布水器，进水向下进入锥形底部。锥体上方设置穿孔的布水板以消除环状水流，起到导向作用。

回流比确定后，流化床的设计与计算内容主要包括流化床床体容积和流化速率的计算。

1）流化床处理量 Q_a 的计算

选定回流比后，流化床的处理量可按下式计算：

$$Q_a = Q_0(1+R) \qquad (6-15)$$

式中 Q_a——流化床的处理水量，m^3/h；

Q_0——流化床系统的进水量，m^3/h；

R——流化床的回流比。

2）流化床床体容积 V 的计算

确定流化床的处理量 Q_a 后，厌氧附着膜流化床的床体容积 V 可采用有机底物的容积负荷 N_v 为标准，按下式进行计算：

$$V = \frac{S_0 Q_a}{N_v} \qquad (6-16)$$

式中 S_0——进水的 BOD 浓度，kg/m^3；

N_v——有机底物的容积负荷，$kgBOD_5/(m^3 \cdot d)$。

厌氧附着膜流化床和厌氧附着膜膨胀床在不同温度下的有机底物容积负荷 N_v 可参照表 6-4 取值。

表 6-4　不同温度下厌氧附着膜流化床及厌氧附着膜膨胀床的有机底物容积负荷 N_v

反应器类别	有机底物的容积负荷 N_v/[kgCOD/(m³·d)]		
	15~25℃	30~35℃	50~60℃
密度	1~4	4~12	6~18

3）流化床的水头损失 ΔP

厌氧附着膜流化床的水头损失 ΔP 可按下式计算：

$$\Delta P = \frac{H(\gamma_s - \gamma)}{\gamma}(1 - \varepsilon_m) \qquad (6-17)$$

式中 ΔP——通过床层的水头损失，m；

H——床层高度，m；

ε_m——床层空隙率，%；

γ_s——载体颗粒的相对密度；

γ——流体的相对密度。

（2）过程控制

在厌氧附着膜流化床的操作中，比较重要的问题是根据临界流化速率 v_{mf} 和带出速率 v_t 确定流化床内流体的操作上升流速。

1）临界流化速率 v_{mf}

一般将填料层膨胀率为 5% 时的流体上升速率称为临界流化速率，可按下式计算：

$$v_{mf} = \frac{\phi_s^2 d_p^2 \varepsilon_{mf}^3 (\rho_p - \rho_L) g}{150(1 - \varepsilon_{mf}) \mu} \tag{6-18}$$

式中　v_{mf}——临界流化速率，m/s；

　　　ϕ_s——载体球形度，砂 $\phi_s = 0.6 \sim 0.85$，石英砂 $\phi_s = 0.554 \sim 0.628$，碎石块 $\phi_s = 0.63$，烟煤 $\phi_s = 0.625$，焦炭 $\phi_s = 0.35$；

　　　d_p——填料颗粒的有效粒径，m；

　　　ε_{mf}——载体开始膨胀时的空隙率，%，一般取 5%；

　　　ρ_p——载体密度，kg/m^3；

　　　ρ_L——污水密度，kg/m^3；

　　　g——重力加速度，取 $9.8 m/s^2$；

　　　μ——水的动力黏滞系数，$kg/(m \cdot s)$。

在厌氧附着膜流化床中，载体粒径、密度等物理参数随着生物膜的生长是变化的。假定载体颗粒在挂膜前的粒径为 d_p、密度为 ρ_s，挂膜后形成生物膜载体的粒径为 d_T，生物膜部分的密度为 ρ_p，则生物膜载体的密度 ρ_T 为：

$$\rho_T = \frac{G_s + G_b}{V_T} \tag{6-19}$$

式中　ρ_T——生物膜载体的密度，g/cm^3；

　　　G_s——载体颗粒质量，g；

　　　G_b——生物膜部分的质量，g；

　　　V_T——生物膜载体的体积 cm^3。

由于 $G_s = \rho_s V_s$，$G_b = \rho_b V_b$，则式(6-19) 可变为：

$$\rho_T = \frac{\rho_s V_s + \rho_b V_b}{V_T} \tag{6-20}$$

式中　V_s、V_b——载体颗粒和生物膜部分的体积，cm^3。

将粒径 d_p 代入式(6-20)，可得：

$$\rho_T = \frac{\rho_s d_p^3 + \rho_b (d_T^3 - d_p^3)}{d_T^3} \tag{6-21}$$

利用式(6-21) 可以计算出挂膜后载体颗粒的密度变化。当载体挂膜后，生物膜载体的密度明显下降，相应的临界流化速率也下降。此时，若上升流速不变，则挂膜后床层膨胀度也必定增大，即当膨胀率相同时，挂膜后载体所需的流化速率较低。

2) 带出速率 v_t

使流态化的载体颗粒被冲出的流动速率的上限称为带出速率 v_t，也被称为最大流化速率，其值接近于载体颗粒的自由沉降速率，可按载体颗粒的自由沉降速率计算。

3) 操作上升流速

操作上升流速应该介于临界流化速率 v_{mf} 和带出速率 v_t 之间，一般来说，v_t 要比 v_{mf} 大 10 倍以上，所以操作上升流速的选定范围较大。但提高操作上升流速要加大能耗，增加处理费用。由于挂膜后载体的流化速率较未挂膜载体的流化速率低，因此只要使未挂膜的载体颗粒能够达到流化状态，其余挂膜载体就能达到更好的流化状态了。而在反应器底部的分布板上，总是存在着一些未挂膜的或脱膜的载体颗粒，因此在操作中，两种载体颗粒的流化较容易观察和控制。一般来讲，应该以载体颗粒的密度与 d_p 值来计算临界流化速率 v_{mf}。实际的上升流速只要控制在 $1.2\sim1.5v_{mf}$，即可满足流化要求。

流化床的启动可采用逐渐增加上流速率的方法，也可采用同时增大有机负荷和进液流量的方法。

6.4 两相厌氧消化工艺与设备

两相厌氧消化工艺（two phase anaerobic digestion，简称 TPAD）是一种厌氧反应器组合工艺，厌氧消化反应分别在两个独立的反应器中进行，每一反应器完成一个阶段的反应，比如一个反应器内为产酸阶段，另一反应器内为产甲烷阶段，所以两相厌氧消化系统又称两段式厌氧消化系统。

6.4.1 技术原理

厌氧消化是一个复杂的生物学过程，复杂大分子有机物的厌氧消化一般经历发酵细菌、产氢产乙酸细菌、产甲烷细菌三类细菌群的纵向转化以及同型乙酸细菌群的横向转化。从生物学的角度来看，由于产氢产乙酸细菌和产甲烷细菌是共生互营菌，因而把产氢产乙酸细菌和产甲烷细菌划为一相，即产甲烷相；而把发酵细菌划为另一相，即产酸相。

通过对厌氧消化过程中产酸细菌和产甲烷细菌的形态特性进行研究发现，产酸细菌种类繁多，生长快，对环境条件变化不太敏感。而产甲烷细菌则恰好相反，专一性很强，对环境条件要求苛刻，繁殖缓慢。这也正是可以把一个厌氧消化过程分为产酸相和产甲烷相两相工艺的理论依据。表 6-5 总结了两类不同细菌群在厌氧消化过程中的相对特性。

表 6-5 产酸相细菌和产甲烷细菌的特性

项目	产酸细菌	产甲烷细菌
种类	多	相对较少
生长速率	快	慢
对 pH 值的敏感性	不太敏感，最佳 pH 值为 $5.5\sim7.0$	敏感，最佳 pH 值为 $6.8\sim7.2$
氧化还原电位	一般低于 $+150\sim-200mV$	低于 $-350mV$（中温）；低于 $-560mV$（高温）
对温度的敏感性	一般敏感性，最佳温度为 $20\sim35℃$	敏感，最佳温度为 $30\sim38℃$（中温）；$50\sim55℃$（高温）
对毒性的敏感性	一般性敏感	敏感
对中间产物 H_2 的敏感性	相对不太敏感	敏感
特殊辅酶	没有特殊辅酶	具有特殊辅酶

两相中起作用的微生物菌群在组成和生理生化特性方面存在很大的差异。第一阶段中占优势的微生物是水解、发酵细菌，其作用是将复杂的大分子有机物分解为简单的小分子单糖、氨基酸、脂肪酸和甘油，然后再进一步发酵为各种有机酸。这类细菌种类多，代谢能力强，繁殖速率快，倍增时间最短的仅几十分钟，对环境条件的变化也不太敏感。第二阶段性主要由产甲烷细菌起作用，将有机酸进一步转化为甲烷，这类细菌种类很少，可利用的基质有限，繁殖速率很慢，倍增时间从 10h 到 6d，又对环境因素如 pH 值、温度、有毒物质的影响十分敏感。因此，人们发现在一个反应器内维持这两类微生物的协调和平衡十分困难。这种平衡实质上是脂肪酸的产生与被利用之间的平衡，它一旦被破坏，就会

出现脂肪酸累积、反应器酸化的现象，使产甲烷细菌受到抑制，厌氧消化过程不能正常进行，因而反应器的处理能力降低，甚至导致完全失效。

传统的厌氧消化工艺（也称单相厌氧消化）是追求厌氧消化的全过程，而酸化和甲烷化阶段的二大类作用细菌，即产酸菌和产甲烷细菌对环境条件有着不同的要求，一般情况下，产甲烷阶段是整个厌氧消化的控制阶段。为了使厌氧消化过程完整地进行，就必须首先满足产甲烷细菌的生长条件，如维持一定的温度、增加反应时间，特别是对难降解或有毒污水需要长时间的驯化才能适应。传统的厌氧消化工艺把产酸细菌和产甲烷细菌这两大类菌群置于一个反应器内，不利于充分发挥各自的优势。

两相厌氧消化工艺就是为克服单相厌氧消化工艺的上述缺点而提出的，其主要特点是把酸化和甲烷化两个阶段分离在两个串联的反应器中，第一个反应器称产酸反应器，或称产酸相；第二个反应器称为产甲烷反应器，或称产甲烷相。

6.4.2　工艺过程

两相厌氧消化工艺是按照厌氧消化过程的不同阶段，通过设置酸化罐，将有机污水的酸化与甲烷化两个阶段分离在两个串联反应器中，两个反应器中分别培养产酸细菌和产甲烷细菌，并控制不同的运行参数，使产酸细菌和产甲烷细菌各自在最佳的环境条件下生长，不仅有利于充分发挥其各自的活性，而且提高了处理效果，达到了提高容积负荷率、减少反应器容积、增加系统运行稳定性的目的。

6.4.2.1　工艺流程

两相厌氧消化的工艺流程如图 6-10 示，第一个反应器（产酸相）接受待处理的原污水或经过一定预处理的污水。有机物首先经过发酵（水解和产酸）反应器产生大量的有机酸、醇、H_2 和 CO_2，接着进入第二个反应器（产甲烷相），产生 CH_4 和 CO_2，这种工艺过程稳定，负荷较高。

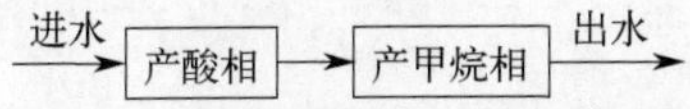

进水 → 产酸相 → 产甲烷相 → 出水

图 6-10　两相厌氧消化的工艺流程

实现两相分离对整个工艺过程有很大的影响。由于实现了相的分离，进入产甲烷相反应器的污水是经过产酸相反应器预处理的出水，其中的有机物主要是有机酸（以乙酸和丁酸为主），这些有机物为产甲烷相反应器的产氢产乙酸细菌和产甲烷细菌提供了良好的基质。同时，由于相的分离，可以将产甲烷相反应器的运行条件控制在更适合于产甲烷细菌生长的环境条件下，使产甲烷相反应器中产甲烷细菌的活性得到明显提高。有研究表明，两相厌氧消化工艺产甲烷相反应器中产甲烷细菌的数量比单相反应器中的高 20 倍，污泥的活性得到一定程度的强化。

两相厌氧消化工艺主要用于处理容易酸化的高浓度有机污水。按照所处理污水的水质情况，两相厌氧处理系统中的两段反应器可以采用同类型或不同类型的消化反应器，如图 6-11 所示。由于水解酸化细菌繁殖较快，所以酸化反应器体积较小，强烈的产酸作用将发酵液 pH 值降低到 5.5 以下，此时完全抑制了产甲烷细菌的活动，产甲烷细菌的繁殖速率较慢，常成为厌氧发酵过程的限速步骤。为了避免有机酸抑制，产甲烷反应器比产酸反应器较大。因其进料是经酸化和分离的有机酸溶液，悬浮固体含量较低，可采用 UASB，而产酸反应器由于悬浮固体含量较高，可采用 CSTR。根据不产甲烷细菌与产甲烷细菌的代谢特性及适用环境条件不同，第一段反应器可采用简易非密闭装置，在常温、较宽 pH 值范围条件下运行；第二段反应器则要求严格密封、严格控制温度和 pH 值的范围。

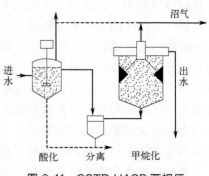

图 6-11　CSTR-UASB 两相厌氧发酵工艺流程

6.4.2.2　相分离的途径

两相厌氧消化工艺最本质的特征是相的分离，即在产酸相中保持产酸细菌的优势，在产甲烷相中保持产甲烷细菌的优势。于是人们开始根据两大类细菌群的不同特性探索相分离的途径。目前实现相分离的途径可以归纳为以下 3 种：

① 化学法

在酸化反应器中通过某种措施对产甲烷细菌进行选择性抑制，如投加适量的抑制剂、调整氧化还原电位和 pH 值等，抑制产甲烷细菌在产酸相中生长，以实现两类菌群的分离。

② 物理法

采用选择性的半渗透膜，使进入两个反应器的基质有显著的差异，以实现相的分离。

③ 动力学控制法。

利用产酸细菌和产甲烷细菌在生长速率上的差异，控制两个反应器的水力停留时间、有机负荷等参数，使生长速率慢、世代时期长的产甲烷细菌不可能在停留时间短的产酸相中存活。

以上几种途径中，利用动力学参数如水力停留时间、有机负荷等进行相分离是一种最简便、最有效的方法，也是目前使用最普遍的一种方法。但两相的彻底分离是很难实现的，在产酸相或产甲烷相中总还会有另一类细菌的存在，只是产酸细菌或产甲烷细菌成为优势菌群而已。

6.4.2.3　工艺特点

实现相分离后，由于产酸相中的氢累积，使产物往高级脂肪酸及醇类方向进行，同时给产甲烷细菌提供了更适宜的基质，有利于产甲烷相的运行。相分离不仅给产甲烷相提供了适宜的环境条件，而且使产甲烷细菌的活性提高，因此，与单相厌氧消化工艺相比，两相厌氧消化系统具有如下特点：

① 由于产酸细菌和产甲烷细菌是两类代谢特性及功能截然不同的微生物，将它们分开培养有利于创造适宜于这两类细菌生长的最佳环境条件，从而提高了它们的活性及其处理能力。前一相为后一相提供了更适宜的基质及环境条件，使两相厌氧消化工艺较单相厌氧消化工艺不但抗冲击负荷能力增强、处理效率明显提高，而且运行更加稳定，产气量增多。

② 对于污水中复杂的碳水化合物（如纤维素等），其水解反应往往是厌氧消化过程的速率控制步骤，采用两相厌氧消化有利于提高其水解反应速率，因而提高了其厌氧消化的效果。

③ 当污水中含有 SO_4^{2-} 等抑制性物质时，由相分离可减少对产甲烷细菌的影响。

④ 两相厌氧消化工艺需设两个反应器，处理构筑物增加。因有相分离，运行管理相对复杂。

两相厌氧消化工艺中产酸相的产物组成随被处理有机基质、温度等因素而变化。当温度为 20～30℃时，处理可溶性碳水化合物（如葡萄糖污水）的产酸相产物以丁酸为主，其次是乙酸，丙酸和乳酸产量很少；当温度提高到 35℃时，乙酸含量提高到首位，丙酸量也有增加，丁酸量则减少。处理含蛋白质较多的豆制品污水时，温度维持在 30～40℃的范围内，产酸相产物中乙酸占脂肪酸总量的 33.9%，其次是丁酸，占 24.6%，丙酸和戊酸各占约 20.7%。处理啤酒污水时，产酸相产物中乙酸占 57.1%，丙酸占 27.7%，丁酸占 10.1%，戊酸、己酸量很少。

6.4.2.4　流程选择

两相厌氧处理系统中反应器的容积一般按有机底物的容积负荷或水力停留时间来计算。有机底物的容积负荷和水力停留时间一般通过试验或参照同类污水已有的经验确定，随水质不同及反应器类型不同而异。一般而言，在中温消化条件下，酸化反应器的 pH 值宜控制在 5～6、进水脂肪酸（以乙酸计）浓度可达 5000mg/L 左右，COD 浓度降低 20%～25%左右；产甲烷反应器的 pH 值可控制在 6.8～7.5 之间，脂肪酸（以乙酸计）的浓度可降低到 500mg/L，COD 浓度降低 80%～90%，产气率为 0.5m³/kgCOD 左右。

两相厌氧过程的处理流程及装置的选择主要取决于所处理污染物的理化性质及其生物降解性能，通常有两种工艺流程。

其一是处理易降解、低悬浮物的有机工业污水的两相厌氧工艺流程，其中的产酸相反应器一般可以为完全混合式厌氧污泥反应池，或者是升流式厌氧污泥床（UASB）反应器、厌氧生物滤池（AF）等不同的厌氧反应器，产甲烷相反应器主要为 UASB 反应器、厌氧折流板反应器（ABR）、内循环（IC）厌氧反应器、污泥床滤池 UBF，也可以是厌氧生物滤池等，流程中不必设置沉淀池，流程如图 6-12 所示。

其二是难降解、高浓度悬浮物的有机污水的两相厌氧工艺流程，其中的产酸相反应器和产甲烷相反应器均主要采用完全混合式厌氧污泥床反应池，流程中产酸相反应器和产甲烷相反应器后均设置泥水分离构筑物，如沉淀池。流程如图 6-13 所示。

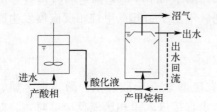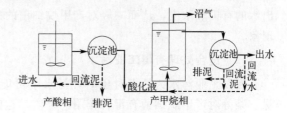

图 6-12　处理易降解低悬浮物有机
污水的两相厌氧工艺

图 6-13　处理难降解、高悬浮物有机
污水的两相厌氧工艺

Yeoh 等利用高温两相厌氧工艺处理蔗糖糖蜜酒精蒸馏污水，由于 SS 含量较高，两相反应器均采用完全混合式厌氧污泥床反应器。研究结果表明，两相厌氧工艺对 COD、BOD₅ 的去除率分别高达 65% 和 85%，其中产酸相反应器可很好地将原水中的有机底物转化为 VFA，酸化率可达 15.6%。

根据相关研究成果，并结合一些实际运行经验，两相厌氧工艺可考虑采用下列参数进行设计：

① 产酸相反应器与产甲烷相反应器的容积比为 1：（3～5）。

② 产酸相反应器的污水停留时间为 4～16h，或容积负荷为 25～50kgCOD/（m³·d）；消化液的 pH 值维持在 4.0～5.5 范围内，发酵温度为 25～35℃。

③ 产甲烷相反应器的污水停留时间为 12～48h，或容积负荷率为 12～25kgCOD/（m³·d）；进水 pH 值维持在 5.5～7.0 范围内，发酵温度 35℃。

④ 系统的 COD 去除率为 80%～90%，BOD_5 的去除率大于 90%；产气率为 0.4～0.5m³CH_4/kgCOD。

显然，工艺参数值的选择主要取决于被处理污水的性质和浓度。如果污水以含碳水化合物为主且容易酸化，产甲烷相反应器与产酸相反应器的容积比就应稍大一些；如果污水中含有较多的难降解物质，上述容积比就可稍小一些。工艺参数值应尽可能根据实际试验结果确定。

6.4.2.5　应用范围

两相厌氧处理过程的工艺特点保证了流程中不同厌氧菌群的最适宜环境条件，解决了不同特性菌群间的矛盾，具有一系列优点，使它具有比单相厌氧工艺更广泛的适用范围。

（1）两相工艺适合于处理富含碳水化合物而有机氮含量较低的高浓度污水，如制糖、酿酒、淀粉、柠檬酸等工业污水

在单相厌氧反应器中，产酸细菌和产甲烷细菌在总体数量上相当，但两者生长繁殖速率相差较大，通常有机酸的产生速率是甲烷产生速率的 14 倍，所以当用单相厌氧工艺处理富含碳水化合物而有机氮含量较低的污水时，一旦负荷率升高，由于碳水化合物转化为有机酸的速率很快，一部分有机酸不能及时被产甲烷细菌代谢而出现积累，同时污水由于有机氮含量低而使自身缓冲能力很弱，故消化液的 pH 值下降，对产甲烷细菌产生抑制作用，导致产甲烷作用不正常甚至破坏，即所谓的酸败现象，并由于产酸和产甲烷反应在同一反应器中进行，酸败往往不易及时发现；其次，一旦反应器发生酸败现象，恢复正常运行需要较长时间。但是，在两相厌氧工艺中，产酸和产甲烷反应分开在两个反应器中进行，一旦负荷率升高，产酸反应器出水的有机酸浓度较高，pH 值低时，可在产甲烷相反应器外通过加大出水回流量甚至短时间内投加碱性药剂来将 pH 值调高，同时稀释产酸相出水的有机酸浓度，从而减轻对产甲烷细菌的抑制，不至于引起产甲烷相反应器发生酸败现象。

（2）适合处理有毒工业污水

在以工业污水为处理对象时，污水中可能含有硫酸盐、苯酸、氰、酚、重金属、吲哚、萘等对产甲烷细菌有毒害作用的物质。这些污水直接进入单相厌氧反应器时，将对产甲烷细菌产生毒性，从而抑制产甲烷作用。但在两相厌氧工艺中，污水进入产酸相反应器后，很多种类的产酸细菌能改变毒物的结构或将其分解，使其毒性减弱甚至消失。如产酸反应的产物 H_2S 可以与污水中的重金属离子形成不溶性的金属硫化物沉淀，解除重金属离子对产甲烷细菌的毒害作用。经过产酸相反应器预处理的酸化液再进入产甲烷相反应器，就能进行正常的产甲烷反应。

（3）适合处理含高浓度悬浮固体的有机污水

一些工业有机污水含有较高浓度的固体悬浮物，直接采用常规的厌氧反应器，如厌氧生物滤池（AF）和升流式厌氧污泥床反应器（UASB）就难以处理。污水中较多的悬浮物质常引起厌氧生物滤池的堵塞。虽然 UASB 反应器可以允许进水中带有一定量的悬浮物质，但当污泥床中积累大量的原污水中的悬浮物时，颗粒污泥的凝聚、沉淀性能恶化，污泥的产甲烷活性将大大降低，消化液的 pH 值下降，反应器难以正常运行。但是，这类污水可以用两相厌氧工艺进行处理。污水先进入完全混合式产酸相反应器中，在大量产酸细菌的水解酸化作用下，污水中的悬浮固体浓度大大降低，再进入后续的高效厌氧反应器进行产甲烷反应，污水就可以得到快速、高效地处理。

（4）适合处理含难降解物质的有机污水

如造纸、焦化工业污水含有较多的难降解芳香族物质，在好氧生物处理工艺中已取得良好的处理效果。在单相厌氧反应器中易积累，到一定浓度时将对产甲烷细菌产生抑制作用。但这类污水可以用两相厌氧工艺进行处理。污水进入产酸相反应器后，有些产酸细菌能裂解这些大分子物质并从中获得能源和碳源，或将其水解成易降解代谢的小分子有机物，为后面的产甲烷反应创造条件。

6.4.2.6　工程应用

在工程应用中，除了最基本的应用即解决产酸细菌和产甲烷细菌间的矛盾外，更有代表性的应用是用于解决硫酸盐还原菌和产甲烷细菌间的矛盾。

（1）硫酸盐还原菌对产甲烷细菌的抑制

硫酸盐还原菌（sulfate reducing bacterium，SRB）在生长环境条件（如温度、pH 值）和底物（如乙酸、H_2）利用方面，与产甲烷细菌（methane producing bacterium，MPB）有许多相似之处，因此，厌氧系统中，环境条件是直接影响硫酸盐还原菌与产甲烷细菌对碳源竞争的重要因素。

硫酸盐还原菌多数为中温性细菌，少数为高温性细菌。中温性细菌的最适温度为 30~40℃，高温性细菌的最适温度为 55~65℃。研究表明，在中温范围内，温度变化对硫酸盐还原菌和产甲烷细菌的影响相似，而在高温范围内，硫酸盐还原菌对氢和乙酸的利用更占优势，且产甲烷细菌对温度变化更敏感。

硫酸盐还原菌可以在 pH 值为 4.5~9.5 的范围内生长，在 pH 值为 6.0~9.0 的范围内有较高活性，最适宜 pH 值范围为 7.5~8.5，较产甲烷细菌的最适 pH 值范围（6.5~7.8）宽。在 pH<6.5 时，硫化物主要为硫化氢，其对产甲烷细菌有毒性抑制，硫酸盐还原菌仍占竞争优势；若 pH>8.0，产甲烷细菌的活性急剧下降，此时硫酸盐还原菌仍占优势；而在中性环境中，硫酸盐还原菌在与产甲烷细菌的竞争中不占优势。

硫酸盐还原菌为严格厌氧微生物，一般氧化还原电位 ORP 在 -100mV 以下即可生长，此值远低于产甲烷细菌对 ORP 的要求（-350~-600mV）。因此提高 ORP 有利于硫酸盐还原菌对产甲烷细菌的竞争。

营养物质以外的化学物质对硫酸盐还原菌的作用分为促进作用或抑制作用。维生素、铁和 SO_4^{2-} 对硫酸盐还原菌的生长有促进作用；苯酚类物质、抗生素和一些含有类似 SO_4^{2-} 基团的物质如 K_2CrO_4、$NaMnO_4$、Na_2SeSO_4 等对硫酸盐还原菌有抑制作用。

解决硫酸盐还原菌对产甲烷细菌的抑制有两种措施：一是投加硫酸盐还原菌抑制剂（如钼酸盐），但长期使用钼酸盐也会对产甲烷细菌造成抑制。研究表明，对于间歇式反应器，只有正磷酸盐浓度很高时，钼酸盐才对硫酸盐还原菌有选择性抑制，而对于连续流反应器，不论磷酸盐浓度高低，钼酸盐均为非选择性抑制。二是控制硫化物浓度，削弱其毒性抑制：由于硫化氢的电离常数（6.8～7.0）接近于厌氧反应器内的 pH 值（7～8），当 pH 值升高时，游离的硫化氢大量离解为 HS⁻，则游离硫化氢含量减少；降低硫化物浓度还可通过厌氧工艺技术的改进即两相厌氧处理工艺实现。

（2）含高硫酸盐污水的两相厌氧处理

图 6-14 是用于含硫酸盐污水处理的两相厌氧吹脱循环工艺流程。该两相厌氧处理工艺是根据产酸细菌、硫酸盐还原菌的生长条件与产甲烷细菌不同的特点，使产甲烷与产酸、硫酸盐还原两个反应过程分别在两个反应器中完成。其中产酸、硫酸盐还原相的 pH 值控制为 6.0 左右，水力停留时间 HRT 也较短，反应器中以硫酸盐还原菌和产酸细菌为主，硫酸盐可在此相内充分地被还原为硫化物；产甲烷相中的 pH 值控制为 7.2～7.8。由于产酸和硫酸盐还原相内的混合液经过脱硫处理，出水中的硫化物含量极低，进入产甲烷相后，对产甲烷细菌影响较弱。

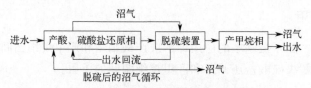

图 6-14　两相厌氧吹脱循环工艺流程

6.4.2.7　三阶段厌氧消化工艺

有机污水的厌氧消化可分为三个阶段：水解发酵、酸性发酵和甲烷发酵，为了提高有机污水的消化率和去除率，在两相厌氧消化的基础上开发了三阶段厌氧消化工艺。其特点是消化在三个互相连通的消化池内进行。原料先在第一个消化池滞留一定时间进行水解和产气，然后进入第二个消化池进行酸性发酵，再进入第三个消化池继续进行甲烷发酵产气。该消化工艺滞留期长，有机物分解彻底，但投资较高。

6.4.3　过程设备

两相厌氧消化工艺中的厌氧反应器可以采用任一种厌氧生物反应器，如完全混合反应器、厌氧生物接触反应器、厌氧生物滤池、上流式厌氧污泥床或其他反应器。

第7章

生物脱氮除磷技术与工艺

污水中排放的氮和磷会引起水体的富营养化，主要表现为藻类过量繁殖，水体呈绿-褐色，将影响水源水质，增加水处理成本，对生物产生毒性。控制氮、磷的输入是防止水体富营养化的有效途径，对污水应进行脱氮除磷处理，使处理水达到综合污水排放标准，以有效减少污水中大量的氮、磷排入水体。

以活性污泥法和生物膜法为代表的污水生物处理技术，其传统功能是去除污水中呈溶解状态的有机污染物，至于氮、磷等植物性营养物，只能去除由于细菌细胞生理需要而摄取的数量，氮的去除率约 $20\%\sim40\%$，而磷的去除率约 $5\%\sim20\%$。

7.1 生物脱氮技术与工艺

污水生物脱氮过程实际上是将氮在自然界循环的基本原理应用于污水的生物处理，并借助不同微生物的共同协调作用以及合理运行控制而取得从污水中脱氮的效果。

7.1.1 技术原理

污水生物脱氮过程的基本原理就是在有机氮转化为氨氮的基础上，在好氧条件下通过硝化细菌的硝化作用，将氨氮转化为亚硝态氮、硝态氮，再在缺氧条件下通过反硝化细菌的反硝化作用将硝态氮转化为氮气从水中逸出，最终从系统中去除掉的过程。因此，污水的生物脱氮过程通常包括氨氮的硝化和亚硝酸氮与硝酸氮的反硝化两个阶段。只有当污水中的氮以亚硝酸盐氮和硝酸盐氮存在时，才仅需反硝化（脱氮）一个阶段。

7.1.1.1 氮在污水中存在的形式与转化

污水中氮的存在形式主要有：a. 有机氮，如蛋白质、氨基酸、尿素、胺类化合物、硝基化合物等，其含量占总氮量的 $40\%\sim60\%$；b. 氨态氮（NH_3、NH_4^+），其含量占总氮量的 $50\%\sim60\%$；c. 亚硝酸盐氮和；d. 硝酸盐氮，两者的含量仅占总氮量的 $0\%\sim5\%$。污水生物脱氮的转化过程如图 7-1 所示。

活性污泥法是生物脱氮的主要形式。含氮化合物在微生物的作用下，相继产生下列各项反应。

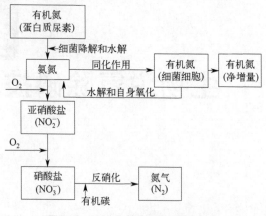

图 7-1 污水生物脱氮的转化过程

7.1.1.2 氨氧化

有机氮化合物在氨化菌的作用下，分解、转化为氨态氮，这一过程称为氨氧化反应。以氨基酸为例，其反应式为：

$$RCHNH_2COOH + O_2 \xrightarrow{\text{氨化菌}} RCOOH + CO_2 + NH_3 \tag{7-1}$$

7.1.1.3 硝化

氨氮转化的第一个过程是硝化。硝化反应是在好氧状态下，将氨氮转化为硝酸盐氮的过程。硝化反应是由一群自养型好氧微生物完成的，分两个阶段进行。第一阶段是由亚硝化细菌（含亚硝酸单胞菌属、亚硝酸螺旋杆菌属和亚硝化球菌属等）将氨态氮（NH_4^+）转化为亚硝酸盐氮，称为亚硝化反应，反应式为

$$NH_4^+ + \frac{3}{2}O_2 \xrightarrow{\text{亚硝化菌}} NO_2^- + H_2O + 2H^+ + \Delta F(\Delta F = 278.42\text{kJ}) \tag{7-2}$$

随后，在硝化细菌（如硝酸杆菌属、螺旋杆菌属和球菌属等）的作用下将亚硝酸氮进一步转化为硝酸氮，称为硝化反应。其反应式为

$$NO_2^- + \frac{1}{2}O_2 \xrightarrow{\text{硝酸化菌}} NO_3^- + \Delta F(\Delta F = 72.272\text{kJ}) \tag{7-3}$$

两个反应都是释放能量的过程，亚硝化细菌和硝化细菌就是利用这两个反应产生的能量来合成新细菌体和维持正常生命活动的。氨氮转化为硝态氮并不是去除氮而是减少了它的需氧量。如果将上述两个阶段合起来，硝化反应的总反应式为

$$NH_4^+ + 2O_2 \xrightarrow{\text{亚硝化菌}} NO_3^- + H_2O + 2H^+ + \Delta F(\Delta F = 351\text{kJ}) \tag{7-4}$$

综合氨氧化和细胞体合成的反应方程式可写表示为

$$NH_4^+ + 1.83O_2 + 1.98HCO_3^- \longrightarrow 0.02C_5H_7O_2N + 0.98NO_3^- + 1.04H_2O + 1.88H_2CO_3 \tag{7-5}$$

（1）硝化细菌

硝化细菌是化能自养菌，革兰氏染色阴性，不生芽孢的短杆状细菌，广泛存活在土壤中，在自然界的氮循环中起着重要的作用。这类细菌的生理活动不需要有机性营养物质，

从 CO_2 获取碳源，从无机物的氧化中获取能量。

（2）亚硝化细菌

亚硝化细菌与硝化细菌的特性基本相似，但亚硝化细菌的生长速率较快、世代期较短，较易适应水质、水量的变化和其他不利环境，而硝化细菌在水质水量和环境变化时较易影响其生长，在受到抑制时，易在硝化过程中发生 NO_2^- 的积累。

（3）硝化反应正常进行应保持的环境条件

硝化细菌对环境的变化很敏感，为使硝化反应正常进行，必须保持硝化细菌所需要的环境条件：

① 好氧条件，满足硝化需氧量的要求，并保持一定的碱度。

由式(7-4)可以看出，在硝化过程中，1mol 原子氮（N）氧化成硝酸氮，需 2mol 分子氧（O_2），即 1g 氮完成硝化反应，需氧 4.57g，其中 3.43g 用于亚硝化反应，1.14g 用于硝化反应。这个需氧量称为"硝化需氧量"（NOD）。

其次，在硝化反应过程中，将释放出 H^+，致使混合液中 H^+ 浓度增高，从而使 pH 值下降。硝化细菌对 pH 值的变化十分敏感，为了保持适宜的 pH 值，应当在污水中保持足够的碱度，以保证对反应过程进行调节 pH 值的变化，起到缓冲的作用。一般来说，1g 氨态氮（以 N 计）完全硝化，需碱度（以 $CaCO_3$ 计）7.14g。

② 混合液中有机底物含量不应过高，BOD 值应在 $15\sim20mg/L$ 以下。硝化细菌是自养型细菌，有机底物浓度并不是它的生长限制因素，故在硝化反应过程中，混合液中的含碳有机底物浓度不应过高，一般 BOD 值应在 20mg/L 以下。若 BOD 浓度过高，会使增殖速率较高的异养型细菌迅速增殖，从而使自养型的硝化细菌得不到优势，不能成为优占种属，硝化反应无法进行。

（4）进行硝化反应应当保持的各项指标：

① 溶解氧。氧是硝化反应过程中的电子受体，反应器内溶解氧浓度的高低必将影响硝化反应的进程，在进行硝化反应的曝气池内，据实验结果证实，溶解氧含量不能低于 1mg/L。

② 温度。硝化反应的适宜温度是 $20\sim30℃$，温度低于 15℃ 时，硝化速率下降，5℃ 时完全停止。

③ pH 值。硝化细菌对 pH 值的变化非常敏感，最佳 pH 值是 $8.0\sim8.4$。在这一最佳 pH 值条件下，硝化速率、硝化细菌最大的比增殖速率可达最大值。

④ 生物固体平均停留时间（污泥龄）。为了使硝化细菌群能在连续流反应器系统中存活，微生物在反应器内的停留时间 $(\theta_c)_N$ 必须大于自养型硝化细菌的最小世代时间 $(\theta_c)_N^{min}$，否则硝化细菌的流失率将大于净增殖率，将使硝化细菌从系统中流失殆尽。一般对 $(\theta_c)_N$ 的取值，至少应为硝化细菌最小世代时间 $(\theta_c)_N^{min}$ 的 2 倍以上，即安全系数应大于 2。$(\theta_c)_N$ 值与温度密切相关，温度低，$(\theta_c)_N$ 取值应明显提高。

⑤ 重金属及有害物质。除重金属外，对硝化反应产生抑制作用的物质还有：高浓度的 NH_4^+-N、高浓度的 NO_x^--N、有机底物以及络合阳离子等。

7.1.1.4　反硝化

（1）反硝化反应过程与反硝化细菌

反硝化反应是指硝酸氮（NO_3^--N）和亚硝酸氮（NO_2^--N）在反硝化细菌的作用下被

还原成气态氮（N_2），从水中逸出，最终从系统中去除掉的过程。氮的最终去除要通过反硝化过程完成。反硝化细菌是属于异养型兼性厌氧菌的细菌，种类很多，利用硝酸盐和亚硝酸盐被还原过程产生的能量作为能量来源，但这些反硝化细菌是兼性菌，在有分子态溶解氧存在时，反硝化细菌将分解有机物来获得能量而不是还原硝酸盐或亚硝酸盐。因此，反硝化过程要在缺氧状态下进行，溶解氧的浓度不能超过 0.2mg/L，否则反硝化过程就停止。在厌氧条件下，反硝化细菌应厌氧呼吸，以硝酸氮（$NO_3^- \text{-N}$）为电子受体，以有机底物（有机碳）为电子供体。在这种条件下，反硝化细菌不能释放出更多的 ATP，相应合成的细胞物质也较少。

反硝化过程分为两步进行：第一步是由硝酸盐转化为亚硝酸盐，第二步是由亚硝酸盐转化为一氧化氮、氧化二氮和氮气，其转化过程可表示为：

$$NO_3^- \longrightarrow NO_2^- \longrightarrow NO \longrightarrow N_2O \longrightarrow N_2$$

事实上，上述转化过程只是硝酸盐还原过程中的一种途径——异化反硝化，使硝态氮分解成最终产物（气态氮）；在反硝化反应过程中，硝态氮通过反硝化细菌的代谢活动还有另外一条转化途径，即同化反硝化，将硝酸盐转化成氨氮用于细胞合成，最终形成有机氮化合物，成为菌体的组成部分，如图 7-2 所示。

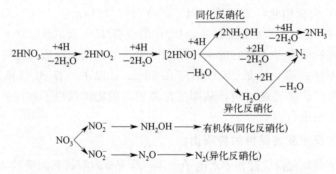

图 7-2 反硝化反应过程（同化反硝化、异化反硝化）

（2）影响反硝化反应的环境因素

1）碳源

在反硝化过程中要有含碳有机物作为该过程的电子供体，即碳源。能为反硝化细菌利用的碳源是多种多样的，但从污水生物脱氮工艺来考虑，可分以下几类：

① 污水中所含碳源。这是比较理想和经济的，优于外加碳源。一般认为，当污水中 $BOD_5/TN>3\sim5$ 时，即可认为碳源充足，无需外加碳源。

② 外加碳源。当污水中碳、氮比值过低，如 $BOD_5/TN<3\sim5$，即需另投加有机碳源，现多采用甲醇（CH_3OH），因为它被分解后的产物为 CO_2 和 H_2O，不留任何难降解的中间产物，而且反硝化速率高。

2）pH 值

pH 值是反硝化反应的重要影响因素，对反硝化细菌最适宜的 pH 值是 $6.5\sim7.5$，在这个 pH 值条件下，反硝化速率最高，当 pH 值高于 8 或低于 6 时，反硝化速率将大为下降。

3）溶解氧

反硝化细菌是异养型兼性厌氧菌，只有在无分子氧而同时存在硝酸和亚硝酸离子的条件下，它们才能够利用这些离子中的氧进行呼吸，使硝酸盐还原。如反应器内溶解氧浓度较高，将使反硝化细菌利用氧进行呼吸，抑制反硝化细菌体内硝酸盐还原酶的合成，或者氧成为电子受体，阻碍硝化氮的还原。但是，另一方面，在反硝化细菌体内的某些酶系统组分只有在有氧条件下才能合成。因此，反硝化细菌以在厌氧、好氧交替的环境中生活为宜，溶解氧浓度应控制在 0.5mg/L 以下。

4）温度

反硝化反应的适宜温度是 20～40℃，低于 15℃时，反硝化细菌的增殖速率降低，代谢速率也将降低，从而降低了反硝化速率。

在冬季低温季节，为了保持一定的反硝化速率，应考虑提高反硝化反应系统的污泥龄（生物固体平均停留时间 θ_c）；降低负荷率；提高污水的停留时间。研究表明，反硝化反应过程的温度系数 θ 值介于 1.06～1.15 之间。负荷率高，温度的影响也高；负荷率低，温度的影响也低。

生物脱氮过程中各种生化反应的特性列于表 7-1。

表 7-1　生物脱氮反应过程各项生化反应特征

生化反应类型	去除有机底物	硝化		反硝化
		亚硝化	硝化	
微生物	好氧菌和兼性菌（异养型细菌）	*Nitrosomonas*（亚硝化单胞菌）自养型细菌	*Nitrobacter*（硝化菌属）自养型细菌	兼性菌异养型细菌
能源	有机物	化学能	化学能	有机物
氧源（H 受体）	O_2	O_2	O_2	NO_3^-，NO_2^-
溶解氧	1～2mg/L 以上	2mg/L 以上	2mg/L 以上	0～0.5mg/L
碱度	没有变化	氧化 $1mgNH_4^+$-N 需要 7.14mg 的碱度	没有变化	还原 $1mgNO_3^-$-N，NO_2^--N 生成 3.57g 碱度
氧的消耗	分解 1mg 有机底物（BOD_5）需氧 2mg	氧化 $1mgNH_4^+$-N 需氧 3.43mg	氧化 $1mgNO_2^-$-N 需氧 1.14mg	分解 1mg 有机物（COD）需要 NO_2^--N 0.58mg，NO_3^--N 0.35mg，以提供化合态的氧
最适 pH 值	6～8	7～8.5	6～7.5	6～8
最适水温	15～25℃ $\theta=1.0\sim1.04$	30℃ $\theta=1.1$	30℃ $\theta=1.1$	34～37℃ $\theta=1.06\sim1.15$
增殖速率/d^{-1}	1.2～3.5	0.21～1.08	0.28～1.44	好氧分解的 1/2～1/2.5
分解速率	70～870mgBOD/（gMLSS·h）	7mg NH_4^+-N/（gMLSS·h）	0.02 mgNO_2^--N/（gMLSS·h）	28mg NO_3^--N/（gMLSS·h）
产率	16%CH_3OH/$C_5H_7O_2N$	0.04～0.13mgVSS/mgNH_4^+-N 能量转换率为 5%～35%	0.02～0.07mg/mgNO_2^--N 能量转换率为 10%～30%	16%CH_3OH/$C_5H_7O_2N_8$

7.1.2　工艺过程

要使污水中的氮最终转化为氮气而从水中逸出去除，必须先通过好氧硝化作用将氨氮转化为硝态氮，然后在缺氧条件下进行反硝化脱氮。据此可分为合并式或分步式处理工艺，这些工艺从碳源的来源可分为外碳源工艺和内碳源工艺；从微生物状态可分为悬浮生长型和附着生长型；从工艺流程可分为传统工艺和前置反硝化工艺等。

7.1.2.1 活性污泥脱氮的传统工艺

主要是在传统活性污泥工艺的基础上，根据生物脱氮的基本原理进行改进后形成的几种脱氮工艺。

(1) 三级活性污泥生物脱氮工艺

活性污泥生物脱氮的传统工艺是由巴茨（Barch）开创的三级活性污泥生物脱氮流程，以氨化、硝化和反硝化 3 项反应过程为基础。其工艺流程如图 7-3 所示。

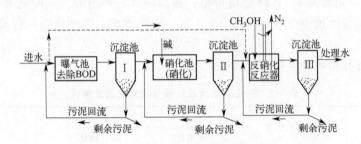

图 7-3　传统活性污泥法生物脱氮工艺

（三级活性污泥法流程）

第一级曝气池为传统活性污泥反应池，主要功能是去除有机底物（BOD、COD），使有机氮转化为氨氮（NH_3、NH_4^+），即完成氨化过程。经过沉淀后污水的 BOD_5 值已降至较低的程度（15～20mg/L），然后进入第二级硝化曝气池。

在第二级硝化曝气池中进行硝化反应，氨氮（NH_3 及 NH_4^+）被氧化为硝酸盐氮（NO_3^--N）。由于硝化反应要消耗碱度，因此在运行过程中若碱度不足，需要投碱，以防 pH 值下降。

第三级为反硝化反应器，在缺氧条件下使硝酸盐氮（NO_3^--N）还原为气态 N_2 并逸往大气。在这一段应采取厌氧-缺氧交替的运行方式，反应所需碳源既可采用外加甲醇，也可引入原污水。

在传统三级活性污泥生物脱氮工艺中，含氮有机物的去除与氨化（通过有机底物降解菌完成）、硝化（通过硝化细菌完成）、反硝化（通过反硝化细菌完成）脱氮反应分别在各自的反应器内完成，并分别设置污泥回流系统。在脱氮反应器中，借助机械搅拌作用使污泥处于悬浮状态而使其与污水获得良好的混合效果。处理过程中可采用两种方式向脱氮池投加碳源：一是投加甲醇，二是将部分原水引入反硝化脱氮池。将部分原水引入反硝化脱氮池作为碳源一方面降低了除碳曝气池的负荷，同时也减少了外加碳源的用量，但由于原水中的碳源多为复杂有机物，因而硝酸盐还原细菌利用这些碳源进行脱氮的速率将有所下降，而且出水中有机底物的去除效果也将有所下降。

当以甲醇作为外加碳源时，其投入量可按下式进行计算

$$C_m = 2.47N_0 + 1.53N + 0.87D \qquad (7-6)$$

式中　C_m——必需投加的甲醇量，mg/L；

　　　N_0——初始的 NO_3^--N 浓度，mg/L；

　　　N——初始的 NO_2^--N 浓度，mg/L；

D——初始的溶解氧浓度，mg/L。

采用甲醇作为外投碳源时，为了去除由于投加甲醇而带来的 BOD 值，可在反硝化池后面增设一个曝气池，经处理后排放处理水，如图 7-4 所示。

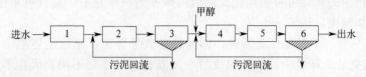

图 7-4　有后曝气的生物脱氮系统
1—沉砂池；2—沼气池；3—二沉池；4—反硝化池；5—后曝气池；6—最后沉淀池

由于传统三级活性污泥生物脱氮工艺较易控制运行条件，可同时获得良好的有机底物去除效果和脱氮效果，但同时存在流程较长、处理构筑物较多、基建费用高等不足，近年来已不在工程上采用。

（2）两级活性污泥法生物脱氮工艺

除上述三级生物脱氮系统外，在实践中还使用图 7-5 所示的两级生物脱氮系统。与三级活性污泥生物脱氮系统相比，两级活性污泥生物脱氮系统将其中的前两级曝气池合并成一个曝气池，将 BOD 去除和硝化两道反应过程放在统一的反应器内进行，使污水同时实现碳化、氨化和硝化反应，因此只是在形式上减少了一个曝气池，并无本质上的改变。

7.1.2.2　缺氧-好氧活性污泥脱氮组合工艺

在两级活性污泥生物脱氮工艺中，需要外加甲醇作为反硝化的碳源，导致运行费用增加。虽然也可将部分原污水引入反硝化池，利用其中的有机物作为碳源，但残留有机物不能得到有效控制，可能导致出水水质变差。为了简化好氧、缺氧脱氮组合工艺，同时增强缺氧池和好氧池间的液体交换控制，可将缺氧池与好氧池完全分离，将沉淀池的污泥回流到缺氧池，并增加从好氧池至缺氧池的混合液回流，此即 20 世纪 80 年代开创的缺氧-好氧活性污泥生物脱氮工艺（A/O，anoxic/oxic），如图 7-6 所示。因缺氧反硝化反应器设置在好氧硝化反应器之前，也称为"前置反硝化生物脱氮系统"。

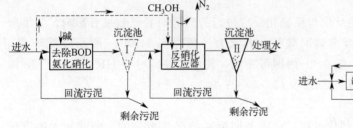

图 7-5　两级生物脱氮系统
（虚线所示为可能实施的另一方案，沉淀池 I 也可考虑不设）

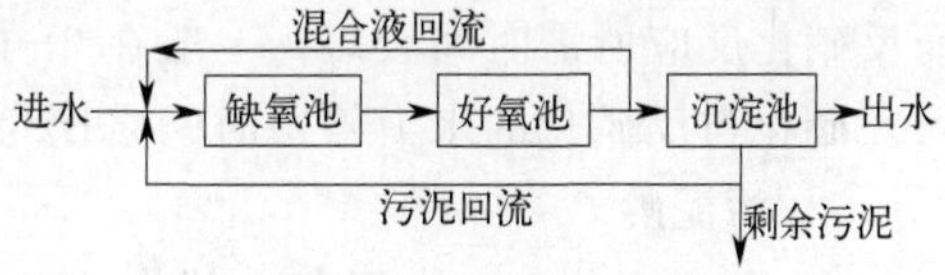

图 7-6　缺氧-好氧活性污泥脱氮工艺

（1）工艺流程

在 A/O 工艺中，污水首先进入缺氧池，其中的硝酸盐还原细菌以污水中的有机底物为碳源，以回流混合液中的硝酸盐氮作为电子受体，进行反硝化脱氮反应，不需外加碳源。缺氧池出水进入好氧池中，进行少量的有机底物去除和硝化反应。

在缺氧池进行的反硝化过程中，还原 1mg 的硝酸盐氮可产生 3.75mg 的碱度，而在好氧池进行的硝化反应过程中，将 1mg 的氨氮氧化为硝酸盐氮要消耗 7.14mg 的碱度，因此，反硝化产生的碱度可补偿硝化反应消耗碱度的一半左右，对含氮浓度不高的污水，可不必另行投加碱度以调节 pH 值。

A/O 工艺只有一个污泥回流系统，因而使好氧异养菌、硝酸盐还原菌和硝化细菌都处于缺氧-好氧交替的环境中，这样构成的一种混合菌群中使不同菌属在不同的条件下充分发挥它们的优势。

（2）影响因素

A/O 工艺的影响因素主要有：

1）硝化段的污泥负荷 N_{Ts}

硝化段的主要任务是去除 BOD 和硝化，由于污水中的大部分 BOD 已在反硝化段被去除，则硝化段的 BOD 含量已大大降低，活性污泥中以硝化细菌为主，因此即使 N_{Ts} 与传统活性污泥过程相近，也不会造成除碳异养菌对硝化自养菌的强烈抑制，可取 $N_{Ts}<$ 0.18kgBOD/(kgMLSS·d)。为防止氮的污泥负荷过高会对硝化菌产生抑制，一般要求 TKN/MLSS<0.05kgTKN/(kgMLSS·d)。

2）反应池内污泥浓度 X_T

在 A/O 工艺中，污泥浓度与传统活性污泥过程相近，MLSS 为 3000～4000mg/L。低于此值，脱氮效果将显著降低。

3）污泥回流比 R 和混合液回流比 R_N

在 A/O 工艺中，污泥回流的作用主要是维持系统的污泥浓度，向反硝化反应器内提供硝态氮，使其作为反硝化反应的电子受体，从而达到脱氮的目的。污泥回流比不仅影响脱氮效果，而且也影响工艺系统的动力消耗，是一项非常重要的参数。

由于混合液回流在一定程度上弥补了系统的污泥浓度，因此 A/O 工艺的污泥回流比 R 较传统活性污泥过程的低，一般为 50%～60%；混合液回流是为了将硝化池的硝态氮回流至反硝化池完成脱氮过程，为了保证反硝化效率，又防止带入缺氧池过多的溶解氧 (DO)，混合液回流比控制在 300%～500% 之间。

4）水力停留时间 HRT

试验与运行数据证明，硝化反应与反硝化反应进行的时间对脱氮效果有影响。为了取得 70%～80% 的脱氮率，硝化反应需时较长，其水力停留时间 HRT 一般不应低于 6h，而反硝化反应所需时间较短，一般在 2h 内即可完成，其水力停留时间 HRT 不低于 2h 即可。硝化与反硝化的水力停留时间之比为 (3～4):1。

5）污泥龄 θ_c

在 A/O 工艺中，由于存在硝化过程，而污泥回流系统又是单一的，因此污泥龄以硝化污泥的污泥龄为准。为保证硝化反应器内保持足够数量的硝化细菌，应采取较长的污泥龄，一般为 $\theta_c \geqslant 30d$。

6）反硝化段有机底物含量

为保证反硝化脱氮过程中碳源的供应（理论 BOD_5 消耗量为 1.72gBOD/gNO$_x$-N），一般要求反硝化段的 $BOD_5/TN>4$。

7）进水总氮浓度

应在 30mg/L 以下，否则脱氮率将下降到 50％以下。

8）需氧量、DO、碱度

根据理论计算可知，硝化反应氧化 1g 氨氮需消耗氧气 4.57g，需消耗碱度 7.14g；反硝化反应还原 1g 硝酸盐氮将放出 2.6g 氧，生成 3.75g 碱度（以 $CaCO_3$ 计），碱度过低将限制硝化速率，碱度过高将造成工程浪费。为此，工程中需要根据硝化和反硝化对氧和碱度的消耗与释放进行综合计算，必要时需人为向系统添加碱度；为了保持 A 段的缺氧环境和 O 段的好氧环境，需控制 A 段的 DO 值不大于 0.5mg/L，控制 O 段的 DO 值不小于 2.0mg/L。

9）pH 值

由于硝化和反硝化过程分别消耗和产生碱度，会影响过程的 pH 值。高硝化速率出现在 pH 值 7.8～8.4 之间，当 pH 值偏离 6.5～7.5 时，反硝化过程也会受到很大影响，为了保证运行中良好的硝化和反硝化效能，要求 O 段好氧池的 pH＝7.0～8.0，A 段缺氧池的 pH＝6.5～7.5。

10）水温

硝化细菌的最适宜温度为 30～35℃，当水温低于 10℃时，硝化速率和有机底物好氧降解速率都将明显下降；硝酸盐还原菌的最适宜温度为 20～38℃，当温度低于 15℃时，硝酸盐还原菌的生长速率下降，温度低于 3℃时硝酸盐还原菌生长基本停止。根据硝化细菌和硝酸盐还原菌的适宜温度范围，在工程运行中，系统（硝化池和反硝化池）的温度以 20～30℃为宜。

(3) 设计计算

1）有效池容计算

可参照普通活性污泥过程计算，以有机底物的污泥负荷 N_{Ts} 作为计算标准。池体形状选择后，池体的长、宽、有效水深等具体尺寸也可参照普通活性污泥过程进行计算。

2）关于曝气系统需氧量的计算

A/O 工艺的需氧量包括有机底物降解的需氧量和硝化需氧量，并考虑细胞合成所需的氨氮和排放剩余污泥时相当的 BOD_5 值，同时还应考虑反硝化过程所放出的氧量与消耗相应量有机底物作硝酸盐还原菌的碳源所相当的 BOD_5 值，按下式进行计算：

$$O_2 = Q\left(\frac{S_0 - S_e}{1 - 10^{-Kt}}\right) - 1.42Q'_w\left(\frac{VSS}{SS}\right) + Q\left[4.6(N_0 - N_e)\right] - 0.56Q'_w\left(\frac{VSS}{SS}\right) - 2.6Q\Delta NO_3$$

(7-7)

式中　O_2——同时去除 BOD_5 和脱氮的生物系统所需氧量，m^3；

　　　Q——系统处理水量，m^3/h；

　　　S_0——进水 BOD 浓度，mg/L；

　　　S_e——出水 BOD 浓度，mg/L；

　　　K——BOD 降解速率常数，1/d；

　　　t——BOD 试验天数，$t=5d$；

　　　Q'_w——剩余污泥排放量，kgSS/d；

　　　N_0——进水氨氮浓度，$mgNH_3\text{-}N/L$；

　　　N_e——出水氨氮浓度，$mgNH_3\text{-}N/L$；

ΔNO_3——还原的 NO_3^--N 浓度，$mgNO_3^-$-N/L。

在式(7-7)中，第一项为降解污水中有机物的需氧量，第二项为剩余污泥排放 BOD_5 物质的需氧量，假设细菌细胞（$C_5H_{10}NO_2$）的相对分子质量为 113，则含碳量为 53.1%，而 1g 碳相当于 $2.67gBOD_5$，故有 53.1%×2.67=1.42；第三项为硝化反应的需氧量，硝化每克氨氮需氧 4.57g，可按 4.6g 计算；第四项为剩余污泥中含氮物质的需氧量，由细菌细胞分子量及分子式可知，细菌细胞含氮量为 12.4%，则排放的剩余污泥中含氮物质需氧量为 $0.56Q'_w$；第五项为硝态氮还原放出的氧量，1g 硝态氮还原放出 2.6g 氧。

令 $\alpha = \dfrac{1}{1-10^{-Kt}}$，根据运行经验取 $\alpha = 1.0$，同时设 $\dfrac{VSS}{SS} = 0.7$，将式(7-7)中各项合并整理，可得：

$$O_2 = Q(S_0 - S_e) + 4.6Q(N_0 - N_e) - 1.4Q'_w - 2.6Q\Delta NO_3 \qquad (7\text{-}8)$$

可按式(7-9)将式(7-8)中的实际需氧量 O_2 转化为标准需氧量 $O_{2(0)}$：

$$O_{2(0)} = \dfrac{O_2 C_{s(20)}}{\alpha\,[\beta \cdot \rho \cdot C_{sb(T)} - C] \times 1.024^{(T-20)}} \qquad (7\text{-}9)$$

式中　$O_{2(0)}$——标准需氧量；

O_2——实际需氧量；

α——系数，$\alpha = \dfrac{污水中的\ K_{La}\ 值}{清水中的\ K_{La}\ 值}$

K_{La}——氧总转移系数；

β——系数，$\beta = \dfrac{污水中氧的饱和溶解度\ C'_s}{清水中氧的饱和溶解度\ C_s}$；

ρ——系数，$\rho = \dfrac{所在地区实际气压（Pa）}{1.013 \times 10^5}$；

$C_{sb(T)}$——操作温度下池中氧饱和度。

3）每日产生的剩余污泥量 ΔX

计算 A/O 工艺每日净产生的污泥量为异养菌群增殖产生的污泥量（包括单纯的有机底物降解和反硝化对有机底物的消耗过程）、自养硝化细菌群氧化氨氮产生的污泥量、污水中引入悬浮固体形成的污泥量之和。由于好氧段存在硝化过程，因此水力停留时间较长，活性污泥自身氧化而消耗的污泥量不能忽略，因此 A/O 工艺每日的剩余污泥量 ΔX 可按下式计算：

$$\Delta X = \alpha Q(S_0 - S_e) + \beta Q(N_0 - N_e) + Q(C_0 - C_e) - bVX \qquad (7\text{-}10)$$

式中　Q——设计污水流量，m^3/d；

S_0、S_e——进、出水的 BOD_5 浓度，kg/m^3；

N_0、N_e——进、出水中 NH_4^+-N 浓度，kg/m^3；

C_0、C_e——进、出水 SS 浓度，kg/m^3；

α——去除每千克 BOD_5 的产泥量即污泥净增长系数，一般为 $0.55VSSkg/kg$-BOD_5 左右；

β——去除每千克 NH_4^+-N 的硝化污泥产泥量，一般为 $0.15kgVSS/kgNH_4^+$-N；

b——污泥自身氧化速率，d^{-1}，一般为 $0.05d^{-1}$。

4）混合液回流比 R_N 的确定

A/O 工艺的总氮去除率 η_{TN} 为：

$$\eta_{TN}=\frac{TN_0-TN_e}{TN_0}\times100\%\qquad(7\text{-}11)$$

式中　TN_0——进水总氮浓度，mg/L；

　　　TN_e——出水总氮浓度，mg/L。

则混合液的回流比 R_N 为：

$$R_N=\frac{\eta_{TN}}{1-\eta_{TN}}\qquad(7\text{-}12)$$

5）缺氧池搅拌机的选择

缺氧池宜分成串联的几个方格，每个方格内设置一台机械搅拌机，一般采用水下叶片式桨板或推进式搅拌机，使进水、回流污泥和混合液充分混合接触，以保证反硝化反应的正常进行，防止污泥沉淀。搅拌机所需功率范围按 $3\sim5W/m^3$ 选取即可达到要求。

（4）A/O 工艺的布置形式

A/O 工艺是目前采用较为广泛的一种生物脱氮工艺，反硝化在缺氧池中进行，硝化在好氧池中进行。缺氧池和好氧池可以是两个独立的构筑物，也可以合建在同一个构筑物内，用隔板将两池分开。根据污水水质和脱氮要求以及混合液与污泥回流的方式不同，A/O 脱氮工艺可以有不同的布置形式，如图 7-7 所示。

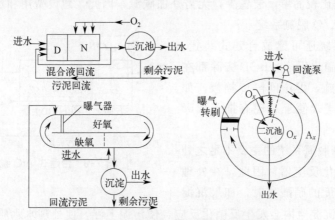

图 7-7　A/O 组合工艺的不同布置形式

1）分建式 A/O 脱氮系统

图 7-8 所示为分建式 A/O 脱氮系统，即反硝化、硝化与 BOD 去除分别在两座不同的反应器内进行。硝化反应器内已进行充分反应的硝化液的一部分回流入反硝化反应器，而反硝化反应器内的脱氮细菌以原污水中的有机底物作为碳源，以回流液中硝酸盐的氧作为电子受体，进行呼吸和生命活动，将硝态氮还原为气态氮（N_2），不需外加碳源（如甲醇）。

在反硝化反应过程中，还原 1mg 硝态氮能产生 3.75mg 的碱度，而在硝化反应过程中，将 1mg 的 NH_4^+-N 氧化成 NO_3^--N，要消耗 7.14mg 的碱度，因此，系统中反硝化反应所产生的碱度可补偿硝化反应消耗的碱度的一半左右，对含氮浓度不高的污水（如生活污水、城市污水）可不必另行投碱以调节 pH。另外，硝化曝气池设置在反硝化反应器之后，使反硝化残留的有机污染物得以进一步去除，提高了处理水的水质，而且无需增建后曝气池。

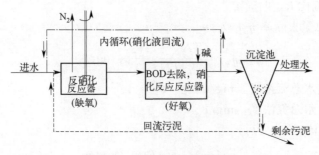

图 7-8　分建式 A/O 脱氮系统

分建式 A/O 脱氮系统的特征是：

① 缺氧反硝化反应器设置在流程前端，而去除 BOD、进行硝化反应的好氧反应器设置在流程后端。

② 直接利用原水中的有机物作为反硝化过程的有机碳源，将回流液中的硝态氮还原为氮气。

③ 反硝化过程中产生的碱度随出水进入硝化反应器，可补偿硝化过程中所需碱度的 50%左右。

④ 硝化反应器设置在流程后端，可使污水中残留的有机物得以进一步去除，无需增建后曝气池。

⑤ 由于流程比较简单，装置少，无需外加碳源，因此，建设费用和运行费用均较低。

2）合建式 A/O 脱氮系统

A/O 脱氮系统还可建成合建式装置，即反硝化反应及硝化反应、BOD 去除都在一座反应器内实施，但中间隔以挡板，如图 7-9 所示。合建式便于对现有推流式曝气池进行改造。

合建式 A/O 脱氮系统的主要不足之处是处理水来自硝化反应器，因此，在处理水中含有一定浓度的硝酸盐时，如果沉淀

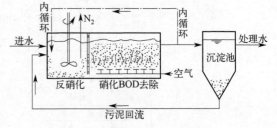

图 7-9　合建式 A/O 脱氮系统

池运行不当，在沉淀池内会发生反硝化反应，使污泥上浮，使处理水水质恶化。另外，如欲提高脱氮率，必须加大内循环比 R_N，但会增大运行费用；来自曝气池（硝化池）的内循环液含有一定的溶解氧，使反硝化段难以保持理想的缺氧状态，影响反硝化进程，一般脱氮率很难达到 90%。

7.1.2.3　同步硝化与反硝化工艺

同步硝化与反硝化（simultaneous nitrification and denirtrification，简称 SND）是指在同一反应器中，在相同的操作条件下，硝化（N）、反硝化（D）同时进行。其工艺流程如图 7-10 所示。

SND 避免了 NO_2^- 氧化成 NO_3^- 及 NO_3^- 再还原成 NO_2^- 这两个多余的反应，使曝气需求量降低，节省能耗。在运行过程中，硝化和反硝化在同一个处理构筑物的不同区域中进行，可省去 A/O 工艺中硝化段出水混合液的回流，大大简化工艺流程，节省了设备投

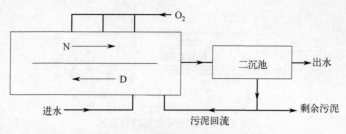

图 7-10　同步硝化与反硝化工艺

资。污水在处理构筑物中循环流动，交替经历好氧和缺氧区，提高了生物脱氮效率。因为硝化过程中需好氧、消耗碱度、无需 COD，而反硝化过程则与之相反并互补，厌氧产生碱度，需消耗大量的 COD。在工艺设计上，将进水点设在反硝化区，不必向系统投加外碳源，因此工艺的运行费用低，是一种良好的脱氮工艺。

7.1.2.4　Bardenpho 脱氮工艺

Bardenpho 脱氮工艺是一种硝化段（N）和反硝化（D）相互交替组成的工艺，如图 7-11 所示。

该工艺中硝化与反硝化可以分别在各个反应器中进行，也可将它们组合在一个传统推流式曝气池中不同区域内，后种情况在实际工程中较多采用。如将其改进，即成为同时具有除磷脱氮功能的新 Brdenpho 工艺，如图 7-12 所示。

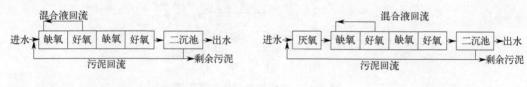

图 7-11　Bardenpho 脱氮工艺　　　　图 7-12　新 Bardenpho 脱氮工艺

7.1.2.5　生物滤池硝化脱氮工艺

生物滤池硝化脱氮流程如图 7-13 所示。

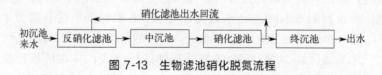

图 7-13　生物滤池硝化脱氮流程

硝化滤池的床层高度一般以 3～4.5m 为宜，最佳水力负荷为 $6m^3/(m^3 \cdot d)$，脱氮负荷为 $0.1kgNH_3\text{-}N/(m^3 \cdot d)$。生物滤池的反硝化效果与进水中 COD/N 的比值有关，若要达到完全硝化，则 COD/N 必须大于 12～14。为此，常将反硝化滤池设在处理系统前面，但反硝化效果与回流比有关。

7.1.2.6　氧化沟硝化脱氮工艺

氧化沟硝化脱氮工艺如图 7-14 所示。

氧化沟内微生物的平均停留时间长达 15～30d，为传统活性污泥系统的 3～6 倍，在

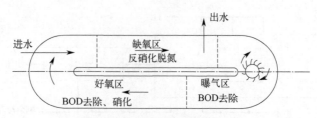

图 7-14 氧化沟硝化脱氮工艺

氧化沟内划分成好氧区、缺氧区，并按其进行适当运行，能够取得硝化与反硝化的效果。原污水中有机污染物可作为反硝化反应的碳源，而在好氧区内，有机污染物为好氧菌所分解，NH_3-N 经硝化反应形成硝酸氮（NO_3^--N），后者则在缺氧区在反硝化作用下还原为气态氮，排放于空气中。

7.1.2.7 生物转盘硝化脱氮工艺

在生物膜法处理中，生物转盘系统在经过适当增建后能够具有硝化和脱氮功能。图 7-15 所示为生物转盘硝化脱氮系统。该系统由 6 级转盘组成，前 4 级进行 BOD 去除与硝化反应，BOD 去除由强到弱，硝化反应由二级开始逐渐加强。第五级为反硝化反应器，转盘全部淹没于水中，进行缓慢转动，形成缺氧状态，一般需投加甲醇作为有机碳源。

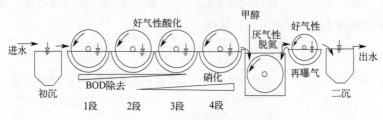

图 7-15 生物转盘硝化脱氮系统

7.1.2.8 改进的 AB 工艺

AB 工艺具有投资省、运行稳定等优点，通过对该工艺的改进，不仅可有效去除污水中的含碳有机物，也能有效实现脱氮效果，德国慕尼黑的两家污水处理厂均采用 AB 工艺进行脱氮处理。奥地利的 Salzburg 污水处理厂在 A、B 段污泥负荷分别为 $4\sim7kgBOD_5/$（$kgMLSS \cdot d$）和 $0.1\sim0.4kgBOD_5/(kgMLSS \cdot d)$ 的条件下，将 B 段的运行方式分别变换为 A/A/O、UCT 及厌氧-缺氧-好氧-缺氧等几种运行方式，并在厌氧区投加 A 段的厌氧发酵污泥上清液，均实现了良好的脱氮效果。奥地利某污水处理厂还进行了将 B 段污泥部分回流到 A 段，同时将 A 段污泥部分回流到 B 段，在 A 段和 B 段中均存在硝化和反硝化菌，也达到了良好的脱氮效果，并将此流程命名为 ADMONT 流程。

7.1.2.9 污水生物脱氮工艺的运行控制

污水生物脱氮工艺对氮的去除是通过硝化菌和反硝化菌的共同生物作用而实现的，无论采用何种处理工艺，一方面，不同的环境因素都将对处理过程和处理效果产生影响，另一方面，这些因素对工艺运行中硝化细菌和反硝化细菌作用的影响又是不同的，因此，在污水生物脱氮工艺的设计和运行过程中，必须加以充分的注意。

（1）硝化反应的影响因素与控制要求

① 好氧条件，并保持一定的碱度。

氧是硝化反应的电子受体，反应器内溶解氧的高低必将影响硝化反应的进程，溶解氧含量一般维持在 2～3mg/L，不得低于 1mg/L。当溶解氧低于 0.5～0.7mg/L 时，氨的硝化反应将受到抑制。

硝化细菌对 pH 值的变化十分敏感。为保持适宜的 pH 值，应在污水中保持足够的碱度，以调节 pH 值的变化，对硝化细菌的适宜 pH 值为 8.0～8.4。

② 混合液中有机物含量不宜过高，否则硝化细菌难以成为占优势的菌种。

③ 硝化反应的适宜温度是 20～35℃。当温度在 5～35℃间逐渐升高时，硝化反应的速率将随温度的升高而加快，而当低至 5℃时，硝化反应完成停止。对于 BOD 去除和硝化在同一个反应器中完成的脱氮工艺而言，温度对硝化速率的影响更为明显。当温度低于 15℃时即发现硝化速率迅速下降。低温对硝化细菌有很强的抑制作用，如温度为 12～14℃时，反应器出水常会出现亚硝酸盐积累现象。因此，温度的控制是非常重要的。

④ 硝化细菌在反应器内的停留时间，即生物固体的平均停留时间，必须大于最小世代时间，否则将使硝化细菌从系统中流失殆尽。

⑤ 有害物质的控制。除重金属外，对硝化反应产生抑制作用的物质有高浓度 NH_4-N、高浓度有机基质以及络合阳离子等。必须将这些有害物质的浓度控制在一定的水平内。

（2）反硝化反应的影响因素与控制要求

① 碳源（C/N）的控制。生物脱氮的反硝化过程中，需要一定数量的碳源以保证一定的碳氮比而使反硝化反应能顺利进行。碳源的控制包括碳源种类的选择、碳源需求量及供给方式。

反硝化的碳源可分为三类：第一类为外加碳源，如甲醇、乙醇、葡萄糖、淀粉、蛋白质等，以甲醇为主；第二类为原污水中的有机碳；第三类为细胞物质，细菌利用细胞成分进行内源反硝化，但反硝化速率最慢。碳源供给可采用外加碳源的方法（如传统脱氮工艺）、或利用原污水中的有机碳（如前置反硝化工艺等）的方法实现。

当原污水中的 BOD_5 与 TKN（总凯氏氮）之比在 5～8、BOD_5 与 TN（总氮）之比大于 3～5 时，可认为碳源充足。如需外加碳源，多采用甲醇（CH_3OH），因甲醇被分解后的产物为 CO_2 和 H_2O，不残留任何难降解的产物。

② 对反硝化反应最适宜的 pH 值是 6.5～7.5。pH 值高于 8 或低于 6，反硝化反应的速率将大大降低。

③ 反硝化反应最适宜的温度是 20～40℃，低于 15℃时反硝化反应速率降低。为了保持一定的反应速率，在冬季时可采取降低处理负荷、提高生物固体平均停留时间以及水力停留时间等措施。

④ 反硝化细菌属异养兼性厌氧细菌，在无分子氧、同时存在硝酸和亚硝酸离子的条件下，一方面，它们能够利用这些离子中的氧进行呼吸，使硝酸盐还原；另一方面，因为反硝化细菌体内的某些酶系统组分只有在有氧条件下才能够合成，所以反硝化反应宜于在厌氧好氧条件交替下进行，溶解氧应控制在 0.5mg/L 以下。

7.2 生物除磷技术与工艺

污水中磷的存在形态取决于污水的类型，最常见的是磷酸盐、聚磷酸盐和有机磷。生活污水的含磷量一般在 $10\sim15mg/L$ 左右，其中 70% 是可溶性的。常规二级生物处理出水中 90% 左右的磷以磷酸盐形式存在。在传统的活性污泥法中，磷作为微生物正常生长所必需的元素用于微生物菌体的合成，并以生物污泥的形式排出，从而引起磷的去除，能够获得 $10\%\sim30\%$ 的除磷效果。在某些情况下，微生物吸收的磷量超过了微生物正常生长所需要的磷量，这就是活性污泥的生物超量除磷现象，污水生物除磷技术正是利用生物超量除磷的原理而发展起来的。

7.2.1 技术原理

根据霍尔米（Holmers）提出的化学式，活性污泥的组成是：$C_{118}H_{170}O_{51}N_{17}P$，由此可知，$C:N:P$ 比例为 $46:8:1$。如果污水中 N、P 的含量低于此值，则需另行从外部投加；如等于此值，则在理论上应当是能够全部摄取而加以去除的。

生物除磷是利用一种被称为聚磷菌（也称为"除磷细菌""磷细菌"等）的细菌在厌氧条件下能充分释放其细胞体内的聚合磷酸盐（该过程称为"厌氧释磷"）；而在好氧条件下又能超过其生理需要从水中吸收磷（该过程称为"好氧吸磷"）并将其转化为细胞体内的聚合磷酸盐，从而形成富含磷的生物污泥，通过沉淀从系统中

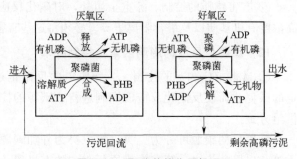

图 7-16 聚磷菌的作用机理

排出这种富磷污泥，达到从污水中除磷的效果。聚磷菌的作用机理如图 7-16 所示。

① 厌氧区内的释磷过程。在没有溶解氧和硝态氮存在的厌氧条件下，兼性细菌通过发酵作用将溶解性 BOD 转化为挥发性有机酸（VFA），聚磷菌吸收 VFA 并进入细胞内，同化合成为细胞内碳源的储存物—聚-β-羟基丁酸盐（PHB），所需能量来源于聚磷菌将其细胞内的有机态磷转化为无机态磷并导致磷酸盐的释放。

② 好氧区内的吸磷过程。聚磷菌的活力得到恢复并以聚磷形态存储超出生长需要的磷量，通过对 PHB 的氧化代谢产生能量用于磷的吸收和聚磷的合成，能量以聚磷酸高能键的形式存储起来，磷酸盐从液相去除。产生的高磷污泥通过剩余污泥的形式得到排放，从而将磷从系统中去除。

由上可知，聚磷菌在厌氧状态下释放磷获取能量以吸收污水中溶解性有机物，在好氧状态下降解吸收的溶解性有机物获取能量以吸收磷，在整个生物除磷过程中表现为 PHB 的合成与分解，三磷酸腺苷（ATP）则作为能量的传递者。PHB 的合成与分解作为一种能量的储存和释放过程，在聚磷菌的摄磷和放磷过程中起着十分重要的作用，即聚磷菌对 PHB 合成能力的大小将直接影响其摄磷能力的高低。正是因为聚磷菌在厌氧-好氧交替运行的系统中有释磷和摄磷的作用，才使得它在与其他微生物的竞争中取得优势，从而使除

磷作用向正反应的方向进行。

影响聚磷菌生物除磷过程的因素有：

(1) 溶解氧

溶解氧（DO）的影响包括两个方面。首先必须在厌氧区中控制严格的厌氧条件，这直接关系到聚磷菌的生长状况、释磷能力及利用有机基质合成 PHB 的能力。由于 DO 的存在，一方面 DO 将作为最终电子受体而抑制厌氧菌的发酵产酸作用，妨碍磷的释放；另一方面会耗尽能快速降解的有机基质，从而减少聚磷菌所需的脂肪酸产生量，导致生物除磷效果差。其次是在好氧区中要供给足够的溶解氧，以满足聚磷菌对其储存的 PHB 进行降解，释放足够的能量供其过量摄磷之需，有效地吸收污水中的磷。一般厌氧段的 DO 应严格控制在 $0.2\mathrm{mg/L}$ 以下，而好氧段的 DO 应控制在 $2.0\mathrm{mg/L}$ 左右。

(2) 厌氧区硝态氮

硝态氮包括硝酸盐氮和亚硝酸盐氮，其存在同样也会消耗有机基质而抑制聚磷菌对磷的释放，从而影响好氧条件下聚磷菌对磷的吸收。另一方面，硝态氮的存在会被部分聚磷菌（气单胞菌）利用作为电子受体进行反硝化，影响其以发酵中间产物作为电子受体进行发酵产酸，从而抑制聚磷菌的释磷和摄磷能力及 PHB 的合成能力。

(3) 温度

温度对除磷效果的影响不如对生物脱氮过程的影响那么明显，因为在高温、中温、低温条件下，不同菌群都具有生物脱磷的能力，但低温运行时厌氧区的停留时间要更长一些，以保证发酵作用的完成及基质的吸收。实验表明，在 $5\sim30℃$ 的范围内，都可以得到很好的除磷效果。

(4) pH 值

试验表明，pH 值在 $6\sim8$ 的范围内时，磷的厌氧释放过程比较稳定。pH 值低于 6.5 时生物除磷的效果会大大降低。

(5) BOD 负荷和有机物性质

污水生物除磷工艺中，厌氧段有机基质的种类、含量及其与微生物营养物质的比值（$\mathrm{BOD_5/TP}$）是影响除磷效果的重要因素。不同的有机物为基质时，磷的厌氧释放和好氧摄取是不同的。根据生物除磷原理，分子量较小的易降解有机物（如低级脂肪酸类物质）易于被聚磷菌利用，将其体内储存的多聚磷酸盐分解释放出磷，诱导磷释放的能力较强，而高分子难降解有机物诱导释磷的能力较弱。厌氧阶段磷的释放越充分，好氧段磷的摄取量就越大。另一方面，聚磷菌在厌氧段释放磷所产生的能量主要用于其吸收进水中低分子有机基质合成 PHB 贮存在体内，以作为其在厌氧条件压抑环境下生存的基础。因此，进水中是否含有足够的有机基质提供给聚磷菌合成 PHB 是关系聚磷菌在厌氧条件下能否顺利生存的重要因素。一般认为，进水中 $\mathrm{BOD_5/TP}$ 要大于 15 才能保证聚磷菌有足够的基质需求而获得良好的除磷效果。为此，有时可以采用部分进水和省去初次沉淀池的方法来获得除磷所需的 BOD 负荷。

(6) 污泥龄

由于生物脱磷系统主要是通过排除剩余污泥去除磷的，因此剩余污泥量的多少将决定系统的除磷效果，而污泥龄的长短对污泥的摄磷作用及剩余污泥的排放量有着直接的影响。一般来说，污泥龄越短，污泥含磷量越高，排放的剩余污泥量就越多，越可以取得较好的脱磷效果。短的污泥龄还有利于好氧段控制硝化作用的发生而利于厌氧段的充分释磷，因此，仅以除磷为目的的污水处理系统中，一般宜采用较短的污泥龄。但过短的污泥龄不仅会影响出水的 BOD_5 和 COD，甚至会使出水的 BOD_5 和 COD 达不到要求。资料表明，以除磷为目的的生物处理工艺，污泥龄一般控制在 $3.5\sim7d$。

一般来说，厌氧区的停留时间越长，除磷效果越好。但过长的停留时间并不会太多地提高除磷效果，而且会有利于丝状菌的生长，使污泥的沉淀性能恶化，因此厌氧段的停留时间不宜过长。剩余污泥的处理方法也会对系统的除磷效果产生影响，因为污泥浓缩池中呈厌氧状态会造成聚磷菌的释磷，使浓缩池上清液和污泥脱水液中含有高浓度的磷，因此有必要采取合适的污泥处理方法，避免磷的重新释放。

7.2.2　工艺过程

污水生物除磷工艺一般由两个过程组成，即厌氧释磷和好氧摄磷。目前应用的生物除磷工艺主要有弗斯特利普（Phostrip）除磷工艺和厌氧-好氧（An/O）活性污泥除磷工艺。

7.2.2.1　弗斯特利普除磷工艺

弗斯特利普除磷工艺是将生物除磷与化学除磷相结合的一种工艺，即在传统活性污泥过程的污泥回流管线上增设厌氧释磷池和混合反应池，采用生物和化学相结合的方法提高除磷效果。该工艺以生物除磷为主体，以化学除磷辅助去除厌氧释磷后的上清液中的磷酸盐，可以保证释磷后的污泥主要用于对进水中的磷酸盐的吸收，因此可以达到更高的除磷效果。其工艺流程如图 7-17 所示。

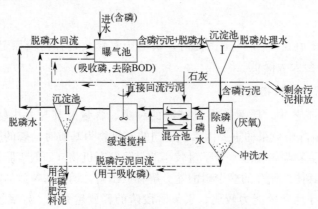

图 7-17　弗斯特利普除磷工艺流程

工艺中各设备的功能如下：

① 含磷污泥进入曝气池，同步进入曝气池的还有由除磷池回流的脱磷但含有聚磷菌的污泥。曝气池的功能是：使聚磷菌过量地摄取磷，去除有机物（BOD 或 COD），还可能出现硝化作用。

② 从曝气池流出的混合液（污泥含磷，污水已经除磷）进入沉淀池 I，在这里进行泥水分离，含磷污泥沉淀，已除磷的上清液作为处理水而排放。

③ 含磷污泥进入除磷池，除磷池应保持厌氧状态，即 $DO\approx0$，$NO_x^-\approx0$，含磷污泥在这里释放磷，并投加冲洗水，使磷充分释放，已释放磷的污泥沉于池底，并回流至曝气

池，再次用于吸收污水中的磷。含磷上清液从上部流出进入混合池。

④ 含磷上清液进入混合池，同步向混合池投加石灰乳，经混合后进入搅拌反应池，使磷与石灰反应，形成磷酸钙 $[Ca_3(PO_4)_2]$ 固体物质。此系用化学法除磷。

⑤ 沉淀池Ⅱ为混凝沉淀池，经过混凝反应形成的磷酸钙固体物质在这里与上清液分离。已除磷的上清液回流进入曝气池，而含有大量 $Ca_3(PO_4)_2$ 的污泥排出，这种含有高浓度 PO_4^{3-} 的污泥宜用作肥料。

弗斯特利普除磷工艺的主要特征有：

① 生物除磷与化学除磷相结合，除磷效果良好，处理水中含磷量一般都低于1mg/L。

② 产生的剩余污泥中含磷量比较高，约为 $2.1\% \sim 7.1\%$，污泥回流应经过除磷池。

③ 与完全的化学除磷法相比，所需的石灰用量比较低，一般介于 $21 \sim 31.8 mg/L$ $Ca(OH)_2/m^3$。

④ 活性污泥的 SVI 值<100，污泥易于沉淀、浓缩、脱水，污泥肥分高，丝状菌难于增殖，污泥不膨胀，且易于浓缩脱水。

⑤ 可以根据 BOD/P 的比值来灵活调节回流污泥与混凝污泥的比例。

⑥ 流程复杂，运行管理比较复杂，由于投加石灰乳，致使运行费用也有所提高，基建费用高。

⑦ 沉淀池Ⅰ的底部可能形成缺氧状态而产生释放磷的现象，因此，应当及时排泥和回流。

7.2.2.2　厌氧-好氧活性污泥除磷工艺

厌氧-好氧（An/O，anaerobic/oxic）活性污泥工艺是直接在生物除磷基本原理的基础上设计出来的，其工艺流程如图7-18所示。

(1) 工艺流程

An/O工艺主要由厌氧池、好氧池、二沉池构成，污水和污泥顺序经厌氧和好氧交替循环流动。回流污泥进入厌氧池可吸附一部分有机物并释放出大量的磷，进入好氧池的污水中的有机物得到好氧降解，同时污泥将大量摄取污水中的磷，部分富磷污泥以剩余污泥排出，实现除磷的目的。

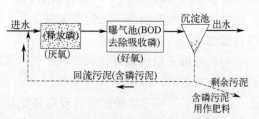

图 7-18　厌氧-好氧（An/O）除磷工艺流程

1）选择 An/O 工艺的前提条件

在 An/O 工艺中，一般进水要求有较高含量的易降解有机基质。An/O 活性污泥系统中剩余污泥产量（以 VSS 干重计）的计算可按式(7-13)进行：

$$\Delta X = Y(S_0 - S_e)Q - K_d VX \qquad (7-13)$$

式中　ΔX——每日微生物净增殖量（以 VSS 干重计），即剩余污泥产量；

　　　Y——微生物合成产率系数（降解底物所合成的生物量千克数），一般取 $0.5 \sim 0.65$；

$(S_0 - S_e)Q$——每日底物降解量；

　　　K_d——微生物内源呼吸时的自身降解速率，d^{-1}，也称为衰减系数，一般取 $0.05 \sim 0.1$；

X——污水处理系统内微生物浓度（活性污泥系统内为 MLVSS）；

V——污水处理系统的容积，m^3。

对于 An/O 工艺，取 $Y=0.6$，$K_d=0.05$；对于传统活性污泥过程，水力停留时间 HRT 取 8h，X 取 2000mgVSS/L；假定 An/O 系统对 BOD_5 的去除率为 85%，即 $S_e=0.15S_0$；设进水中的磷浓度为 C，要求 An/O 出水中的磷浓度小于 1.0mg/L，将以上各项代入式(7-13)，可得剩余污泥的含磷量为：

$$\frac{Q(C-1)}{\Delta X}=\frac{C-1}{0.51S_0-33.3} \tag{7-14}$$

一般污泥中聚磷菌对磷的积累限值为 7%～8%，即：

$$\frac{C-1}{0.51S_0-33.3}\leqslant 8\% \tag{7-15}$$

整理式(7-15)可得

$$S_0\geqslant\frac{C-1}{0.038}+69.4 \tag{7-16}$$

我国城市污水的含磷量一般为 3～8mg/L，若取 5mg/L，代入式(7-16)，可得 $S_0\geqslant$ 174.7mg/L。

以上的粗略计算说明，进水中易降解基质浓度较低对于污水生物除磷是不利的，这对于选择 An/O 工艺具有重要的指导意义。

2）An/O 工艺的特点

在 An/O 工艺中，厌氧池应维持严格的厌氧状态，要求池内基本没有硝态氮（例如硝态氮浓度低于 0.2mg/L），溶解氧浓度低于 0.4mg/L。厌氧池容积一般占总容积的 20%，厌氧池一般分格，每格都设有搅拌器，维持污泥悬浮状态。厌氧池第一格的硝态氮浓度要求在 0.3mg/L 以下，最好为 0.2mg/L 以下，运行中要避免好氧池的硝化混合液进入厌氧池，并控制回流污泥的硝态氮含量。厌氧池分格有利于抑制丝状菌的生长，产生沉降性能优越的污泥。

好氧池可采用机械曝气或扩散曝气，实际应用中的溶解氧浓度控制在 1.0mg/L 以上，以保障有机底物的降解和磷的吸收。

An/O 工艺利用聚磷菌厌氧释磷和好氧吸磷的特性，通过排放高含磷污泥达到除磷目的。若进水中的磷与有机底物浓度之比较高，由于有机底物负荷较低，剩余污泥量较少，因而较难达到稳定的处理效果，故该工艺尤其适于进水中磷与有机底物浓度之比很低的情况。由于 An/O 工艺的泥龄短（2～6d），系统往往达不到硝化，回流污泥也就不会携带硝酸盐至厌氧区。

An/O 工艺强调了进水与回流污泥混合后维持厌氧状态的必要性，这种厌氧状态的维持不仅能促进磷细菌的选择性增强，而且所产生的污泥基本上无丝状菌，活性高、密实、可快速沉淀。由于丝状菌基本都是好氧菌，厌氧状态对其不利，因此该工艺不仅可有效除磷，而且可改善污泥的性能。

（2）An/O 工艺的特点

从图 7-18 可以看出，An/O 工艺流程简单，既不需投药，也无需考虑内循环，因此，建设费用及运行费用都较低，而且由于无内循环的影响，厌氧反应器能够保持良好的厌氧（或缺氧）状态。

实际运行情况表明，An/O 工艺具有如下特征：

① 污泥在反应器内的停留时间一般为 2～6h，是比较短的。

② 反应器（曝气池）内的污泥浓度一般在 2700～3000mg/L 之间。

③ BOD 的去除率大致与一般的活性污泥系统相同。磷的去除率较好，处理水中的磷含量一般都低于 1.0mg/L，去除率大致在 76% 左右。

④ 沉淀污泥（剩余污泥）中的含磷率约为 4%，具有较高的肥效，可用作农肥。

⑤ 由于整个系统中的活性污泥交替处于厌氧和好氧条件，混合液的 SVI 值≤100，沉降性好，发生污泥膨胀的可能性较小。

试验与运行实践表明，An/O 工艺同时具有如下问题：

① 除磷率难以进一步提高，因为微生物对磷的吸收即便是过量吸收，也是有一定限度的，特别是当进水 BOD 值不高或污水中含磷量较高，即 P/BOD 值高时，由于污泥的产量低，将更是如此。

② 在沉淀池内容易产生磷的释放，特别是当污泥在沉淀池内停留时间较长时更是如此，应注意及时排泥和回流。

(3) An/O 工艺的设计及其影响因素

An/O 工艺的设计计算中，反应池总有效容积的计算、需氧量及曝气系统的计算等可参照传统推流式活性污泥系统的设计；厌氧段的布置、反应池长、宽、深等具体尺寸计算等可参照 A/O 工艺的设计。

An/O 组合工艺的影响因素有：

1）有机底物污泥负荷 N_{Ts}

在 An/O 工艺中，聚磷菌厌氧释磷时需要摄取简单有机物为自身碳源 PHB，为满足聚磷菌对有机物的摄取，保证良好的除磷效果，有机底物污泥负荷 N_{Ts} 不应小于 0.1kg BOD_5/（kgMLSS·d）。

2）污泥浓度 X_T 和污泥回流比 R

An/O 工艺中，由于厌氧 An 段和好氧 O 段的活性污泥内微生物菌群都以异养菌为主，因此其浓度 X_T、污泥回流比 R 等参数与仅考虑异养除碳效能的传统活性污泥过程相近，其中 MLSS 取 2700～3000mg/L，R 取 50%～100%。

3）污泥龄 θ_c

An/O 工艺中，为了防止硝化过程的发生，其污泥龄仅以满足聚磷菌和除碳异养菌为准，一般 θ_c 取 2～6d。

4）水力停留时间 HRT

由于 An/O 工艺中的微生物菌群主要为异养菌，其对 BOD_5 的去除率大致与传统活性污泥过程相似，反应池内的水力停留时间较短，一般厌氧池 An 段的 HRT 为 1～2h，好氧池 O 段的 HRT 为 2～4h，总共 3～6h，An 段的 HRT 与 O 段的 HRT 的比值一般为 1：（2～3）。

5）溶解性总磷与溶解性 BOD_5 之比

为满足聚磷菌厌氧释磷过程对简单有机底物的需求，要求污水中溶解性总磷与溶解性 BOD_5 的比值（即 S-TP/$SBOD_5$）应不大于 0.06，可满足磷的去除率达 70%～80%，处理后出水的磷浓度一般小于 1.0mg/L。

6）溶解氧 DO

在 An/O 工艺中，为保持厌氧段的厌氧释磷条件，要求其 DO 浓度约为 0mg/L。为满足好氧段聚磷菌好氧吸磷对 DO 的需求，要求 O 段的 DO 浓度为 2mg/L 左右。

（4） An/O 工艺的发展

聚磷菌可直接利用的基质多为 VFA 类易降解有机基质，若原水中 VFA 类有机基质含量较低，则传统 An/O 工艺除磷的效能将受到影响。针对这一问题，Barnard 在传统 An/O 工艺的基础上进行改进，并提出了 AP（activated primary）工艺，如图 7-19 所示。

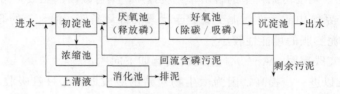

图 7-19　AP 除磷工艺流程示意图

AP 工艺旨在通过对初沉污泥发酵产生乙酸盐等利于聚磷菌利用的低分子量有机基质，从而利于后面的 An/O 系统的良好运行，使厌氧段的水力停留时间缩短至 1h 或更短。

7.3　同步脱氮除磷技术与工艺

前述的生物脱氮技术和生物除磷技术是针对污水中的氮和磷单独进行脱除，当污水的处理目标为脱氮除磷时，则需采取同步脱氮除磷技术。

7.3.1　技术原理

同步脱氮除磷是针对污水中氮和磷的赋存状态与浓度，将生物脱氮工艺与生物除磷工艺进行有机组合，以实现氮和磷的同步脱磷。

7.3.2　工艺过程

实现同步脱氮除磷的工艺过程很多，常用的有以下几种。

7.3.2.1　巴顿甫脱氮除磷工艺

巴顿甫（Bardenpho）脱氮除磷工艺（denitrogen dephosphorus）是 1973 年 Barnard 以高效同步脱氮除磷为目的而开发的脱氮过程单元和除磷过程单元组合的工艺，其工艺流程如图 7-20 所示。

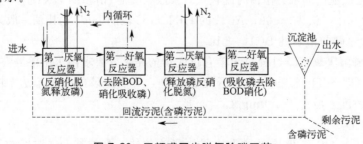

图 7-20　巴顿甫同步脱氮除磷工艺

各反应单元均有其首要功能，并兼行其他功能。各单元的功能分别为：

① 污水进入第一厌氧反应器，它的功能有二：首要功能是脱氮，含硝态氮的污水通过内循环来自第一好氧反应器；第二功能是污泥释放磷，而含磷污泥是从沉淀池排出回流来的。

② 经第一厌氧反应器处理后的混合液进入第一好氧反应器，它的功能有三：首要功能是去除 BOD，去除由污水带入的有机污染物；其次是硝化，但由于 BOD 浓度还较高，因此硝化程度较低，产生的 NO_3^--N 也较少；第三项功能是聚磷菌对磷的吸收。按除磷机理，只有在 NO_x^- 得到有效地脱除后，才能取得良好的除磷效果，因此，在本单元内，磷吸收的效果不会太好。

③ 混合液进入第二厌氧反应器，它的功能有二：一是脱氮，二是释放磷，以脱氮为主。

④ 第二好氧反应器，其功能有三：首要功能是吸收磷，第二项功能是进一步硝化，第三项则是进一步去除 BOD。

⑤ 沉淀池的主要功能是泥水分离，其上清液作为处理水排放，含磷污泥的一部分作为回流污泥，回流到第一厌氧反应器，另一部分作为剩余污泥排出系统。

从以上可以看出，无论是去除有机底物、硝化/反硝化反应，还是吸磷/释磷过程均发生两次或两次以上，因此脱氮、除磷效果很好。据报道，该工艺在缺氧段、好氧段、厌氧段、好氧段的水力停留时间 HRT 依次为 3h、7h、4h、1h 的情况下，对进水 COD 为 340mg/L、TKN 为 81mg/L 的污水进行处理，可获得出水 COD 为 35mg/L、TKN 为 1.6mg/L、$PO_4^{3-}-P$ 小于 1.0mg/L 的处理效果，即脱氮率可达 90%～95%，除磷率达 97%。但工艺流程复杂、反应器单元多、运行繁琐、成本高是本工艺的主要缺点。

由于系统内未考虑硝酸盐对释磷过程的干扰，二级反硝化及释磷过程缺乏碳源补充，因此该工艺不适于进水碳源较低的情况。

7.3.2.2　Phoredox 同步脱氮除磷工艺

在 Bardenpho 脱氮除磷组合工艺中，由于回流、污水水质的影响及操作运行上的关系，较难保证厌氧段的厌氧条件，厌氧释磷过程受到削弱。针对这一缺点，Barnard 在传统 Bardenpho 脱氮除磷工艺（缺氧-好氧-厌氧-好氧）的前端增加厌氧池，进而实现厌氧、好氧强化除磷的效能，并称此类具有厌氧、好氧强化除磷的过程为 Phoredox 工艺，其工艺流程如图 7-21 所示。

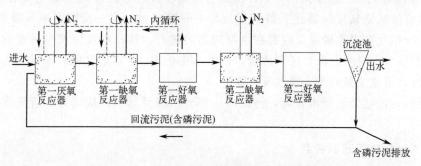

图 7-21　Phoredox 同步脱氮除磷工艺流程

不论是 Bardenpho 脱氮除磷工艺还是 Phoredox 脱氮除磷工艺，厌氧池都受出水所含硝酸盐浓度的影响而削弱厌氧释磷过程，而且都具有工艺复杂、反应器单元多，运行繁琐，成本高等缺点。为了简化除磷工艺流程，逐渐开发了 An/A/O 组合工艺。

7.3.2.3 An/A/O 同步生物脱氮除磷工艺

An/A/O（anaerobic/anoxic/oxic）同步生物脱氮除磷工艺又称厌氧-缺氧-好氧法脱氮除磷工艺，是在厌氧-好氧（An/O）除磷工艺基础上开发的同步脱氮除磷工艺。其工艺流程如图 7-22 所示。

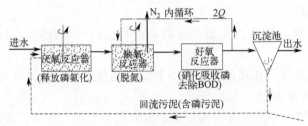

图 7-22　An/A/O 同步脱氮除磷工艺流程

（1）An/A/O 工艺流程

在 An/A/O 工艺中，污水首先进入厌氧池，在厌氧环境下，兼性厌氧发酵菌可将污水中可生物降解的大分子有机物转化为挥发性脂肪酸 VFA 类分子量较低的中间发酵产物。聚磷菌将其体内的聚磷酸盐分解，同时释放出能量供专性好氧聚磷微生物在厌氧的"压抑"环境中维持生存，剩余部分的能量则可供聚磷菌从环境中吸收 VFA 类易降解有机底物之需，并以 PHB 的形式在其体内加以储存。随后，污水进入缺氧池，其中的硝酸盐还原菌利用好氧池回流混合液中的硝酸盐以及污水中的有机底物进行硝化，达到同时除磷脱氮的效果。在好氧池，聚磷菌在利用污水中残留的有机底物的同时，主要通过分解其体内储存的 PHB 所放出的能量维持生长，同时过量摄取环境中的溶解态磷。好氧池中的有机物经厌氧、缺氧段分别被聚磷菌和硝酸盐还原菌利用后，浓度相当低，这有利于自养硝化菌的生长。

各反应器单元的功能与工艺特征为：

① 厌氧反应器，污水进入，同步进入的还有从沉淀池排出的含磷回流污泥，本反应器的主要功能是释放磷，同时部分有机物进行氨化。

② 污水经第一厌氧反应器进入缺氧反应器，本反应器的首要功能是脱氮，硝态氮是通过内循环由好氧反应器送来的，循环的混合液量较大，一般为 $2Q$（Q 为原污水流量）。

③ 混合液从缺氧反应器进入好氧反应器——曝气池，这一反应器单元是多功能的，去除 BOD、硝化和吸收磷等反应都在本反应器内进行。这三项反应都是重要的，混合液中含有 $NO_3^- $-N，污泥中含有过剩的磷，而污水中的 BOD（或 COD）则得到去除。流量为 $2Q$ 的混合液从这里回流入缺氧反应器。

④ 沉淀池的功能是泥水分离，污泥的一部分回流至厌氧反应器，上清液作为处理水排放。

（2）An/A/O 工艺的特点

① An/A/O 工艺中三种不同的环境条件和不同种类微生物菌群的有机配合，能同时具有去除有机物、脱氮、除磷的功能。

② 工艺流程简单，总的水力停留时间少于其他同类工艺；在厌氧-缺氧-好氧交替运行下，丝状菌不能大量增殖，SVI 值一般小于 100，无污泥膨胀现象发生。污泥中磷的含量较高，一般为 2.5% 以上，具有很高的肥效。

③ 厌氧-缺氧池只需缓慢搅拌，使之混合，而以不增加溶解氧为度，运行费用低。

④ 沉淀池要防止发生厌氧、缺氧状态，以避免聚磷菌释放磷而降低出水水质和反硝化产生氮气而干扰沉淀。

⑤ 脱氮效果受混合液回流比大小的影响，除磷效果受回流污泥中挟带 DO 和硝酸盐氮的影响，因而脱氮除磷效率受到一定限制。

(3) An/A/O 工艺的影响因素

1）溶解性有机底物浓度的影响

由于厌氧段中聚磷菌只能利用可快速生物降解的有机物，若此类物质浓度较低，聚磷菌则无法正常进行磷的释放和吸收。研究表明，厌氧段进水 S-TP 和 S-BOD_5 的比值应小于 0.06。

在缺氧段，若有机底物浓度较低，则反硝化脱氮速率将因碳源不足而受到抑制，一般来说，污水中 COD/TKN 值大于 8 时，氮的总去除率可达 80%，工程设计中也可按照 BOD_5/NO_x^--N>4 进行控制。

2）污泥龄 θ_c 的影响

An/A/O 组合工艺的污泥龄受两方面影响，其一是硝化细菌的世代时间，一般为 25d 左右；其二是除磷主要通过剩余污泥排出系统，要求 An/A/O 工艺中污泥龄不宜过长，应为 5~8d。两者权衡，一般 An/A/O 工艺的污泥龄 θ_c 为 15~20d。

3）溶解氧 DO 的影响

An/A/O 工艺的溶解氧应满足三方面的要求，即好氧段氨氮完全氧化为硝态氮所需、进水中有机底物的氧化所需及好氧段聚磷菌吸磷所需。为防止 DO 过高而随污泥回流和混合液回流带至厌氧段和缺氧段，造成厌氧不完全而影响聚磷菌的释磷和缺氧段反硝化，一般好氧段的 DO 浓度在 1.5~2.0mg/L，厌氧段的 DO 浓度小于 0.2mg/L。

4）硝化区和反硝化区容积比的影响

硝化区和反硝化区的容积比随进水水质、水温等变化而变化，一般硝化区和反硝化区的容积比为 (8~7):(2~3)，但在水质较差或脱氮要求较高时，该容积比最小为 1:1。

5）有机底物污泥负荷 N_{Ts} 的影响

好氧池的有机底物污泥负荷 N_{Ts} 应不超过 $0.18kgBOD_5/(kgMLSS \cdot d)$，否则异养菌数量超过硝化细菌而抑制硝化过程；厌氧池的有机底物污泥负荷 N_{Ts} 应大于 $0.10kgBOD_5/(kgMLSS \cdot d)$，否则聚磷菌底物不足，除磷效果下降。

6）氮的污泥负荷影响

氮的污泥负荷过高会对硝化细菌产生抑制，一般小于 $0.05kgTKN/(kgMLSS \cdot d)$，相应反应池内的污泥浓度 MLSS 取 3000~4000mg/L。

7）污泥回流比 R 和混合液回流比 R_N 的影响

污泥回流比 R 一般为 25%~100%，如果 R 太高，污泥将 DO 和硝态氮带入厌氧池太多，影响其厌氧状态且反硝化产生，会抑制厌氧释磷过程；如果 R 太低，则无法维持正常的反应器内污泥浓度，影响生化反应速率和处理效率。

虽然提高混合液回流比 R_N 可以提高反硝化效果，但 R_N 过大，则大量曝气池的 DO

将被带入反硝化区,反而破坏了反硝化条件,且动力费用大。一般混合液回流比 R_N 根据脱氮要求在 100%～600% 左右。

8) 水温的影响

硝化细菌生长的最适宜温度为 30～35℃,为避免硝化速率和好氧降解速率明显下降,水温不宜低于 10℃;反硝化脱氮的最适宜温度为 20～38℃,为避免硝酸盐还原菌的生长速率下降,水温不宜低于 15℃。

温度对聚磷菌影响不大,因为聚磷菌有高温菌、中温菌和低温菌三种,其中低温菌又有专性和兼性的,当水温低于 10℃ 时,低温兼性菌占优势,其繁殖速率受温度影响较小。

9) 碱度的影响

硝化和反硝化过程分别消耗和产生碱度,影响 pH 值的变化。硝化过程最适宜的 pH 值为 7.8～8.4,当 pH<6 或 pH>9 时,硝化反应将停止;反硝化过程的最适宜 pH 值为 6.5～7.5。当系统碱度不足造成单元池内 pH 显著波动时,需人为投加碱度。

10) 水力停留时间 HRT

系统的总 HRT 为 6～8h,由于厌氧段、缺氧段内主要为异养菌群,对污染底物降解速率较快,而好氧段内为除碳异养菌和自养硝化菌,其中自养硝化细菌代谢速率较慢,则好氧段的 HRT 较厌氧段和缺氧段要长,三个段的 HRT 比为:厌氧段:缺氧段:好氧段比例为 1:1:(3～4)。

厌氧段、缺氧段都宜分成串联的几个方格,每个方格内设置一台机械搅拌机,一般用叶片桨板或推进式搅拌机,所需功率按 3～5W/m³ 污水计算。

An/A/O 工艺的主要设计参数见表 7-2。

表 7-2　An/A/O 工艺的主要设计参数

水力停留时间/h	厌氧反应器	0.5～1.0
	缺氧反应器	0.5～1.0
	好氧反应器	3.5～6.0
污泥回流比/%		50～100
混合液内循环回流比/%		100～300
混合液悬浮固体浓度/(mg/L)		3000～5000
F/M 值/[kgBOD5/(kgMLSS·d)]		0.15～0.7
好氧反应器内浓度/(mg/L)		≥2
BOD₅/P 值		5～15(以大于 10 为宜)

An/A/O 工艺存在的问题有:

① 除磷效果难以再行提高,污泥增长有一定的限度,不易提高,特别是当 P/BOD 值高时更是如此。

② 脱氮效果难以进一步提高,内循环量一般以 $2Q$ 为限,不宜太高。

③ 对沉淀池要保持一定浓度的溶解氧,减少污泥停留时间,防止产生厌氧状态和污泥释放磷的现象出现,但溶解氧的浓度也不宜过高,以防循环混合液对缺氧反应器的干扰。

(4) An/A/O 工艺的改进

An/A/O 工艺存在的最大问题是难以同时取得良好的脱氮除磷效果,当脱氮效果好时,除磷效果则差,反之亦然。其原因是回流污泥携带的溶解氧或硝酸盐氮对厌氧释磷存在干扰,使其除磷效果受到一定的限制。针对厌氧段硝酸盐干扰释磷的问题,可以考虑作两种改进:

1）将厌氧池和缺氧池互换位置，成为缺氧-厌氧-好氧（A/An/O）工艺

A/An/O 工艺的流程如图 7-23 所示，污水可通过分点进水且将缺氧池与厌氧池调换位置，不仅避免了污水中碳源少时因碳源首先满足厌氧聚磷过程而使反硝化碳源不足，使得缺氧反硝化过程受限的现象，还可达到简化流程的目的。

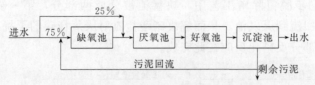

图 7-23　A/An/O 脱氮除磷工艺流程

A/An/O 工艺将缺氧段置于厌氧段的前面，污泥回流至缺氧池，可将回流污泥内的硝态氮反硝化去除，消除其对厌氧释磷过程的干扰；厌氧池与好氧池紧密相连，使聚磷菌厌氧释磷后马上进入好氧吸磷过程，提高了除磷效能；污水分两股分别进入缺氧池和厌氧池，分别满足了厌氧释磷和缺氧反硝化的碳源需求；通过增大污泥回流比达到可以省去混合液回流的目的，使得工艺简化，能耗降低。

2）在 An/A/O 工艺前端设置厌/缺氧选择器，成为改良 An/A/O 组合工艺

改良 An/A/O 工艺的流程如图 7-24 所示。在厌氧池前设置了厌氧/缺氧调节池，来自二沉池的回流污泥和 10% 左右的原水进入该池，水力停留时间 HRT 为 20～30min，微生物利用 10% 进水中的有机底物去除回流污泥中的硝态氮，消除硝态氮对后续厌氧池释磷的干扰。该工艺处理效果良好，且节省了一个回流系统。

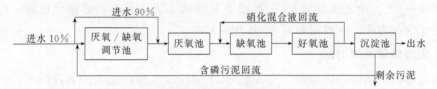

图 7-24　改良型 An/A/O 脱氮除磷工艺流程

7.3.2.4　UCT 同步脱氮除磷工艺

在前述的两种同步脱氮除磷工艺中，都是将回流污泥直接回流到工艺前端的厌氧池，其中不可避免地会含有一定浓度的硝酸盐，因此会在第一级厌氧池中引起反硝化作用，反硝化细菌将与除磷菌争夺污水中的有机物而影响除磷效果，因此提出 UCT（university of cape town）同步脱氮除磷工艺。

UCT 同步脱氮除磷工艺的流程如图 7-25 所示。最终沉淀池的污泥回流到缺氧池，通过缺氧反硝化作用使硝酸盐氮大大减少，再增加缺氧池到厌氧池的混合液回流，可以防止硝酸盐氮的进入破坏厌氧池的厌氧状态而影响系统的除磷效果。

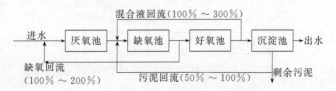

图 7-25　UCT 同步脱氮除磷工艺流程

在 UCT 同步脱氮除磷工艺中，好氧池到缺氧池的混合液回流比直接影响到缺氧池出水的硝酸盐氮含量，即影响缺氧池回流到厌氧池的硝酸盐氮含量，由于原水的 TKN/COD 比值不确定，造成混合液回流比的波动将显著影响除磷效果。为了解决混合液回流比的变动对系统效能的影响，提出了改良型 UCT 同步脱氮除磷工艺，如图 7-26 所示。

改良型 UCT 同步脱氮除磷工艺中，缺氧池被分成两部分，第一缺氧池接纳回流污泥，然后再将污泥回流到厌氧池，从而解决硝酸盐氮对厌氧释磷的干扰；硝化混合液回流到第二缺氧池，大部分反硝化反应在此完成。

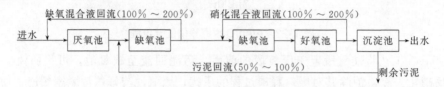

图 7-26　改良型 UCT 同步脱氮除磷工艺流程

改良型 UCT 同步脱氮除磷工艺的影响因素有：

(1) 有机底物污泥负荷 N_{Ts}

改良型 UCT 同步脱氮除磷工艺的有机底物污泥负荷 N_{Ts} 与传统活性污泥过程相近，一般 N_{Ts} 为 $0.1\sim0.2$kg BOD$_5$/(kgMLSS·d)。

(2) 污泥浓度 X_T 和污泥龄 θ_c

改良型 UCT 同步脱氮除磷工艺的污泥浓度与传统活性污泥过程相近，一般 MLSS 为 $2000\sim4000$mg/L。由于改良型 UCT 同步脱氮除磷工艺中存在自养硝化过程，污泥龄应以满足硝化污泥为准，一般污泥龄 θ_c 为 $10\sim30$d。

(3) 水力停留时间 HRT

为满足各段不同的净化效能，改良型 UCT 同步脱氮除磷工艺中各段的水力停留时间分别为：厌氧段 $1\sim2$h，第一缺氧段 $2\sim4$h，好氧段 $4\sim12$h，第二缺氧池 $2\sim4$h。总水力停留时间 HRT 为 $9\sim22$h。

(4) 污泥回流比 R 和混合液回流比 R_N

改良型 UCT 同步脱氮除磷工艺的污泥回流比 R 与传统活性污泥过程相近，R 一般取 $50\%\sim100\%$；混合液回流比 R_N 与 An/A/O 工艺相近，一般取 $100\%\sim300\%$。

7.3.2.5　VIP 工艺

VIP（Virginia Initiative Plant）是美国的 Randall 教授提出的一种生物除磷工艺，工艺流程如图 7-27 所示。其流程类似于 UCT 同步脱氮除磷工艺，但有两点明显的不同之处。

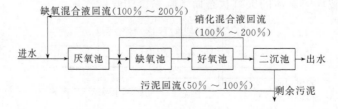

图 7-27　VIP 生物除磷工艺流程

① 厌氧段、缺氧段和好氧段的每一部分都由两个以上的池子组成，释磷和吸磷的速率很快。

② 污泥龄比 UCT 同步脱氮除磷工艺短，负荷比 UCT 同步脱氮除磷工艺高，因而运行速率高，除磷效率高，所需反应设备容积小。其设计污泥龄一般为 5～10d，而 UCT 同步脱氮除磷工艺的污泥龄则为 13～25d。

7.3.2.6　氧化沟除磷脱氮工艺

氧化沟除磷脱氮工艺是把氧化沟与其他脱氮除磷工艺结合起来，用氧化沟实现本应由多个反应器承担的任务，使脱氮除磷工艺更加紧凑，氧化沟的功能更加强大。典型的运行方式为单独氧化沟，在氧化沟中完成硝化和反硝化。也可将厌氧池与氧化沟结合成一体，如美国 EMICO 公司和荷兰 DHV 公司联合推出的卡罗塞尔 Denit IR An/A/O（卡罗塞尔 2000）工艺就是一种将 An/A/O 工艺与氧化沟结合在一起的脱氮除磷新工艺，如图 7-28 所示。这种工艺的最大优点是利用氧化沟原有渠道流动，可实现硝化液的高回流比，以达到较高程度的脱氮效率，同时无需任何回流提升动力。前置厌氧池又达到了同时除磷脱氮的目的。

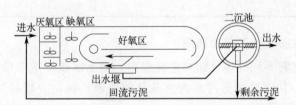

图 7-28　卡罗塞尔 Denit IR An/A/O 工艺流程

7.3.2.7　SBR 除磷脱氮工艺

SBR 法处理工艺可根据具体净化要求，通过不同控制手段而比较灵活地运行。SBR 工艺的每一个完整的操作过程包括 5 个阶段：进水期、反应期、沉淀期、排水排泥期、闲置期。SBR 工艺不仅可以很容易实现好氧、缺氧及厌氧状态交替的处理条件，而且很容易在好氧条件下增大曝气量、反应时间和污泥龄来强化硝化反应及除磷菌过量摄磷的顺利完成；也可在缺氧条件下方便地投加原污水（或甲醇等），或提高污泥浓度等方式以提供有机碳作为电子供体使反硝化过程更快完成。由于其良好的工艺性能和灵活的操作，使其易于引入厌氧-缺氧-好氧过程，成为脱氮除磷工艺的选择对象。通过改变运行方式，合理分配曝气阶段和非曝气阶段的时间，创造交替进行的厌氧好氧条件，实现生物除磷脱氮。

7.3.2.8　污水水生物除磷脱氮工艺选择

处理目标决定了所选择的处理工艺，当处理目标分别是去除 NH_4-N（只需硝化）、去除 TN（硝化和反硝化）及同时除磷脱氮时，工艺的选择是不同的。

(1) 污水单独生物脱氮系统的选择与主要参数

当出水仅对 NH_4-N 浓度有要求，而对 TN 无要求时，采用合并硝化或单独硝化都可满足出水要求，也可考虑采用单一缺氧池的单级活性污泥系统。

当出水对 TN 有要求时，应同时考虑硝化与反硝化。对于不同的出水 TN 要求，应考虑选择不同的脱氮工艺，根据出水 TN 的要求选用表 7-3 所示的脱氮工艺。常用污水脱氮工艺的主要设计参数见表 7-4。

表 7-3　根据出水 TN 要求选择脱氮工艺

出水 TN 要求	可选脱氮工艺
8～12mg/L	所有单级活性污泥系统、氧化沟、SBR 工艺
6～8mg/L	强化后的 A-A-O、UCT、VIP 工艺；Bardenpho 工艺、氧化沟、SBR 工艺
3～6mg/L	Bardenpho 工艺
≤3mg/L	采用多级生物脱氮系统

注：强化措施包括提高从好氧池到缺氧池的回流比，采用保守的设计参数等。

表 7-4　污水脱氮工艺的主要设计参数

设计参数	取值范围
水力停留时间/h	缺氧段 0.5～1.0，好氧段 2.5～6
污泥龄/d	3～5
污泥负荷/[kgBOD/(kgMLSS·d)]	0.10～0.70
MLSS/(mg/L)	2000～5000
混合液回流比/%	200～500
污泥回流比/%	50～100

(2) 污水单独生物除磷工艺的选择

生物除磷工艺也需要从处理目标来进行选择。当出水仅要求除磷时，宜选用 A/O 工艺或 Phostrip 工艺。特别要根据污水水质及具体要求，确定合理的处理工艺方法，以下为工艺选择的几条基本原则：

① 如果进水中易生物降解有机基质的浓度过低，如低于 60mg/L，则这种污水难以进行除磷处理，任何工艺都不能获得良好的除磷效果。也就是说，进水中易降解有机基质的浓度不能低于 60mg/L。

② 如果进水的 COD/TKN 大于 12.5，则采用 Phoredox 可以较彻底消除硝酸盐对除磷的影响。

③ 如果 9＜COD/TKN＜12.5，此时宜采用 UCT 工艺。如用 Phoredox 工艺则不能完全去除硝酸盐。

④ 如果 7＜COD/TKN＜9，在采用 UCT 工艺时应严格控制回流比，并严格检查污泥的沉降性能。

⑤ 如果污水的 COD/TKN 小于 7，则不宜采用生物除磷法进行处理。

(3) 污水生物脱氮除磷工艺的选择

当污水的处理目标为脱氮除磷时，An/A/O、UCT、VIP 工艺均可使出水的 TP 浓度低于 1mg/L，TN 的浓度为 6～8mg/L；五段 Bardenpho 工艺和 Phoredox 工艺也可使出水的 TP 浓度低于 3mg/L，TN 浓度为 3～6mg/L。生物脱氮除磷工艺的另一个重要指标是污水的 BOD/TP，如果 BOD/TP 大于 20，则原污水有充足的碳源有机物，An/A/O 和五段 Bardenpho 工艺可考虑用于满足脱氮除磷要求。若 BOD/TP＜20，则需考虑选择 VIP 或 UCT 工艺。

第**8**章

生态处理技术与工艺

污水生态处理是在容纳或接受污水的局域环境里建立半人工生态系统（或复合生态系统），有目的地加强对污水或受污水体的自然净化效率，同时多层次、分级、多途径利用污水中一些原本是资源的物质和能量，不仅保护了自然水体等环境，而且循环利用了污水及其中所含的物质。这种污水处理方式具有投资小、维护运行费用低、不占或少占地等优点，其环境效益和经济效益均是正值并且很显著。但这种途径往往受自然条件（如气候、季节、水面等）和社会条件的限制，应因地、因类制宜的采用。

污水生态处理技术包括稳定塘处理技术、土地处理技术、人工湿地处理技术和生态农业技术。

8.1 稳定塘处理技术与工艺

稳定塘处理技术是在条件允许的地方，对天然湖泊或塘洼地进行整修，利用塘内生长的微生物处理城市污水和工业污水。

8.1.1 技术原理

稳定塘以太阳能为初始能源，通过在塘中种植水生植物进行水产和水禽的养殖，形成人工生态系统，在太阳能（日光辐射提供能量）作为初始能源的推动下，通过塘中多条食物链的物质迁移、转化和能量的逐级传递、转化，将进入塘中污水中的有机污染物进行降解和转化，最后不仅去除了污染物，而且以水生植物和水产（如鱼、虾、蟹、蚌等）、水禽（如鸭、鹅等）的形式作为资源回收，净化的污水也可作为再生水资源予以回收再用，实现污水的资源化。其工作示意图如图 8-1 所示。

人工生态系统利用种植水生植物、养鱼、鸭、鹅等形成多条食物链。其中，不仅有分解者生物即细菌和真菌、生产者生物即藻类和其他水生植物，还有消费者生物如鱼、虾、贝、螺、鹅、野生水禽等，三者分工协作，对污水中的污染物进行更有效地处理与利用：细菌和真菌在厌氧、好氧和兼性环境中将有机物降解为二氧化碳、氨氮和磷酸盐等；藻类和其他水生植物通过光合作用将这些无机产物作为营养物吸收并增殖其机体，同时放出氧，供好氧菌继续氧化降解有机物；增长的微型藻类和细菌、真菌作为浮游动物（如轮虫和水蚤等）的饵料而使其繁殖，它们又作为鱼的饵料而使鱼繁殖；小型鱼类又作为鸭的精饲料使鸭生长，也利于大型经济鱼类的生长和繁殖；小型藻类还会被螺、蚌、虾等捕食，

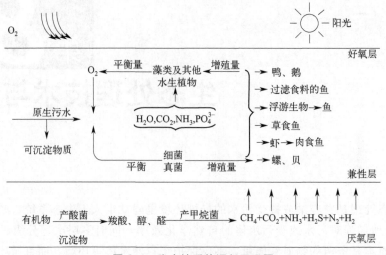

图 8-1　稳定塘系统运行原理图

大型藻类（如鸭草和沉水性植物，如金鱼藻、茨藻、黑藻等）和其他水生植物为草食性鱼类和鸭、鹅等所消耗。由此形成许多条食物链，并构成纵横交错的食物网生态系统。如果在各营养级之间保持适宜的数量比和能量比，就可建立良好的生态平衡系统。污水进入这种生态塘后，其中的有机污染物不仅被细菌和真菌降解净化，而且其降解的最终产物（一些无机化合物）还作为碳源、氮源和磷源，以太阳能为初始能源，参与到食物网中的新陈代谢过程，并从低营养级到高营养级逐渐迁移转化，最后转变成水生作物、鱼、虾、鹅、鸭等产品，从而获得可观的经济效益。

采用稳定塘是否为最优选择需视是否具备适宜的条件而定。一般需具备两个条件：① 有可供使用的土地；② 气候适于稳定塘的运行。首先应考虑气温，气温高适于塘中微生物的生长和代谢，使污染物质的去除率高，从而减少占地面积，降低投资。当然，我国的东北、美国的阿拉斯加、北欧和加拿大的严寒地区也建设了不少稳定塘，同样可达到处理污水的目的，占地虽多，但如果有闲置土地可资利用，也是合理的。其次应考虑日照及风力等气候条件。兼性塘和好氧塘需要光能供给藻类进行光合作用。适当的风速和风向有利于塘水混合。

城市污水及多种工业污水可利用稳定塘进行处理，稳定塘具有一系列较为显著的优点。

（1）能充分利用地形，结构简单，建设费用低。

采用稳定塘技术处理污水，可以利用旧河道、河滩、沼泽、峡谷、废弃的水库及无农业利用价值的荒地，稳定塘大都为土石结构，结构简单，建设周期短、基建投资少。其基建投资仅为常规污水处理系统的 $1/3 \sim 1/2$。

（2）可实现污水的资源化。

经稳定塘处理后的污水可作为农业灌溉用水、景观用水、生活杂用水、市政用水，实现水资源的循环利用，也可用于水产养殖，将污水中的有机物转化为水生作物、鱼、水禽等物质，形成多级食物网的复合生态系统，实现物质资源的循环利用。如使用得当，会产生明显的经济、环境和社会效益。

（3）处理能耗低，运行维护方便，成本低。

稳定塘处理过程中的能耗非常低，因为可通过适当设计利用风能实现自然曝气充氧。

而且稳定塘中无需复杂的机械设备和装置，使稳定塘的运行更稳定并保持良好的处理效果，而其运行费用仅为常规污水处理系统的 $1/5 \sim 1/3$。

（4）污泥产量少。

污水稳定塘处理产生的污泥量较小，仅为活性污泥法产泥量的 $1/10$，而且可通过资源化处理而实现污泥零排放；前端产生的污泥具有较高的肥力，可作为有机底肥使用；可通过厌氧生物处理，使有机固体颗粒转化为液体或气体燃料，副产能源。

（5）适应能力和抗冲击能力强。

稳定塘不仅能有效处理高浓度有机污水，BOD_5 可高达 $1000 \sim 10000 mg/L$，也可处理低浓度污水，如 BOD_5 浓度低于 $100 mg/L$ 甚至低于 $60 mg/L$。

与传统污水处理技术相比，稳定塘系统具有独特的优势，如表 8-1 所示。但稳定塘也存在占地面积过多、处理效果受气候影响（如过冬问题、春秋季翻塘问题等）、设计或运行不当可能形成二次污染，如污染地下水、产生臭气等问题。

表 8-1　稳定塘处理技术与常规污水处理的比较

An/A/O 活性污泥法	氧化沟法	稳定塘处理技术
工艺复杂，处理构筑物多，运行麻烦	工艺流程简单，处理构筑物较少，运行较简单	工艺流程简单，运行稳定可靠，操作简便，无污泥回流，可连续运行多年而不排泥
基建投资高	基建投资省，比常规活性污泥法少 $15\% \sim 20\%$	基建费用低，占地面积大
运行费用高	运行费用高，比常规活性污泥法高 $20\% \sim 25\%$	运行费用很低，其出水能作为农田灌溉用水，有一定的经济收入
处理低浓度污水时难以高效除氮、磷	低浓度污水处理效果差，原水 BOD_5 浓度低于 $100 mg/L$ 时难以正常运行	适应污水浓度范围大，抗冲击负荷能力强。处理与利用相结合，能实现污水资源化
当 C、N、P 比例适宜时能脱氮、除磷	能脱氮、除磷，如卡罗塞尔 2000 型	能脱氮、除磷

8.1.2　工艺过程

根据塘中微生物的反应类型，用于污水处理的稳定塘可分为 4 种：好氧塘、兼性塘、厌氧塘和曝气塘。好氧微生物所需的溶解氧在好氧塘和兼性塘中主要由藻类通过光合作用和水面自然复氧提供，在曝气塘中由表面曝气机或空气扩散器提供。各种稳定塘的比较见表 8-2，可根据当地情况，经全面技术经济比较后选用。用于三级处理出水（BOD_5 浓度为 $30 mg/L$）的氧化塘称为深度处理塘，以满足受纳水体或回用的要求。

表 8-2　各种稳定塘的比较

项目	好氧塘	兼性塘	厌氧塘	曝气塘
优点	基建投资和运转维护费低；管理方便；处理程度高	基建投资和运转维护费最低；管理方便；处理程度高；耐冲击负荷较强	占地省（因池深大）；耐冲击负荷；所需动力少；贮存污泥的容积较大；作为预处理设施时，可大大减少后续兼性塘和好氧塘的容积	体积小，占地省；无臭味；处理程度高；耐冲击负荷强
缺点	池容大，占地多；可能有臭味；需要对出水中的藻类进行补充处理	池容大，占地多；可能有臭味；夏季运转时经常出现漂浮污泥层；出水水质有波动	对温度要求高，臭味大	运转维护费高；出水中含固体物质高；起泡沫
适用条件	适于去除营养物；处理溶解性有机物；处理二级处理后的出水	适于处理城市污水与工业污水；为处理小城镇污水最常用的处理系统	适于处理高温、高浓度污水	适于处理城市污水与工业污水

污水稳定塘处理可采用不同的工艺流程，典型流程如图 8-2 所示。

图 8-2 污水稳定塘处理的工艺流程

稳定塘的工艺要点如下：

① 根据城市规划，在有湖塘洼地可供利用、气温适宜和日照良好的地方，可采用稳定塘。

② 污水在进入稳定塘前宜经过沉淀处理。如果污水只经过初次沉淀，所需的串联稳定塘不少于 4 级；如果污水是经过生化处理的，所需的串联稳定塘为 2～3 级。

③ 稳定塘可接在其他生物处理流程后作深度处理，也可用于单独处理污水。

④ 多级稳定塘宜布置为可按并联运行，也可按串联运行。采用多级串联时，宜设置回流设备，回流比为 1∶6。

⑤ 稳定塘一般为矩形，长宽比不宜大于 3；也可采用方形或圆形。

⑥ 塘体宜采用下列规定：堤坝最小宽度 1.8～2.4m；外坡横竖比为 4∶1～5∶1；内坡横竖比为 3∶1～2∶1。应在内坡上堆防冲乱石，加衬砌或铺砌。建议衬砌的最小值，水面以上和水面以下均为 0.5m。

⑦ 塘的超高不应小于 0.9m。

⑧ 进水口的布置：圆形或方形塘宜设在接近中心处，矩形塘宜设在 1/3 池长处。

⑨ 出水口的布置应能适应塘内水深的变化，宜在不同高度的断面上设置可调节的出流孔口或堰板。

⑩ 各级稳定塘的每个进出水口均设置单独的闸门；各塘之间应考虑超越设施以便轮换清除塘内污泥。

⑪ 塘底应略具坡度，坡向出口方向；拐角处应做成圆角。

⑫ 塘的出口前宜设置浮渣挡板，但深度处理塘出口前不应设置挡板，以免截留藻类的可能性。

⑬ 应防止污染地下水源和周围大气，妥善处置塘内底泥，一般应考虑塘底止水的衬里处理。

⑭ 在多级塘后可设养鱼塘，其水质须符合《渔业水体水质标准》。

8.1.2.1　好氧塘

全部塘水呈好氧状态，由好氧微生物起降解有机污染物与净化污水的作用，适于处理 BOD_5 浓度低于 100mg/L 的污水，通常与其他塘（通常是兼性塘或曝气塘）串联组成塘系统，在部分气候适宜的地区也可自成系统。

(1) 种类

好氧塘可分为如下几种：

① 高负荷好氧塘。采用的目的是在处理污水的同时又产生藻类，其特点是有效深度浅，水力停留时间短，有机负荷高。

② 普通好氧塘。采用的目的是处理污水，其特点是有机负荷较低，停留时间长。

③ 深度处理好氧塘，串联在已达二级排放标准的处理系统之后，进行深度处理。其特点是有机负荷低，水力停留时间短。

好氧塘多用于串联在其他稳定塘后做进一步处理，若用于单独处理，污水在进塘前宜进行沉砂及沉淀预处理。

（2）构造

好氧塘多为矩形塘，长宽比（$L:W$）为 $3\sim1:(4\sim1)$。超高 $h_1=0.6\sim1.0\mathrm{m}$；有效水深：对于高负荷好氧塘，$h_2=0.3\sim0.45\mathrm{m}$，对于普通好氧塘和深度处理塘，$h_2=0.5\sim1.5\mathrm{m}$。塘内坡度 $1:2\sim1:3$，塘外坡度 $1:2\sim1:5$。

好氧塘一般不得少于 3 座，规模很小的塘系统也不得少于 2 座，单塘面积不得大于 $8000\sim40000\mathrm{m}^2$。

（3）设计方法与计算内容

好氧塘的设计计算方法有 3 种：BOD 表面负荷法、奥斯瓦尔德（Oswald）法和维纳-维廉（Wehner-Wilhelm）法。

1）BOD 表面负荷法

好氧塘 BOD 表面负荷法的设计参数见表 8-3 所示。

表 8-3　好氧塘 BOD 表面负荷法的设计参数

设计参数	BOD$_5$ 表面负荷/ [kgBOD$_5$ /($10^4\mathrm{m}^2\cdot\mathrm{d}$)]	水力停留 时间/d	有效水深 /m	pH 值	温度范围 /℃	BOD$_5$ 去除率/%	藻类浓度 /(mg/L)	出水 SS /(mg/L)
高负荷好氧塘	80～160	4～6	0.3～0.45	6.5～10.5	5～30	80～95	100～260	150～300
普通好氧塘	40～120	10～40	0.5～1.5	6.5～10.5	0～30	80～95	40～100	80～140
深度处理好氧塘	<5	5～20	0.5～1.5	6.5～10.5	0～30	60～80	5～10	10～30

2）奥斯瓦尔德（Oswald）法

$$\frac{h}{t}=0.028\frac{FC}{(S_\mathrm{u})_\mathrm{r}} \tag{8-1}$$

式中　h——好氧塘的有效深度，m；

　　　t——好氧塘水力停留时间，d；

　$(S_\mathrm{u})_\mathrm{r}$——去除的第一阶段完全 BOD（即 $\mathrm{BOD_u}$），$(S_\mathrm{u})_\mathrm{r}=S_\mathrm{u0}-S_\mathrm{ue}$，一般情况下 $\mathrm{BOD_u/BOD}$ 为 1.46；

　　　F——氧转移系数，一般可采用 $1.5\sim1.6$；

　　　C——当地逐月阳光辐射值，$4.18\mathrm{J/(cm^2\cdot d)}$。

$$C=C_\mathrm{min}+r(C_\mathrm{max}-C_\mathrm{min}) \tag{8-2}$$

式中　C_max、C_min——当地某月最大、最小阳光辐射值，$\mathrm{J/(cm^2\cdot d)}$；

　　　r——天气晴朗时间的比例，如日照时间有 50% 为晴朗天气，则 $r=0.5$。

对阳光辐射值还需进行高程修正，在海拔 3300m 的范围内，用下式修正：

$$C_D=C(1+0.0033E) \tag{8-3}$$

式中　C_D——设计阳光辐射值，$4.18\mathrm{J/(cm^2\cdot d)}$；

　　　E——地面高程，m。

3）按维纳-维廉（Wehner-Wilhelm）公式设计，方法与兼性塘相同。

8.1.2.2 兼性塘

兼性塘是指上层藻类光合作用比较旺盛，溶解氧较为充足，呈好氧状态，中层呈缺氧（兼性）状态，而底层为沉淀污泥，处于厌氧状态的净化污水的塘，是目前世界上应用最为广泛的一类塘，适宜处理 BOD_5 浓度在 $100\sim300mg/L$ 之间的污水。由于厌氧、兼性和好氧反应功能同时存在其中，兼性塘既可与其他类型的塘串联构成组合塘系统，也可自成系统实现出水达标排放的目的。

(1) 一般规定

① 如果兼性塘作为稳定塘系统的第一级，则进水的预处理及进水水质要求与厌氧塘相同，只是兼性塘进水的 $BOD_5：N：P$ 比例为 $100：5：1$。

② 兼性塘常采用矩形，长宽比为 $3：1\sim4：1$；超高 $h_1=0.6\sim1.0m$；有效水深 $h_2=1.2\sim2.5m$，储泥厚度 $h_3\geqslant0.3m$，冰冻厚度 h_4 随地区气温而定。h_4 一般包含在有效水深 h_2 中，不单独计算。塘内坡度为 $1：2\sim1：3$，塘外坡度为 $1：2\sim1：5$，坡度 $1：3$ 才可能有利于使用割草机。

③ 串联的兼性塘一般不少于 3 座，第一座的面积较大，约占总面积的 $30\%\sim60\%$。设计规模较大时，可采用几个平行的串联系统。单塘面积一般以不超过 $8000\sim40000m^2$ 为宜。

(2) 设计方法与计算内容

兼性塘的设计计算方法有 2 种：BOD 表面负荷法和维纳-维廉（Wehner-Wilhelm）法。

1) BOD 表面负荷法

兼性塘一般按 BOD 表面负荷计算，建议采用表 8-4 的设计参数。

表 8-4　城市污水兼性塘 BOD 表面负荷及水力停留时间

冬季平均气温/℃	>15	10~15	0~10	−10~0	−20~−10	<−20
BOD_5 表面负荷/[$kgBOD_5/(10^4m^2\cdot d)$]	70~100	50~70	30~50	20~30	10~20	<10
水力停留时间/d	≥7	20~7	40~20	120~40	150~120	180~150

2) 维纳-维廉（Wehner-Wilhelm）公式

按介于推流和完全混合流之间的任意流态设计稳定塘，若参数取值合理，可得到理想的计算效果：

$$\frac{S_e}{S_0}=\frac{4\alpha e^{D/2}}{(1+\alpha)^2 e^{\alpha D/2}-(1-\alpha)^2 e^{-\alpha D/2}} \tag{8-4}$$

式中　S_0、S_e——进水和出水的 BOD_5 浓度，mg/L；

α——系数，$\alpha=\sqrt{1+4KtD}$；

K——一级反应速率常数，d^{-1}；

D——无量纲扩散数；

t——水力停留时间，d。

不同水温的一级反应速率常数可按式计算：

$$K_T=K_{20}1.09^{(T-20)} \tag{8-5}$$

式中　K_T、K_{20}——塘最低运行水温（$T℃$）和 20℃时的反应速率常数，d^{-1}；

T——最低运行水温，℃。

K_T 值与 BOD_5 剩余百分数（$100S_e/S_0$）的关系可由图 8-3 查出，先根据实际流态确

定扩散数 D，最理想的是使用实测值，D 值范围为 $0.1 \sim 2.0$，大多数小于 1.0。

　　3）验算好氧层深度

　　兼性塘的水面以下需保证有一个好氧层，可用 BOD_5 表面负荷验算好氧层深度。图 8-4 是 BOD_5 负荷与好氧层深度的关系图。

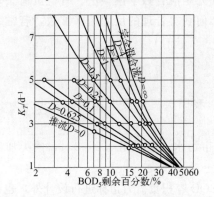
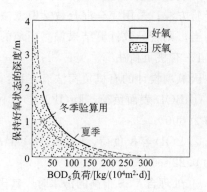

图 8-3　K_T 值与 BOD_5 剩余百分数的关系曲线　　　图 8-4　BOD_5 表面负荷与好氧层深度关系图

8.1.2.3　厌氧塘

　　厌氧塘即在无氧状态下净化污水的塘，一般在污水 BOD_5 浓度高于 300mg/L 时设置，通常置于塘系统的首端，以充分利用厌氧反应高效低耗的特点去除有机负荷，改善污水的可生化性，保障后续塘的有效运行。因此，该塘的设计不以出水达标为目的，而以用尽可能少的占地面积达到尽可能高的有机物去除率为宗旨，以减轻后续塘的有机负荷。最合理的构造形式应能保证水力停留时间（HRT）跟污泥停留时间（SRT）不同，为此应在塘底设置污泥发酵坑，将预处理污水经管道送入发酵坑的底部，按 UASB 的方式处理污水，从而大大提高 COD 和 BOD 的去除效率。也可在塘中设置生物膜载体填料，采用生物滤池的方式，不仅使塘中的生物量大为增加，而且在塘中的停留时间远大于水力停留时间。

(1) 一般规定

　　① 厌氧塘前应设置格栅和沉砂池，格栅间隙不大于 20mm，沉砂池至少需设两格。处理油脂含量高的污水时，厌氧塘前应设置除油设备。一般多采用重力分离法。

　　② 进水水质与传统二级处理的要求相同。有害物质容许浓度应符合《室外排水设计标准》（GB 50014—2021）的规定。进水硫酸盐的浓度不宜大于 500mg/L，进水 BOD_5：N：P 比例为 100：2.5：1。

　　③ 厌氧塘一般为矩形，长宽比为 $2 \sim 2.5$：1。深度由超高（h_1）、有效水深（h_2）、储泥深度（h_3）和塘面冰冻深度（h_4）4 部分组成。h_1 一般为 $0.6 \sim 1.0$m，塘越大，超高应相应增加。h_2 可采用 $2.0 \sim 5.0$m。h_3 的设计值 $\geqslant 0.5$m。城市污水厌氧塘的污泥量按每人每年 50L 计，最好能取得同类城市的实测值。h_4 因绝大部分包括在 h_2 中，设计时可不单独计算。

　　④ 堤坝坡度按垂直：水平计，堤内坡度为 1.5：$1 \sim 1$：3；堤外坡度为 1：$2 \sim 1$：4。塘底采用平底。

　　⑤ 进口设在塘的底部，高于塘底 $0.6 \sim 1.0$m。如进水含油脂较多，进水管直径 $\geqslant$ 300mm。出水管应位于水面下，淹没深度 $\geqslant 0.6$m，应在浮渣层或冰冻层以下。

⑥ 至少应有两座,采用并联,以使其中之一可临时停运。单塘面积不得大于 8000～40000m²。一般厌氧塘为敞口塘,是否全塘处于厌氧状态取决于塘的有机负荷。

(2) 设计方法与计算内容

厌氧塘的设计计算方法有 2 种:有机负荷法和完全混合数学模型法。有机负荷法是一种经验方法;采用完全混合数学模型法的关键是如何获得合理的反应速率常数,若常数选择不当,则会导致计算结果偏离当地的实际情况。

1) 有机负荷法

厌氧塘设计的有机负荷法有三种:

① BOD 表面负荷,$kg(BOD_5)/(10^4 m^2 \cdot d)$。我国厌氧塘最小容许负荷北方为 300,南方为 800。

② BOD 容积负荷,$kg(BOD_5)/(m^3 \cdot d)$。城市污水一般采用 0.2～0.4,肉类加工污水为 0.22～0.53。

③ 处理含 VSS 很高的污水时,其厌氧塘除以 BOD 容积负荷为指标进行设计外,也可采用 VSS 容积负荷,$kg(VSS)/(m^3 \cdot d)$。家禽粪尿污水为 0.063～0.16,奶牛粪尿污水为 0.166～1.12,猪粪尿污水为 0.064～0.32,挤奶间污水为 0.197,屠宰污水为 0.593。

2) 完全混合数学模型法

可用下式计算厌氧塘:

$$\frac{S_e}{S_0} = \frac{1}{1+Kt} \tag{8-6}$$

式中　S_0、S_e——厌氧塘进出水的 BOD_5 浓度,mg/L;

　　　　t——厌氧塘停留时间,d;

　　　　K——厌氧反应速率常数,d^{-1}。K 值与污水性质、BOD 负荷、水温、水力停留时间等多种因素有关。根据厌氧塘的实际运行数据,可归纳得出如下经验式:

$$K = 0.0275e^{0.1199T} \tag{8-7}$$

式中　T——塘水温度,℃。该式的适用范围为:进水的 BOD_5 浓度为 80～400mg/L,BOD 表面负荷为 $300～2000kg(BOD_5)/(10^4 m^2 \cdot d)$,水力停留时间为 1～6d。

3) 矩形塘的计算

对于图 8-5 所示具有斜边和圆角的矩形厌氧塘,其有效容积可按下式进行计算:

$$V = [(LW) + (L-2Sd)(W-2Id) + 4(L-Id)(W-Id)]d/6 \tag{8-8}$$

式中　V——塘的有效容积,m^3;

　　　　L——塘的水面长度,m;

　　　　W——塘的水面宽度,m;

　　　　I——边坡系数,I = 水平边/垂直边;

　　　　d——塘的有效深度 $(h_2 + h_3)$,m。

计算单塘总容积时,只需把塘的水面长度 L 改为塘的总长度 L_T、把塘的水面宽度 W 改为塘的总宽度 W_T、把塘的有效深度 d 改为塘的总深度 d_T,再将这些参数代入式(8-10)中,即可求得单

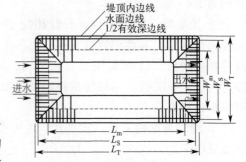

图 8-5　具有斜边和圆角的矩形厌氧塘

塘的总容积。L_T、W_T 和 d_T 的计算方法如下：

$$d_T = h_1 + h_2 + h_3 \tag{8-9}$$

$$L_T = L + 2Ih_1 \tag{8-10}$$

$$W_T = W + 2Ih_1 \tag{8-11}$$

8.1.2.4　曝气塘

曝气塘是设有曝气充氧设备的好氧塘和兼性塘，其有机物和营养物的容积负荷比普通兼性塘或好氧塘大得多，适于土地有限、不足以建成靠风力自然复氧的塘系统。其设计目标是使出水达到二级排放标准。曝气塘通常与最后净化塘（或称熟化塘）串联组成曝气塘-多级净化塘系统，能达到高的出水质量。

(1) 一般规定

① 完全混合曝气塘出水的污泥可回流也可不回流。有污泥回流的曝气塘实质上是活性污泥法的一种变形，进水中固态 BOD 在出水中仍残留 $1/3 \sim 1/2$，在出水排放前应除去这些固体，所以沉淀应该是曝气塘的必要组成部分。沉淀可以用沉淀池，也可在塘中用挡板分隔出静止区用于沉淀，还可在曝气塘后设置兼性塘，既用于进一步处理出水，又可将沉于兼性塘的污泥在塘底进行厌氧消化。

② 曝气塘的 BOD_5 表面负荷一般为 $1 \sim 30\,kg/(10^4\,m^2 \cdot d)$，水力停留时间 $t = 3 \sim 10d$。兼性塘的水力停留时间有可能超过 10d。

③ 曝气塘的有效水深为 $2 \sim 6m$。一般不得少于 3 座，通常按串联方式运行。

④ 曝气塘多采用表面曝气机进行曝气。北方结冰期间，表面曝气机难以运行，宜采用鼓风曝气。完全混合曝气塘所需的功率约为 $0.05 \sim 0.15\,kW/m^3$，表面曝气机应不少于 2 台，每台至少应有三个锚固点。表面曝气机的下方塘底应铺牢固的衬里如混凝土面层。完全混合曝气塘单位塘容积所需功率虽小，但因水力停留时间长，塘的容积大，所以每处理 $1m^3$ 污水所消耗的功率大于常规活性污泥法。

(2) 曝气塘的设计方法及计算内容

1）完全混合曝气塘

完全混合曝气塘可按一级反应动力学模型进行设计。

① n 级等容积串联塘的数学模型如下：

$$\frac{S_n}{S_0} = \frac{1}{(1 + K_C t/n)^n} \tag{8-12}$$

式中　S_n、S_0——第 n 级塘出水和进水的 BOD_5 浓度，mg/L；

K_C——完全混合一级反应速率常数，设 n 级塘中 20℃ 时的 K_C 值均为 $0.25\,d^{-1}$；

t——塘系统的总水力停留时间，d；

n——塘的串联级数，一般 $n \leqslant 4$。

非等容积串联塘的完全混合模型如下：

$$\frac{S_n}{S_0} = \frac{1}{(1 + K_{C1} t_1)} \frac{1}{(1 + K_{C2} t_2)} \frac{1}{(1 + K_{C3} t_3)} \cdots \frac{1}{(1 + K_{Cn} t_n)} \tag{8-13}$$

式中　K_{C1}、K_{C2}、K_{C3}、……、K_{Cn}——各塘完全混合一级反应速率常数，是稳定塘设计的关键参数，最好通过试验或由类似工程取得，若无更全面的资料，可假定为同一数值，按 $2.5d^{-1}$ 进行计算；

t_1、t_2、t_3、……、t_n——各塘的水力停留时间，d。

研究表明，等容积串联稳定塘的处理效率优于非等容积串联塘系统。

塘的串联级数（n）对塘规模有较大影响。在达到同一处理效果的情况下，增加 n 可以减少曝气塘的总停留时间 t（即减少曝气塘的总容积）。理论上 n 值越大，稳定塘越接近推流式反应器，但实际上，当串联级数 $n > 4$ 后，串联处理效率提高不大。

② 水温对反应速率的影响

水温对反应速率的影响可用式（8-7）表示，其中的温度系数应为 1.085。

塘中水的混合和大气温度对塘中水温的影响可用曼西尼及巴哈特（Mancini-Barnhart）公式计算：

$$T_W = \frac{AfT_a + QT_b}{Af + A} \tag{8-14}$$

式中　T_W——塘水温，℃；

　T_a、T_b——气温和塘进水温度，℃；

　　　A——塘的水面面积，m^2；

　　　f——比例系数，一般取 0.5；

　　　Q——污水的设计流量，m^3/d。

设计时可采用试算法：先假定一个水温，根据此水温求得反应速率常数，再求得水力停留时间，从而求得塘容积及塘面积，再利用式（8-14）算出水温 T_W。如果开始假设水温与最后算得水温的误差低于或等于容许误差，则计算结果有效，否则应再假设一个水温，重新试算，直至误差符合要求。

③ 曝气塘一般采用表面曝气

对完全混合曝气塘，搅拌使塘中固体物质呈悬浮状态所耗的动力远大于充氧所需的动力，因此应根据搅拌混合的要求决定输入的动力，一般参照生产厂提供的图表去确定。当资料缺乏时也可取 $2.96 \sim 5.9kW/1000m^3$。定出表面曝气机的总功率后，需确定每个塘中表面曝气机的台数。选用数个小型表面曝气机比一个或两个大型表面曝气机的效果好，而且维修时对全塘影响小，更具有运行灵活的优点。表面曝气机在塘中的布置方式应根据完全混合影响圈交搭设置。

2）部分混合曝气塘

在部分混合曝气塘中，不要求保持全部固体处于悬浮状态，部分固体沉淀并进行厌氧消化。对这类塘的曝气仅为了供给进水 BOD 生物降解的需氧量。设计完全混合曝气塘时所考虑的各种因素也同样适用于部分混合曝气塘，但是因为缺乏更合理的设计反应速率常数，所以仍采用完全混合曝气塘的方法及公式来设计部分混合曝气塘，唯一的区别是反应速率不同。

选择的反应速率常数 K_{pm} 最好经过中试或小试取得。美国"加州标准"建议的 K_{pm} 值为：温度为 20℃ 时，$K_{pm} = 0.276d^{-1}$；温度为 1℃ 时，$K_{pm} = 0.138d^{-1}$。用这两个数值算出的温度系数为 1.036。

设置曝气装置的主要目的是充氧，使部分曝气塘保持适当的好氧条件。串联的部分混合曝气塘系统中有机物逐渐减少，曝气装置的功率也逐渐减少。需氧量的计算方法及公式与活性污泥系统相同。

图 8-6 所示为采用污泥回流方式处理小型西红柿罐头加工厂污水的曝气塘示意图。

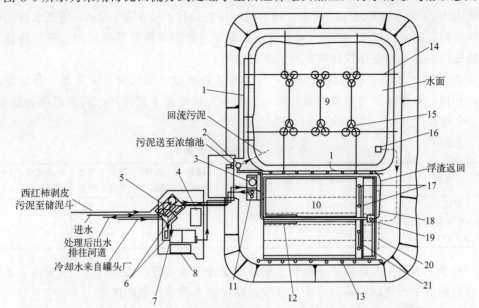

图 8-6 采用污泥回流方式处理小型西红柿罐头加工厂污水的曝气塘布置图

1—污水进水支管；2—污泥溢流池；3—冷却塔；4—控制室；5—振动筛下部储泥斗；
6—污泥浓缩池；7—pH 调节槽；8—酸储槽；9—曝气池；10—沉淀池；11—出水坑及水泵；
12—出水堰；13—供移动桥用电缆车；14—电缆带；15—浮筒曝气机；16—浮动式溢流槽；
17—污泥回流泵；18—浮渣槽；19—清渣坑及泵；20—进泥支管；21—移动桥式除泥机械

8.1.2.5 深度处理塘

深度处理塘设置在二级处理工艺之后，其进水 BOD、COD 和 SS 的大致浓度为：$BOD_5 \leqslant 30mg/L$、$COD \leqslant 120mg/L$、$SS \leqslant 60mg/L$。出水水质根据出水的最终处置和重复利用的要求而定。

深度处理塘可采用好氧塘、兼性塘或曝气塘，其设计参数见表 8-5。

表 8-5 好氧塘和兼性塘深度处理塘的设计参数

深度处理塘类型	BOD_5 表面负荷/[kgBOD₅/(10⁴m²·d)]	水力停留时间/d	水深/m	BOD_5 去除率/%
好氧塘	20～60	5～25	1～1.5	30～55
兼性塘	100～150	3～8	1.2～2.5	40

8.1.2.6 稳定塘的塘体设计

稳定塘应尽量利用现有坑洼湖塘并适当修整改造。塘体设计需要考虑以下因素：

① 塘的平面形状一般为矩形，长宽比为（3～4）:1。完全混合曝气塘也可采用正方形。

② 堤顶需有足够的宽度，以便割草机或其他维护设备及车辆通行。堤顶宽度一般最小为 1.8～2.4m，允许机动车辆行驶的堤顶宽度不得小于 3m。堤岸的外坡度为 1:（2～5）。坡度为 1:3 或更平缓时割草机才能正常运行。堤内坡度为 1:（2～3）。

③ 塘底应尽可能平整，竣工高程差不得超过 0.15m，并充分夯实。在曝气塘表面曝

气机的正下方塘底应用混凝土加固。塘底如位于砂质土壤上，应采取防渗措施。

④ 塘体应考虑防止波浪的冲击，防浪衬砌应在设计水位上下 0.5m；防雨水冲击的衬砌不仅要铺盖到水位以上 0.5m，而且宜做到堤顶。外坡可做简易的衬砌。还应防止掘地动物的破坏，如采用整体性好的材料加固衬砌等。

⑤ 稳定塘的水中含各种污染物，一旦渗漏量较大就可能污染地下水源，稳定塘出水若需再利用，则渗漏会造成水资源的损失。塘体的衬砌及土质不同，其渗漏率差别很大，如表 8-6 所示。

表 8-6　不同衬面的渗漏率

材质	砂石	松土	挖方土	水泥土（连续湿润）	喷枪混凝土	沥青混凝土	素混凝土	素土夯实	外露式预制沥青板	外露式合成薄膜
厚度/cm	—	—	—	—	3.8	10.2	10.2	91	1.3	0.11
估计最小渗漏率（6m 水深，使用 1 年后）/(cm/d)	244	122	30.5	10.2	7.6	3.8	3.8	0.76	0.08	0.003

一般水工的防护及防渗措施原则上都适用于稳定塘工程，选择时应十分慎重，因为有些防渗措施的工程费用较高，采用后会抵消稳定塘工程造价低的优点。

（1）稳定塘中细菌的去除

城市污水中常见的细菌有大肠菌群、志贺氏菌属、伤寒菌、葡萄球菌属、酵母、真菌等，稳定塘对这些细菌有良好的去除效果。塘的水温、阳光的强度和光照时间、进水成分、pH 值的变化、塘的串联座数、水力停留时间 HRT 等皆会影响细菌的去除效果。

在设计计算塘的除菌效果时，多以大肠杆菌（FC）为指标。推流式稳定塘中 FC 的降低率与水力停留时间 HRT 的关系可表达如下：

$$\frac{M_e}{M_0} = 10^{-K_M t} \tag{8-15}$$

式中　M_0、M_e——进、出水的 FC 数；

　　　　t——水力停留时间，d；

　　　　K_M——FC 灭活速率常数，当水温为 25℃时，$K_M \approx 0.1 \mathrm{d}^{-1}$。

N 级串联的完全混合塘对 FC 的灭活率可用下式计算：

$$\frac{M_e}{M_0} = \frac{1}{1+K_T t_1}\frac{1}{1+K_T t_2}\frac{1}{1+K_T t_3}\cdots\frac{1}{1+K_T t_n} \tag{8-16}$$

式中　K_T——水温为 T℃时 FC 的灭活速率常数，一般为 0.7～3.0d^{-1}。

（2）防护及防渗做法

① 在采取任何防护和防渗措施以前，必须保证塘体土方工程的质量，除去松土和对塘体不利的植被，填方必须保证夯实。素土夯实，塘体在运行初期渗漏率稍高，过一段时间即会明显下降。渗漏率下降的原因是污水中的 SS 和微生物沉淀及微生物繁殖造成的封堵作用。建议在防渗要求不高的稳定塘工程中，采用素土夯实并利用这种"自然防渗"作用。

② 防浪堆可采用 15～20cm 的大卵石堆砌，若有鼠害，需用水泥砂浆砌筑。

③ 块石的稳定性优于卵石护坡，一般采用干砌块石护坡及浆砌块石护坡，厚度为 30cm。

④ 混凝土板护坡的造价较高，但整体性能优于卵石或块石。预制混凝土板多用六角形，每边长 0.3～0.4m，厚约 0.15m；也可用边长为 0.5～1.5m 的正方形板。混凝土标

号为 200。板下铺碎石垫层，寒冷地区铺非黏性土防冻层。板间一般用水泥砂浆砌，大型板可在缝间置 5～10mm 厚沥青板条。现浇板一般每边长 5～10m，一般加钢筋，缝间加沥青板条。

⑤ 就地取材的砂土、砂壤土、壤土和风化页岩粉渣再加水泥，水泥与土的体积比一般为 (10～15)：(90～85)，加适量水，拌匀压实。厚度一般为 0.6m，水平宽度为 2～3m。施工时分层压实，每层压实厚 0.15m。

⑥ 用高温沥青喷洒或沥青膜；或沥青膜上覆盖卵石层，再用热沥青胶结；或用预制沥青板等制作防渗衬面。

⑦ 膨润土是一种天然土壤，有遇水膨胀的特性，与水接触后 24h 即开始水化，膨胀 4～5 倍，约 48h 水化完成，其土颗粒变成体积为原来的 10～30 倍的凝胶体，起防渗作用。

⑧ 采用塑料薄膜作防渗衬面。常用的塑料是聚氯乙烯和聚乙烯，也可使用丁基橡胶、氯丁橡胶等防渗薄膜。这类薄膜也可加尼龙压片或其他贴面织品加固，做法是先将薄膜预先粘接成大片，然后将薄膜铺在塘中垫层上，垫层需平整，铺平后再将大片薄膜黏成整体，最后在薄膜上覆盖保护层。保护材料可用土、砂或卵石，也可在一层土或砂上再盖一层卵石。薄膜在堤顶需固定，以免被掀起破坏。固定的方法较多，如用螺栓固定，或者开沟安放薄膜后再还土夯实。

(3) 稳定塘的附属设备

① 进出口。

进出口设计应尽量避免在塘内产生短流、沟流、返混和死区，使塘内水流尽可能接近推流，以增加进水在塘内的平均停留时间；进出口应尽量使塘的横断面上配水或集水均匀，宜采用多点进水和出水，进口和出口之间的直线距离应尽可能大；进出口至少应距塘水面 0.3m，厌氧塘的进水应接近底部的污泥层；进口至出口的方向应避开常年主导风向。

② 塘与塘之间的连接管必须通过水力计算，使设计水量能顺利通过。连通管需有足够的坡度，以免在管中积泥。

③ 曝气塘的充氧设备。

人工充氧设备同活性污泥法。当进水高程与塘内水面高程有足够高差时，可利用此高差进行跌水充氧。当高差较大时，可建造多级跌水。

(4) 稳定塘系统的平面布置原则

稳定塘的土方工程占工程造价的 50%～60%，为减少土方量，设计时应充分利用地形。预处理设备（格栅、泵房、沉砂池、沉淀池等）宜集中，并力求布置紧凑，构筑物之间的净距一般为 5～10m。变电所应靠近提升泵站。各稳定塘应靠近，以公用堤坝连接，以减少占地面积和塘间管渠的长度。为及时排出暴雨水以确保堤坝安全，最后一级稳定塘的出口应设溢流堰，暴雨时雨水能溢流泄出。各塘的堤坝应高出附近地面，以免暴雨时大量雨水汇入稳定塘。山区稳定塘的排洪沟应尽量利用原有排洪沟，新建排洪沟应沿集水线布置。为防止洪水冲刷堤坝，排洪沟外沿与堤坝外坡角的距离不小于 20m。为便于检修，根据需要可设置塘的放空管及超越管。塘系统内部道路一般采用单行车道，宽度为 3.5m，个别主干道宽 6～8m。管理用房宜靠近预处理设备，尽量布置在夏季主导风向上方，考虑远期发展，留有余地。

8.1.2.7 高效新型塘

由兼性塘、曝气塘、好氧塘和厌氧塘等四种普通塘以不同方式组合成的普通塘系统（也称常规塘系统），具有基建投资省、运行维护费用低、运行效果稳定、去除污染效能好且有广谱性等优点，既能有效去除 BOD、COD，又能部分地去除氮、磷等营养物。由厌氧塘→兼性塘→最终净化塘或称熟化塘（好氧塘），或厌氧塘→曝气塘→兼性塘→最后净化塘等组成的多级串联塘系统，不仅有很高的 COD 和 BOD 去除率和较高的氮、磷去除率，还有很高的病原菌、寄生虫卵和病毒去除率，代表性的去除率为 99.9%～99.99999%（即 3～6 的对数去除率）。此外，这些多级塘系统借助种类繁多的厌氧菌、兼性菌和好氧菌的共同作用，比常规生物处理系统如活性污泥法能更有效去除多种难降解有机化合物，因此，已有许多塘系统用于处理炼油、石油化工、有机化工、制浆造纸和纺织印染等难降解污水。但这些普通塘系统固有的一些缺点影响了其推广应用，主要有：

① 水力负荷率和有机负荷率低和水力停留时间长，如厌氧塘、兼性塘和最后净化塘的水力停留时间往往为数十天甚至数月至半年之久，占地面积大，在土地缺少和地价昂贵的地方，难以推广应用。

② 由于藻类繁殖，使出水含有较高浓度的 SS 和 BOD_5，超过排放标准。为此需采用除藻技术，加设相应的处理设施，如筛滤、过滤、混凝沉淀、溶气上浮等，大大增加了基建费用和运行费用。

③ 厌氧塘和兼性塘在有机负荷过高或翻塘时因酸性发酵而产生的臭味会恶化周围环境，引起附近居民的恶感、不满和抗议。

与普通单元塘和塘系统相比，高效新型塘具有如下优点：

① 水力负荷率和有机负荷率较大，水力停留时间较短，甚至很短，如只有数天之久。

② 节省能源。

③ 基建和运行费用较低。

④ 能实现水的回收和再用以及其他资源的回收。

(1) 两级曝气功率的多级串联曝气塘系统

1) 多塘串联系统与单塘系统相比的优点

图 8-7 为单塘和 4 塘串联出水 TSS 比较。是一项在英格兰进行的研究的结果：一座处理生活污水的活性污泥法处理厂出水，在两个并塘系统中进行净化，其中一个为单塘系统，另一个为 4 塘串联系统。在这两个塘系统中，出水悬浮固体浓度 TSS 在前 2d 中一直下降，此后由于藻类增殖而开始上升，但单塘系统中的增加比 4 塘串联系统快得多。这一现象可用出水在该系统内的停留时间分布来解释。从图 8-7 的曲线可以得出这一结论：在最后净化塘中出现藻类增殖之前可以采用的最长停留时间为 2d，而多塘串联的形式即使在出现藻类增殖时也能予以较好的控制，即在前 4～5d 内没有显著的增殖。

2) 曝气塘→最后净化塘系统

在实施联邦水污染控制法 1977 年修正案之前，美国建造了许多如图 8-8 所示的塘系统，城市污水经格栅后，流入第一塘中以 $1～6W/m^3$ 的功率水平进行曝气，然后流入第二个塘中，在不曝气的条件下进行净化，出水一般进行氯化后排放。这些塘系统的处理能力大都低于 $3785m^3/d$，其中大部分至今都还在正常运行，

运行结果发现，多数塘系统出水的 TSS 浓度在 50% 的情况下为 50mg/L 左右，有的

塘系统出水的 TSS 浓度在 90％的情况下大于 100mg/L。这样大的悬浮固体浓度是曝气塘和最后净化塘中藻类增殖的结果。出水中高的 TSS 浓度还会导致 BOD$_5$ 浓度增高。一般地，出水的 TSS 浓度每增加 1mg/L，其 BOD$_5$ 相应增加 0.3～0.5mg/L。

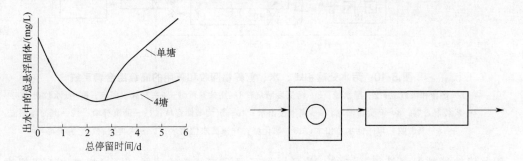

图 8-7　单塘和 4 塘串联出水 TSS 比较　　　　图 8-8　曝气塘→最后净化塘系统

3）两级曝气功率多级串联曝气塘系统（DPMC）

图 8-9 所示为两级曝气功率多级串联曝气塘系统。对于处理生活污水而言，这种系统由第一塘即高功率曝气塘（约 5W/m^3）和其后的 3 个低功率曝气塘（1～2W/m^3）串联组成。在第一个塘中应用较大的曝气功率以使所有的悬浮固体都处于悬浮状态。在其后的 3 个塘中采用低的曝气功率，以实现两种功能：一是使第一个塘的出水悬浮固体的可沉部分沉淀下来，在塘底形成沉积层；二是往塘的水层中供氧，使水中剩余的溶解性有机物和塘底沉积的有机物及其厌氧降解中间产物进行好氧降解。

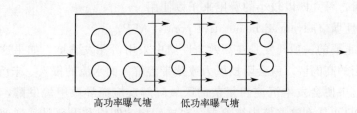

高功率曝气塘　　　低功率曝气塘

图 8-9　两级曝气功率多级串联曝气塘系统示意图

这种塘系统在设计和运行中应考虑如下几个问题：藻类控制、使固体悬浮和氧化降解有机物所需的曝气功率、水力停留时间、温度影响、沉积污泥消化等。

(2) 高级组合塘系统

图 8-10 所示是一种最简单的高级组合塘系统（advanced integrated pond system，AIPS），由高效兼性塘（AFP）、高负荷藻塘（HRP）、藻沉淀塘（ASP）和熟化塘（MP）各一个串联组成的。这种系统可以将污水处理到其出水水质达到甚至超过一些常规二级处理厂的出水水质。

AIPS 的经济性体现在以下几个方面：反应器使用土石结构的塘体，造价较低，可以很经济地建造巨大容积的反应器。如果高效兼性塘设计合理，无需逐日排放污泥，甚至可以做到连续运行多年而不排泥，而且寄生虫卵也被永久去除。AIPS 中四个塘单元之间的连接可通过合理的设计来消除水流短路，提高灭菌效果并减少化学消毒剂的使用量。如果用高负荷藻塘作为第二单元，其中增殖的微型藻会产生大量的氧，出水可循环回流至高效兼性塘中以控制臭味，同时促进重金属的沉淀，而且有助于消毒和氨氮的去除，在该塘中

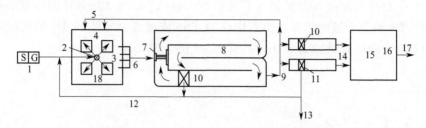

图 8-10 污水处理和氧、水、营养物回收和再用的高级组合塘系统

1—格栅和沉砂池；2—配水池；3—污泥发酵坑；4—高效兼性塘；5—充氧水位回流；6—低水位出水；
7—浆板混合器；8—高负荷藻塘；9—高水位出水；10—沉淀藻储存坑；11—藻沉淀塘；12—沉淀藻回流；
13—藻回收；14—低水位出水；15—熟化塘；16—高水位出水；17—水再用；18—补充曝气

用浆板轮搅拌混合是很经济的，并且增加了可沉淀藻类的选择，通过提高 pH 值促进了藻类的沉淀。在浆板轮搅拌的表面上和高的 pH 条件下，氨也会挥发逸出。

普通稳定塘（CSP）需占用大面积的土地，一般为 $1hm^2$ 塘面接纳和处理 $500 \sim 1000$ 人的污水量，而使用 AIPS，$1hm^2$ 的塘面积能处理 $2500 \sim 5000$ 人的污水量，因此，在相同处理能力下，AIPS 需要的土地比普通稳定塘小得多。所有的污水处理系统都需要出水的排放，但 AIPS 塘出水只需要较小的附加土地面积，因为它们把处理与排放合在一起。

在基建投资方面，AIPS 的造价仅为相同处理能力且处理效果较差的常规处理系统的一半甚至 1/3。另外，AIPS 所使用的土地总有其使用价值，将来如果开发和使用比 AIPS 更有效的系统时，可立即以较小的费用来予以使用。

1）高效兼性塘（advanced facuetative pond，AFP）

AIPS 中最重要的一项开发是在高效兼性塘中采用污泥发酵坑。如果这些坑有足够的深度并筑起适当的高围墙，就会阻挡风力或挟带溶解氧的水流的侵入。未沉淀的原生污水直接进入这些坑中便会发生沉淀和复杂的厌氧降解反应而导致甲烷发酵，于是进水中有 70% 以上的 BOD 可能在这些坑中被除去。在这些坑的四周和上部是普通兼性塘，其表面因藻类增殖而为好氧区。这层产氧表层会使厌氧坑中可能产生的讨厌臭气的逸出减少到最低限度。

发酵坑的另一个功能是它能促进可沉淀固体的沉淀并予以容纳。在坑处于厌氧状态时，污水中悬浮颗粒的表面聚集了产酸细菌和产甲烷细菌群落，当在其表面上释出气体时，该固体颗粒可能因附着了气泡而上浮。如果这些颗粒上浮到足够的高度（$3 \sim 4m$），气泡在上升中因减压而不断膨胀，在到达好氧区之前便破裂而不再附着在颗粒上，于是这些挟带厌氧菌的颗粒重新沉降而与缓慢上升的进水逆向接触。这样，全部污水流量以这种方式通过强化的厌氧反应器，其中不溶的和溶解的有机物被吸附并转化为 CO_2、水、甲烷、氢气和氨气。虽然在这些深的厌氧坑中其降解作用非常近似于上向流厌氧污泥床反应器（UASB），但是不需要排出污泥，也不会发生污泥堵塞问题。因此，在高效兼性塘中，UASB 反应器的主要优点都得以实现，而缺点很少，且费用低廉。

在高效兼性塘中的厌氧发酵坑的上向流速率一般取 $2 \sim 3m/d$，这一速率被认为小于大多数寄生虫卵的沉降速率，因此它们不可能转移到该系统的第二、第三个塘或出水中。

2）高负荷藻塘

高负荷藻塘的第二级塘一般是高速池（high rate pond，HRP）。设计良好的 HRP 将产生大量剩余的藻类和溶解氧，提高水的 pH，并且一般能进行高度的二级处理。HRP 必须保持较大面积的土地平坦，在有坡度的地方，应沿其他塘的周边修筑以使其底面平整，由此形成了一个单独的水面，无臭味和无难看的漂浮物，并且在其服务的居民区与第一级高效兼性塘之间形成一个隔离缓冲带。如果选用 HRP，其水流需要用桨板轮缓慢而连续的搅拌混合并使其流动，其最佳流速约为 15cm/s，这只需要较小的能量，并且使藻类保持悬浮状态而不使细菌固体处于悬浮状态，宜于将细菌絮体保持接近于塘的底部，这是因为降解 BOD 物质和产生 CO_2 供藻类光合用所需的细菌，其增殖在 HRP 的表层会受到高 pH 的抑制。

线性混合有助于抗捕食的藻种处于再悬浮和再增殖状态，从而可防止塘中的藻类被捕食生物破坏。因此，虽然一些新塘可能遇到捕食生物的麻烦，但是熟化的高负荷塘很少有严重的捕食问题。

桨板轮是 HRP 中最适宜的水流混合装置。用桨板轮进行水流混合，每天 $1hm^2$ 水面只需 10kWh 的能耗。搅拌混合后，悬浮的藻类在 HRP 中每公顷水面上每天产生 O_2 100～200kg，而桨板轮的单位能耗，即藻类生产 $1kgO_2$ 仅为 1/20～1/10kWh。在常规处理系统中的机械曝气充氧每传输 $1kgO_2$ 需耗电能 0.5～1kWh，它们的不同之处是藻类充当机械，而太阳能供光合产氧。经过长期运行后，仅电能的节省将比对 HRP 的附加费用还要多。

3）藻沉淀塘

HRP 的出水从其表面流入藻类沉淀塘（algae setting pond，ASP）中，可将水温最高和 pH 最高的水，即病原菌最少的水流入藻类沉淀塘或溶气上浮分离器 DAF 中。

在高负荷藻塘中连续搅拌运行数月之后，一些依靠搅拌才能保持悬浮的藻的种属被培育出来。一旦离开搅拌的环境，它们便迅速沉淀并沥析出清的上清液。在温暖的气候下，这种上清液含最大或然数（MPN）应小于 $10^3/mL$。根据世界卫生组织（WHO）基准，当生活污水净化到含细菌 MPN 为 $10^3/mL$ 或更少的出水时，即符合灌溉非生食作物的标准。

藻沉淀塘底部收集的藻类可用泵抽出并用作液态浓缩肥料，也可让其留在沉淀塘底部数年之久。如果设置两个沉淀塘，最好其中一个能定期地使藻类脱水，干燥的藻作为可储存和可运输的肥料。另外，在合适的情况下，可使用聚合物和溶气上浮装置对藻类进行浓缩。

浓缩的藻类污泥不含任何寄生虫卵，且富含氮、磷、钾，用做高等植物的肥料比消化污泥更有优势。溶气上浮装置的出水，其藻类固体含量往往很低。藻沉淀塘的出水应从水面下适当深度处排出，以使沉淀或上浮的藻类不会被出水挟出而进入熟化塘中。

4）高效熟化塘

高效熟化塘（advanced maturation ponds，AMP）的主要任务是对进水进行进一步的灭菌处理，以便安全排放。几乎所有的灌溉系统都需要对净化回收水进行储存以控制其应用的时间。在这种情况下，AMP 有双重作用：一是进一步灭菌，二是对回用水进行储存。AMP 的容积越大，停留时间越长，水质将会越好。到 AIPS 流程的这一点，污水内原来存在的微生物和有机污染物几乎全部被去除、减少或氧化。

8.2 土地处理技术与工艺

污水土地处理技术是在污水灌溉基础上发展起来的，两者既有密切联系，又有显著差别，如表 8-7。

表 8-7 污水土地处理和污水灌溉的区别

污水土地处理	污水灌溉农田
1. 以控制水污染、净化污水为目标 2. 以土地为处理构筑物，利用土壤-植物系统净化污水，达到一定水质目标，实质上为生态工程系统 3. 对进水的水量、水质有严格要求，要进行一定的预处理 4. 通过实验研究确定设计运行参数，采用适宜负荷与运行条件 5. 对系统进行有效管理与维护，保证处理效果 6. 能终年稳定运行 7. 有收集系统，对出水有控排放和利用 8. 对周围环境设施有监测系统	1. 以作物对水肥资源的利用为目标 2. 以灌水定额、灌溉制度及污水农田排放标准以控制灌溉水的水量和水质 3. 无专门的设计运行参数，一般不经过科学的设计 4. 不能解决污水的终年运行问题(如雨季及冬季)，往往不能进行终年灌田 5. 出水不加收集，不能有控排放与利用 6. 无专设的环境监测系统

8.2.1 技术原理

污水土地处理系统一般由以下部分组成：a. 污水预处理设施；b. 污水调节与贮存设施；c. 污水输送、布水及控制系统；d. 土地净化；e. 净化出水的收集与利用系统。各部分以土地净化为核心组成一个统一而完整的工程系统，以最大限度地利用自然和环境条件来处理污水，使之再生回用。污水土地处理系统是一个十分复杂的综合净化过程，其净化机理见表 8-8。

表 8-8 污水土地处理的净化机理

净化作用	作用机理
物理过滤	土壤颗粒间的孔隙能截留、滤除污水中的悬浮颗粒。土壤颗粒的大小、颗粒间孔隙的形状、大小、分布及水流流送通道的性质都影响物理过滤效率。土壤堵塞主要由于悬浮颗粒太多太大，溶解性有机物被微生物代谢生成产物以及有机物厌氧分解等造成。堵塞的控制方法有：加强管理、掌握好灌水(湿期)与休田落干(干期)的交替轮换周期，使其能恢复土壤的载污过滤能力
物理吸附和物理沉积	土壤中黏土矿物等能吸附土壤中的中性分子——由于非极性分子之间范德华力所致。污水中的部分重金属离子在土壤胶体表面由于阳离子交换作用而被置换、吸附并生成难溶态物被固定于矿物的晶格中
物理化学吸附	金属离子与土壤中的无机胶体和有机胶体由于螯合而形成螯合化合物；有机物与无机物的复合化而生成复合物；重金属离子与土壤进行阳离子交换而被置换吸附；某些有机物与土壤中重金属生成可吸性螯合物而固定于土壤矿物的晶格中
化学反应与沉淀	重金属离子与土壤的某些组分进行化学反应生成难降解化合物而沉淀，如调节并改变土壤的氧化还位电位能生成难溶性硫化物；改变 pH 能生成金属氢氧化物；另外一些化学反应能生成金属磷酸盐和有机重金属等而沉积在土壤中
微生物的代谢和有机物的分解	土壤中含有大量异养性微生物，能对土壤颗粒中悬浮有机固体和溶解性有机物进行生物降解。厌氧状态时厌氧菌能对有机物进行发酵分解，对亚硝酸盐和硝酸盐进行反硝化脱氮

8.2.2　工艺过程

污水土地处理工艺主要有 5 种：慢速渗滤（SR）、快速渗滤（RI）、地表漫流（OF）、湿地（WL）和地下渗滤（UG）。各种工艺的设计要点见表 8-9。由这 5 种基本工艺可组成若干复合处理系统，如 OF-WL、OF-RI、RI-SR、WL-OF 等。各种土地处理系统净化污水的出水水质见表 8-10。

表 8-9　土地处理工艺的典型设计要点比较

项目	慢速渗滤	快速渗滤	地表漫流	湿地	地下渗滤
污水投配方式	人工降雨(喷灌)；地面投配(面灌、沟灌、畦灌、淹灌、滴灌等)	通常采用地面投配	人工降雨(喷灌)、地面投配	地面布水人工降雨	地下管道布水
水力负荷/(m/s)	0.5～6	6～125	3～20	3～30	2～27
周负荷率/(cm/7d)	1.3～10	10～240	6～40	2～64	5～50
最低预处理要求	一般沉淀或酸化池	一般沉淀或酸化池	沉砂和拦杂物、粉碎	格栅、筛滤、沉淀	化粪池一级处理
要求灌水面积/[$10^4 m^2/(100m^3 \cdot d)$]	6.1～7.4	0.8～6.1	1.7～11.1	1～27.5	1.3～15
投配污水的去向	蒸发；渗滤	主要经渗滤	地面径流；蒸发；少量渗滤	径流、下渗、蒸散	下渗、蒸散
是否需要种植植物	需要谷物、牧草、林木	可要可不要	需要牧草	需要芦苇	草皮、花卉等
适用土壤	具有适当渗水性，灌水后对作物生长良好	具有快速渗水性，如亚砂土、砂质土	具有缓慢渗水性，如黏土、亚黏土等		
地下水位最小深度	约 1.5m	约 4.5m	未有规定	无规定	2.0m
对地下水质的影响	可能有一些影响	一般会有影响	可能有轻微影响	一般会有影响	影响不太大
BOD₅ 负荷率 [$kg/(10^4 m^2 \cdot a)$] [$kg/(10^4 m^2 \cdot d)$]	2×10^3～2×10^4 50～500	3.6×10^4～32.5×10^4 150～1000	1.5×10^4 40～120	1.8×10^4 18～140	
场地条件坡度	种作物不超过 20% 不种作物不超过 40%	不受限制	2%～8%		
土壤渗滤速率 地下水埋深/m	中等 0.6～3.0	高 布水期：≥0.9 干化期：1.5～3.0	低 不受限制		
气候	寒冷季节需蓄水	一般不受限制	寒冷季节需蓄水		
系统特点 运行管理 系统寿命 对土壤影响 对地下水影响	种作物时管理严格 长 较小 小	简单 磷可能限制寿命 可改良砂荒地 有影响	比较严格 长 小 无		
可能的限制组分或设计参数	土壤的渗透性或地下水硝酸盐	一般为水力负荷	BOD,SS 或 N	BOD,SS 或 N	土壤的渗透性或地下水硝酸盐

表 8-10 各种污水土地处理类型的净化出水水质（典型值）

污水水质指标	慢速渗滤		快速渗滤		地表漫流		湿地		地下渗滤		新型快速渗滤（人工土壤）	
	平均值	最高值	平均值	最高值	平均值	最高值	平均值	最高值	平均值	最高值	平均值	最高值
BOD_5/(mg/L)	<2	<5	5	<10	10	<15	10~20	<30	<2	<5	5	<20
SS/(mg/L)	<1	<5	2	<5	10	<20	10	<20	<1	<5	10	<5
TN/(mg/L)	3	<8	10	<20	5	<10	10	<20	3	<8	20	<25
NH_3-N/(mg/L)	<0.5	<2	0.5	<2	<4	<8	5~10	<15	<0.5	<2	—	—
TP/(mg/L)	<0.1	<0.3	1	<5	4	<6	4	<10	<0.1	<0.3	—	—
大肠菌群/(个/L)	0	$<1\times10^2$	1×10^2	$<2\times10^3$	2×10^3	2×10^4	4×10^5	$<4\times10^6$	0	$<1\times10^2$	—	—

运用土地处理法净化污水应考虑以下主要事项：

（1）污水特性

了解污水的特性是设计和操作土地处理系统的基础。污水中所含的污染物必须是可生物降解的，其浓度不能对土壤微生物产生毒害作用。有些物质经过土壤颗粒的吸附、离子交换作用而富集会达到毒害水平，对此应进行预防。污水中不应含有严重改变土壤结构，特别是破坏土壤渗透性、通气复氧特性的物质，不应含有能对地下水产生不良影响的物质，还不应含有对作物生长发育有危害作用的物质，如硼、盐类等物质。

国外实践表明，城市污水和食品加工污水、纸浆造纸污水、纺织印染污水、制革加工污水、生物制品污水、木材加工污水、化肥工业污水、石油炼制污水等用土地处理是可行且经济合理的。

（2）土地处理场地

场地调查与选址对土地处理系统非常重要。调查不充分、资料不足常导致错误抉择，使工程失败。因此，首先要从地质、气象、农业、水文、环保等有关部门取得尽可能充分的资料，并进行适当的现场勘测与试验，包括试坑、钻孔、测定水力传导系数和渗滤速率等。

土地处理场地评价因子见表 8-11。

表 8-11 土地处理场地评价因子

评价因子		慢速渗滤系统		地表漫流系统	快速渗滤系统
		农业型	森林型		
土层深度/m	0.3~0.6	×	×	0	×
	0.6~1.5	3	3	4	×
	1.5~3.0	8	8	7	4
	>3.0	9	9	7	8
地下水最小埋深/m	<1.2	0	0	2	×
	1.2~3.0	4	4	4	2
	>3.0	6	6	6	6
渗透系数/(cm/h)	<0.5	1	1	10	×
	0.15~0.5	3	3	8	×
	0.5~1.5	5	5	6	1
	1.5~5.0	8	8	1	6
	>5.0	8	8	×	9
地形坡度/%	0~5	8	8	8	8
	5~10	6	8	5	4
	10~15	4	6	2	1
	15~20	0	5	×	×
	20~30	0	4	×	×
	30~35	1	2	×	×
	>35	1	0	×	×

续表

评价因子		慢速渗滤系统		地表漫流系统	快速渗滤系统
		农业型	森林型		
目前及未来的土地利用	工业区	0	0	0	0
	居民密度高/城市	0	0	0	0
	居民密度低/城市	1	0	1	1
	森林区	1	4	1	1
	农业区或空地	4	3	4	4
综合性总评	低	<15	<15	<16	<16
	中等	15~25	15~25	16~25	16~25
	高	25~35	25~35	25~35	25~35

注：表中数字为评分值，×表示不适宜。

(3) 植物

土地处理系统中的植物用于：① 吸收污水中的氮和磷；② 保持和增加吸水率和土壤透气性；③ 减少冲刷；④ 作为微生物的介质（地表漫流）。对于快速渗滤系统，主要要求是耐水植物，有助于保持高的渗滤速率。对于地表漫流系统，需要有各种耐水的温季和寒季多年生牧草。对慢速渗滤系统，选择植物时除应考虑植物的特性和性质外，还应考虑：① 植物对营养成分的吸收能力；② 对土壤高湿度条件的允许极限；③ 消耗水量和灌溉要求；④ 获得收益的可能性；⑤ 对土壤渗滤速率的影响；⑥ 对污水水质的要求及其毒性的影响；⑦ 对管理要求等。

(4) 对环境的影响

① 非灌溉期间污水若不经贮存排入地表水体，会造成地表水污染。NH_3-N 会对鱼特别是幼鱼生长有不良影响。P 的浓度大于 $1mg/L$ 会引起停滞水体的富营养化。

② 氮对地下水的影响最大，有机污染物也是潜在污染物。化学品漏入地下水中，可能对人体健康造成危害。快速渗滤系统可能不能彻底滤除微生物，也存在潜在危险。

③ 采用污水灌溉可能影响作物的生长、产品和品质、重金属和化学品可能在作物的某些部分富集。

④ 重金属在土壤中积累会影响土壤的特性和使用。

⑤ 土地处理场可能滋生蚊蝇、污水飞沫可能传染病菌；操作人员直接接触污水可能罹致疾病。应当根据人群接近场区程度、处理场地大小、当地气候条件等确定是否需要设置缓冲区和对污水进行消毒。

(5) 土地处理的限制组分与限制设计参数

土地处理系统作为一个生态系统，由土壤-植物以及土壤-微生物和土壤-动物组成，不同含量的污染物（污水成分）对该生态系统产生不同的影响。也就是说，一个特定的土地处理系统对污水中的化学成分具有不同的同化容量。于是，对于该土地处理系统就需要确定一个限制组分（LLC）和限制设计参数（LDP）。当系统能满足该组分时，其他组分也自然能满足。当然水量因素也包含在 LLC 之内，有时也能作为一个限制因素。各类土地处理工艺的可能的限制组分或限制设计参数见表 8-9。

土地处理规划设计一般分为四阶段：第一阶段，通过试验求出土壤-植物系统对污水主要组分的临界同化容量，然后确定一个或几个 LLCs，据此求出所需土地面积。第二阶段，重点是对土壤-植物系统控制 LLCs 进行分析研究，选择和设计土壤-植物系统组成部分（如作物选择、污水投配方式等），然后进行多方案的经济分析评价，最后确定利用土壤-植物系统控制 LLCs 的单位费用。第三阶段，重点是通过污染源内部控制 LLCs，包括通过生产工艺改革，采用无废少废工艺技术、节水减污、综合利用、发展用水-排水封闭、循环系统削减、控制 LLCs，实行 LLCs 排放总量控制与削减；如有需要再辅以终端预处理，即通过进入土地处理前的预处理以深入控制 LLCs。在对比分析污染源内部控制及各种预处理方案的基础上，确定去除单位 LLCs 所需的费用。第四阶段，以土地处理系统总体效益为目标函数，对土壤-植物系统与污染源污染物（LLCs）总量控制与削减，包括终端预处理控制 LLCs，进行综合分析，以确定两者各自控制 LLCs 的合理承担部分，以求获得最高总体效益。

污水在土地处理前的预处理要求及其使用控制条件如表 8-12。

表 8-12 土地处理前的预处理及其使用控制条件

污水预处理程度	土地处理系统	使用的控制条件
原污水 （未经预处理）	慢速渗滤系统 地表漫流系统	只有当污水中污染物浓度不高时才可使用，仅适于限制公众接触的、隔离的地区，作物不能直接为人食用
一级处理	慢速渗滤系统 快速渗滤系统	适用于限制公众接触的、隔离的地区，作物不直接为人食用
二级处理及 二级处理＋消毒	慢速渗滤系统	对粪大肠杆菌应控制在＜100MPN/100mL，作物不直接供人生食。若二级处理是完全处理能加消毒，则可适用于与公众接触的场，如公园、高尔夫球场等。粪大肠杆菌、BOD、SS 均应严格控制，以满足感官美学上的要求
二级或高于 二级处理	慢速渗滤系统 快速渗滤系统	适用于控制公众接触的、隔离地区可提高系统的渗滤速率及脱氮程度

8.3 人工湿地处理技术与工艺

人工湿地（constructed wetland，CW）是一种由人工建造和监督控制的、与沼泽地类似的地面，是在一定长宽比及底面坡度的洼地中，由土壤和填料（如砾石等）混合构成的填料床组成，污水可在填料缝隙中或床体表面流动，并在床体表面种植具有处理性能好、成活率高、抗水性强、生长周期长、美观及具有一定经济价值的水生植物（如芦苇、茳芏等），形成一个独特的动植物生态系统，对污水进行处理。当床体表面种植芦苇时，称其为芦苇湿地系统。在湿地系统的设计过程中，应尽可能增加水流流动的曲折性以增加系统的处理稳定性和处理能力。实际应用中，常将湿地多级串联、并联运行，或附加一些必要的预处理、后处理设施而构成完整的污水处理系统。

8.3.1 技术原理

根据湿地中主要植物的类型，人工湿地可分为浮游植物系统、挺水植物系统和沉水植物系统，目前的人工湿地系统都是挺水植物系统，主要用于 N、P 去除和提高传统稳定塘的效率。湿地床的深度则可根据具体的地形、污水水质及湿地所种植植物的类型及其根系的生长深度来确定，原则上应保证绝大部分污水在植物根系中流动。在美国，采用芦苇湿地系统处理城市污水时，湿地床的深度一般为 $0.6 \sim 0.75 \mathrm{m}$，而德国多为 $0.6 \mathrm{m}$。湿地床的坡降及填料表面坡降与水力坡降和所用填料的级别有关，一般在 $1\% \sim 8\%$。

挺水植物系统根据污水流经的方式，可分为地表流湿地（surface flow wetland，

SFW)、潜流湿地（sub-surface flow wetland，SSFW）和垂直流湿地（vertical flow wet land，VFW）。

（1）地表流湿地

也称水面湿地系统（water surface wetland），如图 8-11 所示。这种系统与自然湿地最为接近，污水在湿地表面呈推流流动，污水中绝大部分有机污染物的去除依靠生长在植物水下部分的茎、秆上的生物膜来完成，难以充分利用生长在填料表面的生物膜和生长丰富的植物根系对污染物的降解作用，处理能力较低。同时，这种湿地系统的卫生条件较差，易在夏季滋生蚊蝇、产生臭味而影响湿地周围的环境，因而在实际工程中应用较少。但这种湿地系统具有投资低的优点。

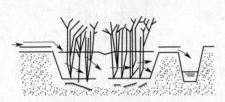

图 8-11　地表流湿地系统

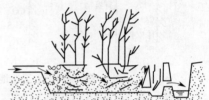

图 8-12　潜流湿地系统

（2）潜流湿地

也称渗滤湿地系统（infiltration wetlant），如图 8-12 所示。污水在湿地床的内部流动，一方面可以充分利用填料表面生长的生物膜、丰富的植物根系及表层土地和填料等的截留作用，提高处理效果和处理能力；另一方面，水流在地表以下流动，具有保温性较好、处理效果受气候影响小、卫生条件较好的特点。潜流湿地系统是目前研究和应用比较多的一种湿地系统，但投资要比地表流系统高些。

在潜流湿地的运行过程中，污水经配水系统（由卵石构成）从一端均匀进入填料床植物的根区。根区填料层由三层组成：表层土壤、中层砾石和下层小豆石。在表层土壤种植有耐水性植物，如芦苇、茳芏（俗称席草）、蒲草和大米草等。这些植物根系发达，可以深入到表土以下 0.6～0.7m 的砾石层中，并交织成网与砾石一起构成一个透水性良好的系统。同时具有较强的输氧能力，可使根系周围的水环境中保持较高浓度的溶解氧，供给好氧微生物生长、繁殖及对有机污染物的降解所需。经过净化后的出水由湿地末端的集水区中铺设的集水管收集后排出处理系统。由于这种工艺利用了植物根系的输氧作用，因此也称为污水处理的根区方法（root zone method，RZM），整个系统称为根区处理床。一般情况下，潜流湿地的出水水质优于传统的二级生物处理。

（3）垂直流湿地

垂直流湿地系统如图 8-13 所示，水流在填料床中基本上呈由上而下的垂直流，流经床体后被铺设在出水端底部的集水管收集而排出处理系统。垂直流湿地综合了地表流湿地系统和潜流湿地系统的特性，但基建要求较高，较易滋生蚊蝇，目前已不多用。

人工湿地对污水的处理综合了物理、化学和生物的三种作用。湿地系统成熟后，填料表面和植物根系由于大量微生物的生长而形成生物膜。污水流

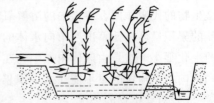

图 8-13　垂直流湿地系统

经生物膜时，大量的 SS 被填料和植物根系阻挡截留，有机污染物则通过生物膜的吸收、同化及异化作用被去除。湿地床中因植物根系对氧的传递释放，依次呈现出好氧、缺氧和厌氧状态，保证了污水中的氮、磷不仅能被植物和微生物作为营养成分而直接吸收，还可以通过硝化、反硝化作用及微生物对磷的过量积累作用去除，最后通过填料的定期更换或栽种植物的收割而使污染物从系统中去除。人工湿地中物质的传递及转化过程，因湿地床中不同部位含氧量的差异而有所不同，如图 8-14 所示。

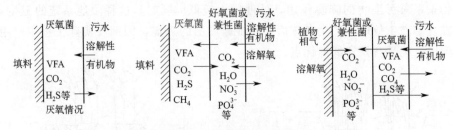

图 8-14　人工湿地中各种物质的传递和转化过程

1）系统中氧的变化

人工湿地中的氧主要来源于植物根系光合作用对氧的释放、进水中挟带的氧以及水面的更新作用获得，如图 8-14 所示。湿地植物通过光合作用产生的氧，一部分通过植物的运输组织和根系的输送作用释放到湿地环境中。氧在湿地系统中的输送过程及其分布状态如图 8-15 所示（以芦苇床湿地为例）。植物根系的这种输氧作用使得根系周围形成一个好氧区域，其中形成的好氧生物膜对氧的利用使离根系较远的区域呈现出缺氧状态，而在离根系更远的区域则呈现出完全的厌氧状态。这些溶解氧含量不同的区域分别有利于大分子有机物及氮、磷的去除。

湿地中的溶解氧可以作为好氧微生物氧化分解有机污染物的电子受体，最终以二氧化碳的形式释放到系统外的环境。对于好氧微生物的硝化作用和聚磷菌的过量聚磷作用也是必不可少的。

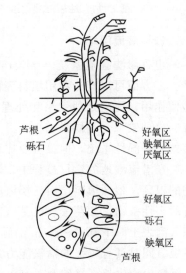

图 8-15　湿地中氧的输送及分布

在湿地系统处理污水之前，随光照强度的增加以及光照时间的延长，芦苇根区的氧化还原电势（ORP）逐渐升高，在夜间无光照时又逐渐降低，说明芦苇叶片通过光合作用产生的氧是通过芦苇的茎和根系输送到其地下部分的。芦苇由于光合作用产生的氧通过根状茎和不定根向水中传递而使水中的溶解氧浓度升高；溶解氧在水中有积累效应，到天黑时（20：00）累积量达到最大值。夜间，由于芦苇根系的呼吸作用和缺乏光照以及床体中微生物的代谢作用，使水中的溶解氧浓度下降，见图 8-16（a）。根据一天内湿地床中溶解氧的累积量可以计算出芦苇向水体的供氧能力。在污水处理过程中，床体内溶解氧在一天的变化很小，这是由床体内微生物在氧化降解污染物的过程中对氧的消耗，使芦苇通过茎和根向根系输送的氧不能在水中积累所致，见图 8-16（b）。

2）对有机物的去除

人工湿地的显著特点之一是其对有机污染物较强的降解能力。污水中的不溶性有机物

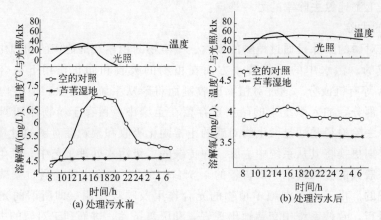

图 8-16　芦苇湿地中溶解氧在一天内随光照温度变化

通过湿地的沉淀、过滤作用，可以很快地被截留而被微生物利用；污水中的可溶性有机物则可通过植物根系生物膜的吸附、吸收及生物降解过程而被分解去除。国内有关对城市污水的研究表明，在进水浓度较低的条件下，人工湿地系统对 BOD_5 的去除率可达 85%～95%，对 COD 的去除率可达 80% 以上，出水的 BOD_5 浓度在 10mg/L 左右。北京市环境科学研究院的研究结果还表明，污水中的不溶性 BOD_5（占污水总 BOD_5 的 50% 左右）和 COD 可在进水的 5m 内被迅速地去除，而 SS 则可在进水的 10m 内去除 90% 左右。

随着处理过程的不断进行，湿地床中的微生物相应地繁殖生长，通过对湿地床填料的定期更换及对湿地植物的收割而将新生的有机体从系统中去除。

3）对氮的去除

人工湿地对氮的去除主要靠微生物的氨化、硝化和反硝化作用。氮在湿地系统中的循环经历了七种价态及多种有机、无机形式的转换。污水中的氮基本以有机氮和氨氮两种形式存在，一般情况下，有机氮被微生物分解成氨氮，所以人们更关心无机氮即氨氮的去除。

污水中的无机氮作为植物生长不可缺少的物质可以直接被植物吸收并通过植物的收割而去除，但植物直接吸收只占很少的一部分，主要去除途径是通过微生物的硝化、反硝化作用来完成的。人工湿地中的溶解氧呈区域性变化，连续呈现好氧、缺氧及厌氧状态，相当于许多串联或并联的 An/A/O 处理单元，使硝化和反硝化作用可以同时进行。在这种环境下，氨氮被氧化成 NO_2^- 和 NO_3^-，其机理是通过硝化作用先将氨氮氧化成硝酸盐，再通过反硝化作用将硝酸盐还原成气态氮并从系统中逸出。所以人工湿地比传统活性污泥处理系统（一般无法完成反硝化作用）具有更强的氮处理能力，而能耗比 An/A/O 系统则节省得多。

为了提高人工湿地去除氨氮的效率，Green 采用人工充气的办法来增加湿地中的溶解氧，以此提高硝化能力，结果大大提高了氨氮的去除率。但由于溶解氧增加的同时抑制了反硝化作用的进行，从而使硝态氮的去除率有所下降。如何在提高氨氮去除率的同时保证硝态氮去除率是增强人工湿地除氮效果的一个难点。与 BOD 和 COD 的去除相比，人工湿地中的硝化过程较慢，当 BOD 和 COD 值较高时，有限的溶解氧常被用于去除有机物的反应中，明显的硝化反应只有在 BOD 降低到一定程度才能进行。而反硝化作用又需要从有机质中获取碳源，当污水有机物含量很低时，反硝化过程又不易进行。因此解决这一矛盾是提高人工湿地氮去除率的另一难点。

4）对磷的去除

人工湿地对磷的去除是通过植物的吸收、微生物的积累及湿地床的物理化学等几方面共同作用完成的。污水中的无机磷一方面在植物的吸收和同化作用下被合成为 ATP、DNA 和 RNA 等有机成分，通过对植物的收割而将磷从系统中去除。但植物的吸收作用只占很少的一部分，加入系统中的磷主要存留在土壤中，留存于植物体和凋落叶中的很少。磷的另一去除途径是通过微生物对磷的正常同化吸收和聚磷菌对磷的过量积累，通过对湿地床的定期更换将其从系统中去除。在传统的二级污水处理工艺中，微生物对磷的正常同化吸收一般只能去除进水中磷含量的 $4.5\%\sim19\%$，去除主要是通过聚磷菌的过量摄磷作用而实现的。由于人工湿地中植物的光合作用及呼吸作用（即所谓的光反应和暗反应）的交替进行，致使系统中交替地出现好氧和厌氧条件，进而利于对磷的去除。

Reddy 在研究中发现人工湿地中 $70\%\sim87\%$ 的磷可能通过沉淀或吸附反应而降解，pH 将起到十分重要的作用。可溶性的无机磷化合物很容易与土壤中的 Al、Fe、Ca 等发生吸附和沉淀反应，与 Ca 易于在碱性条件下发生作用，而与 Al、Fe 主要是在中性或酸性环境条件下发生反应。一般认为磷酸根离子主要通过配位体交换而被吸附到 Fe 和 Al 离子的表面。Zhu 等研究了 Mg、Al、Fe、Ca 与 P 的吸附关系，指出 Ca 与 P 的吸附相关性最强。Geller 也认为 Ca 与 Al、Fe 相比对 P 具有更强的结合能力。与此同时，大量研究发现污水中的 P 只是被吸附停留在土壤的表面，而且吸附沉淀反应也不是永久地沉积在土壤里，至少部分是可逆的。美国学者 Richardson 认为 EPA 湿地系统对 P 的最大吸收能力一般为每年不超过 $1g/m^2$，即所谓的 "1g 规则"。籍国东等在研究中发现，当污水中 TP 浓度较低时，人工湿地不但不会去除污水中的 P，还会使湿地出水的 P 浓度增加，增加的 P 主要来自湿地介质的释放。

8.3.2　工艺过程

人工湿地系统一般作为二级处理工艺应用，其所要求的一级处理方法要根据污水的类型、性质及处理规模具体确定。当处理生活污水时，一般采用化粪池作为人工湿地的预处理方法；当处理其他工业污水时，则一般采用沉淀池作为人工湿地的预处理方法。

8.3.2.1　工艺流程

人工湿地本身的工艺流程有多种形式，常用的有推流式、回流式、阶梯进水式和综合式，如图 8-17 所示。其中阶梯进水式可以避免填料床前部的堵塞问题，有利于床后部硝化脱氮作用的发生；回流式可以对进水中的 BOD_5 和 SS 进行稀释，增加进水中的溶解氧浓度并减少处理出水中可能出现的臭味问题。出水回流同样还可以促进填料床中的硝化和反硝化脱氮作用。综合式一方面设置了出水回流，另一方面还将进水分布到填料床的中部，以减轻填料床前端的负荷。

人工湿地的运行方式可根据其处理规模的大小进行多种方式的组合，一般有单一式、并联式、串联式和综合式等。图 8-18 所示为人工湿地工艺的不同组合方式。此外，人工湿地还可与氧化塘系统串联组合，如图 8-19 所示的深圳白泥坑人工湿地与氧化塘系统串联组合的处理工艺系统。

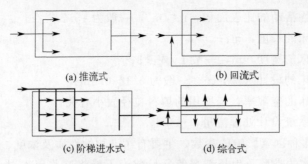

图 8-17　人工湿地的基本流程

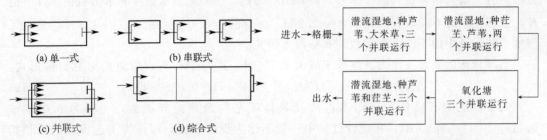

图 8-18　人工湿地的不同组合方式

图 8-19　人工湿地与氧化塘系统串联组合的工艺流程

8.3.2.2　工艺设计

人工湿地系统的设计受很多因素的影响，主要有：水力负荷、有机负荷、湿地床的构造形式、工艺流程及其布置方式、进水系统和出水系统的类型和所栽种植物的种类等。由于不同国家与地区的气候条件、植被类型及地理情况各异，大多是根据各自的情况，经小试或中试取得有关数据后进行设计。

(1) 地表流湿地系统的设计

地表流湿地处理系统中，污水的流动一般按推流方式考虑，可将其看作是一个推流式反应器。有机污染物在系统中的反应可按一级动力学方程来表达。稳态条件下，污染物的去除可用下式表示：

$$S_e = S_0 \exp(-Kt) \tag{8-17}$$

式中　S_e——出水 BOD_5 浓度，mg/L；

$\quad\quad S_0$——进水 BOD_5 浓度，mg/L；

$\quad\quad K$——反应动力学常数，d^{-1}；

$\quad\quad t$——水力停留时间 (HRT)，d。

由于影响人工湿地的因素较多，各国研究者根据各自的情况提出了不同的计算方法，其中 Reed 建议在地表流湿地系统的设计中采用下式来计算较为合适。

$$S_e = S_0 A' \exp[(-C' K_T \alpha^{1.75} LWdn)/Q] \tag{8-18}$$

式中　A'——以污泥形式沉淀在湿地床前部而未得到处理的 BOD_5 含量，一般取 0.52；

$\quad\quad C'$——湿地床填料介质的特性系数，m，一般取 0.7m；

$\quad\quad K_T$——设计水温下的反应动力学常数，$K_T = K_{20} \times (1.05 \sim 1.0)^{(T-20)}$（其中 T 为设计水温,℃），d^{-1}；

261

α——微生物活动的比表面积，m^2/m^3，一般为 $15.7m^2/m^3$；

L——湿地床的长度，m；

W——湿地床的宽度，m，一般 $L/W \geqslant 3$；

d——湿地床的设计水深，m，一般为 $0.1 \sim 0.6m$；

n——湿地床的空隙率，与所用的填料粒径大小有关；

Q——湿地系统设计处理流量，m^3/d。

K_{20} 是一个受多种因素影响的参数，主要有污染物的性质及浓度、水力负荷、填料介质的粒径、栽种植物的类型及生长情况等，目前尚不能将这些因素对 K_{20} 的影响作全面分析，有关研究结果也只能作参考。以 BOD_5 为例，在不同进水浓度和水力负荷条件下的 K_{20} 值有较大的不同，有的是 $0.39 \sim 2.89 d^{-1}$，有的在 $0.45 d^{-1}$ 左右。因此，K_{20} 是人工湿地系统设计中的一个重要参数，有待深入研究。

当湿地床的底坡或水力坡度等于或大于 1% 时，式(8-18) 可表示为式(8-19) 的形式：

$$S_e = 0.52 S_0 \exp[(C'K_T e^{1.75} LWdn)/(0.63 S^{1/3} Q)] \tag{8-19}$$

人工湿地的有机负荷随污水性质及具体工艺构造而差异很大，一般为 $0.0018 \sim 0.11 kg\ BOD_5/(m^2 \cdot d)$，在设计过程中一般不作为设计依据，而作为工艺设计的校核指标。Reed 指出，为确保处理系统处于好氧条件下运行（以避免因厌氧造成对环境卫生和植物生长的不良影响），地表流湿地系统的最高有机负荷不宜超过 $0.11 kg\ BOD_5/(m^2 \cdot d)$。为避免因进水集中在湿地的前部而造成部分有机物的沉积，破坏前部的运行条件，可采用阶梯进水方式，让一部分污水从湿地床的 1/3 处进入系统。

（2）潜流湿地系统的设计

在潜流湿地系统中，污水在由土壤、砾石和豆石等组成的填料床中的流动有两种方式：当湿地床中所用填料的粒径不大而且污水充满填料缝隙并处于饱和状态时，水流的流动为层流；当湿地床中所用填料的粒径较大时，则有可能因扰动作用而使水流的流动成非层流状态。

当水流处于层流状态时，一般用达西（Darcy）定律来描述，即：

$$Q = K_s AS \tag{8-20}$$

式中 K_s——潜流渗透系数，$m^3/(m^2 \cdot d)$；

A——湿地床横截面积，m^2；

S——水流扰动系数。

其余符号的意义同前。

目前还难以准确确定渗透系数 K_s 的值。欧洲的有关研究指出，对于以砾石为填料的湿地床系统，K_s 值一般为 $10^{-3} m^3/(m^2 \cdot s)$，而美国的经验则认为 K_s 值不宜大于 $10^{-4} m^3/(m^2 \cdot s)$。

一般认为，当填料床中水流的渗流雷诺数大于 $1 \sim 10$ 时，就不宜用 Darcy 定律来描述了，尤其是当填料粒径较大时，则需要考虑水流的扰动作用了。此时宜用厄刚（Ergun）公式来描述，即：

$$S = \alpha v + \beta v^2 \tag{8-21}$$

$$\alpha = 150 \mu \frac{1-\varepsilon}{D_p \varepsilon} \frac{2}{\rho g} \tag{8-22}$$

$$\beta = 1.75\frac{1-\varepsilon}{D_p \varepsilon g} \tag{8-23}$$

式中　μ——动力黏滞系数；

　　　ρ——水的密度；

　　　g——重力加速度；

　　　ε——填料介质的空隙率；

　　　D_p——填料的平均粒径；

　　　υ——流速，m/d，$\upsilon = \dfrac{Q}{A\varepsilon}$，一般在 $20\sim280$m/d 之间。

英国目前常用 Kikuth 推荐的设计公式(8-24) 进行湿地系统的设计。

$$A_s = 5.2Q\ln(S_0 - S_e) \tag{8-24}$$

式中　A_s——湿地床的表面积，m^2。

其余符号的意义同前。

利用上述公式并根据所用填料的粒径可以计算确定湿地床的有关尺寸。

对于湿地床的设计深度 (d)，一般要根据所栽种植物的种类及其根系的生长深度来确定，以保证湿地床中必要的好氧条件。对于芦苇湿地系统，用于处理城市污水或生活污水时，湿地床的深度一般在 $0.6\sim0.7$m；而用于处理较高浓度有机工业污水时，湿地床的深度一般在 $0.3\sim0.4$m 之间。为保证湿地床深度的有效使用，在运行初期应适当将水位降低以促进植物根系向填料床的深度方向生长。

湿地床的底坡一般在 1% 或稍大些，最大可能达 8%，具体应根据所采用的填料来确定。如对于以砾石为填料的湿地床，其底坡一般为 2%。

一般认为，湿地床的横截面积与水力负荷有关而与微生物对污染物的降解过程无关，湿地床的长度与水力停留时间及对污染物的处理程度有关。湿地床的长、宽可根据具体计算及当地的具体情况因地制宜确定。对于地表流湿地系统，为保证水流在湿地床中呈推流形式流动，其长宽比 (L/W) 应控制在 $3:1$ 以上，可高达 $10:1$ 以上；对于潜流湿地系统，其长宽比应控制在 $3:1$ 以下，大多在 $1:1$。湿地床的长度一般在 $20\sim50$m 之间，过长易造成湿地床中的死区，而且使水位调节变得困难，不利于植物的栽培。

除上述几种设计方法外，还有一种根据植物供氧能力 (P_O) 计算的设计方法，通过对湿地床在处理污水之前湿地中氧的积累量来计算植物（如芦苇）的供氧能力。通常，人工湿地植物的输氧能力 (P_O) 在 $5\sim45$g$O_2/(m^2 \cdot d)$ 之间，一般为 20g$O_2/(m^2 \cdot d)$。处理过程中污水的需氧量 (R_O) 可用式(8-25)进行估算。植物的供氧能力可用式(8-26)来估算。根据式(8-26) 可以确定湿地床的表面积 A_s。在实际设计中，一般对计算所得的 A_s 乘以一个安系数（一般为 2）。

$$R_O = 1.5Q(S_0 - S_e) \tag{8-25}$$

$$P_O = \frac{A_s T_O}{1000} \tag{8-26}$$

(3) 人工湿地的其他设计问题

有关工艺尺寸确定后，还需考虑系统设计中的一些其他问题，如场地的选择、栽种植物的类型、进出水系统的布置、填料的使用、湿地床的水位控制和床底渗漏对地下水的污染问题等。

1）场地的选择

人工湿地处理工艺所需的占地面积与传统的二级生物处理法相比要大些。有资料表明，处理单位体积的污水，人工湿地的用地面积为传统二级生物处理法的 2～3 倍。因此，采用人工湿地处理污水时，应因地制宜确定场地，尽量选择有一定自然坡度的洼地或经济价值不高的荒地，一方面减少土方工程量、利于排水、降低投资，另一方面防止对周围环境的影响。

2）栽种植物的类型

在人工湿地系统的设计过程中，应考虑尽可能增加湿地系统的生物多样性。因为生态系统的物种越多，结构组成越复杂，稳定性越高，对外界干扰的抵抗能力也就越强。这样可提高湿地系统的处理能力，延长湿地系统的使用寿命。

在湿地植物物种的选择上，可根据耐污性、生长能力、根系的发达程度以及经济价值和美观要求等因素来确定，同时也要考虑因地制宜。可用于人工湿地的植物有芦苇、茳芏（席草）、大米草、水花生、稗草等几种，目前最常用的是芦苇。芦苇的根系较为发达，具有巨大的比表面积，可深入到地下 0.6～0.7m，具有良好的输氧能力。采用芦苇作为湿地植物时，应选取当地的芦苇种，保证其对当地气候环境的适应性。栽种可采用播种或移栽插种的方式。

3）进出水系统的布置

进水系统应保证配水的均匀性，一般采用多孔管和三角堰等配水装置。进水管应比湿地床高出 0.5m，以防表面淤泥和杂草积累而影响配水。同时应定期清理沉淀物和杂草等，保持配水的均匀性。

出水系统一般根据对床中水位调节的要求，出水区的末端和砾石填料层的底部设置穿孔集水管，并设置旋转弯头和控制阀门以调节床内的水位。

4）填料的使用

湿地床由三层组成：表层土层、中层砾石层和下层豆石层。湿地床表层土壤可就近采用当地的表层土，如能利用钙含量在 2～2.5kg/100kg 的土壤则更好。在铺设表层土时，要将地表土壤与粒径为 5～10mm 的石灰石掺和，厚度为 0.15～0.25m。表层以下采用粒径在 0.5～5cm 的砾石（或花岗岩碎石）铺设，厚度一般为 0.4～0.7m，有时也采用粒径为 5～10mm（或 12～25mm）的石灰石填料。由于表层土壤在浸水后会产生一定的沉降，因此填料层的铺设高度宜高于设计值的 10%～15%。如最终设计湿地床的厚度为 0.6m，则实际铺设时应将其控制在 0.7m 左右为宜。填料本身对生物处理的影响不大，但对含磷和重金属离子的污水而言，如能采用花岗岩作为床体填料，则有利于填料中 Ca、Fe 成分与磷的反应和离子交换作用。

5）湿地床的水位控制

由于湿地床的进水水位是基本保持不变的，为了保证水在床体内以推流的形式流动，须对床体中的水位加以控制。对于目前应用较多的潜流湿地系统而言，水位控制有如下几个基本要求：

① 当系统接纳最大设计流量时，其进水端不能出现壅水现象，以防发生地表流。

② 当系统接纳最小设计流量时，出水端不能出现填料床面的淹没现象，以防出现地表流。

③ 为有利于植物的生长，床中水面浸没植物根系的深度应尽可能地均匀。

湿地床的底坡不一定等于床体中的水面线坡度，但设计过程中应考虑尽量使水坡度与底坡基本一致。图 8-20 所示为由出水端控制的湿地床水面线，可以看出，当进水达最大流量时，为使进水端不出现地表流，出水端的水位须控制在 F 点；而当进水量为最小时，为维持 A 点的水位，出水端水位须提高到 E 点。进水流量在最大至最小流量之间变化时，出水端水位的控制范围在 F 点和 E 点的高差。但有时为使系统在调试和运行初期利于植物的生长，需将进水端的水位控制在 B 点时，则要将出水端的水位控制在 G 点。这是在设计中需要加以考虑的。

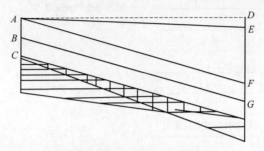

图 8-20　出水端水面线控制示意

当由出水端控制水面线时，床体的底坡选择对水面线没有多大的影响，对床体的工程造价和水流流态有较大的影响。如图 8-20 所示，如果底坡小于 BG 线的坡度，则将多出横线阴影部分的工程量；如果底坡大于 BG 线的坡度，则将多出竖线阴影部分的工程量，而且这部分阴影中的水流易形成大片的死区。因此，湿地床的底坡应尽可能与床体中的水面线坡度一致。

6）床底渗漏对地下水的污染问题

为防止湿地系统因渗漏而造成对地下水的污染，一般要求在工程施工时尽量保持原土层，在原土层上采取防渗措施，如用黏土、膨润土、沥青、油毡等铺设防渗层等。国外大多采用厚度为 0.5～1.0mm 的高密度聚氯乙烯树脂薄膜塑料作为防渗材料，为防止床体填料尖角对薄膜的损坏，施工时宜先在塑料薄膜上铺一层细砂。

（4）人工湿地系统的设计程序

人工湿地系统的设计程序如图 8-21 所示。

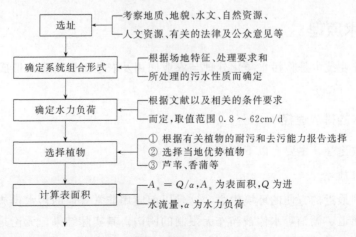

图 8-21

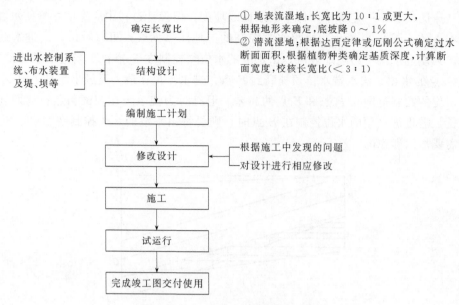

图 8-21　人工湿地系统的设计程序

8.4　污水生态农业技术与工艺

随着国民经济的飞速发展和社会主义新农村建设的全面推进,城市污水、农村污水和工业污水的排放量正日益增多。大量污水的排放,会对社会、环境和人体健康造成巨大影响。首先造成了资源的不必要浪费,因为污水本身就是巨量的水资源和物质储存库,直接排放时,这些水资源及物质资源都被摒弃,造成巨大的浪费。其次,污水的直接排放还会污染环境和损害其他一些资源。如对受纳水体造成污染,一部分受污水体不能再作生活、工业甚至农业的供水,损害水资源的质,等于减少水资源的量。另外,污水直接排放会使有些受污水体中的生物资源遭受不同程度的破坏,导致数量和质量下降。最后,污水排放会损害人的健康,人们直接饮用受污水体中的水或食用其中富集有害物质已超过食用标准的水产品,会引起多种疾病。因此控制与治理污水及受污水体,已成为国民经济发展中的一个重要问题。

8.4.1　技术原理

污水生态农业技术是将污水净化处理与农业回用及农业发展结合,形成一种新农业生态平衡。

8.4.1.1　污水的排放途径

污水的排放途径,主要有以下三类:

(1) 直接排放

把污水排到最近的方便的环境中去,这是以前应用非常普遍的污水排放措施,一些城镇内及附近的河道、湖泊等水体被当作无限制的阴沟。其实际结果,无论是环境效益和经济效益都是负值,是不可取的,采取这种途径的后果必然会导致污水横流、黑水四溢、臭不可闻。

（2）处理后排放

把污水容纳在一个局域环境中，再根据要求和条件采用物理、化学和生物的方法进行一级（悬浮物沉淀）、二级（有机物的生物化学还原）、三级（氮、磷等盐类、有机物及其他物质的化学排除）净化处理，然后再排放。这是目前绝大多数污水处理厂采用的途径，主要采用以活性污泥法为主的高负荷生物处理设施进行二级处理。

常规二级处理只能有效去除易生物降解的有机物（以 BOD 表示），不能有效去除难生物降解的污染物（以 COD 表示）和氮、磷等营养物质，受纳水体特别是湖泊、水库、海湾等稳定型水体仍会发生富营养化污染，饮用水源也会受到许多种难降解有机化合物的污染。为了解决这些新的污染问题，三级处理技术应运而生，其代表性的流程是：化学沉淀法除磷→吹脱法除氮→活性炭吸附法除有机污染物→反渗透除无机盐类→臭氧或氯化消毒。

采用三级处理净化效率高，环境效益十分显著，但投资、运行及维护费用较高，难以推广应用。

（3）资源化利用

将污水净化处理与资源化利用结合起来，在容纳或接受污水的一定局域环境里建立半人工生态系统（或复合生态系统），有目的地加强对污水或受污水体的自然净化效率，同时多层次、多途径利用污水中一些原本是资源的物质和能量，不仅保护了更大量有价值的自然水体等环境，而且合理利用了污水，增加了物质财富。这种污水处理方式具有投资小、运行费用低、不占或少占地等优点，环境效益和经济效益显著，但受自然条件（如气候、季节、水面等）和社会条件的限制，应因地、因类制宜采用。

与此同时，随着农业科技的发展，我国农业生产迅速增长，促使农业向着节约和合理利用资源以及建立和保持良好农业生态平衡的方向发展，生态农业便顺势发展起来。在我国许多城市郊区，污水净化和综合利用型生态农业得到了迅速发展，并显示出一系列的优点和巨大的发展前景。

8.4.1.2　污水生态农业的组成

自然界中的各类水体生态系统，均是具有一定调节能力的因果繁衍和紧密回路的内部组织，系统内各成分（或复合生态系统中各子系统）在因果关系中相互联系，在物质代谢及能流正常过程中，在空间和时间上遵循一定的序列，按一定的层次结构和物质数量比进行物质定量结合和能量流转。例如在一个湖泊生态系统中，以外源性（自该系统以外）输入的有机质中有机氮为例，它们中的一部分首先经动物摄食、消化、吸收、同化，转化成动物机体的一部分，成为不同于原来化学形态的有机氮，如各种氨基酸、动物性蛋白。未被动物摄食的，连同动物排遗、排泄及动物遗体，分散到湖水中或沉积湖底，为微生物同化与分解，一部分转化为微生物机体中蛋白质等另一类化学形态或结构的有机氮，同时被分解、矿化为无机氮，如硝态、亚硝态及氨态氮等。这些无机氮扩散至水体中，由水主体迁至植物-水界面，再通过植物细胞的生物膜壁进入植物体内，继而在植物体内酶系统作用下被同化利用，生产出新的化学形态或结构的有机氮，如各种氨基酸及植物性蛋白，代谢废物通过生物膜排出体外，从生物-水界面迁至水体内。所生产的植物与动物，其中一部分有经济价值者为人类采收捕捞移出水体而利用，另一些被营养级较高的动物摄食，还有一部分未被利用或摄食的，自然死亡后尸体暂存水中或沉于湖底又被微生物分解矿化等，如此循环。

相互协调的结构与功能是维持生态系统动态平衡及稳态的重要基础。一个生态系统中的每一成分或局部与另一成分或局部互为因果，互为依赖，形成因果循环。通过一系列相互协调的机构功能，如食物链网的结构与物质和能量的迁移、转化、更新与循环，对能流、物流及化学环境的生物控制、反馈以及生命再生等稳态机制抵抗外来干扰和生态系统的变化，保持动态平衡和稳态。在一个保持稳态的生态系统中，代谢过程中输入系统的物质及能量为某一类或几类生物（如藻类、水生维束植物等初级生产者或一些动物等消费者，或微生物等分解者）同化，生产出第一次产品，其排遗物、排泄物及尸体等"废物"又分别作为另几类生物代谢过程的原料，生产出第二次产品，第二次生产的产品及"废物"又作为另几类生物同化时的原料，生产第三次产品，直到第 N 次生产的废物又为另一些生物所同化形成循环。这样的网络结构，不仅实现了机构与功能的协调，而且保证了物质循环不息，生命不息。系统中各成分形成了独特的明确分工，分级、分层利用输入的物质。从经济观点看，生物群落对自然资源的利用是高效的，在一个生态系统中，如果结构合理、机能相互协调、各成分比量合适，达到稳态时，所有废物均被利用，也就无污染了。

但是，如果由于环境变化，特别是人类在某些特定生态系统中进行的某些活动或干扰，违反了生态学规律，导致输入或输出的物质或能量过多，且其量超越了该生态系统调控的极限，即稳态台阶的范围或弹性，并经过连锁反应，进而导致原生态系统的结构和功能失调，改变原物流和能源途径，不仅浪费了资源，且破坏与污染了环境。恶性循环的结果是，水的物理、化学特性及生物群落特点变为有害于人类健康；损伤或毁灭在该处人们希望要的生物物种；降低水的质量，达不到人们生活和工农业生产的质量要求。例如由于在一条河道或湖泊中排污、施肥、投饵等而输入超过该水体容纳量的有机物、营养盐或其他毒物，改变了原有成分和合适比量，在其代谢过程中，有机物过剩，耗氧量剧增，溶氧量下降，原先生存其中的好氧微生物逐步被厌氧微生物取代，有机物厌氧分解的产物（主要有 NH_4^+ 及 H_2S）使水变黑发臭，一些不耐缺氧的生物减少以至消失，经济动物的生产量锐减，通过食物链而移出该生态系统的有机物随之减少，进一步增大了水中有机物的耗氧量，如此恶性循环，必然造成严重污染、破坏原有符合人们需要的生态系统结构和功能。我国的许多湖泊，原本是水草繁茂、水质清洁，但因过量捞草或过度放养草食性鱼类，引起水草量减少，改变了该湖中营养盐的迁移转化途径，使原本经水草及浮游植物的两营养链变为以浮游植物为主，这样又引起该湖透明度下降，补偿深度变小，营养分解层扩大，下层水中所受太阳辐射能减少。由于底层阳光不足，残存其中的沉水植物生长、繁殖受到抑制，又加强与加速了浮游植物的生产，使透明度变得更小。如此恶性循环，不仅较深水处，甚至浅水处的沉水植物量也减少，终于全湖沉水植物全部消失，加速富营养化，生物多样性降低，湖中草食性鱼类及草上产卵鱼类随之减少，通过捕鱼输出的氮、磷也减少。这种由于生态系统结构中一项成分超越弹性的变化引起连锁反应使整个生态系统结构和功能变化的例子很多，表明污染往往是资源利用不当引起的，而合理利用资源与环境保护是一致的。

污水生态农业，就是将污水净化处理与农业生产相结合，根据处于稳态的自然生态系统中那种高经济效能结构的原理，即物种共生原理和物质和能量流要按一定层次结构和定量比才能达稳态的规律，调整污水在农业用水中的比量，建立半人工生态系统和复合生态系统，改变原有污染物的流转途径，达到新的符合人类需要的动态平衡和良好循环。加速与加强对某些污染物的净化效果和输出量，同时分层、分级、多途径利用污水中的物质和能量，化害为利，变废为宝，提高农产品的产量与质量。

8.4.2 工艺过程

8.4.2.1 污水生态农业的类型

根据建立的半人工生态系统的结构和功能，主要污染物质迁移、转化、再生和循环的途径，污水生态农业可分为以下几个类型。

(1) 无（或少）污染工艺

主要用于内环境治理。通过模拟生态系统中第一次生产工序中的废料是第二次生产工序的原料，而第二次生产工序的废料又是第三次生产工序的原料，加强综合利用，将每一个生产工序的废物作为下一生产工序的原料，循环下去，直至无废物排放（或排放极少）。国内一些生态农场，利用畜禽养殖场的粪便生产沼气，沼液用于养鱼，沼渣作为农业肥料；还有些用鸡粪喂猪，猪粪生产沼气，沼液用于养鱼，沼渣培养蘑菇，再养蚯蚓作鸡饲料……等，实现了各种形式的良性循环。

(2) 污水土地处理和利用系统

以土壤为基础的农田、森林、草原等各类生态系统，不仅能不同程度的净化污水的中多种污染物，还可利用它们生产对人类有用的产品。土壤中有各种能分解多种有机物的微生物群落，它们分解后的许多无机盐，特别是营养盐类又为土地上植物吸收，生长出对人类有用的物质，土壤本身又是一个有效的污水过滤器，去除污水中悬浮固体。污水通常含有悬浮固体、有机负荷、营养盐类、病原菌及病毒、可溶性盐类、重金属对生物有害并难以生物降解的六类污染物，土地处理系统对前四类均可实现不同程度的利用与净化，后两类虽也可被净化一部分，但如过量会引起土壤积盐，某些难降解物质在作物内富集会导致超过食用标准，或使植物中毒以致死亡。因此有些地方作预处理，去除难降解物质。污水土地处理和利用系统，包括排污渠道、沉淀池、曝气池、兼性池、氧化塘、污水库等一系列设施，可根据污水的成分和含量及土地的类型与面积等，因地、因类制宜地配置。在选择土地适当、处理与污灌得法的情况下，污水净化效率高，不仅可作为污水二级或三级处理的经济而有效途径，还可为农田、林场、草场、苇滩等提供水和肥料，特别是在干旱和半干旱地区作为重要水源之一。我国开展污灌已有 60 多年的历史，总的情况是好的，但局部地区污灌后已产生严重污染，如生产的"镉米"。这主要是未能因地制宜、避害趋利，或有些本该预处理的而没做任何处理就直接引污灌溉等原因造成的。

各地污灌源所含污染物质的种类和数量常不一致，而各种污染物在自然界的迁移、转化也各有其特点，欲进行污灌的农田土壤中所含各种污染物的本底值及容纳量、所种植物对各种污染物的富集能力等也常因类、因地而异，因此只有根据具体情况，因类、因地制宜地采取相应措施和管理方法，确保一些非降解性污染物不在（或少在）土壤及作物中积累，保证土壤不受破坏，作物中残毒不超标。例如含重金属超标者要经过沉淀等预处理，可充分发挥排污渠道的自净作用。也可将含难降解物质较多的某些污水，因地制宜地用于灌溉用材林或薪柴林，使这部分物质脱离进入人体的食物链，既可降低污水处理的费用，又可解决造林水源不足的困难。

(3) 稳定塘与鱼畜结合的污水处理利用系统

在进行污水二级及三级处理的各类设施中，污水稳定塘是基建、维护与运行费用最低的一类，但在污水利用上，除了净化的水外，其他方面则较少，无法满足污水资源化的要求。此时可通过设计几个串联的稳定塘，调整受污水体生态系统中的基本结构及比例，在各级池中分别创造微生物、浮游植物及鱼类速生快长的条件，大大提高系统净化有机磷、有机氯等化工污水的效率，把原受污水体面积大大缩小，在局域范围内提高净化效率和鱼的单产，进而显著提高过程的经济效益、环境效益和生态效益。

现在我国有不少城市都成功地利用生态塘处理污水养鱼，将城市污水、屠宰污水、酿酒污水、畜禽养殖场污水通过鱼塘进行处理和利用，取得了水净鱼肥的双重效果。每亩污水净化养鱼塘产鱼 600～800 斤，而清水养鱼塘产鱼仅 100～200 斤。齐齐哈尔市和保定市的大型氧化-贮存塘库，在其后部，利用其水草、浮游动物、小型鱼虾等茂盛的环境养鸭、养鹅，获得了成功的经验。

由此可见，污水生态农业的特征是通过综合利用，如种植水生作物，养鱼、虾、蚌、鸭、鹅等形成多级食物链（网）生态系统。其中分解者为多种不同功能的细菌和真菌，生产者为多种藻类和其他水生植物，消费者为水蚤虫（鱼虫）、鱼、虾、蚌、螺、鸭、鹅等。三者分工协作，构成许多条食物链，并进而构成相互交错的食物网生态系统，对污水中的污染物进行更有效的处理和利用。污水在这种农业生产型人工生态系统中，其中的有机污染物经微生物降解和在食物网中参与新陈代谢，从低营养级往高营养级逐级地进行物质和能量的传递，最后转变成水生作物、鱼、虾、蚌、鹅、鸭等产品，由此获得可观的经济效益。同时污水达到了很高的净化效率，通常超过二级处理而接近于三级处理。

如果出水再用于灌溉农田，则灌溉水不仅符合卫生要求，而且经土壤过滤、吸附、微生物降解等作用，使水中剩余的有机污染物进一步降低，并转化成无机营养盐，由农作物吸收。水中残留的细菌、病毒经土壤过滤、截留、吸附、大型微生物（原生动物和后生动物）和噬菌体的捕食，以及一些土壤微生物分泌抗菌素的杀灭作用，可达到很高的去除率；微量金属通过土壤颗粒的吸附和离子交换等作用而被固定；难降解的有机化合物能够被土壤中大量的、多种多样的微生物群落降解。设计合理、运行良好的污水灌溉田的出水达到或接近三级处理水平。

污水多级和综合开发型生态农业，既使污水达到了高效和广谱的净化，又实现了污水的充分利用，还可获得大量的水产资源。根据生态学的理论，生态系统越复杂则越稳定，因此由许多种分解者生物、生产者生物和消费者生物构成的复杂人工生态系统处理和利用污水时，能通过多条途径对污水中的有机物、营养物和微量元素等进行净化和利用，不仅有高的效率，而且有很高的工作稳定性。

8.4.2.2 污水生态农业的发展方向

我国现有的污水生态农业大都处于较简陋的状态，存在不少问题，如食物链最后级的产物（如生态塘中的鱼、鹅、鸭等和灌溉田中的农作物）受到重金属、难降解有机化合物、病原微生物等的污染；缺少必要的污水预处理设施和防渗措施，因而导致塘的逐渐沉积淤塞，造成大面积的厌氧腐败发臭和地下水污染等。为了克服上述缺点，在今后的污水生态农业中可采取如下措施。

（1）采取有效的厂内治理措施

坚决杜绝重金属、放射性等不能降解的有毒有害物质进入城市污水中，并尽量减少难降解有机污染物、油、酚、氰、病原体等进入城市污水中的数量，以防止水产品和农产品受污染和损害。

（2）修建必要的预处理设施

最好是有比较完善的常规一级处理设施，包括格栅、沉砂池等。有条件的地方最好设置污泥消化池，既可制取沼气，又可改善污泥的卫生状况、脱水性能和增加其速效肥料含量等，还可根据对水质的具体要求加设其他必要的处理设施，如调节池、除油池等。

（3）因地制宜地开发多种适宜的污水生态农业

在北方缺水地区，在有较多空闲低洼土地的地方，对于有机物浓度较高的城市污水或高浓度工业有机污水，可采用生态处理和利用系统，使污水首先经过一级处理后，依次流经厌氧塘、兼性塘、好氧塘、贮存塘（库）和灌溉田。通过贮存塘（库）将流入的全年污水贮存起来并进行多级开发，以使污水中的水、肥得到充分的利用，并使最后出水达到三级处理水质，既可补给地下水，又可补给地表水。在缺少空闲土地的地方，可在一级处理之后建造短停留时间（1～2d）的兼性生物塘，其后接以全年性污水灌溉田。在南方丰水地区，可采用多级的污水生态系统综合利用和净化污水。

从防止环境污染和充分利用污水资源两方面考虑，都要改变目前季节性污水灌溉、养鱼等做法。污水是一项很大的资源，在农、林、畜、渔业的生产中具有巨大的潜力，同时又是一个很大的环境污染源，因此应尽量对全部污水进行综合利用和净化，从而最大限度地实现污水资源化并生产较多的财富，同时最有效地防止污水对环境的污染。

污水灌溉应根据污水水质研究确定适宜的灌溉对象，建立多种多样的污水生态农业系统。重金属、放射性和难降解有机污染物浓度较高的工业污水，不宜灌溉食用作物，可考虑用于灌溉城市和村镇附近的苗圃、树林、草地、花卉及一些经济作物如棉、麻、芦苇等。

污水生态农业系统是把污水作为有用的再生资源，以太阳能为最初能源，通过建立适宜的生态系统将污水中的有机物、营养物等进行降解和转化，并与能量一起在食物链中进行传递，最后转变为有经济价值的产品，为人类提供再生的资源和能源，从而构成人类生产和生活过程中的生态循环系统。这种经济、节能和实现污水资源化的新的污水治理途径和新的农业生产方式，在实现污水资源化和能源化的同时，可实现环境效益、经济效益和社会效益的统一，必将大大助推"碳达峰、碳中和"的进程。

参考文献

[1] 廖传华，韦策，赵清万，等. 生物法水处理过程与设备 [M]. 北京：化学工业出版社，2016.

[2] 廖传华，李聃，程文洁. 污水处理技术及资源化利用 [M]. 北京：化学工业出版社，2022.

[3] 廖传华，王小军，王银峰，等. 能源环境工程 [M]. 北京：化学工业出版社，2020.

[4] 廖传华，王银峰，高豪杰，等. 环境能源工程 [M]. 北京：化学工业出版社，2021.

[5] 季红飞，王重庆，冯志祥，等. 工业节水案例与技术集成 [M]. 北京：中国石化出版社，2011.

[6] 廖传华，张秝湲，冯志祥. 重点行业节水减排技术 [M]. 北京：化学工业出版社，2016.